国家出版基金项目
NATIONAL PUBLICATION FOUNDATION

"十三五"国家重点出版物
出版规划项目

废物资源综合利用技术丛书

NONGZUOWU JIEGAN CHULI CHUZHI YU ZIYUANHUA

农作物秸秆
处理处置与资源化

梁文俊　刘　佳　刘春敬　等编著

U0322022

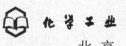
化学工业出版社
·北京·

本书系统介绍了农作物秸秆资源概况、秸秆还田利用技术、秸秆饲料化利用技术、秸秆能源化技术、秸秆食用菌栽培基料化利用技术、秸秆建筑技术、秸秆应用于环境污染治理技术等内容，并分享了很多经典的农作物秸秆资源化的案例，可使读者较全面地了解农业废弃物秸秆处理处置及资源化利用的全方位知识。

本书具有较强的技术性和可操作性，可供从事农作物秸秆利用的工程技术、研究、生产和经营管理人员使用，也可作为高等学校再生资源科学与技术、环境科学、环境工程及相关专业的研究生、本科生选作教学用书或教学参考用书。

图书在版编目（CIP）数据

农作物秸秆处理处置与资源化/梁文俊等编著. —北京：
化学工业出版社，2018.1
　（废物资源综合利用技术丛书）
　ISBN 978-7-122-30679-1

　Ⅰ.①农… Ⅱ.①梁… Ⅲ.①秸秆-综合利用
Ⅳ.①S38

中国版本图书馆 CIP 数据核字（2017）第 233662 号

责任编辑：刘兴春　卢萌萌　　　　　　　文字编辑：孙凤英
责任校对：王素芹　　　　　　　　　　　装帧设计：王晓宇

出版发行：化学工业出版社（北京市东城区青年湖南街 13 号　邮政编码 100011）
印　　装：三河市延风印装有限公司
787mm×1092mm　1/16　印张 18　字数 430 千字　2018 年 1 月北京第 1 版第 1 次印刷

购书咨询：010-64518888（传真：010-64519686）　售后服务：010-64518899
网　　址：http://www.cip.com.cn
凡购买本书，如有缺损质量问题，本社销售中心负责调换。

定　　价：75.00 元

《农作物秸秆处理处置与资源化》
编著人员

编著者：梁文俊　刘　佳　刘春敬　李　坚　张　芸　杨竹慧

梁全明　任思达　蔡建宇　武红梅

据统计，我国作为农业大国，每年可生成 7 亿多吨秸秆。长期以来作为主要燃料的农作物秸秆已成为废弃物，或占用一定的农田常年堆积，或就地焚烧，秸秆焚烧不仅浪费大量资源，还会降低土壤有机质含量，烧死土壤表层微生物与动物，破坏土壤生态系统，而且会严重污染大气环境，制约农村经济的可持续发展，国家和地方已明令禁止秸秆焚烧。因此，实施秸秆资源化利用，对综合利用秸秆资源、改善和保护环境、实现农业和农村的可持续发展十分必要。

本书系统介绍了农作物秸秆利用现状、综合利用技术，主要包括用于肥料、能源、饲料和材料等的开发利用技术以及最新进展。第 1 章介绍秸秆种类、利用途径、意义以及存在问题；第 2 章至第 7 章围绕秸秆还田利用技术、秸秆饲料化利用技术、秸秆能源化技术、秸秆食用菌栽培基料化利用技术、秸秆建筑技术、秸秆应用于环境污染治理技术进行了详细介绍，具有较强的技术性和工程应用性，可供环境工程、能源工程、农业工程等领域的技术人员、科研人员和管理人员参考，也可供高等学校相关专业师生参阅。

参加本书编著的主要人员有北京工业大学梁文俊、刘佳，河北农业大学刘春敬；另外，张芸、杨竹慧、梁全明、任思达、蔡建宇、武红梅等参加了本书部分编著工作。全书最后由北京工业大学李坚教授统稿、定稿。

本书获得国家出版基金以及北京工业大学青年百人提升计划项目的出版资助，在此表示衷心的感谢！在本书的编著过程中，编著者参考并引用了部分文献资料，在此向所有被引用参考文献的作者们致以诚挚的谢意！可能由于编著者的疏漏，书中所列出的参考文献未必全面，在此，特向书中未能列出引用的作者们致以深深的歉意。

限于编著者编著时间和水平，书中难免出现疏漏和不妥之处，敬请广大读者批评指正。

编著者
2017 年 6 月于北京

CONTENTS
目 录

3　秸秆饲料化利用技术

4　秸秆能源化技术

5 秸秆食用菌栽培基料化利用技术

6　秸秆建筑技术

7 秸秆应用于环境污染治理技术

索引

概述

1.1 农作物秸秆资源概况

农作物秸秆是指各类农作物在收获了主要农产品后剩余的地上部分的所有茎叶或藤蔓。通常指小麦、水稻、玉米、薯类、油菜、棉花、甘蔗和其他农作物(通常为粗粮)在收获籽实后的剩余部分。农作物光合作用的产物有 1/2 以上存在于秸秆中,秸秆富含氮、磷、钾、钙、镁和有机质等,是一种具有多用途的可再生的生物资源,秸秆也是一种粗饲料,特点是粗纤维含量高(30%~40%),并含有木质素等。木质素纤维素虽不能为猪、鸡所利用,但却能被反刍动物牛、羊等牲畜吸收和利用。

目前,世界人口持续增长,人民消费水平不断提高,要求有更多的食物供给。人类为了从有限的土地资源中获得尽可能多的粮食产量,更多地使用化肥、农药、农业机械等现代农业生产方式。虽然粮食产量明显提高,但增加了单位面积上矿物能的投入,而且农作物秸秆的产量也大幅度增加。与过去明显不同的是,由于农业高效化肥的使用,牲畜饲料的日益丰富,农村中电力、煤气等洁净能源的普及等原因,一部分秸秆资源没有被充分资源化利用,被直接丢弃或者焚烧,这一方面会浪费资源,另一方面会间接地污染环境。因此,如何开发利用这类秸秆资源,使其在农业生产系统中实现物质的高效转化和能量的高效循环,是发展循环农业和低碳农业的重要实现途径。农作物秸秆资源高效利用不仅可以提高土壤肥力,保障环境安全,还可以实现农民生活系统中的家居温暖和环境清洁,是建设社会主义新农村的必经之路。

根据国家发展和改革委员会(简称发改委)、农业部共同组织各省有关部门和专家对全国"十二五"期间秸秆综合利用情况进行的终期评估结果,2015 年全国主要农作物秸秆理论资源量为 1.04×10^9 t,可收集资源量为 9.0×10^8 t,利用量为 7.2×10^8 t,秸秆综合利用率为 80.0%。从"五料化"利用途径看,秸秆肥料化利用量为 3.9×10^8 t,占可收集资源量的 43.3%;秸秆饲料化利用量为 1.7×10^8 t,占可收集资源量的 18.9%;秸秆基料化利用量为 0.4×10^8 t,占可收集资源量的 4.4%;秸秆燃料化利用量为 1.0×10^8 t,占可收集资源量的 11.1%;秸秆原料化利用量为 0.2×10^8 t,占可收集资源量的 2.2%。"十三五"期间,我国秸秆产生量还要增加,进一步加大秸秆综合利用工作力度,不断完善秸秆收贮运体系和扶持政策，推动秸秆综合利用产业化、规模化发展势在必行[1]。

1.2 秸秆种类和利用价值

1.2.1 秸秆种类

秸秆一般主要包括禾本科和豆科类作物秸秆。其中，属于禾本科的作物秸秆主要有麦秸、稻草、玉米秸、高粱秸、荞麦秸、黍秸、谷草等；属于豆科的作物秸秆主要有黄豆秸、蚕豆秸、豌豆秸、花生藤等；此外，还有红薯、马铃薯和瓜类藤蔓等。

1.2.2 秸秆的利用价值

秸秆的综合利用途径主要有 5 种：a. 用作肥料；b. 用作饲料；c. 用作燃料；d. 用作工业原料；e. 用作食用菌基料。

（1）秸秆的肥料价值

秸秆中含有大量的有机质、N、P、K 和微量元素，是农业生产中重要的有机质来源之一。据统计，每 100kg 鲜秸秆中含 N 0.48kg、P 0.38kg、K 1.67kg，折合成传统肥料相当于 2.4kg 氮肥、3.8kg 磷肥、3.4kg 钾肥。将秸秆还田可以提高土壤有机质含量，降低土壤容重，改善土壤透水、透气性和蓄水保墒能力，除此之外，还能够改变土壤团粒结构，有效缓解土壤板结问题。若每公顷土壤基施秸秆生物肥 3750kg，其肥效相当于碳酸氢铵 1500kg、过磷酸钙 750kg 和硫酸钾 300kg。因此，充分利用秸秆的肥料价值还田，是补充和平衡土壤养分的有效措施，可以促进土地生产系统良性循环，对于实现农业可持续发展具有重要意义。

（2）秸秆的饲料价值

农作物秸秆中含有反刍牲畜需要的各种饲料成分，这为其饲料化利用奠定了物质基础。测试结果表明，玉米秸秆含碳水化合物约 30％以上、蛋白质 2％～4％和脂肪 0.5％～1％。草食动物食用 2kg 玉米秸秆增重净能相当于 1kg 玉米籽粒，特别是采用青贮、氨化及糖化等技术处理玉米秸秆后，效益更为可观。为了提高秸秆饲料的适口性，还可对农作物秸秆进行精细加工，在青贮过程中加入一定量的高效微生物菌剂，密封贮藏发酵后，使其变成具有酸香气味、营养丰富、适口性强、转化率高、草食动物喜食的秸秆饲料。

（3）秸秆的燃料价值

作物秸秆中的碳使秸秆具有燃料价值，我国农村长期使用秸秆作为生活燃料就是利用秸秆的这一特性。农作物秸秆中碳占很大比例，其中粮食作物小麦、玉米等秸秆含碳量可达 40％以上。目前对于科学利用秸秆这一特性主要有两种途径：一种途径是将秸秆转化为燃气，1kg 秸秆可以产生 2m³ 以上燃气；另一种途径是将秸秆固化为成型燃料。

（4）秸秆的工业原料价值

农作物秸秆的组成成分决定其还是一种工业制品原料，除了传统可以作为造纸原料外，秸秆工业化利用还有多种途径：第一，在热力、机械力以及催化剂的作用下将秸秆中的纤维与其他细胞分离出来制取草浆造纸、造板；第二，以秸秆中的纤维作为原料加工成汽车内饰件、纤维密度板、植物纤维地膜等产品；第三，将作物秸秆制成餐具、包装材料、育苗钵等，这是近几年流行的绿色包装中常用的原材料；第四，利用秸秆中的纤维素和木质素作填充材料，以水泥、树脂等为基料压制成各种类型的纤维板、轻体隔墙板、浮雕系列产品等建筑材料。

（5）秸秆的食用菌基料价值

农作物秸秆主要由纤维素、半纤维素和木质素三大部分组成，以纤维素、半纤维素为主，其次为木质素、蛋白质、树脂、氨基酸、单宁等。以秸秆纤维素为基质原料利用微生物生产单细胞蛋白是目前利用秸秆纤维素最为有效的方法之一。用秸秆作培养基栽培食用菌就是该原理的实际应用。

1.3　秸秆综合利用主要途径

1.3.1　秸秆肥料利用

秸秆肥料化利用的主要形式是秸秆还田，该技术是我国秸秆资源化利用中最原始的技术，尤其是秸秆直接还田，因其易被掌握，在目前仍被大量应用。直接还田主要包括秸秆覆盖还田和秸秆粉碎翻压还田两种形式。秸秆间接还田中的沤制还田、过腹还田、过圈还田等技术在农村地区仍普遍使用，而高温堆肥和厌氧消化后的高效清洁利用由于存在许多因素的制约目前应用还不够成熟。

除可以采用留高茬、覆盖、堆沤还田、机械还田和过腹还田等形式外，还可以采用特殊工艺科学配比，将秸秆经过粉碎、酶化、配料、混料、造料等工序后生产秸秆复合肥，其成本与尿素接近，施用后对于促进土壤养分转化、改善土壤物理性质、增强农作物抗病能力、优化农田生态环境都有良好的效果。同普通复合肥相比，粮食可以增产10%～20%，蔬菜增产30%～40%，水果增产25%～40%，且水果含糖量可以提高1%～3%。此外，秸秆生物反应堆、秸秆粉碎后经一系列加工处理后制成固体棒状炭，燃烧后产生的二氧化碳可以作为气体肥料用于大棚或温室的蔬菜水果种植。秸秆还田不仅有利于农作物增产，而且降低了劳动强度，培肥了地力，还可以减轻病虫危害。

（1）直接还田

直接还田方法简便，能促进土壤养分转化，改善土壤物理性质，保持土壤水分，平衡土温，提高作物产量。直接还田特别适于我国北方旱作农业的持续发展。

（2）过腹还田

把秸秆作饲料喂养家畜，再利用家畜粪便还田作肥料，此法可节约饲料量和牧草，既能发展养殖业，又能提高土壤肥力。养畜过腹还田，带动了养殖业的快速发展[2]。

（3）秸秆堆沤还田

采用堆沤等形式，经过微生物作用产生多种酶，促进农作物秸秆中的有机物降解，发酵分解转化为可供植物生长发育需要的有机肥料。

1.3.2　秸秆制饲料

秸秆饲料化利用方式主要包括秸秆青贮、氨化、微贮、碱化-发酵双重处理、膨化饲料、热喷及生产单细胞蛋白等加工技术，从而使农作物秸秆中的纤维素、半纤维素、木质素等转化为含有丰富菌体蛋白、微生物等成分的生物蛋白质饲料。其中碱化-发酵双重处理和热喷技术是目前较为理想的秸秆饲料化利用技术。

（1）氨化饲料

秸秆氨化是指用含氨源的物质（液氨、氨水、尿素、碳铵等）处理农作物秸秆，使秸秆更适合草食牲畜饲用的一种方法。秸秆经过氨化后，其消化率、含氨量、适口性、能量价值、饲喂安全性、保存性等都得到不同程度的提高。

（2）青贮饲料

秸秆青贮是在适宜的条件下，加入发酵菌，通过厌氧发酵，使秸秆变成具有酸香味、草食家畜喜食的饲料。秸秆青贮可提高饲料的适口性和消化率；有效减少秸秆晒干后营养成分的大量流失，而且形成的酸性环境能抑制微生物的繁衍，防止霉变，从而达到保存饲料的目的。

（3）秸秆制生物蛋白饲料

陈庆森等以玉米秸秆为原料，发酵制取生物蛋白饲料，发酵液中秸秆纤维素利用率可达70％，粗蛋白质得率在23％以上，大大提高了玉米秸秆的营养价值，同时为替代饲用粮、生产蛋白富集饲料提供了很好的基料。

1.3.3　秸秆能源化利用

秸秆能源化利用技术主要有秸秆直燃发电、秸秆气化、秸秆发酵制沼气、秸秆成型燃料及秸秆炭化技术等[3]。

（1）秸秆直燃发电技术

作为传统的能量转换方式，秸秆直接燃烧具有经济方便、成本低廉、易于推广等特点，可在秸秆主产区为中小型企业、政府机关、中小学校和相对比较集中的乡镇居民提供生产、生活热水和冬季采暖。目前，秸秆锅炉供暖、发电或热电联产已在英国、荷兰、丹麦等国家应用。我国秸秆直燃供热技术起步较晚，适合我国农村特点的、运行费用低廉的小型秸秆直燃锅炉正在研发中。

（2）秸秆气化集中供气技术

秸秆气化是秸秆资源高附加值利用的一种生物能转化方式。秸秆粉碎后，在气化装置内不完全燃烧即可获得理论热值为 $5724kJ/m^3$ 的燃气，燃气的主要成分：CO 20％，H_2 15％，CO_2 12％，CH_4 2％，O_2 1.5％，N_2 49.5％。燃气经降温、多级除尘和除焦油等净化和浓缩工艺后，由风机加压送至贮气柜，然后经管道输送供用户使用。秸秆气化集中供气系统主要包括秸秆处理装置、气化机组、燃气输配系统、燃气管网和用户燃气系统等五部分。秸秆气化具有经济方便、干净卫生等特点，但存在投资高、燃气热值偏低以及燃气中氮气与焦油含量偏高等问题，还不能大规模推广应用。

（3）秸秆发酵制沼气

秸秆制沼气是指多种微生物在厌氧条件下，将秸秆转化成沼气和副产物沼液、沼渣的过程。沼气的主要成分是甲烷，占50％～70％，是高品位清洁燃料。甲烷可在略高于常压的状态下，通过 PVC 管道输送到农户，用于炊事、照明、果品保鲜等。

（4）秸秆成型压块及炭化技术

秸秆成型压块是指秸秆经粉碎后在 200～300℃高温下软化，然后添加适量黏结剂与水混合，施加一定压力使其固化成型，即得到棒状或颗粒状"秸秆炭"，还可进一步经炭化炉加工处理使其成为具有一定机械强度的"生物煤"。

秸秆成型燃料具有以下优点：a. 制作工艺简单，可加工成多种形状，体积小，贮运方便；b. 品位较高，利用率可提高到 40% 左右；c. 使用方便，干净卫生，燃烧时污染极小；d. 除民用锅炉外，还可用于热解气化产煤气、生产活性炭及各类"成型"炭。

1.3.4　秸秆的工业化应用

秸秆的工业用途广泛，不仅可用作保温材料、纸浆原料、菌类培养基、建筑材料、各类轻质板材和包装材料的原料，还可用于编织业，酿酒制醋，生产人造棉、人造丝、饴糖等，或从中提取淀粉、木糖醇、糖醛等。

（1）秸秆编织制品加工技术

秸秆用于编织业最常见的是稻草编织。草帘、草苫等可用于设施蔬菜的温室大棚中；草席、草垫既可保温防冻，又具有吸汗防湿的功效；而品种繁多的草编织品、工艺品和装饰品，由于工艺精巧，透气保暖性好，装饰性佳，深受国内外消费者的喜爱。

（2）秸秆制建筑材料技术

将粉碎后的秸秆按一定比例加入黏合剂、阻燃剂和其他配料，进行机械搅拌、挤压成型、恒温固化，可制得高质量的轻质建材。这些装饰板成本低、重量轻、美观大方，且在生产过程中无污染。目前，秸秆在建材领域内的应用已相当广泛，秸秆消耗量大、产品附加值高，又能节约木材，很有发展前景。

（3）秸秆制备扬尘覆盖剂技术

随着我国经济建设的飞速发展，大规模的土地开发和道路改造形成的建筑裸露地、建筑弃土成为二次扬尘的源头，对大气环境质量带来极大的影响。据北京市环保局 2014 年对北京地区 $PM_{2.5}$ 源的解析显示，排放源以机动车、燃煤、工业生产、扬尘为主，分别占比 31.1%、22.4%、18.1% 和 14.3%，因此可以看出，控制扬尘污染已经成为改善空气质量的重要手段。

利用废弃的农作物秸秆制成扬尘覆盖剂，喷洒于建筑工地的裸露土堆及工厂等地的裸露煤堆，形成一个覆盖层，以固定沙尘、降低空气中的可吸入颗粒物，提高空气质量。目前应用的绿色环保扬尘覆盖剂主要由玉米秸秆制作而成。传统的控制施工工地扬尘的方法常采用密目网和化学覆盖剂等方法，这些方法不是控制扬尘效果不理想，就是会对土壤造成不良影响。而绿色环保覆盖剂不仅对环境没有影响，而且喷洒后覆盖扬尘效果好，有效弥补了原有方法的不足。

（4）用作食用菌基料

秸秆营养丰富、来源广泛、成本低廉，非常适合用作食用菌的培养基料。目前国内外用各类秸秆生产的食用菌品种已达 20 多种，不仅可培育草菇、香菇、凤尾菇等一般品种，还可培育黑木耳、银耳、猴头、毛木耳、金针菇等名贵品种。相关数据表明：100kg 稻草秸秆可生产平菇 160kg 或黑木耳 60kg；100kg 玉米秸秆可生产平菇或香菇等 100～150kg，生产银耳或猴头、金针菇等 50～100kg。

（5）生产工业原料

秸秆作为工业原料在国内开发利用起步较晚，但由于其来源丰富、价格低廉且经济效益显著，目前已经成为极具潜力的发展领域。经过碾磨处理后的秸秆纤维与树脂混合物在金属模具中加压成型处理，可以制作装饰板材和一次成型家具，具有强度高、耐腐蚀、阻火阻燃、美观大方及价格低廉的优点。这种秸秆板材的开发对于缓解我国木材供应数量不足和供求趋紧的矛盾、节约森林资源、发展人造板产业具有十分重要的意义。秸秆还可以采取爆破制浆等技术，代替木材和棉花生产高质量的人造纤维浆粕，可以作为化纤制品和玻璃纸生产的主要原料，亦可以广泛应用于抽丝织布、无毒塑料、胶片、火药、无毒食品包装袋、一次性卫生筷、快餐饭盒的生产。特别是利用秸秆纤维生产的快餐饭盒保温隔热效果好，强度、挺度佳，制造工艺简单可靠，生产成本低，产品附加值高，使用后可以自然生物降解，无毒无害，还能用作饲料和肥料，不产生任何环境污染，可以成为塑料材质制成的快餐饭盒的理想替代产品。

1.4 农作物秸秆综合利用的意义、现状及问题

1.4.1 秸秆综合利用的意义

（1）秸秆综合利用是改善农村卫生条件的清洁工程

目前，我国正在大力推进社会主义新农村建设，要使广大农村走上生产发展、生活富裕、生态良好的文明发展道路。党的"十七大"明确提出建设生态文明的战略任务，要求到2020年全面建成小康社会，把中国建设成为生态环境良好的国家。党的"十八大"首次单篇论述生态文明，把"美丽中国"作为未来生态文明建设的宏伟目标。因此，要建设社会主义新农村，必须走建设生态乡镇的道路，推进农村环境保护工作，守住农村的"青山绿水"，着力推进绿色发展、循环发展、低碳发展[4]。

目前，随着农村小城镇建设的逐渐加快，农民的经济状况和居住环境有所改观，但秸秆乱垛、粪土乱堆、垃圾乱倒、污水乱泼、畜禽乱跑等"五乱"现象在农村还普遍存在。尤其是秸秆随意堆放在房前屋后这种传统的收集贮藏方式，不仅导致秸秆资源大量浪费，而且成为鼠、蚊、蝇等病虫害的滋生场所和火灾隐患，非常不利于社会主义新农村的建设。因此，搞好秸秆的综合利用工作，改善农村脏、乱、差的公共卫生状况，解决农村环境问题，是保障社会主义新农村建设的重要举措。秸秆的综合利用，不仅可以促进农民传统生活方式的改变，提高农民生活质量，还可以减轻农村妇女的劳动强度，使广大农民走向清洁、卫生、健康的生活之路[4]。

（2）秸秆综合利用是建设资源节约型、环境友好型社会的能源工程

改革开放以来，我国的经济建设取得了巨大进步，与此同时，也带来了严重的资源和环境问题。尤其是能源短缺问题，已成为我国人口众多基本国情下限制经济可持续发展的主要瓶颈问题。据《2007年度全国农村可再生能源统计汇总表》（农业部科技教育司和农业部能源环保技术开发中心）统计：2007年我国农村能源消费量（主要由煤炭、火电、成品油、天然气、液化气、煤气等化石能源和水电、秸秆、薪柴、沼气等可再生能源构成）为 8.97×10^8 tce（标准当量煤），约为全国能源消费总量的30%。但农村人均能源消费量仅为城镇人均的1/3。假如我国农村人均能源消费量达到目前城镇人均消费水平，将使全国商品能源消费量在现实基础上净增1/2以上，这会进一步加剧我国的能源供给压力。因此，农村能源问

题的解决必须因地制宜地开发农村资源潜力。我国秸秆资源丰富，属于可再生资源，具有非常大的新型能源化开发潜力。秸秆可用于生产沼气、成型燃料、木炭、生物酒精和生物柴油等。若将现有秸秆产量的 1/3 用于新能源开发，可以为社会提供约相当于 $1.0 \times 10^8 \, tce$ 的商品能源。此外，我国每年农村秸秆直接燃用量约为 $2.2 \times 10^8 \, t$，占全国秸秆可利用量的近 1/3。秸秆直接燃烧能源效率低，不仅浪费资源，而且污染农村大气环境和家居环境[4]。

将秸秆资源新型能源化开发利用既可提高秸秆资源的燃用效率，又可替代煤、石油、天然气等化石能源，对增加农村能源供应、不断改善农村能源消费结构、解决农村能源供应问题具有重要的现实意义。

（3）秸秆综合利用是实现国家减排目标的环境工程

气候变暖已经成为世界瞩目的环境问题，我国 CO_2 排放势头迅猛。2009 年 11 月 26 日我国正式对外宣布温室气体减排的行动目标：到 2020 年，单位国内生产总值 CO_2 排放比 2005 年下降 40%～45%。在我国农业生产过程中，由于化肥农药的大量施用以及农业机械化的推行，我国粮食产量逐年增加，与此同时，我国农作物秸秆越来越多，但是，由于在农村地区液化气等清洁燃料的普及，秸秆的利用率越来越低。尤其是在农村夏、秋收"双抢"季节，大量秸秆得不到及时和妥善处置，最终被付之一炬。尤其是一些经济和农业比较发达的大中城市郊区，在田间地头随意焚烧秸秆的现象十分普遍。这不仅浪费了宝贵的生物质资源，而且会污染大气环境，增加 CO_2 排放量。我国农村地区每年燃用煤炭约 $5.6 \times 10^8 \, t$，消耗天然气约 $2.65 \times 10^8 \, m^3$、液化石油气 $0.36 \times 10^8 \, m^3$、煤气 $2.01 \times 10^8 \, m^3$、电力 $2.52455 \times 10^{11} \, kW \cdot h$、成品油 $5.57146 \times 10^7 \, t$。这些化石燃料的燃烧是我国 CO_2 排放总量迅猛增长的重要原因之一。

将农作物秸秆新型能源化开发利用，不仅可以解决秸秆的焚烧问题，还可以有效地替代煤炭、"三气"等化石能源的消耗和秸秆的直接燃用，降低农村地区 CO_2 的排放量，减轻大气污染。另外，通过秸秆还田培肥地力，可以减少化肥施用量，进而减少化肥生产对煤炭、石油、天然气等化石能源的消耗，促进国家减排目标的顺利实现。

（4）秸秆综合利用是优化畜牧业结构的节粮工程

据统计，2013 年我国肉类人均年消费量为 59.8kg，人均年消费牛奶约 25.23kg，而且人均消费奶量到 2020 年需要提高到 36kg。由此可以看出，我国将长期面临饲料粮短缺的问题。为了保障我国粮食安全和生态安全，必须广辟饲料（草）来源，但目前我国主要牧区天然草地超载过牧问题严重，部分地区的当务之急是禁牧、休牧、限牧，因此，在现有条件下进一步增加我国天然草地载畜量的空间不大；此外，我国耕地资源稀缺，人工饲草地的开辟只能在部分地区进行。因此，充分利用秸秆的饲料价值，采用秸秆养畜是保障畜牧业健康发展的重要举措。

（5）秸秆综合利用是提高土壤综合生产能力的沃土工程

建设现代农业，就是要转变农业增长方式，促进农业又好又快地发展。发展现代农业，必须有效地减少化肥、农药等投入，积极发展循环农业、有机农业、生态农业。秸秆资源是发展现代农业的重要物质基础，农作物光合作用的产物一半在籽粒中，一半留在秸秆中。秸秆含有丰富的有机质、氮、磷、钾和微量元素。以我国每年秸秆产量 $7 \times 10^8 \, t$ 计算，这些秸秆中含氮 460 多万吨，含磷约 $1.25 \times 10^6 \, t$，含钾 1100 多万吨，是农业生产重要的有机肥源。在现有农业生产条件下，如果每公顷耕地秸秆还田量为 3.0～4.5t，可使粮食平均增产 15%

以上；若连续三年秸秆还田，可使土壤的理化性状明显改善[5]。

(6) 秸秆综合利用是实现农业可持续发展的生态工程

在社会主义新农村的建设过程中，充分开发利用秸秆的"五料"（燃料、饲料、肥料、工业原料、养殖基料）价值，因地制宜地推行秸秆还田、秸秆饲料化、秸秆压块、秸秆气化等具有高附加值的新型能源化利用技术，对保护农村的生态环境具有重要作用。秸秆新型能源化开发利用可有效地减少农村薪柴的燃用消耗，保护我国有限的森林资源。利用秸秆作为工业原料替代木材造纸和加工板材，也可有效地减少木材消耗。秸秆饲料化利用可减轻草原超载过牧的压力，有利于保护草原生态环境，此外，秸秆资源综合利用可以避免秸秆焚烧，有利于保护大气环境。综合来看，秸秆综合利用是实现农业和农村经济可持续发展的生态工程。

(7) 秸秆综合利用是增加农民收入的富民工程

秸秆综合利用增加农民收入主要从以下几个方面实现。

1) 种植增收　秸秆还田可以培肥地力，节约农民化肥投入，改善农产品质量。秸秆作为食用菌种植基料是其综合利用的重要途径之一。山东省种植实践证明：2005年山东省食用菌总产量达 1.3×10^6 t，消耗农作物秸秆、农产品下脚料、废弃树枝和木屑等农业废料 2.213×10^6 t，建成了以烟台九发、聊城奥登、泰安天野、济南奥利、济宁华源、淄博七河、滨州科力等为代表的 20 多家国家级、省级大型食用菌龙头加工企业，带动全省 300 万农民致富[5]。

2) 养殖增收　截至 2008 年年底，全国已建成 8 个国家级秸秆养畜示范区、604 个国家级养畜示范县。农业部调查资料显示：每出栏 1 头肉牛、1 只肉羊，农户可分别获纯利约 1000 元和 150 元；每产 1kg 牛奶，农户可获纯利约 0.5 元；以 2008 年牛、羊出栏量和奶类产量计算，此三项产生的直接效益约为 1025.85 亿元。

3) 秸秆加工增收　随着科技水平的不断提高，秸秆综合利用的途径越来越广泛。秸秆造纸、秸秆板材加工、秸秆编织、秸秆饲料加工、秸秆发电、秸秆炭化、秸秆气化等秸秆综合加工利用和新型商品能源开发，可使秸秆综合利用形成一个门类众多的产业化体系。

4) 秸秆销售收入　目前，1t 秸秆的价格在 200 元左右。若我国秸秆综合利用率每提高 10%，即可多销售秸秆 $(7.0 \sim 8.0) \times 10^7$ t，可直接为农民带来 140 亿～160 亿元的收入。

此外，秸秆综合利用是促进农民就业的有效措施。若建设一条 5.0×10^4 m³ 的秸秆人造板生产线，可提供 200 个就业岗位，同时带动周边秸秆收集、运输等服务业的发展，间接增加就业岗位约 400 个。

总之，农作物秸秆综合利用具有良好的经济效益、生态效益和社会效益。秸秆综合利用的发展方向应以秸秆饲料化、新型能源化、肥料化、工业原料化为基础，以科技为支撑，从优化秸秆利用结构和提高秸秆资源利用效率两方面入手，构建以秸秆资源为支撑的高效循环农业体系。

1.4.2　秸秆综合利用现状

据国家环境保护农业废弃物综合利用工程技术中心统计，2010 年，我国农作物秸秆利用量约为 5.0×10^8 t，综合利用率为 70.6%。其中，秸秆作为饲料利用量约为 2.18×10^8 t；作为肥料利用量约为 1.07×10^8 t（其中不包含根茬还田，根茬还田量约为 1.58×10^8 t）；作为食用菌基料利用量约为 $0.18 \times 10^8 t$；用作人造板、造纸等工业原材料量约为 $1.18 \times 10^8 t$；作为燃料利用量（主要包括传统炊事取暖和秸秆新型能源化利用）约为 $1.22 \times 10^8 t$[6]。

1.4.3 秸秆综合利用存在的问题

近几年，在国家利好政策的引导下，秸秆综合利用得到快速发展，但也出现了一些利用率低、产业链短和综合利用结构不合理等问题[6,7]。

（1）秸秆综合利用率低

秸秆综合利用率相对较低的根本原因在于秸秆收集困难。若采用人工收集方式，秸秆比较分散，难以运输和存放；若采用机械打捆收集，成本较高，而秸秆的售价一般较低，再加上运输等费用，综合效益低，这导致农民收集利用秸秆的积极性不高。此外，限制秸秆综合利用的另一因素是技术问题，以玉米秸秆青贮为例，由于国产的青贮机械质量差，而国外的机械虽然质量好，但价格高，农民买不起，因此，大多采用人工摘穗、机械割倒、车辆运输转运、机械切碎等几道工序，这导致青贮饲料质量差，而且农民的劳动强度大。

（2）秸秆综合利用结构不合理

目前，秸秆的主要综合利用方式有秸秆还田及肥料化利用，饲料化利用，秸秆制沼气，秸秆气化、固化及炭化，作生产食用菌的培养基料和工业原料等。其中 31.9% 的秸秆被用作饲料，15.6% 用来还田，由此可以看出，大部分秸秆主要用于饲料、还田、农户做饭取暖等低附加值的利用方式上，只有一小部分被应用到工业原材料和新型能源（秸秆气化、直燃发电）等高附加值的利用方法上。

（3）秸秆收贮运机械化水平不高

我国目前农作物秸秆的收集方式主要依靠人工收集及小型机械化收集的方式。要实现秸秆的规模化工业利用，必须突破传统的秸秆收集模式，依靠机械化收贮运来完成秸秆的收集。目前，我国农作物秸秆收贮运技术装备整体水平较低，主要有以下几个特征：a. 技术水平低，常用的秸秆收集加工设备主要以小型的牧草设备和饲料加工设备为主，仅适用于稻麦秸秆的收集，缺乏专门针对玉米秸秆和棉花秸秆的收割设备；b. 结构性矛盾突出，现有机械以小型机械为主，作业效率低，缺乏与规模化工业利用相配套的大中型机械设备；c. 机械化应用范围小，在作物秸秆收贮运方面，许多方面的机械化生产是空白的；d. 生产企业规模小，技术落后，产品质量得不到保证。因此，应加快经济、高效的农作物秸秆收集、运输、处理技术与装备的研发，提高农业装备水平，促进农作物秸秆的高效利用[8]。

（4）秸秆综合利用技术不成熟

与国外的秸秆综合利用技术相比，我国的秸秆综合利用方式单一，主要停留在秸秆还田、秸秆饲料化利用等粗加工方式上，秸秆气化、秸秆制沼气、秸秆直燃发电等新型综合利用技术应用较少，而且缺乏适宜农户分散经营的小型化处理技术和设备。

（5）秸秆综合利用政策法规体系不健全

目前秸秆综合利用主要以 2008 年《国务院办公厅关于加快推进农作物秸秆综合利用的意见》为主，国家及各地相关部门多次发文明令禁止焚烧秸秆，但是对于秸秆如何妥善处理与综合利用并没有实质性的政策文件和指导意见。除此之外，现有的经济政策主要围绕秸秆综合利用产品，尤其是生产企业给予资金支持，对于秸秆收贮运和产品应用方面缺乏相应的政策，不利于形成完整的产业链。此外，秸秆综合利用方面的研发投入主要用于国家重大科技项目，这些项目往往周期长，成果应用慢，对于那些周期短、产业化快的小技术和小发明缺乏相应的资金投入，这降低了农村基层科研人员的积极性。

参 考 文 献

[1] 农业部科技教育司，中国农学会. 秸秆综合利用 [M]. 北京：中国农业出版社，2011.

[2] 崔艳林，孙树荣，周惠琦. 曹张乡秸秆过腹还田改良盐碱地探析 [J]. 资源与环境科学，2010，7.

[3] 胡华锋，介晓磊. 农业固体废物处理与处置技术 [M]. 北京：中国农业大学出版社，2009.

[4] 毕于运，徐斌. 秸秆资源评价与利用研究 [D]. 北京：中国农业科学院，2010.

[5] 毕于运，寇建平，王道龙. 中国秸秆资源综合利用技术 [M]. 北京：中国农业科学技术出版社，2008.

[6] 林成先. 秸秆综合利用现状及发展战略研究 [J]. 中国农业信息，2014，05：29-30.

[7] 廖震，屠乃美，刘文. 我国农作物秸秆综合利用现状及其技术进展 [J]. 作物研究，2006，5：526-529.

[8] 于兴军，王锋德，刘天舒. 农作物秸秆收储运机械化现状及发展对策 [C] //2010 国际农业工程大会论文集，2010：127-130.

秸秆还田利用技术

2.1 秸秆还田机理

2.1.1 秸秆还田原理

2.1.1.1 养分效应

秸秆还田能够为土壤中的微生物带来丰富的能量与营养，能够使高肥土微生物数量增加 50％左右、瘦土微生物数量增加 2 倍左右。微生物数量的增加能够大幅度提高土壤的呼吸强度，据统计，秸秆还田能将肥沃土壤的 CO_2 释放量提高 8.3％～43.7％，瘦瘠土壤的提高 81.5％～117.8％。此外，秸秆还田能够使土壤的酶活性得到提高，过氧化氢酶、碱性磷酸酶、脲酶、转化酶等各种土壤酶均有不同程度的提高[1]。

2.1.1.2 改善土壤效应

秸秆还田可以改良土壤的理化性状。试验表明：连续两年秸秆还田后能够使土壤有机质含量增加 0.1％～0.27％，土壤容重降低 0.032～0.062g/cm³，土壤总孔隙度增加 1.25％～2.04％。相比于全氮和速效磷，秸秆还田对速效钾的提高作用更大，增量范围在 8.3～105.1mg/kg，相比未还田土壤，平均增加 38.8mg/kg，其效果等价于 1 亩（1 亩 = 666.67m²，下同）地多施 5.8kg 钾。因此，秸秆还田在改良与平衡土壤养分，尤其是在钾素的补给方面意义重大。

2.1.1.3 农田环境优化效应

（1）保墒和调控田间温湿度

秸秆还田能够在干旱季节减少地面水分的蒸发量，保持适宜的耕层蓄水量；在雨季能够减缓雨水对土壤的侵蚀，减少地面径流，增加耕层蓄水量。此外，由于秸秆覆盖于土壤表面，隔离了阳光对土壤的直射，能够起到对土体与地表温热交换的调节作用[2]。

（2）抑制杂草

将农作物秸秆覆盖于土壤表面，能够抑制杂草生长。秸秆覆盖与除草剂配合，能够提高除草剂的抑草效果。

2.1.2　秸秆还田方式

秸秆还田方式可以分为秸秆机械化直接还田和秸秆间接还田两大类。秸秆机械化直接还田主要有秸秆粉碎还田、整秆还田技术和秸秆根茬还田三种。秸秆间接还田主要有堆沤还田、生化催腐还田、过腹还田、沼肥、养殖还田和生物反应堆等多种形式[3]。

2.1.2.1　秸秆直接还田

直接还田就是将秸秆直接或者粉碎到一定程度后直接放置于田间，包括留高茬还田、粉碎还田、机械粉碎全还田、立秆还田等多种直接还田模式。

（1）秸秆机械化直接还田

秸秆机械化直接还田主要包括机械粉碎、破茬、深耕和耙压等机械化作业工序。秸秆机械化直接还田是一项能够增加土壤有机质，提高作物产量，减少环境污染，争抢农时的综合配套技术。该技术是大面积实现"以田养田"、保护环境、建立高产稳产农业的有效途径。目前，山东、陕西、河南、吉林、江苏等省均大力推广秸秆还田技术，相继出现了多种形式的还田机具，发展前景非常乐观。使用最普遍的是直切式秸秆还田机[4]。

（2）超高茬麦田套稻秸秆还田

超高茬麦田套稻秸秆还田是指在小麦收割前的麦田中撒播稻种，稻种发芽出苗，在小麦收割时留高茬秸秆还田，灌水后麦田直接转化为稻田。超高茬麦田套稻将轻型栽培、节水旱育、免耕及秸秆还田等栽培技术融为一体，可以培肥土壤，保护环境，省工省本(不用育秧和插秧)。

（3）小麦秸秆高茬覆盖还田

小麦秸秆高茬覆盖还田是一项从根本上杜绝焚烧小麦秸秆现象发生，切实把小麦秸秆还田、复播，实施机械化保护性耕作项目工作落到实处的机械化技术。该技术主要包括小麦高茬覆茬打碎覆盖和小麦高茬休闲覆盖两类。高茬覆茬打碎覆盖主要包括旋耕播种、硬茬播种、先撒籽后旋耕播种；高茬休闲覆盖主要包括旋耕覆盖、深松覆盖、整秆覆盖。

2.1.2.2　秸秆间接还田

间接还田技术包括堆沤还田、烧灰还田、过腹还田、菇渣还田和沼渣还田。其中秸秆堆沤还田也称高温堆肥，是解决我国当前有机肥源短缺的主要途径。

（1）秸秆堆沤还田

该技术一般在夏季高温季节进行，采用厌氧发酵沤制秸秆成为有机肥，该技术的特点是时间长，受环境影响大，劳动强度高，但成本低廉。技术关键是筛选适宜的能够高效降解秸秆的菌种。降解秸秆的菌种在不同的土壤和温度条件下有所不同，其中以木霉属真菌的分解能力较强，秸秆降解还田后对土壤性状有明显的改善作用。国家"八五"期间由中国科学院驻菏泽顾问组和菏泽科技开发中心选育出的301菌种应用到秸秆堆沤中，简便易行、腐烂效果好、省时省力，且不受季节限制，小麦长势比亩施30kg尿素增产10%～20%，且穗大、籽粒饱满、抗倒伏力强，在国内居领先水平。赵玉杰等为了加快小麦秸秆堆肥速度，采用人工接入白腐菌的方法，当小麦秸秆堆肥中添加10%的猪粪、料水比为2、碳磷比为120、碳氮比为60、pH值为6时，30℃条件下16d内对小麦秸秆木质素的降解率为56.27%，全纤维素降解率为10.41%。席北斗等在堆肥过程中接种高效复合微生物菌群，可以提高有益微生物的群体数目，增强微生物的降解活性，提高堆肥品质。黄继等从牛粪中筛选出一株能够降解玉米秸秆纤维素的真菌(ZJ7)，其最佳产酶条件：培养基初始pH值为7.0，培养温度为30℃，最佳氮源为花生麸[5,6]。

(2) 秸秆过腹还田

过腹还田就是以秸秆为原料，或结合其他原料加工制作成饲料饲喂家畜家禽，再将其粪便还田，或将其粪便作为原料生产沼气后还田。秸秆过腹还田肥效高，具有良好的经济、社会和生态效益。

(3) 秸秆生物反应堆

秸秆生物反应堆技术是一项全新概念的农业增产、提质、增效新技术，可产生多方面的效应：定向产生CO_2、增温、生物防治和改良土壤。尤其是内置式秸秆生物反应堆，可提高土壤的有机质含量，秸秆腐解过程中产生的CO_2可供作物光合利用，产生的热量可有效提高深冬季节室内温度。应用秸秆生物反应堆技术可以明显提高农作物产量，使农产品生产成本降低，农产品质量明显改善，具有良好的经济效益、生态效益和社会效益。

2.1.3 秸秆还田的优点

(1) 改善土壤物理性质

秸秆还田能够使土壤空隙度提高4％左右，进而提高总空隙度和非毛细管空隙度，降低土壤容重和坚实度。能够增强土壤抗旱保墒性能，综合改良土壤水、肥、气、热条件，大大提高土壤抗旱抗涝的能力。因此，秸秆还田能够显著改良土壤的物理性质，提高土壤的可耕性[6]。

(2) 提高土壤肥力

秸秆还田是提高土壤有机质最为有效的方法。农作物秸秆中的纤维素、半纤维素和一定数量的木质素、蛋白质等经过发酵、腐解、分解转化成土壤有机质。有机质既是植物营养元素的重要来源，也决定着土壤耕性、土壤结构性、土壤缓冲性和土壤代换性，同时还能够防治土壤侵蚀、增加透水性和提高水分利用率。有机质含量是衡量土壤肥力的重要指标，有机质含量越高，土壤越肥沃，耕性和丰产性能就越好。若再结合微生物肥料或化学肥料配合施用，秸秆还田会成为一种有效增强土壤肥力的方法。

(3) 提高农作物产量，降低成本

长时间的秸秆还田有助于农作物产量及品质的提高。中国农业科学院、西南农业大学(现更名为西南大学)、湖北省农业科学院等单位进行了秸秆还田效果试验，全国60多份材料的统计结果(见表2-1)表明：秸秆还田能够使农作物增产10％以上，增产范围在−4.8％～83.4％，平均增产15.7％。持续常年推行秸秆还田，不仅能大大提高培肥阶段的产量，而且后效显著，具有持续的增产效果[2,3]。

表 2-1　秸秆还田增产统计结果

试验单位	试验方式	增产量/(kg/hm²)		增产率/％	
		范围	平均值	范围	平均值
中国农业科学院土壤肥料研究所	微区定位试验	298.5～1287	839.55	5.3～22.7	14.79
	大田定位试验	184.5～952.5	502.5	4.2～16.4	9.74
	大田调查	754.5～934.5	844.5	10.0～12.4	11.3

试验单位	试验方式	增产量/(kg/hm²)		增产率/%	
		范围	平均值	范围	平均值
西南农业大学（现更名为西南大学）	翻压还田定位试验 覆盖还田定位试验	885~2535 505.5~651	579.0	-6.9~28.6 8.73~11.76	11.0 10.3
湖北省农业科学院	小麦压蔓试验 中稻压蔓试验 棉花大田试验 棉花大田调查	118.5~771 571.5~1002 91.5~193.5	388.5 756.0 136.5 175.5	-3.5~65.6 8.7~12.6 7.2~17.3	11.7 9.8 11.3 13.1
山西省农业科学院	大田定位试验			11.7~14.0	13.2
江苏省农业科学院	大田定位试验	127.5~787.5	448.5	4.8~36	18.03
浙江省农业科学院	一年三熟定位	537~505.5	549.0	11.17~40.7	15.2
统计全国60多份秸秆还田试验资料				-4.8~83.4	15.7

（4）改善农田生态环境

农田生态环境的优劣直接影响农作物的生长发育。农田生态环境由农田小气候、植物养分循环、土壤水热状况、植物病虫害、杂草生长等几部分组成。秸秆覆盖和翻压还田可以不同程度地改良农田生态环境。

（5）调控田间温湿度，提高土壤保墒能力

农作物秸秆覆盖于地面，干旱季削弱土壤中的水分蒸发，维持适宜的耕田蓄水量；雨季能够减缓雨水对土壤的侵蚀并减少地面径流，使耕层蓄水量增加。此外，秸秆覆盖可以避免阳光直接照射土壤，调节土体和地表温热交换。试验表明：在高温季节，当大气温度为36.5℃时，秸秆覆盖比对照地表温度低5.5℃，距地面7cm处比对照低3.5℃，距地面15cm处比对照低1.2℃。

（6）抑制杂草生长

中国农科院土肥所曾木祥开展了秸秆还田三种方法（堆沤、翻压、覆盖）对杂草抑制效果的试验研究，结果表明，堆沤与翻压两种还田方式对杂草抑制的规律不明显，只有秸秆覆盖还田方式具有显著的杂草抑制效果。

秸秆覆盖还田因为不翻动土壤，所以使养分的矿化率大大降低，进而不同程度地提升了土壤中N、P、K的量。秸秆翻压还田因为翻动土壤，一方面加大了养分的矿化率，另外又因为秸秆较高的碳氮比，微生物需要消耗土壤中大量的N来分解秸秆，所以结果是P、K有所增加，但仍需大量地补充氮肥。此外，磷肥进入土壤后，并不能保持原来的磷酸盐形态，因为金属离子会快速地对它进行固定，实现可溶性磷向难溶性磷的转化，最终降低了土壤中有效磷的含量。而作物秸秆直接还田带来的丰富的可溶性能源物质，可以激发土壤微生物细胞大量繁殖，增强土壤微生物的活性。微生物在对能源物质进行分解时既保护了有效磷，又转化难溶性磷，从而提高了土壤的供磷水平和有效磷含量[7]。

综上所述，秸秆还田能够使土壤养分更为丰富，提高土壤肥力，尤其是能够提高土壤钾素营养，同时使空隙度增加，土壤容重下降，土壤结构得到改善；秸秆覆盖具有调温、保墒、减轻盐碱、抑制杂草生长等优点；能够综合改良土壤的水、肥、气、热状况，改善农田生态环境，为农作物的高产、稳产、优质奠定基础。

2.1.4 秸秆还田注意事项

秸秆还田是改善土壤理化性质、使农作物增产和解决秸秆问题的一条非常有效的途径。但是若使用不当，会使土壤中的氮、磷过度富集，造成土壤的富营养化问题。因此，需要从还田时间、还田量、耕作制度等多方面综合考虑秸秆还田事宜，严格控制秸秆还田量。

2.1.4.1 秸秆还田易出现的问题

在秸秆还田实际应用过程中容易出现以下问题。

1）秸秆的碳氮比过高　秸秆的碳氮比一般为600：1，碳氮比过高，导致秸秆在土壤中分解缓慢。秸秆在土壤中的分解主要依靠微生物来进行，这些微生物也需要一定的氮素来维持其生长代谢。除此之外，农作物的正常生长发育也需要氮源的供给，因此会造成农作物与微生物竞争氮源，致使农作物在生长过程中可能缺乏氮素，影响根苗的正常生长，进而影响到后期农产品的产量。

2）秸秆还田方式不当　主要包括秸秆还田数量过大，翻压质量不好，土壤水分不适，粉碎程度不够等因素，这容易影响播种质量，进而影响到种子出苗及苗期生长。

3）机械化程度不高　缺少技术过硬的国产秸秆还田配套机具。

2.1.4.2 解决措施

随着我国科学技术的进步，上述存在的问题可以通过以下途径得到妥善解决。

① 通过施加氮肥来调节秸秆的碳氮比，使之达到既有利于秸秆的分解，又有利于农作物苗期的生长。

② 经过我国对秸秆还田技术的科技攻关，相关科研单位对影响秸秆还田的各种因素，包括秸秆还田方式、时间、数量、施氮量、粉碎程度、翻压深度、土壤水分和防治病虫害等进行了深入研究，制订了秸秆还田技术规程，可以避免秸秆还田方式不当对土壤肥力和农作物生长造成的不良影响。

③ 我国农业机械化迅速发展壮大，目前生产的大、中型拖拉机、收割机、粉碎机、播种机及各种犁等配套机具的技术性能已经能够达到秸秆还田的要求。

④ 我国粮食产量持续增加，秸秆产量越来越大，目前农村秸秆用于直接燃烧的数量越来越少，因此，会有大量的富余秸秆为秸秆还田提供物质保障。

2.2 秸秆还田机械化技术

2.2.1 秸秆还田机械化技术简介

2.2.1.1 技术简介

秸秆还田机械化是利用农业机械将农作物秸秆作为有机肥料直接还田的一项实用技术，具有便捷、快速、成本低的优势（图2-1）。主要包括秸秆粉碎还田机械化技术、根茬粉碎直接还田技术、秸秆整秆还田技术等三种主要形式。秸秆机械化还田可使土壤有机质含量增加0.2%～0.4%，增产10%以上，作业成本仅为人工还田的1/4，提高功效40～120倍，具有非常显著的社会效益和经济效益。

采用秸秆机械还田可以实现多道工序一次性完成，具有快速、便捷、抢积温、抢农时等

图 2-1　秸秆还田机械化

优点，能够实现大量秸秆及时就地还田、避免秸秆丢弃或焚烧造成的环境污染问题，以地养地，为土地的高产稳产奠定了坚实的基础。目前，机械化还田因为高效、省时、省工等特点被大量农户接受及推广。但是，其存在两大问题：一是能耗大、成本高；二是还田机械不适用于山区、丘陵以及小面积地块[8]。

2.2.1.2　还田机械化技术要点

秸秆还田机械化作业工艺的每个环节都有具体的技术要求，在作业过程中应注意以下几点。

（1）配合施用氮磷化肥

秸秆直接还田时，存在农作物与微生物争夺速效养分的矛盾，尤其是争氮现象，一般采用补充化肥的方式来解决。秸秆的碳氮比为（80～100）：1，因此，应适当增施氮素化肥，若土壤缺磷，则应补充磷肥。据试验，玉米秸秆腐解过程需要的碳、氮、磷比例一般为 100：4：1 左右，一般每亩还田秸秆 500kg 左右，需施加 4.5kg 纯氮和 1.5kg 纯磷（或施 20～50kg 速效氮或 10～15kg 尿素）。

（2）秸秆粉碎与翻埋方法

秸秆粉碎还田机作业时要注意选择拖拉机作业挡次和调整留茬高度，粉碎长度不宜超过10cm，严防漏切。玉米秸秆不能撞倒后再粉碎，否则不能将大部分秸秆粉碎，还会因粉碎还田机的工作部件位置过低，刀片打击地面而增加负荷，甚至使传动部件损坏。工作部件的离地间隙宜控制在 5cm 以上。秸秆粉碎还田，加施化肥后要立即旋耕或耙地灭茬而后翻耕，翻压后如土壤墒情不足，应结合灌水[9]。

若实施夏玉米免耕覆盖精播机械化技术时，要求前茬小麦秸秆粉碎后覆盖在地表，尽可能减少对土壤的翻动而直接播种，以保持土壤原有的结构、层次，同时维持和保养地力、墒情。但播种之后要及时喷洒化学药剂，以消灭杂草及病虫害。在作物生长期间，也不再进行其他耕作。

（3）翻埋时间

秸秆直接还田的时期，一般在作物收割后立即耕翻入土，避免水分损失导致不易腐解。玉米在不影响产量的情况下，应及时摘穗，趁秸秆青绿，保证含水率 30% 以上。此时秸秆含糖分、水分大，易被粉碎。对加快腐解、增加土壤养分大为有益。在翻埋时旱地土壤的水分含量掌握在田间持水量 60% 时为宜，如水分超过 150% 时，由于通气不良，秸秆氮矿化后易引起反硝化作用而损失氮素。

（4）秸秆还田量

在薄地、化肥不足的情况下，秸秆还田离播期又较近时，秸秆的用量不宜过多；而在肥地、化肥较多、距播期较远的情况下，则可加大用量或全田翻压。注意应避免将有病害的秸秆直接还田。

2.2.1.3　秸秆粉碎机械

目前我国生产的秸秆粉碎机有多种型式，如联合收割机安装的秸秆切碎、抛撒装置，"L"形甩刀式秸秆切碎机、锤爪式秸秆切碎机等。下面就这些秸秆粉碎机械的结构、工作原理及正确使用进行说明[10]。

（1）联合收割机的秸秆切碎装置（图 2-2）

图 2-2　带秸秆切碎功能的联合收割机

1）一般构造　联合收割机（如 1065、1075、ESI4 等）上的秸秆切碎装置安装在逐稿器的后下方，由滑草板、切碎滚筒、定刀以及扩散板等组成。切碎滚筒上销接有动刀片，呈螺旋线排列。动刀片为长方形，两边都有刀口，磨钝后可换着使用。定刀片固定在定刀座上。定刀座的固定位置有长槽可进行调整，以改变与动刀的重叠量。扩散板为左右对称的曲面导流片，其导向角度可进行小量调整。切碎滚筒由联合收割机的发动机皮带传动而旋转，其转动方向与联合收割机的行走方向一致。

2）工作原理　被逐稿器抛出的秸秆经滑草板落在高速旋转的切碎滚筒上。动刀片把秸秆带至定刀片间隙处进行切割，将秸秆切成碎段。切碎后的秸秆在离心力的作用下沿扩散板抛出，均匀铺撒在地面上。调整扩散板的角度可以改变铺撒幅宽。调节动、定刀片的重叠量可调节切碎长度。

这种秸秆切碎装置工作时为有支承切割，而且秸秆喂入均匀，因此，在秸秆含水量合适的条件下，切碎质量好，动力消耗也较小。

3）正确使用　切碎装置的切碎质量和所需功率与小麦的产量、成熟程度以及秸秆中含杂草的多少等有关。当小麦的成熟度高、秸秆含水量低、又无杂草的情况下，功率消耗约为5kW，而且切得碎，铺得匀。当杂草多、小麦成熟度差时，功率可达 10kW 以上，甚至更高，而且切碎质量大大恶化。因此，为了保证秸秆切碎和铺撒的质量，提高联合收割机的收获效率，应尽量在小麦成熟度适宜时进行收割。使用中还应特别注意保持动、定刀片刃口的锋利，否则也会降低切碎质量并增加动力消耗。

联合收割机上的秸秆切碎、铺撒装置结构简单，维修保养方便，功率消耗较低。与收获后再次进地进行切碎作业相比，既可减少一道作业工序，又提高了工效，而且切碎质量好。

如秸秆量少时，也可不用秸秆切碎装置，可在联合收割机尾部加装一反向旋转的秸秆抛撒器。当秸秆从逐稿器落下时，直接由旋转的橡胶条式抛撒装置将秸秆抛撒在地面上。

（2）"L"形甩刀式秸秆切碎机（图2-3）

图 2-3　"L"形甩刀式秸秆切碎机

1）一般构造　由切碎装置、机架护罩、地轮、传动装置、悬挂（或牵引）装置等组成。切碎装置由刀轴、刀座及刀片等构成。刀座按螺旋线排列焊接在刀轴上。"L"形刀片销接在刀座上，相邻刀片的运动轨迹有一定的重叠量。拖拉机动力输出轴的动力经切碎机上的变速箱、传动皮带传递给刀轴，带动刀片高速旋转。刀片的旋转方向与切碎机的行走方向相反。切碎机的主要工作部件为刀片，呈"L"形，刃口朝向前进方向。有的刀片制成双面刃口，可以换面使用。为了使刀轴和甩刀的销轴受力平衡，并提高切碎效果，一般"L"形甩刀左右对称配置，呈"Y"形。通过调节地轮的安装高度可以改变切碎直立茎秆的留茬高度。"L"形甩刀式切碎机的工作幅度一般为1.5～2m。刀轴的转速一般为1300r/min左右，转速太低，会影响切割质量。

2）工作原理　切碎机工作时，高速旋转的刀片与机器的前进速度合成为余摆线运动。机架前部的挡板首先将秸秆推压呈倾斜状，刀片将秸秆捡拾并砍断。在挑起秸秆的同时，由刀片产生的风力将秸秆喂入切碎机护罩内，又受到刀片的多次砍切而成碎段。切碎的秸秆在离心力的作用下沿护罩均匀抛撒落地。甩刀式切碎器为无支承切割，作业时，由于拖拉机轮子对秸秆的折压、机器前进中秸秆的前倾和互相交叉以及秸秆含水量的大小等因素，使秸秆的切碎长度变化很大。

3）正确使用　"L"形甩刀　以其横向刀刃对直立的粗茎秆（如玉米、高粱）进行切割，效果较好，而对麦类等软质秸秆的切碎效果较差，也不适用于机收后麦秸条铺的切碎和铺撒。使用中应注意勿使刀片切土和打击坚硬的物体，因此，作业前应先平整地面的沟和埂。刀片磨损后应及时更换，以保证切碎质量。如刀片折断则应立即更换新刀，防止因不平衡而引起机器强烈的振动。作业时拖拉机的液压操纵手柄处于浮动位置，这样切碎机可以随地面仿形。

（3）锤爪式秸秆还田机（图2-4）

该机粉碎秸秆的部件是锤爪。机组工作时，拖拉机动力经万向节传递到齿轮箱，齿轮箱输出轴带动皮带轮，经两级增速，使粉碎滚筒带动锤爪高速旋转，搅动玉米秸秆进入折线形机壳，受到锤爪、机壳定刀的剪切、锤击、撕拉、切碎后，抛送到还田机后沿，撒落田间。其优点：锤爪数量少，锤爪磨损后可以焊接，使用维修费用低。高速旋转的锤爪，在机壳内形成负压腔，可将拖拉机压倒的秸秆捡起、粉碎。缺点：动力消耗大，工作效率低。秸秆韧性大时，粉碎质量差，给耕整地和小麦播种带来困难。

图 2-41　锤爪式秸秆还田机

2.2.1.4　常用的秸秆粉碎还田机

我国研发的秸秆粉碎还田机型号很多(见表 2-2),常用的秸秆粉碎还田机如下。

表 2-2　我国研发的秸秆粉碎还田机

型号	配套动力/kW	工作部件形式	秸秆切碎长度/cm	工作幅度/m	生产效率/(hm²/h)	适用范围
4Q-1 型	18.4~22.1	锤爪式	10	1	0.4~0.6	玉米、棉花、小麦
4Q-1.5 型	36.8~40.2	锤爪式	10	1.5	0.5~0.9	玉米、棉花、小麦
4Q-2 型	40.2~55.2	锤爪式	10	2	0.9~1.2	玉米、棉花、小麦
4Q-2.5 型	58.8~73.6	锤爪式	10	2.5	1~1.5	玉米、棉花、小麦
4QR-1.4A 型	36.8	动刀式组合或锤爪式		1.4	>0.33	玉米、水稻、小麦
4QR-1.6A 型	40.4~47.8	动刀式组合或锤爪式		1.6	>0.47	玉米、水稻、小麦
4QR-2A 型	55.1~73.5	动刀式组合或锤爪式		2.0	>0.67	玉米、水稻、小麦
4QY-1.5C 型	36.8~47.8	"Y"形甩刀式		1.5	>0.53	玉米、高粱、棉花、小麦
4QY-1.5B1 型	36.8~47.8	"Y"形甩刀式		1.5	>0.53	玉米、高粱、棉花、小麦
4QL-1.5 型	新疆-2 小麦联合收割机	"Y"形甩刀式	1~10	1.5	0.53~0.93	玉米、高粱、棉花
4F-1.5C 型	36.8~55.2	"Y"形甩刀式	8	1.5	0.7~1.0	玉米、小麦、棉花
4JQ-150 型	36.8~55.2	"L"形甩刀式	10	1.5	0.7~1.0	玉米、小麦、棉花

2.2.1.5　秸秆还田机械操作要点

(1) 万向节的安装

应保证机具工作和提升时,方轴、套管及夹叉既不顶死,又有足够的配合长度。检查万向节传动轴夹角,工作时不得大于±10°,地头转弯时不得大于 30°。万向节方轴、方套长度应根据所配拖拉机悬挂机构的尺寸和动力输出轴转速的不同而异,购买时应咨询有关生产厂家。

（2）秸秆还田机的横向、纵向水平调整

即调节拖拉机悬挂机构的左右斜拉杆成水平，调节拖拉机上悬挂杆的长度，使其纵向接近水平。旋切刀的作业深度应根据土壤坚实度、作物种植形式和地表平整状况进行调整，一般应保持≥10cm。

（3）行走路线的选择

秸秆还田机常采用棱形、套耕路线。采用棱形路线时，机器从地块的一侧进入，一行紧接一行，往返作业，由于转弯半径小，此法适用于手拖机组；采用套耕路线时，机器从地块的一侧进入，作业到地头后，相隔3～5个工作幅度返回，一个小区作业完后再作业另一个小区。

（4）作业方式

一般采用两次作业的方式，第一次机具前进速度稍慢，Ⅰ、Ⅱ挡浅旋；第二次略快，Ⅱ、Ⅲ挡旋耕，深度达到预定要求，达到将秸秆压入泥中、均匀搅拌的效果。

（5）机具的作业质量标准

秸秆还田机的作业质量以能满足下茬农作物种植要求为标准。

2.2.2　秸秆粉碎还田机械化技术

秸秆粉碎还田机械化技术，是以机械粉碎、破茬、深耕和耙压等机械化作业为主，将作物秸秆（玉米、小麦、水稻等）粉碎后直接还到土壤中去，用免耕播种机将下茬农作物的种子直接进行播种，或将秸秆抛撒后用犁耕翻深埋，然后进行下茬播种的秸秆还田技术。该技术是能够增加土壤有机质，培肥地力，提高作物产量，减少环境污染，争抢农时季节的一项综合配套技术，具有作业质量好、成本低、生产效率高等特点。工效比人工沤制粗肥还田提高40～120倍，是大面积实现以地养地，建立高产、稳产农田的有效途径之一。该技术适合北方一年一季或一年两季地区，实施保护性耕作区域按其免少耕和深松的技术要求进行。

2.2.2.1　常用机具

常用机具有4Q系列切碎还田机、4F-1.5B型粉碎还田机、XFP-1200型茎秆还田机等[11]。

2.2.2.2　农艺要求

（1）施肥

秸秆在腐解为有机肥的过程中需吸收氮、磷等元素，秸秆本身的碳、氮、磷含量比例为100∶2∶0.3左右，腐解所需的比例为100∶4∶1左右，因此，要补施一定量的氮和磷。一般每亩还田500kg秸秆时，需补施4.5kg纯氮和1.5kg纯磷（补施20～40kg速效氮肥或10～15kg尿素）。

（2）深埋

使秸秆与肥、土混拌均匀，并深埋于20cm以下土层。

（3）整地

要消除明暗坷垃、精细整地，达到土碎地平，使土壤上虚下实，消除因秸秆造成的土壤架空，为播种创造条件。

（4）浇水

小麦播种前要浇足塌墒水，进一步消除土壤架空。秸秆（尤其是玉米秸秆）在土壤中腐解时需水量较大，如不及时补水，不仅腐解缓慢，还会与麦苗争水。因此，要浇好封冻水，沉实土壤，以缓解冻害，这对当季秸秆还田的冬小麦尤为重要。春季要适时早浇返青水，促进秸秆腐解，保证麦苗的正常生长发育。

2.2.2.3 机械作业工艺

（1）小麦秸秆粉碎还田机械化工艺

① 机械收割（小型收割机或联合收割机）留高茬→秸秆粉碎还田机粉碎、抛撒秸秆→免耕施肥播种→喷施农药除草灭虫。

② 机械收割集中脱粒→免耕施肥播种→喷药除草灭虫→出苗后铺撒麦秸。

③ 机械收割→秸秆粉碎还田机粉碎抛撒秸秆→施肥→高柱犁深翻入土→压盖。

（2）玉米（高粱）秸秆粉碎还田机械化工艺

① 摘穗→秸秆粉碎还田机粉碎抛撒→施肥→施耕（或耙茬）→高柱犁深翻→压盖。

② 联合收割机收获、秸秆粉碎抛撒→施肥→旋耕（或耙茬）→高柱犁深翻→压盖。

2.2.2.4 技术要求

① 对于玉米秸秆，要在玉米成熟后及时摘穗，而且摘穗后趁秸秆青绿及时用秸秆粉碎机粉碎（最适宜含水量为30%以上），秸秆粉碎长度不大于10cm，茬高不大于8cm。玉米秸秆呈绿色时含水量达30%以上，糖分多，水分大，既容易被粉碎，又有利于加快秸秆腐解，对增加土壤养分大为有益。

② 对于小麦秸秆，联合收割机收获小麦后，麦茬高度不大于25cm，麦秸粉碎长度不大于15cm，抛撒均匀防止漏切。

③ 秸秆粉碎后翻埋前应进行补氮，将秸秆碳氮比由80∶1调整到25∶1。一般除正常施底肥外，每亩增施碳铵12kg。

④ 秸秆粉碎还田机的工作部件的地隙应控制在5cm以上，严防刀片入土和漏切。

⑤ 玉米秸秆粉碎还田并补施化肥后，不使用高柱犁的地区，为保证耕翻质量，耕前要立即旋耕或耙地灭茬，使被切开的根茬和再次被切碎的秸秆均匀分布在0～10cm的土层中，目的是切碎根茬并将碎秸秆、化肥与表层土壤充分混合均匀。

⑥ 翻埋秸秆应使用大中型拖拉机配套的深耕犁、环形（或V形）镇压器，耢一次完成耕翻、深埋、镇压、耢平等作业。也可用小型拖拉机配单铧犁深耕覆盖，耕深不小于23cm。

⑦ 免耕播种时，应选用适宜的免耕播种机，宜选用带圆盘或开沟器的播种机，以免勾挂根茬或秸秆，造成壅土，影响播种质量。播种后应及时喷施除草剂，一般每亩施用40%阿特拉津75g，加48%的拉索75g，对水60～80kg喷洒，不能过浓，不能有重喷，以防药害。

2.2.2.5 注意事项

① 作业时，禁止刀片打土，选择合适的留茬高度。

② 根据作物的长势，选择合理的作业速度。

③ 玉米秸秆不能在撞倒后再粉碎，否则既不能将大部分秸秆粉碎，还会因秸秆还田机的工作部件位置过低，刀片打击地面而增加负荷，甚至使传动部件损坏。

2.2.3 玉米根茬粉碎直接还田机械技术

玉米根茬粉碎直接还田机械化技术适用于轮番耕作的垄作地区（如东北地区）。这类地区玉米、高粱根茬粗大，人工不宜刨除、切碎。在不耕翻的年份，采用根茬粉碎还田机具，将站立在垄上的根茬(地上部分及地下 10cm 以内的部分) 粉碎后直接均匀混拌于 0～10cm 耕层中，达到播前除茬整地的要求。这项技术适用于玉米、高粱根茬，人工刨除费工、费时，同时实施轮翻耕作的地区[12]。

(1) 技术作用

① 秸秆还田可以增加土壤有机质、培肥地力。若每亩还田的根茬干物质为 80～100kg，则相当于施入含 5%有机质的优质农家肥 1.3t。

② 改善土壤环境条件，增加耕层的透气、透水能力，为土壤微生物活动创造条件。

③ 有利于接纳秋冬雨水，蓄水保墒防春旱。

④ 减少病虫害。

⑤ 防止土肥流失。

⑥ 省工增产。工效比人工提高 30～150 倍以上，亩增产玉米 30kg 左右。

(2) 常用机具

常用机具有 1GW-2 型根茬粉碎还田机、1GX-2 型灭茬机、1G-4 型根茬还田机等。

(3) 农艺要求

① 作业时间可选择秋季收割后或春季播种前，春季作业优于秋季作业。

② 留茬高度以不大于 12cm 为宜，最高不得超过 15cm，否则会影响灭茬质量。

③ 耕层内应无石块、树根等杂物，以免损坏刀具或杂物甩出伤人。

(4) 技术要求

① 根茬粉碎，漏切率不超过 3%，根茬粉碎后长度不大于 5cm，大于 5cm 的根茬数量不能超过 10%。

② 粉碎后的根茬，地表覆盖率不能超过 40%，配有起垄装置的灭茬机组，整体碎茬覆盖率要达到 98%以上。

③ 小型根茬还田机的作业深度一般为 8～10cm，一般粉碎至玉米根茬的"五叉股"部位；大型根茬还田机的作业深度一般为 12～15cm。

④ 碎土率一般应为 90%～95%，保证直径大于 2cm 的硬土块不超过 5%，茬土应混合均匀。

⑤ 根茬粉碎还田前后垄形要保持一致，起垄高度一般为 15～18cm，疏松土层厚度不应低于工作部件入土深度的 60%。

(5) 注意事项

① 应经常观察灭茬机工作部件在作业中是否有杂音或金属敲击声。如发现异常，要立即停车检查，排除故障。

② 地头转弯或倒车时，严禁作业，否则会造成刀片变形、断裂，甚至损坏灭茬机。

③ 机组起步时，要先合灭茬机离合器，后挂工作挡。

2.2.4 秸秆整秆还田机械化技术

整秆还田技术是指农作物秸秆不经粉碎直接采用高立柱犁耕翻埋入土壤中或采用编压覆盖机将秸秆编压覆盖在地表，以达到秸秆还田的目的，一般主要是指玉米秸秆。整秆还田具有抗旱保墒、减少作业环节等特点。实施机械化覆盖还田技术的地块，要求实行宽窄行种植，一般窄行行距为 40～50cm，宽行行距为 65～80cm，为覆盖作业提供条件，即窄行覆盖，来年在宽行露地进行窄行距播种。一般覆盖 2～3 年后进行一次深耕。秸秆整秆还田与粉碎还田的技术作用和农艺要求基本是相同的。所不同的是整秆还田与粉碎还田相比，一是减少了机具购置和机具进地作业次数，降低了生产成本；二是秸秆腐烂分解的速度减慢。该技术适用于实行宽窄行种植玉米的单季旱作地区[13]。

2.2.4.1 常用机具

① 玉米整秆还田可采用东-75/80L 型拖拉机配套高柱五铧犁或重型四铧犁及压辊作业，也可用小四轮拖拉机配单铧深耕犁作业。

② 水田秸秆整秆还田可选用 1GM-65（125、175）型水田埋草机 [配套动力为 12～50hp（1hp＝745.700W，下同）拖拉机]，亦可选用东风-12 型或工农-12 型旋耕埋草机。

2.2.4.2 机械作业工艺

（1）玉米整秆还田

① 两茬平作地区　摘穗→深耕开沟→沿作物行间方向推压秸秆铺倒在沟内或人工割下秸秆顺沟铺放→深耕翻埋→施肥整地→播种。

② 单季平作地区　摘穗→推（压）秸秆倒地铺放→施肥→高柱犁深耕翻埋→春耙或旋耕→播种。

（2）水田秸秆整株还田

机械收割、脱粒→抛撒干稻草→灌水软化土壤→施肥→第 1 遍浅耕→第 2 遍深耕→栽插播种。

2.2.4.3 农艺及技术要求

（1）玉米整秆还田

① 秸秆铺放要均匀，根据长势和株数确定铺放数量，如每亩株数在 4500～5000 棵，人工铺放以每 2～3 棵一把为宜，即可做到耕埋理完。

② 补施适量氮、磷肥，一般每亩还田 1500kg 秸秆，需补施 3.5kg 纯氮和 4.5kg 纯磷。

③ 深耕整地，深耕要求在 25～28cm。作业速度大于 1.39m/s，翻埋后要耢耙、压实、整平，为播种创造条件。

④ 小麦播种要使用带圆盘式开沟器的播种机，以免勾挂秸秆，影响播种质量。

⑤ 春耙或旋耕可采用东-802/75 型拖拉机配缺口耙或铁牛-55 型拖拉机配旋耕机作业。

（2）水田整秆还田

① 还田的秸秆量一般以每亩 300kg 为宜。

② 旋耕埋草机适宜作业的灌水深度为 3～5cm，水田埋草机适宜作业的灌水深度为 3cm。

③ 补施化肥，一般每还田 1.00kg 干稻草，可补施 2.14kg 尿素和 1.36kg 磷肥；每还田 100kg 鲜稻草，可补施 1.6kg 碳铵和 0.34kg 磷肥。同时补施与秸秆等量的畜肥，可使二者形成养分互补，增产效果更为明显。

2.2.4.4 注意事项

① 玉米整秆还田应在不影响产量的情况下尽量选择玉米株叶青绿时进行，以保持秸秆的水分和养分。

② 玉米收获前浇一次水，可保持土壤墒情，利于秸秆腐解和小麦播种。

③ 玉米整秆腐解需水量大，因此要浇好封冻水，沉实土壤，缓解冻害。

④ 为防病虫害，小麦播种前应采用药剂拌种。

⑤ 水田秸秆整秆还田为稻秸和麦秸，也可将瓜藤、绿肥和田间杂草直接旋耕还田。

⑥ 旋耕埋草机适宜的泥脚深度为 10～20cm 的水田。

2.3　秸秆堆沤还田技术

秸秆堆沤还田是农作物秸秆无害化处理和肥料化利用的重要途径。在传统农业生产中，秸秆堆沤和粪肥积造，尤其是两者的混合堆肥，是耕地肥料的主要来源，对种植业生产的发展起着至关重要的作用。在现代农业生产中，随着化肥的大量施用，秸秆堆沤还田逐渐被人们忽视，加之其他秸秆还田方式没有得到推广应用，导致土壤有机质减少，土壤肥力下降，严重制约着农作物产量和品质的提高。由于时代发展的要求，秸秆堆沤还田已经不是主要的还田方式，但其在高效有机肥和秸秆批量化处理方面仍将发挥重要作用。

2.3.1　农作物秸秆自然发酵堆沤还田技术

2.3.1.1　技术简介

这是一种我国农村普遍采用的方法，是中低产田改良土壤、培肥地力的一项重要措施。该技术直接把农作物秸秆堆放在地面上，与牲畜粪尿充分混匀后密封，使其自然发酵。这项技术最大的优点是简单方便，但是由于发酵温度较低，因此发酵时间较长，降解的效果也较差。若要缩短堆肥时间，可以采取添加发酵菌营养液和降解菌的措施。

秸秆等有机物的堆沤，根据含水量的多少可分为两大类。一是沤肥还田。如果水分较多，物料在淹水(或污泥、污水) 条件下发酵，就是沤肥的过程。沤肥是嫌气性常温发酵，在全国各地尤其是南方较为普遍。秸秆沤肥制作简便，选址要求不严，田边地头、房前屋后均可沤制。但沤肥肥水流失、渗漏严重，在雨季更是如此，对水体和周边环境造成污染。同时，由于沤肥水分含量多，又比较污浊，用其作腐熟有机肥料使用较为不便。二是堆肥还田。把秸秆堆放在地表或坑池中，并保持适量的水分，经过一定时间的堆积发酵生成腐熟的有机肥料，该过程就是堆肥。秸秆堆沤，伴随着有机物的分解会释放大量的热量，沤堆温度升高，一般可达60～70℃。秸秆腐熟矿化，释放出的营养成分可满足作物生长的需求。同

图 2-5　传统秸秆堆沤还田

时，高温将杀灭各种对作物生长有害的寄生虫卵、病原菌、害虫等。秸秆堆沤发酵也有利于降解消除对作物有毒害作用的有机酸类、多酚类以及对植物生长有抑制作用的物质等，保障了有机腐熟肥的使用安全。传统秸秆堆沤还田见图 2-5。

2.3.1.2　秸秆自然堆沤技术分类

（1）平地堆沤法和半坑式堆沤法

秸秆平地堆沤一般堆高 2m，堆宽 3～4m，堆长视材料多少而定。秸秆松散，通常

1亩农田的秸秆体积在10m³左右，按堆高2m计，堆沤1亩农田的秸秆约占地5m²，加上沤堆翻倒占地和操作场地，总占地约10m²。秸秆平地堆沤时，在地面上先铺15cm厚的混合材料，然后在其上用木棍放井字形通风沟，各交叉处立木棍，堆好封泥后拔去木棍，即成通气孔。堆肥高出坑沿1m为宜，如此一个坑基本上可堆沤1亩农田的秸秆。

普通堆肥的配料以玉米秸秆、牛马粪、人粪尿和细土为主，按3∶1∶1∶5的质量比例混合，逐层堆积。有机物料混合后，调节水分，使物料含水量达到50%左右。堆后一个月翻倒一次，促使堆内外材料腐熟一致[14]。

（2）坑埋式堆沤法

挖适宜深度的堆沤坑，将秸秆填到坑中，盖土自然腐熟。堆沤物与土壤充分接触，即使没有氮素养分和发酵活性微生物的添加，也有大量土壤微生物参与秸秆的分解过程。10cm厚的堆沤物覆盖一层土壤，如此夹层式堆积沤制，可以减少苍蝇和臭味的影响，即使在住宅附近也可以利用空地堆沤。坑埋式堆沤要注意雨季积水对堆沤物的影响。

（3）装袋堆沤腐熟法

该方法简单实用，将铡碎的秸秆装入适当大且结实的塑料袋中，束口码放即可。为更好地给微生物创造一个适宜的活动环境，夏季最好用黑色塑料袋，冬季最好用透明塑料袋。需要注意的是，装袋堆沤时适当混入一些土壤，以增加腐熟过程中微生物参与活动的量，并有利于水分和臭味的调控。作为促进腐熟的添加物，可以加适量的油渣、米糠以及硫酸铵等。例如，45L大小的塑料袋中加40L的秸秆，可混合2～3kg土、200g油渣和50g硫酸铵。装袋堆沤也要适当翻倒，并控制水分，以保证均匀腐熟。

（4）夹层式堆沤法

夹层式堆沤法又称三明治式堆沤法（图2-6），堆沤前，要根据需要制备相应尺寸的堆沤筐。首先，在筐的底层铺放20cm厚的碎秸秆（整秸秆铡成10～20cm长短即可），洒水后踩实；然后铺撒一些畜禽粪便（如果是干粪，需要喷洒适量的水）、米糠、油渣、肥料等，再铺放一层碎秸秆……如此一层碎秸秆、一层畜禽粪便，形成夹层式堆积。最上层是畜禽粪便。堆满筐后，盖1～2cm厚的土，再盖上压板，并用塑料布盖好防雨，压上镇石等重物，即完成夹层式堆沤的建造。

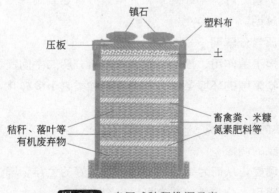

镇石　　　塑料布

压板

土

秸秆、落叶等
有机废弃物

畜禽粪、米糠
氮素肥料等

图 2-6　夹层式秸秆堆沤示意

（5）"四合一"暖芯堆沤法

人粪尿、畜禽粪便、作物秸秆、土等分别按10%、40%、30%、20%的比例混合拌匀，加足够水分保证湿度达 60%，即构成"四合一"湿粪。在空闲地上取干秸秆点燃，待火燃尽，立即用干畜粪和秸秆将火堆埋好，厚度约 20cm；然后把混合好的"四合一"堆沤料堆培其上，厚度约为 30cm，要求暖堆不漏气、不跑热。待第一层堆沤料腐熟到外层时，再堆培第二层堆沤料……如此依次堆培，直到把所有的"四合一"堆沤料用完。最后培一层 20cm 的湿土，以增加保温。在整个堆培过程中，一定要自然堆放，防止缺水。待热量传递到保温、保湿土层时，要及时翻堆，以防腐熟过度。腐熟好的堆肥呈黑绿色，有臭味。整个堆制过程 10～15d。此方法最适宜温室大棚堆培所需有机肥的快速腐熟[15]。

2.3.2 秸秆堆沤腐熟技术

堆沤是微生物分解有机物的过程，堆肥技术是集成远古时代的经验不断孕育发展而成的微生物管理技术，目的是最大限度地运用微生物的作用分解秸秆和畜禽粪便等有机物料，使其腐熟成为有机肥，以适合现代种植业生产的需要。秸秆堆肥的关键技术是确保微生物处于良好的生存环境，包括微生物生存所需要的营养物质、碳氮比、水分、空气等。

2.3.2.1 秸秆堆沤腐熟过程

秸秆堆沤是一个有大量微生物参与活动的、复杂的生物化学过程。在秸秆堆沤过程中，直接相关的微生物主要是好氧性微生物和一部分厌氧性微生物。秸秆的基本成分是纤维素、半纤维素和木质素。由于秸秆各组成部分结构上的差异性，参与分解的微生物种类及其作用在秸秆分解的各阶段皆有所不同。任何秸秆的堆沤腐解都可分为三个时期，即糖分解期（堆沤初期）、纤维素分解期（堆沤中期）、木质素分解期（堆沤后期）。因此，通过控制与调节秸秆分解过程中微生物活动所需要的条件，就可以控制秸秆分解过程。

（1）堆沤初期：糖分解期

堆沤初期，好氧性微生物丝状菌和细菌快速繁殖，主要分解秸秆中的糖、淀粉、氨基酸和蛋白质等易分解物质。由于微生物的快速繁殖，将不断产生并积累越来越多的热量。

（2）堆沤中期：纤维素分解期

随着堆沤温度升高，进入纤维素、半纤维素分解的纤维素分解期。堆沤温度一般达到 60℃以上，放线菌等高温微生物分解半纤维素，大量消耗氧气，逐渐形成厌氧环境，进而纤维素厌氧分解替代半纤维素分解。半纤维素和纤维素分解达到高峰后，沤堆内的温度逐渐下降，开始进入木质素分解期。

（3）堆沤后期：木质素分解期

木质素分解主要由担子菌作用。该阶段富含纤维素分解的中间产物，加之堆沤温度降低等，形成了有利于微生物繁殖的环境条件，使微生物种类趋于多样化，并产生跳虫、蚯蚓等小动物。

2.3.2.2 秸秆堆沤腐熟的技术要点

（1）营养源及碳氮比的调控

秸秆堆沤需要人为调控，从而为微生物提供一个良好的生存环境。环境调控的关键是控制微生物营养源的碳氮比和水分含量。在有机料堆沤过程中，微生物生长需要碳源，蛋白质合成需要氮源，而且对氮的需求量远远大于其他矿物营养成分。碳氮比过低，在有机物料分解过程中将产生大量的 NH_3，腐臭强烈，并导致氮元素损失，降低堆肥的肥效。初始碳氮比过高（高于 35：1），氮素养分相对缺乏，细菌、丝状菌、放线菌和担子菌等微生物的繁殖活性受到抑制，有机物降解速度减慢，堆肥时间加长，同时也容易引起堆腐产物的碳氮比过高，作为有机肥施用可能导致土壤的"氮营养饥饿"，危害作物的生长。当碳氮比为（20～30）：1时，水分含量60%是堆沤最适宜的条件。

秸秆的碳氮比通常在（60～90）：1。在秸秆堆沤时，应适当加入人畜粪尿等含氮量较高的有机物质或适量的氮素化肥，把其碳氮比调节到适宜的范围内，以利于微生物繁殖和活动，缩短堆肥时间。添加畜禽粪便调节堆沤秸秆的碳氮比也是通常采用的方法。畜禽粪便的碳氮比在（12～22）：1之间。鸡粪、鸭粪的碳氮比较低，一般在（12～15）：1之间；羊粪、猪粪一般在（16～18）：1之间；马粪和牛粪的碳氮比较高，一般在（19～22）：1之间。使用牲畜尿调节秸秆堆沤碳氮比，虽然尿中含有大量的氮和钾，但同时也含有较多的盐分，堆沤使用时需要加以考虑。为促进秸秆发酵进程，添加氮素把发酵物料的碳氮比调整为（20～30）：1最为适宜。

（2）水分和空气

适宜的水分含量和空气条件对于秸秆的堆沤至关重要。水分含量过高，形成厌氧环境，好氧菌繁殖受到抑制，容易产生堆腐臭和养分损失。水分含量过低，会抑制微生物活性，使分解过程减慢。最适宜的水分含量一般在60%左右，用手使劲攥湿润过的秸秆，有湿润感但没有水滴出，基本可以确定为水分含量适宜。

空气条件同样影响微生物活性。氧气不足，影响微生物对秸秆的氧化分解过程。良好的好氧环境能够维持微生物的呼吸，加快秸秆的堆沤腐熟过程。但如果沤堆的疏松通气性过大，容易引起水分蒸发，形成过度干燥条件，也会抑制微生物的活性。较为适宜的秸秆堆沤容积比为固体40%、气体30%、水分30%。最佳容重判定值应保持在500～700kg/m³的范围。

堆沤秸秆的粗细程度与空气条件有直接关系。铡切较短的秸秆，微生物作用的表面积增大，微生物繁殖速度和秸秆腐熟进度较快，秸秆熟化的均匀度较高。但堆沤秸秆铡切过短，不仅会增加加工成本，而且会因自身重量的作用减少了物料间的空隙，沤堆中通透性恶化，导致好氧微生物的活性和数量降低，分解速度慢，产生堆腐臭。一般秸秆铡切长短以不小于5cm较为适宜。

（3）温度

秸秆腐熟堆沤微生物活动需要的适宜温度为40～65℃。保持堆肥温度55～65℃一个星期左右，可促使高温微生物强烈分解有机物；然后维持堆肥温度40～50℃，以利于纤维素分解，促进氨化作用和养分的释放。在碳氮比、水分、空气和粒径大小等均处于适宜状态的情况下，依靠微生物的活动能够使堆沤中心温度保持在60℃左右，使秸秆快速熟化，并能高温灭杀堆沤物中的病原菌和杂草种子。

（4）pH值

大部分微生物适合在中性或微碱性（pH值为6～8）条件下活动。秸秆堆沤必要时要加入相当于其重量2%～3%的石灰或草木灰调节其pH值。加入石灰或草木灰还可破坏秸秆表面的蜡质层，加快腐熟进程。也可加入一些磷矿粉、钾钙肥和窑灰钾肥等用于调节堆沤秸秆的pH值。

2.3.3 常见秸秆腐熟菌剂及使用

传统的秸秆简易堆沤技术速度慢，劳动强度大，为了使秸秆堆沤还田省工、省时，在现代农业生产过程中，常采用添加各种生物菌剂的方式，结合对碳氮比、温度、水分等环境因子的调控，使秸秆得以快速腐熟。

秸秆快速腐熟还田常用微生物菌剂有酵素菌、催腐剂和速腐剂三大类，这些都是具有广谱性的良好菌剂，它们的使用方法和使用剂量根据处理的秸秆种类不同会有所不同。

2.3.3.1 酵素菌

酵素菌（BYM）是由日本岛本家族研制成功的农业酵素。1994年，山东省潍坊市率先从日本引进酵素菌原菌、酵素菌扩大菌、酵素菌肥料和酵素菌饲料生产技术。当时，在我国农业部登记时，只登记了优势种7种，其中细菌3种、酵母菌2种、丝状菌2种，而后我国有16个省、直辖市从日本陆续重复引进酵素菌及相关产品生产技术。那时，主要是生产酵素菌肥料，曾一度成为微生物肥料的主导产品。

酵素菌堆沤秸秆是一种利用好氧微生物进行秸秆发酵制取肥料的方法。酵素菌是一类能够产生多种酶的混合微生物菌群，主要包括好（兼）氧细菌、放线菌和真菌等组成的有益微生物群体。酵素菌堆肥原理是秸秆物料经过接菌堆制后，其间隙中就会长出好氧性细菌和霉菌，这些微生物利用物料间隙中的氧气分解糖类进行新陈代谢以维持自身生理活动并释放出 CO_2，新陈代谢过程中释放的热量有助于秸秆物料进一步分解，使糖类在酵母菌的作用下转化成酒精。在堆腐过程中要及时翻堆，保证氧气供应充足，使好氧性细菌、酵母菌、霉菌及放线菌等能快速生长繁殖，微生物量增多，秸秆物料不断得到分解、发酵及熟化，最终形成优质的堆肥。酵素菌不仅能够分解农作物秸秆等各种有机物料，而且能够分解土壤中残留的化肥、农药等化学成分，还能够分解沸石、页岩等矿物质。酵素菌在分解发酵过程中能够生成多种维生素、核酸、菌体蛋白等物质，能够有效提高秸秆的营养价值。

（1）酵素菌的特点

酵素菌是一种特殊的菌种组合，主要有以下几个特点。

1）好氧性强　酵素菌由一些好氧性或兼性微生物组成，繁殖速度快，抗杂菌能力强。所以利用酵素菌原菌生产酵素菌扩大菌、生产酵素菌肥料和生产酵素菌饲料，均采用开放式生产技术及工艺，秸秆堆沤亦是如此。

2）氧化分解发酵能力强，升温快　即使在严冬季节，接菌后采用简单的辅助措施，就可以开始发酵升温，发酵成功。

3）互补性好　酵素菌在菌种组合过程中，考虑了不同时间的作用互补，在一定程度上减缓了因少数菌株退化而导致产品质量下降的影响，因而能长期使用。

（2）堆沤方法

酵素菌可用于各种秸秆如稻草、麦秸、玉米秸等物料的快腐堆沤。一般来说，每堆沤1000kg秸秆，需用酵素菌2.5kg，同时与15kg米糠和1.2kg红糖混合均匀后使用。有条件的可以放灶灰75kg、磷肥50kg和一定量的尿素、人畜粪尿等。米糠和红糖是菌种的营养，添加尿素或人畜粪尿的目的是调整碳氮比，添加灶灰的目的是调整pH值，添加磷肥能够提高堆肥的养分含量。

用鲜秸秆堆肥时，先将秸秆在堆肥池外喷水湿透，使含水量达到50%～60%，摊成约30cm厚，然后依次将米糠等添加物与酵素菌混合后均匀铺撒在秸秆上；然后再堆一层秸秆，再撒一层菌种，如此往复。堆制完成后，堆高一般为1.8～2m，体积不小于 $10m^3$，顶部呈圆拱形，顶端用塑料薄膜覆盖，防止雨水淋入。若是干秸秆，应先将秸秆切碎，然后用水浸泡或在草堆上淋水，使干秸秆含水量保持在65%左右。

（3）酵素菌秸秆堆肥的优点

优点主要包括：a. 酵素菌中含有多种有益微生物和多种酶；b. 堆肥产品有机质含量高，氮、磷、钾三元素含量均衡；c. 堆肥过程中能够杀死部分病原菌及虫卵和草籽；d. 能够提高农作物产量，改善农作物品质，提高抗病虫害能力；e. 无毒、无污染、环境友好，可以分解农药残留物及毒素。

2.3.3.2 催腐剂

（1）催腐剂堆肥技术原理

催腐剂是化学技术与生物技术相结合的科技产品。其技术原理是根据微生物菌群中钾细菌、氨化细菌、磷细菌、放线菌等有益微生物的营养需求，以有机物（包括作物秸秆、杂草、有机生活垃圾等）为培养基，选用能够满足有益微生物营养要求的化学药品配制成定量 N、P、K、Ca、Mg、Fe、S 等营养的化学制剂，能够有效改善有益微生物的生态环境，加速秸秆中有机物的腐解。秸秆催腐剂的主要作用是提高天然有益微生物的繁殖速率，加速生物分解粗纤维、粗蛋白的同时，释放大量热量，从而快速提高堆温，可使堆温高达 55℃。微生物分解释放的大量热量能够杀灭秸秆中的致病菌、杂草种子及病虫卵，促进秸秆腐烂分解，生产出高品质的有机肥。与普通碳铵堆肥相比，催腐剂堆肥可使肥料有机质含量提高54.9%，速效氮提高10.3%，速效磷提高76.9%，速效钾提高68.3%，而且采用催腐剂堆肥能定向培养有益土壤微生物（如钾细菌、放线菌等），增大活性有益微生物在堆肥中的比例，把堆肥转化成高效活性生物有机肥。

（2）催腐剂堆沤方法

催腐剂堆肥应选在靠近水源的场所，地头、路旁等平坦地带。堆沤步骤如下：先将秸秆与水按照 1∶1.7 的比例充分湿透后，用喷雾器将溶解的催腐剂喷洒于秸秆表面，然后将秸秆堆成宽 1.5m、高 1m 左右的条垛，用泥浆或塑料布密封，防止水分蒸发、养分流失。由于冬季气温较低时微生物的代谢活性不高，为了缩短秸秆堆腐时间，可以在秸秆堆上加盖一层厚约 1.5cm 的薄膜用来保温。

2.3.3.3 速腐剂

秸秆速腐剂是在"301 菌剂"的基础上发展起来的，是一种由多种高效有益微生物和数十种酶类及无机添加剂组成的复合菌剂。加入速腐剂后，秸秆在微生物分泌的大量的纤维素酶作用下，其中的粗纤维被快速分解为葡萄糖。

秸秆速腐剂主要由以下两部分组成。

① 以分解纤维素能力较强的腐生真菌为中心的秸秆腐熟剂，质量 500g，占速腐剂总量的 80%。它属于高湿性菌种，在堆沤秸秆时可产生 60℃以上的高温，20d 时间即可将各类秸秆堆腐成有机肥料。

② 由固氮、有机磷、无机磷细菌和钾细菌组成的增肥剂，质量为 200g（每种菌均为50g），这类细菌生长的适宜温度为 30～40℃，在翻倒肥堆时加入，以提高堆肥肥效。

2.3.4 代表性农作物秸秆堆沤还田技术流程

2.3.4.1 玉米秸秆快速堆沤还田技术

（1）用废弃地堆沤技术模式

选择靠近水源的田间、地头、空闲地，可采取平地式、半坑式或深坑式。平地式堆宽一般 2m 左右，堆高 1.5～2m；半坑式一般坑深 0.5～1m，坑底宽 1.7～2m；深坑式一般坑深 2m 左右，坑底宽 1.7～2m，长度视秸秆量多少而定。堆沤时将充分浸透的秸秆分三层堆积，第一、二层厚度分别为 50～60cm，第三层 30～40cm，分别在各层撒施生物菌剂和尿素，用量比由下至上分别为 4∶4∶2（一般堆沤 1000kg 秸秆用 1kg 菌剂和 5kg 尿素），最后用泥封堆，泥厚约 2cm，防止水分蒸发、堆温扩散和养分流失。

（2）就地堆沤技术模式

秋季玉米收获后，将就地粉碎的玉米秸秆青体堆成堆，分层加入生物菌剂、尿素和水，覆土堆沤十几天后撒施耕翻，作小麦底肥使用。可解决由于秸秆直接还田量大而造成的与小麦苗期争水、争肥问题，保证小麦苗全、苗壮。主要由以下技术环节组成。

1）秸秆粉碎　用秸秆粉碎机将玉米秸秆粉碎至 3～4cm 长度。

2）添加畜禽粪便和腐熟剂　一般每 50kg 秸秆加入腐熟粪便或沼渣、沼液 15～20kg，混匀后堆积发酵。腐熟剂按照说明书推荐量使用，此外，每 1000kg 秸秆需要添加 5kg 尿素。待玉米秸秆吸足水分后，压实，堆成 50cm 高，并把腐熟剂和尿素均匀地撒于上面，再堆 50cm 高后均匀撒腐熟剂和尿素，以后每层高度 40cm 左右。

3）封严　堆积好后，用泥将物料堆封严。

4）翻耕　将腐熟的秸秆均匀地撒在地里，立即进行深耕、耙地，使秸秆进一步腐熟。

2.3.4.2　稻草秸秆快速腐解还田技术

1）收割　一种是留高茬收割，尾草留于田间，稻草全量还田；另一种是低茬收割，脱粒后全量还田。

2）施肥　将需要施加的有机肥和无机肥作为基肥施于田中。

3）施用秸秆腐熟剂　根据秸秆腐熟剂推荐使用量施用，均匀撒于田间，施用时田间应保持水层 2～3cm。

4）抛秧　腐熟剂施用以后，农田静置 1d，即可进行抛秧。抛秧时，田面应保持一定的水层，留高茬稻田和稻草条状覆盖水层较浅，为 2～3cm；稻草全田覆盖的稻田水层较深，为 5cm 左右，以淹没稻草为准，确保秧根与水接触。

2.3.4.3　油菜秸秆堆沤腐熟还田技术

油菜秸秆堆沤腐熟还田是指在油菜收获后，应用秸秆快速腐熟剂和尿素调整秸秆碳氮比，将分散在田角地边的油菜秸秆集中堆沤腐熟还田。

一般每亩油菜产生秸秆 150kg 左右，在田角地边集中留 10m² 的空田，作为秸秆堆沤区，建成堆底宽 2m、长 4m、高 1m 的秸秆堆沤发酵堆（图 2-7）。每亩油菜秸秆加入生物腐

图 2-7　油菜秸秆堆沤发酵堆

熟剂 2～3kg，配入尿素 5kg、磷肥 5kg。秸秆堆沤发酵堆堆高一般 1m 左右，共堆 4 层，每层 25cm。第一层将油菜秸秆铺于堆底，浇水使秸秆湿度达到见水不流水（秸秆浸湿），料面撒尿素、磷肥、腐熟剂总量的 2/10；第二、三层堆高 25cm 左右，按上述方法分别撒尿素、磷肥、腐熟剂的 6/10，第四层堆高 25cm，撒尿素、磷肥、腐熟剂的 2/10，最后用秸秆 10cm 封顶，加黑色塑料薄膜覆盖，堆制 20～25d 后即成为秸秆发酵肥，可以还田[11]。

2.3.5 秸秆堆沤进程判定

随着秸秆堆沤进程的深化，堆沤物料随之发生阶段性、特征性的变化，因此需要密切观察，经常判定。考虑实地条件、经费及时间等问题，一般采用一些更直接、简便的判定方法和标准，现介绍如下。

2.3.5.1 物理特性判定法

秸秆堆沤腐熟程度，一般考虑颜色、形状、气味、水分含量、堆沤温度、堆沤时间、翻倒次数和通气措施等要素进行综合判定（见表 2-3）。综合各项权重判定点数的合计值，30 分以下判定为未腐熟，31～80 分判定为中度腐熟，81 分以上判定为完全腐熟。

表 2-3　秸秆堆沤腐熟程度物理特性判定标准

判定指标	判定标准
颜色	黄色-黄褐色（1）；褐色（5）；黑褐色-黑色（10）
形状	保持物料原状，变化较小（2）；很大程度上被分解（5）；无法辨识原物料（10）
气味	粪尿臭味浓（2）；粪尿臭味弱（5）；堆肥腐熟味（10）
水分含量	用力攥捏从指间流出，水分含量为 70% 以上（2）；用力攥捏在手掌上有很多附着，水分含量 60% 左右（5）；用力攥捏在手掌上附着很少，水分含量 50% 左右（10）
堆沤最高温度	50℃ 以下（2）；50～60℃（10）；60～70℃（15）；70℃ 以上（20）
堆沤时间	秸秆和畜禽粪便混合物：20d 以内（2）；20～90d（10）；90d 以上（20） 林木废料和畜禽粪便混合物：20d 以内（2）；20～180d（10）；180d 以上（20）
翻倒次数	2 次以下（2）；3～6 次（5）；7 次以上（10）
通气措施	无（0）；有（10）

（1）颜色、形状、气味的判定（各 10 分）

颜色、形状、气味伴随堆沤腐熟进程各阶段特性变化直观，需要经常留意观察。好氧微生物活动旺盛，可以观察到白色丝状菌丝体以及孢子。

（2）水分（10 分）

随着堆沤温度升高、水分蒸发，堆物沤水分含量减少。由于堆沤表层干燥，要求水分判定分别取 30～50cm 和 70～90cm 的物料。用力攥捏物料，在手掌的附着很少，能够判定堆沤物料水分含量为 50% 左右。

（3）堆沤温度（20 分）

用温度计测定堆沤中的温度，分别测定堆沤 30～50cm 和 70～90cm 处的温度，如果温度上升不够理想，可以判定：a. 秸秆已经腐熟，堆沤温度逐渐降低；b. 水分不足或空气条件不佳，微生物活动缓慢。

（4）堆沤时间（20 分）和翻倒次数（10 分）

堆沤时间的长短和翻倒次数可以根据记录判定。翻倒时机应根据不同季节室外温度情况酌情实施，冬季室外温度较低，过度翻倒将抑制微生物的代谢活动。

2.3.5.2　堆沤温度判定法

在秸秆堆沤过程中，堆沤温度有先上升、后下降、翻倒之后再上升的变化；随着秸秆腐熟程度的深化，堆沤温度的变化幅度变小。因此，可以根据秸秆堆沤过程中堆沤温度的上述变化规律判定秸秆的腐熟程度。

判定方法是用温度计分别测定堆沤 30～50cm 深和 70～90cm 深的温度。若堆沤翻倒后温度不再上升，即可判定秸秆已经腐熟。需要注意的是，翻倒时堆沤中水分过多或过少以及堆沤过小等都会影响堆沤中的温度升高。

2.3.5.3　硝态氮含量判定法

堆沤秸秆腐熟过程，初期伴随着秸秆分解产生铵态氮，后期铵态氮转化为硝态氮，因此，可以根据堆沤物料中硝态氮含量的多少，判定堆沤秸秆的腐熟程度。

判定方法是准备一个 200mL 的塑料瓶，塑料瓶中加 100mL 纯水，再加入堆沤料约 50g，用手振荡数回后，静置 10min；将硝酸离子试纸浸入上清液，观察试纸颜色，若显色指示硝态氮生成，可以判定秸秆已经腐熟，反之亦然。

2.3.5.4　蚯蚓判定法

未腐熟完全的秸秆中含有酚类和氨气体，对蚯蚓活动有趋避影响，观察蚯蚓在堆沤物中的行动特性，能够判定秸秆放热腐熟程度。

判定方法是在塑料容器中装入 1/3 左右的堆沤物，并加水使其含水量达到 60%～70%；将蚯蚓放入容器中，用黑布遮光或在遮光室内放置，保持室温 20～25℃，1d 之后观察蚯蚓的行动和色调。蚯蚓放入容器后要逃避，并在放置 1d 后死亡，判定此堆沤秸秆处于未腐熟状态；蚯蚓放入容器后多少有些不安，放置 1d 后色泽发生变化、行动迟缓，判定此堆沤秸秆处于中度腐熟状态；蚯蚓放入容器后很快钻入堆沤物中，放置 1d 后没有发生变化，活动有力，判定此堆沤秸秆已完全腐熟。在过分潮湿的堆沤物中，短时间内蚯蚓会认为是降雨所致，有逃离的行动。因此，用蚯蚓判定堆沤物的腐熟程度，需要特别注意控制好水分条件。此外，蚯蚓喜好中性和弱酸性环境，在用蚯蚓判定秸秆腐熟程度的同时，可用 pH 试纸测定堆沤秸秆的酸碱度。

2.4　秸秆生物反应堆技术

2.4.1　秸秆生物反应堆技术原理及应用

2.4.1.1　技术简介

秸秆生物反应堆技术是指农作物秸秆在一定的设施条件下，在微生物菌种、催化剂和净化剂等的作用下，定向转化成植物生长所必需的 CO_2、抗病孢子、酶、有机和无机养料、热量，从而提高农作物产量和品质的技术方法[16]。秸秆生物反应堆系统主要由秸秆、菌种、辅料、植物疫苗、催化剂、净化剂、水、交换机、微孔输送带等设施组成。目前秸秆生物反应堆多应用于日光温室农作物栽培上（图 2-8）。

秸秆生物反应堆技术，是一项全新概念的农业增产、增质、增效的有机栽培理论和技术，与传统农业技术有着本质的不同，它的研究成功从根本上摆脱了农业生产依赖化肥的局面。该技术以秸秆替代化肥，以植物疫苗替代农药，密切结合农村实际，促进资源循环增值利用和多种生产要素有效转化，使生态改良、环境保护与农作物高产、优质、

图 2-8　秸秆生物反应堆

无公害生产相结合，为农业增效、农民增收、食品安全和农业可持续发展提供了科学技术支撑，开辟了新的途径。

推广秸秆生物反应堆技术具有显著的经济效益、生态效益和社会效益：a. 使秸秆快速转化利用，改善了农村生态环境；b. 能够产生二氧化碳效应、热量效应、生物防治效应和有机改良土壤效应等四大效应；c. 加快设施农业提质增效[17]。

2.4.1.2　秸秆生物反应堆基础理论

秸秆生物反应堆应用秸秆作原料，通过一系列转化，能综合改变植物生长条件，极大地提高产量和品质，其理论依据是植物饥饿理论，叶片主、被动吸收理论，秸秆矿质元素可循环重复再利用理论，植物生防疫苗理论。

（1）植物饥饿理论

农业生产中，作物的产量和品质主要取决于气（CO_2）、水（H_2O）、光这三大要素。由于大气中提供的 CO_2 远远不能满足植物生长需要，所以 CO_2 成为植物生长最主要的制约因素。增加 CO_2 浓度是提高农作物产量和品质的重要途径。要想作物高产优质，必须提供更多的植物"粮食"二氧化碳，解决植物 CO_2 饥饿问题。总之，一切增产措施归根结底在于提高 CO_2[18]。

（2）叶片主、被动吸收理论

植物叶片从空气中吸收 CO_2 后，利用根系从地下吸收水分，在光的作用下植物将 CO_2 和水汇集于"叶片工厂"合成有机物，并贮存在各个器官中。白天，叶片具有把不同位置、不同距离的 CO_2 吸收进植物体内的本能，称为"叶片主动吸收"。若人为地将 CO_2 输送进叶片内或其附近，会使有机物合成速度加快，积累增多，这被称为"叶片被动吸收"。

（3）矿质元素可循环重复利用理论

植物生长除需要大量的气、水、光外，还需要通过根系从土壤中吸收 N、P、K、Ca、Mg、Fe、S 等矿质元素。秸秆（植物体）中积存了大量的矿质元素，经秸秆生物反应堆技术定向转化释放出来后，能被植物重新全部吸收。传统农业生产中，人们习惯把土壤施肥作为农业增产的主要措施，实际上，化肥对农业的增产作用，首先是培养土壤中的微生物（如氮化菌、硝化菌、硫化菌等），再吸收转化微生物代谢释放出的 CO_2，最终导致作物增产。因此，采用秸秆生物反应堆可以大大减少化肥施用量。

（4）植物生防疫苗理论

植物疫苗是秸秆生物反应堆技术体系中的重要组成部分，是从根本上防治植物病虫害的根本方法。植物疫苗类似于动物疫苗，通过对植物根系进行接种，疫苗进入植物各个器官，激活植物的免疫功能并产生抗体，实施植物病虫害防疫。植物疫苗的生物特性：a. 感染期的升温效应；b. 感染传导的缓慢性；c. 好氧性；d. 恒温恒湿性；e. 侧向传导性。

植物疫苗经过十几个省、100多个县，在果树、蔬菜、茶叶、豆科植物、烟草等作物上大面积示范应用，生防效果达90%以上，平均用药成本降低85%，平均增产30%以上，是有机食品生产的主要技术保障，有效地解决了当前农业生产中急待解决的病虫害泛滥、农药用量日增、农产品残留超标等问题，为消费者的食品安全和健康带来希望。

2.4.1.3　秸秆生物反应堆反应过程

秸秆生物反应堆进行的反应，一般分为升温阶段、高温阶段、降温阶段和腐熟阶段四个阶段。

（1）升温阶段

秸秆生物反应堆反应初期，堆体温度逐步从环境温度上升到45℃左右。这主要是由其中的微生物新陈代谢导致的，微生物主要来自于有机物料腐熟剂，也有部分来自原材料和土壤。这些微生物主要包括细菌、真菌和放线菌，以嗜温性微生物为主，主要是氨化细菌、糖分解细菌等无芽孢菌对粗有机质、糖分等水溶性有机物及蛋白质类进行分解。

（2）高温阶段

堆体温度上升至45℃以上时，即进入高温阶段。在这一阶段，嗜中温微生物代谢受到抑制甚至死亡，嗜热性微生物成为主导微生物，反应堆中残留和新形成的可溶性有机物继续被氧化分解。纤维素、半纤维素和蛋白质类的复杂有机物也开始被强烈分解。随着堆体温度的升高，不同种类的活跃微生物交替出现。温度在50℃左右时，嗜热性真菌和放线菌最活跃，当堆体温度上升至50～70℃的高温阶段时，高温性纤维素分解菌占优势，除继续分解易分解的有机物质外，分解半纤维素、纤维素等物质，这一时期又称为纤维素分解期。当温度上升至60℃时，真菌几乎完全停止活动，只有嗜热性放线菌和细菌继续进行活动。当堆体温度上升到70℃时，大多数嗜热性微生物已经不能适应，不再进行新陈代谢，进入休眠和死亡阶段。

（3）降温阶段

高温阶段造成微生物死亡和新陈代谢活动减弱，堆体温度开始下降，进入降温阶段。随着温度的降低，嗜温性微生物又开始占据主导地位，对残存的难分解有机物做进一步的分解。但由于代谢基质减少，微生物活性普遍下降，堆体发热量下降，温度开始下降。当温度降至50℃以下时，嗜中温性微生物显著增加，主要分解残存的纤维素、半纤维素和木质素，因此，这一时期称为木质素分解期。

（4）腐熟阶段

秸秆生物反应堆反应经历升温、高温和降温三个阶段后，把有机物基本氧化分解成有机肥及残余物，需要的氧气量大大减少，进入腐熟阶段。若让秸秆生物反应堆继续运转，就需要重新加料，提供充足的原料和适宜的环境条件。

2.4.1.4　秸秆生物反应堆作用效果

（1）CO_2效应

一般可使作物群体内的CO_2浓度提高4～6倍，光合效率提高50%以上，饥饿程度得到有效缓解，生长加快，开花坐果率提高，标准化操作平均增产30%～50%，农产品品质显著提高。

（2）热量效应

在严寒冬天里大棚内20cm地温提高4～6℃，气温提高2～3℃，能显著改善植物的生长环境，提高作物抗御低温的能力，有效保护作物正常生长，可使生育期提前10～15d。

（3）生物防治效应

菌种在分解秸秆过程中产生大量的抗病孢子，对病虫害产生较强的拮抗、抑制和致死作用，能够使植物发病率降低 90％以上，农药用量减少 90％以上，若标准规范化操作可基本上不用农药。

（4）有机改良土壤效应

在秸秆生物反应堆种植层内，20cm 耕作层土壤孔隙度能提高 1 倍以上，有益微生物群体增多，水、肥、气、热适中，各种矿质元素被定向释放出来，有机质含量能增加 10 倍以上，为根系生长创造了优良的环境。

（5）酶处理残留效应

秸秆在反应过程中，菌群代谢产生大量高活性的生物酶，与化肥、农药接触反应，使无效肥料变有效，使有害物质变有益，最终使农药残毒变为植物需要的二氧化碳。

（6）提高自然资源综合利用效应

秸秆生物反应堆技术在加快秸秆利用的同时，提高了微生物、光、水、空气游离氮等自然资源的综合利用率。据测定：在 CO_2 浓度提高 4 倍时，光利用率能够提高 2.5 倍，水利用率提高 3.3 倍，豆科植物的固氮活性提高 1.9 倍。

2.4.1.5 秸秆生物反应堆技术应用对象

① 果、瓜、菜类 如樱桃、杏、桃、苹果、梨、草莓、甜瓜、西瓜、黄瓜、茄子、甜椒、辣椒、番茄、西葫芦等。

② 经济作物 如茶树、花生、大豆、烟草、棉花、大姜、芦笋等。

③ 中药材 如三七、人参、西洋参、丹参、桔梗、柴胡、半夏和五味子等。

④ 花卉、苗木 如牡丹、蝴蝶兰、杜鹃、君子兰、玫瑰、百合、地瓜花、菊花以及绿化苗木等。

2.4.1.6 秸秆生物反应堆技术应用结果

（1）生长表现

① 苗期：早发、生长快、主茎粗、节间短、叶片大而厚，开花早，病虫害少，抗御自然灾害能力强。

② 中期：长势强壮，坐果率高，果实膨大快，个头大，畸形少，上市期提前 10～15d。

③ 后期：越长越旺，连续结果能力强，收获期延长 30～45d，果树晚落叶 20d 左右。

重茬导致的死苗、死秧和病虫害泛滥等问题得到解决。

（2）产量表现

不同果树品种一般增产 80％～500％；不同蔬菜品种一般增产 50％～200％；根、茎、叶类作物一般增产 1～3 倍，豆科植物（如花生、大豆）一般增产 50％～150％。总体来看：果树增产效果大于蔬菜；根、茎、叶类蔬菜大于果实类蔬菜；豆科植物大于禾本科植物；以叶类为经济产量的作物（如茶、烟等）大于以籽粒为经济产量的作物；C_3 植物大于 C_4 植物等。

（3）品质表现

果实整齐度、商品率、颜色、光泽、含糖量、香味、香气质量能够显著提高；产品亚硝酸含量、农药残留量显著下降或消失。桃树应用生物反应堆技术效果对比见图 2-9。

（4）投入产出比

温室果菜、瓜类投入产出比为 1∶（14～16）；大棚果菜、瓜类为 1∶（8～12）；小棚瓜、

(a) 对照

(b) 秸秆生物反应堆

图 2-9　桃树应用生物反应堆技术效果对比

菜为 1∶(5～8)；露地栽培瓜、菜为 1∶(4～5)；特殊中药材为 1∶(20～50)[19]。

（5）降低生产成本

温室每亩可减少 3500～4500 元；大棚每亩减少 1500～2500 元；小拱棚每亩减少 500～1000 元。

2.4.2　秸秆生物反应堆技术流程

2.4.2.1　秸秆生物反应堆技术分类

秸秆生物反应堆主要有内置式、外置式和内外结合式三种类型。外置式和内置式秸秆生物反应堆的主要形式及适用条件分别见图 2-10 和图 2-11。在实际应用中，具体选用何种方式时，需要综合考虑生产地、种植品种、定植时间、生态气候和生产条件来确定。外置式秸秆反应堆比较适合于春、夏和早秋大棚栽培；内置式秸秆反应堆除用于保护地作物越冬栽培外，还可用于大田、果树等作物栽培。当前，大面积马铃薯保护地栽培常采用内置式[20]。

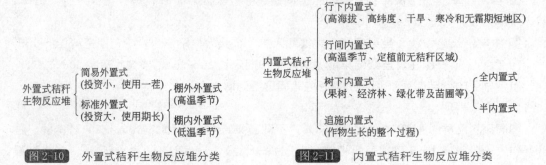

图 2-10　外置式秸秆生物反应堆分类　　　图 2-11　内置式秸秆生物反应堆分类

2.4.2.2　秸秆生物反应堆技术流程

（1）内置式秸秆生物反应堆[21]

具体流程（图 2-12）：内置式秸秆生物反应堆是在地上开沟或挖坑，将秸秆菌种、疫苗等按照要求分别埋入每个地沟或地坑中，浇水、打孔，使这些物质发生反应生成二氧化碳，增加地温、抗病孢子、生物酶、有机和无机养料的技术。该技术是依据植物叶片主动吸收原理研制出来的设施装置（图 2-13）。内置式秸秆生物反应堆根据应用位置和时间的不同可分为行下内置式、行间内置式、追施内置式和树下内置式四种形式。内置式生物反应堆的特点：用工集中，一次性投入长期使用，地温效应大，土壤通气好，有利于根系生长，二氧化碳释放缓慢，不受电力限制，在农村适用范围广。

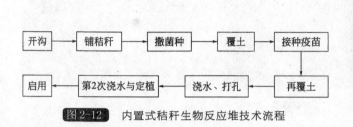

图 2-12　内置式秸秆生物反应堆技术流程

图 2-13　内置式秸秆生物反应堆

（2）外置式秸秆生物反应堆[22]

外置式秸秆生物反应堆的具体操作流程如下（图 2-14）：在地底下挖沟或挖坑建设二氧化碳贮气池，池上放箅子做隔离层，按要求加入秸秆、菌种等反应物，喷水，盖膜，抽气加快循环反应。该技术是依据植物叶片被动吸收理论研制出来的设施装置（图 2-15）。这种生物反应堆技术操作灵活，可控性强，造气量大，供气浓度高，二氧化碳效应突出，见效快，加料方便。不足之处就是必须有电力供应的地方才能利用。

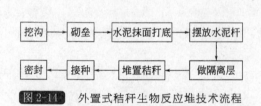

图 2-14　外置式秸秆生物反应堆技术流程

图 2-15　外置式秸秆生物反应堆

（3）内外结合式秸秆生物反应堆

内外结合式秸秆生物反应堆是指在同一块土地上，内置式和外置式同时采用的秸秆生物反应堆技术。该技术兼具内置式和外置式两者的优点，使优势互补，克服两者的缺点，若标准化使用可使作物增产 1 倍以上，该技术比较适用于秸秆资源丰富、有电力供应的地区。

2.4.3　秸秆生物反应堆制作

2.4.3.1　内置式秸秆生物反应堆制作技术

（1）行下内置式秸秆生物反应堆操作步骤

1）开沟（图 2-16）　定植前在种植行下开沟，沟宽与种植行相同，沟长与行长相等，沟深 20～25cm，宽 60～80cm，挖出的土壤等量分放沟的两边。隔 100～120cm 再开一沟，依次进行。开沟可用人工，也可用开沟机。开沟机开沟速度快，质量高，成本低，每亩 2～3h

即可完成[21]。

图 2-16　开沟

2）铺放秸秆（图 2-17）　开沟完毕后，在沟内铺放秸秆（玉米秸、麦秸、稻草等），往沟内铺秸秆，秸秆铺放厚度为 25～30cm，然后铺匀踩实。为了便于氧气输送到秸秆内，在沟两头需露出 10cm 左右的秸秆茬头。

3）撒放菌种（图 2-18）　铺完秸秆后，将菌种均匀撒放在秸秆上，每沟用处理后的秸秆 6～7kg，用铁锨拍振一遍，使菌种与秸秆均匀接触，然后将沟两侧的土回填于秸秆上。

4）覆土（图 2-19）、接种疫苗　一是将沟两边的土回填于秸秆上，第一次覆土厚度为 10cm；二是接种疫苗，使疫苗均匀分布于垄面上，并用耙子耙一遍；三是将剩下的土回填于垄上，秸秆上覆土总厚度为 20～25cm，形成种植垄，并将垄面整平。

图 2-17　铺放秸秆

图 2-18　撒放菌种

5）浇水（图 2-20）　覆土后 3～4d 浇水。第一次浇足，以秸秆充分湿透为宜。隔 3～4d 再浇一次水，保证地势高的地方浇透，晾晒几天后及时覆土将垄面找平，使秸秆上土层保持 20cm 厚。

图 2-19　覆土

图 -20　浇水

6）打孔通气（图 2-21）　用 14 号钢筋打孔，打孔孔深以穿透秸秆层为准，孔离苗一般 10cm 左右，孔距 20cm。打孔的目的是使秸秆反应堆中产生的二氧化碳释放出来，同时方便氧气的进入。

图 -21　打孔通气

图 2-22　定植

7) 定植（图 2-22）　定植时一般不浇大水，只浇小水。浇水 2～3d 后，找平起垄，秸秆上土层厚度一般在 15cm 左右，然后定植，加盖地膜。定植后再打一遍孔，隔 3～5d 浇一次透水。待能进地时抓紧再打一遍孔，以后每次打孔要与上一次打孔错位，生长前期每月打孔 1～2 次，中后期 3～4 次。

（2）行间内置式秸秆生物反应堆

行间内置式秸秆生物反应堆一般在定植后盖膜前进行。首先，在行间起土 15～20cm，离开苗 15～20cm，从一头开始起土，深 15～20cm，宽 60～80cm，铺放 20～30cm 厚的秸秆，与行下内置式一样，行两头需露出 10cm 的秸秆茬头，然后在秸秆上均匀撒放所需菌种，用铁锨拍振一遍，回填土壤于秸秆以后，覆盖地膜，最后在离苗 10cm 处用 14 号钢筋打孔，孔深以穿透秸秆层为准。

（3）追施内置式秸秆生物反应堆

为保持全生育期持续增产、弥补定植时因为没有秸秆或秸秆量不足造成的缺失，在生长期内宜使用该方式。方法是将新下的秸秆用粉碎机粉碎，按每亩菌种用量 3kg、麦麸 60kg、饼肥 30kg、秸秆粉 900kg、水 2000kg（其比例为 1：20：10：300：666），混合拌匀，堆积成高 60cm、宽 100cm 的梯形堆升温，用直径 5cm 的木棍在堆面上打孔 9 个，盖膜，发酵，升温至 45～50℃，即可穴施。30cm 1 穴，离开作物 15cm，每穴 0.5～1.0kg；随即覆土，每穴打孔 3～4 个；追施后 7～10d 一般不浇水，以后根据墒情进行常规浇水，一般作物在生育期追施 2～3 次。

（4）树下内置式秸秆生物反应堆

根据不同应用时期又分全内置和半内置两种，适用于果树，绿化树、防沙林等附加值较高的树种也可参照使用[23]。

1）树下全内置式　在果树的休眠期适用此法。做法是环树干四周起土至树冠投影下方，挖土内浅外深 10～25cm，使大部分毛细根露出或有破伤。坑底均匀撒接一层疫苗，上面铺放秸秆，厚度高出地面 10cm，再按每棵树菌种用量均匀撒在秸秆上，撒完后用铁锨轻拍一遍，坑四周露出秸秆茬 10cm，以便进氧气。然后将土回填秸秆上，3～4d 后浇足水，隔 2d 整平、打孔、盖地膜，待树发芽后用 12 号钢筋按 30cm×25cm 见方破膜打孔。见图 2-23。

2）树下半内置式　果树生长季节适用此法。做法是将树干四周分成 6 等份，间隔呈扇形挖土（隔一份挖一份），深度 40～60cm（掏挖时防止主根受伤）。撒接一层疫苗，再铺放秸秆，铺放一半时撒接一层菌种，待秸秆填满后再撒一层菌种，用铁锨轻拍后盖土，3d 后浇水找平，按 30cm×30cm 见方打孔。一般不盖地膜，高原缺水地区宜盖地膜保水。见图 2-24。

2.4.3.2　外置式秸秆生物反应堆制作技术

外置式秸秆生物反应堆，是把秸秆生物反应堆建在地面以上的反应堆模式。外置式秸秆生物反应堆有两种模式：一种是标准外置式秸秆生物反应堆模式；另一种是简易外置式秸秆

(a) 起土　　　　　　　　　　　　(b) 刨坑

(c) 穴施疫苗　　　　　　　　　　(d) 坑面匀撒疫苗

(e) 铺秸秆　　　　　　　　　　　(f) 匀撒疫苗

(g) 覆土　　　　　　　　　　　　(h) 覆盖地膜

图2-23　果树休眠期树下全内置式秸秆生物反应堆技术操作图解

| (a) 挖沟 | (b) 撒菌种 | (c) 铺秸秆 |
| (d) 再撒菌种 | (e) 覆土 | (f) 盖膜 |

图 2-24　果树生长季树下半内置式秸秆生物反应堆技术操作图解

生物反应堆模式，该模式开沟、建造等工序同标准外置式。只是为节省成本，沟底、沟壁用农膜铺设代替水泥、砖、沙砌垒[23]。

（1）标准外置式秸秆生物反应堆

1）备料　主料、辅料及有机物料腐熟剂等与内置式基本一致，不再详细赘述。

搭发酵架及发酵堆通气需要不同规格的硬塑料管，一种是内径 10cm、长 1.5m 的塑料管 2 根，在管壁上扎通气孔若干个；另一种是细管 6～8 根，壁上也要有通气孔。

2）建造贮液池　秸秆生物反应堆既可以建在棚外也可以建在棚内。一般秋冬季建在棚内，春夏季建在棚外。在棚内建池的位置大都在靠近大棚出入口的一端。一般宽 1m，深 80cm，长 5～7m（随大棚尺寸延长或缩短）。贮液池应离开后墙 60cm，南北向开挖，池壁要整修平滑。在靠近作物一侧的一端或中间，挖长 80cm、宽 80cm 左右的、略深于池底的方形坑，坑内用砖砌好，坚固抗压。在贮液池方形坑内用厚塑料布紧贴底部及四周铺好，防止渗漏发酵液。贮液池垒至高于地面 20cm，上端砌成直径 40cm 的圆形口，以安装送风机和送风带。见图 2-25。

3）搭发酵架　在贮液池上面，每隔 80cm 放一根小水泥杆，共放 6～18 根，水泥杆上再拉 2～3 道铁丝，防止秸秆等物料漏下。见图 2-26。

4）铺料和接菌　在发酵架上铺玉米秸等原材料（见图 2-27），最底层铺长的，起支撑、防漏作用。每层铺玉米秸 40～50cm，同方向顺放。然后在秸秆上撒一层发酵好的有机物料腐熟剂，以及饼肥和氮肥，并轻拍秸秆，使菌种落入玉米秸之间的空隙里。然后依次铺放第二层和第三层，层与层之间秸秆要交叉叠放。最后把内径 10cm、长 1.5m 且在管壁上扎有若干个气孔的塑料管 2 根扎入秸秆层中，距离适当，管子上端露出秸秆层，以利于通气；若

(a) 挖沟

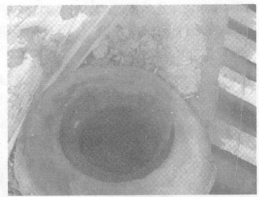
(b) 贮气池与风机底座

图 2-25　贮液池的建造

图 2-26　搭放水泥杆

采用扎若干个孔的管，要增加根数，一般用 6～8 根，排列均匀，保证气体畅通。第一次建堆需要铺玉米秸 1000～1500kg、有机物料腐熟剂 1000g。

5）浇水、覆膜，促进发酵　在最后一层铺完秸秆及撒完菌种以后，在顶层浇水，湿透秸秆，然后覆盖塑料布。秸秆上面覆盖的塑料布靠近送风机的一侧要盖严，以保证送风机抽出的二氧化碳的纯度。见图 2-28。

图 2-27　铺放秸秆

图 2-28　覆膜与风机抽气

6) 安装送风机 在贮液池方形坑的机座上安装送风机，要求平稳牢固。将送风带的一端套在送风机的出口管上，另一端延伸到大棚里面，固定在大棚龙骨上或用铁丝固定。气带打孔与开机抽气见图2-29。

图 2-29 气带打孔与开机抽气

(2) 简易外置式秸秆生物反应堆

1) 备料 主料、辅料与内置式秸秆生物反应堆相同，可参照内置式秸秆生物反应堆的制作。外置式秸秆生物反应堆还需要建造发酵架及贮液池，除此之外还需要准备一些其他材料。

① 塑料布2块，一块大小为500cm×700cm，放在贮液池里装发酵液，要求稍厚耐用，附在贮液池底部及四周，不漏水；另外一块大小为700cm×800cm，用于覆盖发酵架上的发酵物。在这块塑料布上要打一定数量的孔，用于堆内外通气。

② 小水泥杆或木棒8根，每根粗4cm，长180cm，要结实，能承重2000kg以上。

③ 风机1台，送风用，要求防水防潮，直径35～40cm。

④ 送风带1条，直径35～40cm，长度依温室大棚的长度而定。

此外，还要准备电线及砖块，用于送风机接电、送风及砌送风机机座。

2) 建造贮液池 贮液池一般建在大棚的入口处。挖长5m、南侧深40cm、北侧深60～100cm、池口宽80～120cm、池底宽60cm的船形池。把500cm×700cm的塑料布铺在池内，紧贴底部和四壁，防止漏水渗水。

在贮液池的中间腰部位置，用砖或石头垒送风机的机座。机座为圆筒形，直径为35～40cm。机座倾斜角为45°。风机安装好后，底座与风机连接的部位用黄泥及其他材料密封好，以不透风为原则。

3) 搭发酵架 在贮液池的上沿搭放水泥杆或木棒，并适当固定，防止滑动。若使用牛羊粪等碎料，应在木棒上加防漏网，以免发酵物落入池内。

4) 铺料和接菌 在发酵架上平铺玉米秸，第一层铺40cm厚，上面撒放有机物料腐熟剂混合物总量的15%，以及饼肥或氮化肥的1/5；第二层铺30cm厚，撒放有机物料腐熟剂混合物总量的20%，饼肥或氮化肥用量同上；第三层铺30cm厚，撒放有机物料腐熟剂混合物总量的20%，饼肥或氮化肥用量同上；第四层铺30cm厚，撒放有机物料腐熟剂混合物总量的25%，饼肥或氮化肥用量同上；第五层铺30cm厚，撒放有机物料腐熟剂混合物总量的20%，饼肥或氮化肥用量同上。

5）浇水及发酵　铺好玉米秸秆及其他物料后，在上面浇水（清洁，不含消毒剂），要求浇水均匀并浇透。一般是在定植蔬菜前 2～4d 浇水，定植后秸秆生物反应堆正好启动，开始起作用。在发酵堆上浇的水，渗漏到贮液池里一部分，在贮液池北侧留一个取液口。第一次浇水 1d 后，再取渗漏在贮液池里的发酵液回浇到发酵堆上。以后每隔 7～10d 在发酵堆上浇水 1 次。在发酵过程中，会产生很多残渣和发酵液，这些物质营养丰富（前文已介绍），可以作为肥料使用。

6）覆膜保温保湿，促进发酵　用已经打好孔的 700cm×800cm 的塑料布盖在发酵堆上，保温保湿，促进发酵。为了更好地起到保湿的作用，还可以在发酵物顶层撒一薄层碎秸秆，撒后再盖上塑料布。

7）安装风机　把送风机安装在机座上，把送风带一端连接在送风机出气管上，固定住。另一端沿大棚东西走向，悬挂在大棚的中间。送风带底部要扎些细小的微孔，离风机越远处越密。当大棚内有阳光时，即可开机送气，把二氧化碳送到植株尤其是叶片附近，促进光合作用。

8）按时添加发酵料　秸秆生物反应堆使用一段时间后，秸秆被转化掉一部分，堆垛逐渐缩小，应根据减少的量及时添加。一般来说，生物反应堆运转 3 个月后，就该进行第二次添加发酵料，同时添加有机物料腐熟剂混合物及其他辅料，比例按照铺料时的比例适当增减。

2.4.4　秸秆生物反应堆技术操作要点

2.4.4.1　菌种及疫苗处理

（1）疫苗用量

根据种植作物的种类不同，疫苗的用量也不相同。一般设施瓜、菜苗用量 4～5kg；草莓、人参、三七、桔梗苗用量 5～6kg；果树苗用量 3～4kg。

（2）处理配方

配方 1：1kg 疫苗，20kg 麦麸，20kg 饼肥（豆饼、菜籽饼、棉饼等），60kg 秸秆粉（玉米秸、稻草、麦秸、豆秸等），160kg 水，五种物料掺和并搅拌均匀。

配方 2：1kg 疫苗，20kg 麦麸（或 50kg 饼肥），75kg 秸秆粉，170kg 水，四种物料掺和均匀。

（3）堆积发酵放热处理

将依据配方拌好的原料堆积成 50cm 的方形堆，并在上面按照 20cm 见方打孔，孔径为 5cm，孔深以见底为准，使其升温。若房外处理，需盖膜保湿，若在房内处理，则不需要盖膜；待堆温升至 55℃时，及时翻堆，并掺入 1 倍的大田细土，重新堆积打孔盖膜，当温度再次升至 55℃时，开堆摊薄至 10cm 厚，2d 后即可使用。在低温季节则不需要放热处理，只需堆积 4～24h 即可接种。

（4）疫苗与反应堆的最佳结合方式

高温季节，疫苗接种配合使用外置式秸秆生物反应堆；低温季节，疫苗接种配合使用内外结合式秸秆生物反应堆。

2.4.4.2　内置式秸秆生物反应堆操作技术要点

（1）秸秆、菌种及辅料用量

1）可用秸秆种类　玉米秸秆、麦秸、高粱秆、稻草、豆秸、稻糠、花生壳、花生秧、谷秆、向日葵秆、烟秆、树叶等。

2）行下内置式　每亩秸秆用量3000～4000kg，菌种8～10kg，麦麸160～200kg，饼肥80～100kg。

3）行间内置式　每亩秸秆用量2500～3000kg，菌种7～8kg，麦麸140～160kg，饼肥70～80kg，若秸秆资源充足，生育期长的农作物可以适当增加用量。

4）追施内置式　每亩秸秆粉用量900～1200kg，菌种3～4kg，麦麸60～80kg，玉米粉或饼肥80～100kg。

5）树下内置式　每亩秸秆用量2000～3000kg，菌种4～6kg，麦麸80～120kg，饼肥60～90kg。

6）菌种处理方法　菌种在使用前必须做相应处理（图2-30）。按1kg菌种掺20kg麦麸，加水20～22kg（有饼肥可以掺入10～20kg，增加水15～30kg），混合均匀，堆积发酵4～24h即可使用。若当天使用不完，应摊放于室内或阴凉处，厚度8～10cm，第2天继续使用，2～3d内用完。

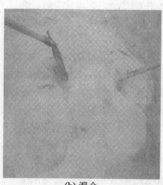

(a) 配料　　　　　　　　　　(b) 混合　　　　　　　　　　(c) 加水搅拌

图2-30　菌种处理

7）肥料用量及要求　种植蔬菜、水果和豆科植物时，可用牛、羊等草食动物粪便和饼肥，每亩用牛羊粪3～4m³，或饼肥100～150kg，与内置式生物反应堆结合使用效果更佳。采用该技术时严禁使用化肥和非草食性动物鸡、猪及人等的粪便。因为使用化肥会影响菌种活性，同时还会使土壤板结，加速病虫害的蔓延。若使用人及鸡、鸭、猪的粪便，会加速线虫繁殖与传播，导致植物发病。

（2）应用方式的选择

1）行下内置式　在秋、冬、春三季，地处高海拔、高纬度、干旱、寒冷和无霜期短的地区，在秸秆资源充足的条件下，宜采用这种方式，一般在定植前15～20d进行。

2）行间内置式　高温季节或定植前无秸秆的区域宜采用这种方法，一般在定植播种后至开花结果前进行操作，植株矮时用整秸秆，植株高时用碎秸秆，以利于快速发酵和防止损伤蔬菜。

3）追施内置式　在作物生长的整个过程均可以使用。将秸秆粉碎拌菌种堆积2d，采取追施化肥一样的穴施方式。

4）树下内置式　一年四季均可使用，落叶至发芽前采用整秸秆；生长季节内可采用碎秸秆和整碎结合的秸秆。

（3）注意事项

① 内置式需在定植播种前 20d 左右操作，最少不能低于 10d。

② 第一次浇水要足，第二次浇水间隔要长（30～40d），第三次浇水要巧。

③ 禁用各种化肥和杀菌剂。

④ 温室、塑料拱棚采用内置式反应堆时，为了方便 CO_2 和氧气的输送，一般不用地膜覆盖。

⑤ 内置式秸秆生物反应堆建造应该掌握四不宜原则：a. 开沟不宜过深，一般 20～25cm；b. 秸秆和菌种量不宜过少，一般 3000～4000kg 秸秆；c. 覆土不宜过厚，一般25cm；d. 打孔不宜过晚，浇水后应该及时打孔。

2.4.4.3 外置式秸秆生物反应堆技术操作要点

外置式反应堆的使用与管理可以概括为"三用"和"三补"。上料加水当天要开机，不分阴天、晴天，坚持白天开机不间断。

（1）用气

苗期每天开机 5～6h，开花期 7～8h，结果期每天 10h 以上。不论阴天、晴天都要开机。研究证实：反应堆 CO_2 气体可增产 55%～60%。尤其是中午不能停机。

（2）用液

上料加水后第 2 天就要及时将沟中的水抽出，循环浇淋于反应堆的秸秆上，每天一次，连续循环浇淋 3 次。如果沟中的水不足，还要额外补水。其原因是通过向堆中浇水会将堆上的菌种冲淋到沟中，不及时循环，菌种长时间在水中就会死亡。循环 3 次后的反应堆浸出液应立即取用，以后每次补水淋出的液体也要及时取用。原因是早期液体中的酶、孢子活性高，效果好。其用法按 1 份浸出液对 2～3 份的水，灌根、喷叶，每月 3～4 次，也可结合每次浇水冲施。反应堆浸出液中含有大量的二氧化碳、矿质元素、抗病孢子，既能增加植物的营养，又可起到防治病虫害的效果。试验证明反应堆液体可增产 20%～25%。

（3）用渣

秸秆在反应堆中转化成大量 CO_2 的同时，也释放出大量的矿质元素，除溶解于浸出液中，也积留在陈渣中。它是蔬菜所需有机和无机养料的混合体。将外置反应堆清理出的陈渣收集堆积起来，盖膜继续腐烂成粉状物，在下茬育苗、定植时作为基质穴施、普施，不仅替代了化肥，而且对苗期生长、防治病虫害有显著作用，试验证明反应堆陈渣可增产 15%～20%。

（4）补水

由于外置式秸秆生物反应堆技术发酵物固定在水泥杆上，浇水后水不断渗漏下来，因此发酵物干得比较快。为使发酵物保持湿润，必须及时给秸秆补水，如不及时补水，会降低反应堆的效能，致使反应堆中途停止。一般在低温季节，10～15d 补水 1 次，在高温季节，7～10d 补水 1 次。

（5）补气

氧气是反应堆产生 CO_2 的先决条件，秸秆生物反应堆中菌种活动需要大量的氧气，必须保持进出气道通畅。随着反应的进行，反应堆越来越结实，通气状况越来越差，反应就越慢，中后期堆上盖膜不宜过严，靠山墙处留出 10cm 宽的缝隙，每隔 20d 应揭开盖膜，用木棍或者钢筋打孔通气，每平方米 5～6 个孔。标准外置式秸秆生物反应堆建成当天，需要通电开机 1～2h，通风换气。在前 5d，每天通风换气 2h 左右，5d 后，换气时间延长至 6～8h，及时把秸秆生物反应堆产生的二氧化碳通过微孔送风带输送到大棚蔬菜上。

此外，要经常检查秸秆生物反应堆的通气情况，防止厌氧发酵产生甲烷等有害气体。即使是阴雨天，也要开机3～4h，保障二氧化碳气体流通。此外，应根据作物大小、高矮、晴天、阴天、温度高低等，灵活掌握风机的开机次数及通风时间。

（6）补料

外置反应堆一般使用50d左右，秸秆消耗在60%以上。应及时补充秸秆和菌种。一次补充秸秆1200～1500kg，菌种3～4kg，浇水湿透后，用直径10cm的尖头木棍打孔通气，然后盖膜；一般越冬茬作物补料3次。

2.4.4.4 秸秆生物反应堆常见问题及解决措施

在秸秆生物反应堆技术的应用实践过程中，经常出现的问题及解决措施如下。

（1）不升温

在秸秆生物反应堆启动后，堆体不升温，或迅速升温过高。原因是水分过大，秸秆过湿；或水分过少，秸秆过干。采取的措施是调节秸秆含水量，将秸秆湿度调整到适宜含量。如果堆体一直不升温，需要考虑有机物料腐熟剂的有效性。如果有机物料腐熟剂没有问题，需要考虑用水是否含有消毒剂，消毒剂存在会杀死有益细菌，导致不发酵，不升温。

（2）升温后温度即刻下降

秸秆生物反应堆运转后已经升温，但时间不长就降下来，不再升温。原因是秸秆的碳氮比过高，缺乏有机氮，应添加饼肥或氮化肥，增加氮素含量，满足微生物代谢活动的需要。

（3）氨味渐浓

秸秆生物反应堆在运转一段时间后，发酵堆体释放的气体，氨味逐渐加大。原因是通气不畅，或秸秆含水量过大，造成厌氧发酵。应检查通气孔的通气情况。若堵塞，需要重新扎孔或清除孔口污物，保证空气流通。若水分过大，则需要调整水分。

2.5 秸秆生产商品有机肥技术

长期以来，我国化肥施用量大幅度增长，在保证粮食安全方面发挥了重要作用。但近些年来，随着化肥的大量投入，外加化肥的不合理施用，导致土壤中微生物的生存环境被破坏，破坏土壤结构，进而使土壤保肥、保水能力降低。过量施用化肥会使得地下水中的硝酸盐超标，对人类健康造成威胁。此外，化肥施用后大量氨挥发到空气中，与大气中的硫酸盐、硝酸盐发生大气化学反应，使空气质量恶化。

近些年，人们对食品的需求和食品的生产也在悄悄发生变化，温饱问题解决以后，人们更为重视食品的安全、口感、健康和环保。因此，在食品安全革命的背后是一场肥料、农药等农资和种植技术的革命。2002年4月，农业部和国家质量监督检验检疫总局发布了《无公害农产品管理办法》，对食品生产所采用的肥料、农药、土质等做了全新的规定，并逐渐成为全社会的共同要求和必然趋势。一个全新的有着巨大潜力的朝阳产业和新型项目——有机农业所必备的生产资料——高效生物活性有机肥的时代来临了。

2.5.1 农作物秸秆生产有机肥技术概述

农作物秸秆制作有机肥技术主要是通过条垛翻抛设备，利用高温型菌种制剂将小麦、玉米、水稻等作物秸秆与畜禽粪便混合，经过好氧发酵加工成优质的有机肥回用于农业生产，实现农业废弃物综合利用的一种技术。秸秆有机肥是一种营养非常全面的有机肥料，如果再有针对性地配以不同的元素，便可以制成蔬菜、花卉、果树以及粮、棉、油等系列专用肥。晒干后的有机肥可以用有机肥颗粒机进行颗粒化加工，制成各种颗粒状的有机肥。可以基施、追施、冲施、沾施和喷施，适合温室大棚和大田使用。目前已经开发出各类果树、蔬菜、药材、茶树、烟叶及粮、棉、油、麻等50多种作物有机肥，可用于有机食品、绿色食品和无公害食品的生产。

秸秆生产有机肥与传统的秸秆堆沤腐熟原理基本相同，但利用秸秆制造有机肥技术多采用工厂化生产模式。商品有机肥的生产，可以把大量的秸秆集中起来进行处理，在很短的时间内加工生产出可被农作物直接吸收利用的腐质有机肥。

我国有机肥料生产企业区域分布受地区经济的发展、资源的种类和数量、生产技术水平等众多因素的制约。有机肥料生产企业在我国分布的区域差异较大，从全国范围来看主要集中在两个大区域：一是经济发达地区，包括广东、江苏、福建和浙江等，这些地区突出的特点是或具有优惠的政策作保障，或具有先进的技术作支持，或具有良好的环保意识作引导；二是有机肥料资源丰富地区，包括山东、河南、河北等，秸秆有机肥的工厂化运营，为秸秆的资源化利用提供了新的途径。大量秸秆转变成可以出售的商品，使有机肥生产企业成为颇具潜力的新兴企业。生物有机肥是将来农业的主要生产资料，是一个值得投资的庞大产业，是一项收益率极高的朝阳产业。

秸秆生物有机肥工厂化生产是利用现代化设备和手段控制生产过程，将农作物秸秆转化为优质生物有机肥的一种方法。其采用高新技术进行菌种的培养和生产，用现代化设备控制温湿度、数量、质量和时间，经机械翻抛、高温堆腐、生物发酵等过程，将农作物秸秆等农业废弃物转化为优质有机肥。该技术具有自动化程度高(1人就可操纵)、腐熟周期短(4～6周时间)、产量高 [(2～3)×10^4t 肥料/a]、无环境污染、科学配比肥效高等其他方法无可比拟的优点，是当前利用高新技术大规模高效率生产有机肥料的最佳途径。利用生化快速腐熟技术制造优质有机肥，是近年来为满足农作物特别是经济作物对有机肥的需求而发展起来的工厂化堆制秸秆有机肥生产技术。

2.5.2 秸秆有机肥工厂化生产技术原理

秸秆有机肥工厂化生产所用原料主要为小麦、玉米和水稻秸秆，一般建在秸秆生产比较集中的地方，以降低运输费用。秸秆有机肥生产过程中，一般需要用大型铡草机将秸秆粉碎，然后用水把秸秆浸透，分层在秸秆上撒上畜禽粪便和秸秆腐熟菌剂，堆制过程中用机械定期均匀翻堆，再堆成半圆体进一步腐熟，晒干后粉碎，用秸秆有机肥造粒机加工成颗粒状肥料，再装袋运输和销售。目前秸秆有机肥主要用于果园、苗木、蔬菜等经济价值较高的有机食品、绿色食品和无公害食品生产基地[24]。

秸秆有机肥工厂化生产的技术原理与利用秸秆腐熟剂堆制有机肥技术相同，不同之处在于以下3个方面。

1）需要一定的机械设备　需要秸秆粉碎机和搅拌机一台，堆放肥料的厂房及一些附属材料。

2）原料　鸡粪、秸秆、玉米面、菌种等。

3）工艺过程　先将鸡粪和秸秆粉掺和；一般对于含水量的要求为45％左右，也就是手捏成团，手指缝见水但不滴水，松手一触即散便可。然后添加玉米面和菌种，添加玉米面的作用是增加糖分，供菌种发酵。然后将配好的混合料喂入搅拌机进行搅拌，搅拌一定要匀，要透，不留生块。搅拌好的配料堆成宽 1.5～2m、高 0.8～1m 的长方形条垛。好氧发酵完成后稍加晾干就可以装袋出厂。

2.5.3 秸秆生产有机肥生产工艺流程

秸秆有机肥工厂化生产设备方面，引进的设备可一次完成粉碎秸秆、喷入菌种、集堆作业，再经过多次翻抛，使加入菌种的碎秸秆与空气充分接触，加快腐熟，最后制作成生物有机肥。设备的自动化程度高，可实现全程操作，备有加温、补气设施，不受天气影响，可实现一年四季连续生产，发酵过程中喷洒除臭剂，废气能够达到国家二级排放标准。利用秸秆工厂化生产有机肥的生产工艺流程如图 2-31 所示。

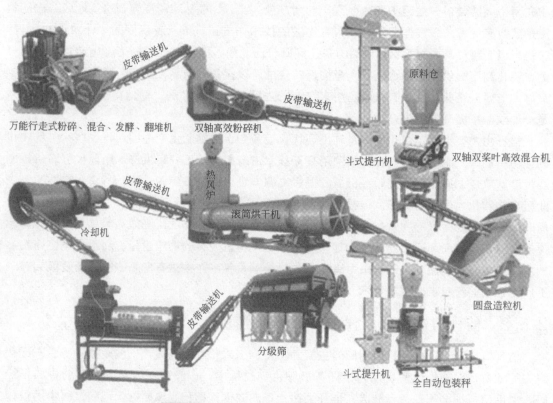

图 2-31 工厂化生产有机肥的生产工艺流程

2.5.3.1 工艺流程描述

有机肥产品质量的好坏影响到施用的效果，而产品质量关键取决于产品生产工艺的选择。生物有机肥的生产一般经过预混工序、发酵过程、除臭过程、造粒、烘干、过筛和包装。造粒方式和烘干工艺中温度与时间的选择是影响产品中活菌数量的关键。

（1）预混工序

将收集来的猪粪与粉碎的农作物秸秆按照事先设定的配比加入到双轴预混机内进行拌和（图 2-32），添加发酵菌，并将其水分调节至 50％左右，然后由皮带输送机送入发酵池进行好氧高温发酵。

图 2-32 预混物料

（2）发酵工序

发酵一般采用好氧发酵技术，利用微生物的代谢活动来分解物料中的有机物质，使物料达到稳定和无害化。在发酵生产工艺上，多数企业采用槽式堆置发酵法。其他发酵方法，如平地堆置发酵法、密封仓式发酵法、塔式发酵法等在生产中也有应用。在发酵、腐熟过程中，物料的水分、碳氮比、温度等的调节及腐熟剂的使用是生产工艺的关键。

1）平地堆置发酵法 在发酵棚中将调配好的原料堆成宽 2m、高 1.5m 的长垄，10d 左右翻堆一次，45～60d 腐熟。见图 2-33。

2）发酵槽发酵法 发酵槽为水泥、砖砌造，一般每槽内长 5～10m、宽 6m、高 2m，若干个发酵槽排列组合，置于封闭或半封闭的发酵房中。每槽底部埋设 1.5mm 通气管，物料填入后用高压送风机定时强制通风，以保持槽内通气良好，促进好气微生物迅速繁殖。使用铲装车或专用工具定期翻堆，每 3d 翻堆一次。经过 25～30d 发酵，温度由最高时的 70～80℃逐步下降至稳定，即已腐熟，见图 2-34。

图 2-33 平地堆置发酵法

3）塔式发酵厢发酵法 发酵厢为矩形塔，内部是分层结构，上下通风透气，体积可大可小。多个塔可组合成塔群。有机物料被提升到塔的顶层，通过自动翻板定时翻动，同时落向下层。5～7d 后下落到底层，即发酵腐熟，由皮带运输机自动出料。见图 2-35。

（3）除臭工序

传统的方法是利用一些物理和化学的方法加以防治，但成本高，效果不佳。研究者分离出一些放线菌接种于家禽粪便中，起到了除臭效果，之后又开发出了硝化细菌和硫化细菌，使鸡粪中的 NH_3 和 DMS（二甲基硫化物）得到了较好的控制。我国自行研制的微生物发酵剂和固体发酵设备的应用，将迅速推动我国生物有机肥产业化。

（4）造粒工序

造粒方式的选择是有机肥生产工艺的关键。根据生产工艺的要求，目前生物有机肥常用的造粒方式主要有圆盘造粒和挤压造粒两种。

图 2-34　发酵槽发酵法　　　　　　　图 2-35　塔式发酵厢发酵法

1）圆盘造粒　产品呈圆粒形，产品质量较好，产品可混性好，有利于产品投放市场。但一次性投资较大，对物料要求高，颗粒质地松，不利于贮运和机械化施用。

2）挤压造粒　产品呈长柱形，生产工序简单，对物料要求不高，颗粒硬度大，适合贮运和机械化作业，但产品颗粒不好看，带粉率高，产品质量难以保证，生产能力偏低，成本高。

生物有机肥生产工艺以圆盘造粒后低温烘干工艺为佳。

（5）烘干工艺

为了降低功能性微生物的死亡率，烘干温度不宜过高，烘干时间不能过长。一般应选择烘干温度 85～90℃为宜，烘干时间在 15～20min 较好。

2.5.3.2　秸秆有机肥生产工艺主要设备

秸秆有机肥生产所用工艺设备主要包括有机肥发酵翻抛机、粉碎机、搅拌机、造粒机、烘干机、冷却机、筛分机和包膜机。

（1）有机肥发酵翻抛机（图 2-36）

有机肥发酵翻抛机广泛应用于畜禽粪便、糖厂滤泥、造纸污泥、植物秸秆、城市污水污泥、城市生活垃圾、草炭、豆粕、薯渣、沼渣、烟渣等有机废弃物进行无害化处理生产有机肥料。主要作用是对发酵过程中的物料进行发酵翻堆（翻抛）。

（2）有机肥粉碎机（图 2-37）

有机肥粉碎机是生物有机发酵堆肥，城市生活垃圾堆肥，草泥炭、农村秸秆垃圾、工业有机垃圾、鸡粪、牛粪、羊粪、猪粪、

图 2-36　有机肥发酵翻抛机

鸭粪等生物发酵高湿物料粉碎工序的专用设备，其作用是对生产过程中高湿物料等原料的粉碎制粉。

（3）有机肥搅拌机（图 2-38）

有机肥生产作业中，物料的搅拌粉碎关系着有机肥成品的好坏，搅拌粉碎得彻底，生产的有机肥成型率高，外观整齐。市场上搅拌设备的形式多种多样，主要由送料筒、机架、电

机、减速机、转动臂等组成，其作用主要是对多种原材料进行搅拌混合。

图 2-37　有机肥粉碎机

图 2-38　有机肥搅拌机

（4）有机肥造粒机（图 2-39）

有机肥专用造粒机突破常规的有机物造粒工艺，造粒前不用对原料进行干燥、粉碎，直接配料就可以加工出球状颗粒，可节省大量能源。其作用是对拌和后的物料进行制粒；便于分选、封装。

(a) 圆盘造粒机

(b) 挤压造粒机

图 2-39　有机肥造粒机

（5）有机肥烘干机（图 2-40）

有机肥烘干机主要由热源、上料机、进料机、回转滚筒、出料机、物料破碎装置、引风机、卸料器和配电柜构成；脱水后的湿物料加入干燥机后，在滚筒内均布的抄板器的翻动下，物料在干燥机内均匀分散，与热空气充分接触，加快了干燥传热、传质。在干燥过程中，物料在带有倾斜度的抄板和热气质的作用下，至干燥机另一段星形卸料阀排出成品。

（6）有机肥冷却机（图 2-41）

有机肥冷却机又叫滚筒冷却机，主要用

图 2-40　有机肥烘干机

于有机肥生产，冷却一定温度和粒度的物料，一般与干燥机配套使用。冷却机可以大大提高冷却速度，减轻劳动强度，提高生产效率。

（7）有机肥筛分机（图2-42）

肥料生产中一般多采用滚筒式筛分机，主要用于成品与返料的分离，也可实现成品的分级。

图 2-41　有机肥冷却机

图 2-42　有机肥筛分机

（8）有机肥包膜机（图2-43）

有机肥包膜机成套设备主要由螺旋输送机、搅拌槽、油泵、主机等组成，采用粉体扑粉或液体涂膜工艺，把制成的颗粒外部包膜，能有效防止有机肥料的结块。

（9）自动称量包装机（图2-44）

自动称量包装机主要由物料进口、给料机构（闸门）、称量斗、夹袋机构、机架、吸风口、气动系统、传感器、控制箱、输送和缝包机构等组成。物料由给料机构加入称量斗，控制器收到传感器的重量信号后，按预先设定的程序值进行控制，开始时进行快速（快加、中加、慢加同时）给料；当重量≥（目标值－粗计量值）时，停止快加信号输出，进入中速（中加、慢加同时）给料；当重量≥（目标值－精计量值）时，停止中加信号输出，进入慢速（慢加）给料；当重量≥（目标值－过冲量值）时，停止慢加信号输出，给料门完全关闭，定值称量完成。夹袋信号输入后，称量斗卸料门自动开启，当重量≤零位设定值时，称量斗卸料

图 2-43　有机肥包膜机

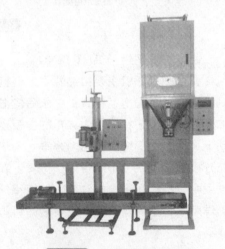

图 2-44　自动称量包装机

门自动关闭，物料袋自动松开落入输送带上，被送到缝包机缝包之后进入下一工序，同时控制器进入下一控制循环。

2.5.4 农作物秸秆生产有机肥技术要点

2.5.4.1 原辅料配比技术要点

（1）原料及辅料

1）原料　生物有机肥生产的原料主要有农作物秸秆、禽粪（鸡、鹌鹑、鸽子、鸭、鹅等）、畜粪（猪、羊、牛等）、其他动物粪（兔、蚕、海鸟、蚯蚓、虫等）、饼粕、草炭、风化煤、农产品加工废弃物（食用菌渣、糠醛渣、骨粉等）。

2）辅料　腐熟菌剂。在有机物料发酵腐熟过程中，接种发酵微生物可以促进有机物料腐解，保存养分。实际发酵应用的微生物，往往由酵母、真菌、细菌和放线菌等组成一个复合菌群，一般通过从自然界中分离、纯化，得到多种多样的发酵微生物复合菌群。

（2）原、辅料要求

畜禽粪便要求有机质 40% 以上，水分在 45%～55%，要保证运输过程的二次污染控制及堆肥前处理的水分控制为重点。蔬菜废弃物要求水分控制在 80% 以下，物料混合前粉碎长度≤10cm，不得夹杂有其他较为明显的杂质；农作物秸秆水分要求控制在 12%～70%，处理后粉碎长度≤5cm，菌种活菌数保证 2×10^8 cfu/g，杂菌率≤30%。

（3）配比工艺要求

1）原、辅料　碳氮比控制在 20～30。

2）含水量　原料含水量控制在 45%～55%。

3）容重　容重控制在 0.4～0.8g/cm³。

2.5.4.2 堆肥发酵技术要点

（1）工艺流程

农作物秸秆生产有机肥工艺流程见图 2-45。

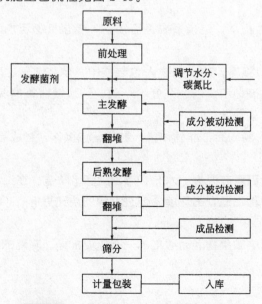

图 2-45　农作物秸秆生产有机肥工艺流程

（2）主要工艺条件

1）高效的微生物菌剂　添加菌剂后将菌剂与原、辅料混匀，并使堆肥的起始微生物含量达到 10^6 个/g 以上。

2）堆高大小　自然通风时，高 1.0～1.5m，宽 1.5～3.0m，长度任意。

3）温度变化　完整的堆肥过程由低温、中温、高温和降温四个阶段组成。堆肥温度一般在 50～60℃，最高可达 70～80℃。温度由低向高逐渐升高的过程，是堆肥无害化处理的过程。堆肥在高温（45～65℃）维持 10d，病原菌、虫卵、草籽等均被杀死。

4）翻堆　堆肥温度上升到 60℃以上，保持 48h 后开始翻堆，翻堆时务必均匀彻底，将底层物料尽量翻入堆中上部，以便充分腐熟，视物料腐熟程度确定翻堆次数。

2.5.4.3 发酵方式

将原料和发酵菌经搅拌充分混合，水分调节在 45%～55%，堆成宽约 2m、高约 1.5m 的长垛，长度可根据发酵车间的长度而定。每 2～5d 可用机械或人工翻垛一次，以提供氧气、散热和使物料发酵均匀，发酵中如果发现物料过干，应及时在翻堆时喷洒水分，确保顺利发酵，如此经过 7～15d 的发酵达到完全腐熟。

2.5.4.4 有机肥生产加工技术要点

（1）粉碎

① 先检查粉碎机运转是否正常，刀片、出料口布袋是否磨损破坏，一旦磨损破坏，立即更换。

② 开启粉碎机开关待运转正常后匀速向粉碎机中添加物料，物料添加速度以不堵塞粉碎机为准。

③ 粉碎过程中一定要时刻注意检测筛网的破损情况，一旦破损，立即更换。

（2）配料搅拌

将各物料按照配方要求均匀合理地一层一层铺在混料区，然后用人工或机械翻混 3 次以达到物料混合均匀为准。

（3）包装

① 检查机器运转是否正常，定量系统是否校正，缝包机是否加油维护，场地是否清理干净。

② 打开粉碎机出料口将粉碎的产品装入包装袋中，包装前一定要检查是否出现较多粗纤维（粉碎不好的）、产品颜色不统一、细度不一致、结块发白等情况，如果出现不能包装，必须重新进行筛分处理才能包装。

③ 确定产品外观符合要求后，准确称量，进行缝包操作，将成品入库保存。

2.5.4.5 调控技术

影响发酵的主要环境因素有温度、水分、碳氮比和 pH 值。在工厂化发酵中，通过人为调控，为好氧微生物活动创造适宜的环境，促进发酵的快速进行。

（1）发酵温度调节

温度是反映好气发酵中微生物活动程度的一个重要指标。高温的产生标志着发酵过程运转良好。

（2）水分调节

水分是微生物活动不可缺少的重要因素。在好气发酵工艺中，配料适宜的含水量为

35%～50%。物料含水过高、过低都影响好气微生物活动，发酵前应进行水分调节。

（3）碳氮比调控

配料碳氮比是微生物活动的重要营养条件。通常微生物繁殖要求的适宜碳氮比为（20～30）：1。猪粪碳氮比平均为14：1，鸡粪为8：1。单纯粪肥不利于发酵，需要掺和高碳氮比的物料进行调节。掺和物料的适宜加入量，稻草为14%～15%，木屑为3%～5%，菇渣为12%～14%，泥炭为5%～10%。谷壳、棉籽壳和玉米秸秆等都是良好的掺和物，一般加入量为15%～20%。

（4）碱度调节

配料酸碱度对微生物活动和氮元素的保存有重要影响。好氧发酵有大量铵态氮生成，使pH值升高，发酵全过程均处于碱性环境，这是与以秸秆或绿肥为原料的堆肥发酵产生酸性环境所不同的。高pH环境的不利影响主要是增加氮素损失。工厂化快速发酵应注意抑制pH值的过高增长，可通过加入适量的化学物质作为保护剂，调节物料酸碱度。

2.5.4.6 注意事项

1）原料预处理

① 如果原料水分过大，一定要将其晾晒或晒干，以满足配料混合后达到配方的技术要求。

② 如果所用原料是干原料，粒径≥2cm的必须粉碎以满足要求。

③ 如果干原料的水分≤10%，而且硬度较大，可以将湿原料与干原料按配方比例先混合浸润24h后再处理。

2）辅料预处理

① 辅料粒径≥2cm的要先粉碎均匀至达生产要求。

② 混在辅料里的硬块或金属物及长布线条等要先清除干净。

3）包装后的有机肥存放于通风、阴凉、干燥处。

2.5.5 农作物秸秆有机肥料工厂生产模式

目前，我国农作物秸秆有机肥料生产企业大致可分3种模式：a. 精制有机肥料类，不含有特定效应的微生物，以提供有机质和少量养分为主；b. 有机无机复混肥料类，由有机和无机肥料混合或化合制成，既含有一定比例的有机质，又含有较高的养分；c. 生物有机肥料类，生物有机肥料是指特定功能微生物与主要以动植物残体（如畜禽粪便、农作物秸秆等）为来源并经无害化处理、腐熟的有机物料复合而成的一类兼具微生物肥料和有机肥效应的新型肥料。它是多种有益微生物菌群与有机肥结合形成的新型、高效、安全的微生物-有机复合肥料。它综合了有机肥和复合微生物肥料的优点，能够有效地提高肥料利用率，调节植物代谢，增强根系活力和养分吸收能力[25]。

目前，在3种生产模式中，有机无机复混肥料类占主导地位，这与我国当前科学施肥所提倡的"有机和无机相结合"的原则是相符的，也是目前我国肥料行业发展的主流；其次是精制有机肥料类，精制有机肥料作为绿色农产品和有机农产品等特色农业生产的主要原料，已经越来越受使用者的欢迎，随着我国更加关注食品的质量与安全，精制有机肥料的应用将会有一个广阔的前景。生物有机肥料的市场占有率最小，由于科学技术与生产工艺的限制与不确定性，致使生物有机肥料的市场份额较小，但生物技术的发展和突破必将推动生物有机肥料的发展。2002年全国有机肥料生产企业调查结果表明，全国有机肥料生产企业近500家，有机肥料产品500多个，其中有机无机肥料类294个、精制有机肥料156个、生物有机肥料56个[26]。

2.5.6 秸秆生产有机肥产品质量标准

利用农作物秸秆等有机物料生产有机肥，产品质量标准执行由中华人民共和国农业部种植业管理司制定的有机肥产品标准（NY 525—2012）。其中规定生产的有机肥外观颜色为褐色或灰褐色，粒状或粉状，均匀，无恶臭，无机械杂质。生产的有机肥技术指标应满足表2-4、表2-5的要求。

表 2-4 有机肥产品的技术指标

项目	技术指标
有机质的质量分数（以烘干基计）/%	≥45
总养分（氮＋五氧化二磷＋氧化钾）的质量分数（以烘干基计）/%	≥5.0
水分（鲜样）的质量分数/%	≤30
酸碱度（pH）	5.5～8.5

表 2-5 有机肥产品5种重金属的限量指标

项目	限量指标/(mg/kg)
总砷（As）（以烘干基计）	≤15
总汞（Hg）（以烘干基计）	≤2
总铅（Pb）（以烘干基计）	≤50
总镉（Cd）（以烘干基计）	≤3
总铬（Cr）（以烘干基计）	≤150

2.5.7 农作物秸秆有机肥的施用量及施用方式

（1）有机肥施用量

我国由于多年来忽视有机肥的施用，过度施用化肥，造成部分土地板结，土壤贫瘠，有机质含量低，仅为1%左右；而其他农牧业发达国家（如日本）的土壤有机质含量达到8%左右，所以减少化肥的用量，增加施用有机肥，提高土地有机质含量势在必行。在连续施用的情况下，可以使土壤有机质含量每年提高0.1%。不同企业生产的有机肥及不同作物品种，施用方法略有差异。有机肥应严格按照产品说明书进行施用，各种作物有机肥建议施用量如下。

① 设施瓜果、蔬菜 西瓜、草莓、辣椒、番茄、黄瓜等，基肥每季每亩300～500kg。

② 露地瓜菜 西瓜、黄瓜、土豆、毛豆及葱蒜类等，基肥每季每亩300～400kg；叶菜类，基肥每季每亩200～300kg；莲子，基肥每亩500～750kg。

③ 粮食作物 小麦、水稻、玉米等，基肥每季每亩200～250kg。

④ 油料作物 油菜、花生、大豆等，基肥每季每亩300～500kg。

⑤ 果树、茶叶、花卉、桑树等 根据树龄大小，基肥每季每亩500～750kg；新苗木基

地，在育苗前每亩基施 750～1000kg。

⑥ 对于新平整后的生土田块，3～5 年内每年每亩增施 750～1000kg，方可逐渐提高土壤肥力。

（2）有机肥的施用方法

有机肥料与化学肥料一样，品种万千，养分含量也相差甚远，需根据土壤状况、栽种作物与有机肥的肥性状况合理施用。方法得当，节本增效，否则不仅浪费，而且会带来负面效果。以下是有机肥的几种施用方法。

1）全层施肥　在翻地前将有机肥料撒在地表，随着翻地将肥料全面翻入土壤中。这种施肥方法简单，省力。肥料施用均匀，但肥料利用率低。目前，这种方法适用于用量大、养分含量低的精制农家肥的施用。

2）集中施肥　腐熟程度高的有机肥（如商品有机肥）一般采用在定植穴内施用或挖沟施用的方法，将其集中施在作物的根系部位，可充分发挥其肥效。

3）追肥施用　腐熟程度高的有机肥速效养分含量高，可作追肥施用。

4）有机肥料和无机肥料配合施用　有机肥料与无机肥料的优缺点各异，长期的农业生产实践证明，单施有机肥料或无机肥料，都不能适时、适量地满足作物生长的需要，只有两者配合施用，才能充分发挥各自的优点，两者取长补短，互相补充，缓急相济，充分发挥肥料的增产潜力，达到高产优质和培肥改良土壤的双重效果。

（3）商品有机肥施用注意事项

① 商品有机肥的长效性不能代替化学肥料的速效性，必须根据不同作物和土壤，再配合尿素、配方肥等施用，才能取得最佳效果。

② 商品有机肥的施用方法一般以作基（底）肥施用为主，在作物栽种前将肥料均匀撒施，耕翻入土。如采用条施或沟施，要注意防止肥料集中施用发生烧苗现象，要根据作物田间的实际情况确定商品有机肥的亩施用量。

③ 商品有机肥作追肥施用时，一定要及时浇足水分。

④ 商品有机肥在高温季节旱地作物上施用时，一定要注意适当减少施用量，防止发生烧苗现象。

⑤ 商品有机肥的酸碱度一般呈碱性，在喜酸作物上施用时要注意其适应性及施用量。

参 考 文 献

[1] 刘巽浩. 秸秆还田的机理与技术模式 [M]. 北京：中国农业出版社，2001.

[2] 卞有生. 生态农业种废弃物的处理与再生利用 [M]. 北京：化学工业出版社，2005.

[3] 张颖，王晓辉. 农业固体废弃物资源化利用 [M]. 北京：化学工业出版社，2005.

[4] 河北省环境保护厅. 河北省农村环境保护适用技术报告 [R]. 2010.

[5] 毕于运，徐斌. 秸秆资源评价与利用研究 [D]. 北京：中国农业科学院，2010.

[6] 毕于运，寇建平，王道龙. 中国秸秆资源综合利用技术 [M]. 北京：中国农业科学技术出版社，2008.

[7] 杨滨娟. 秸秆还田及其研究进展 [J]. 农学学报，2012，2（05）：1-4.

[8] 张锦川，吴冠军. 玉米秸秆机械化还田与饲料加工技术 [J]. 农村科学实验，2004，10：12-14.

[9] 朱明. 农业废弃物处理实用集成技术 100 例 [M]. 北京：中国农业科学技术出版社，2012.

[10] 焦刚. 农机实用技术培训大纲 [M]. 北京：中国农业出版社，1997.

[11] 韩淑芳. 秸秆粉碎还田机械化技术 [J]. 农业开发与装备，2008，12：27-31.

［12］ 牟浴鹤，樊凤芝．玉米根茬机械粉碎还田技术［J］．农机推广，1994，05：20-25.

［13］ 杨文勇．机械化秸秆整体直接还田技术［J］．农村实用工程技术，2002，(9)：19-20.

［14］ 陈丽娟．秸秆堆沤快速腐熟还田技术［J］．农技服务，2009，26 (10)：97-132.

［15］ 刘淑新．"四合一"暖芯肥的沤制［J］．农机安全监理，1996，(6)：16.

［16］ 李济宸，冯秀华，李群．秸秆生物反应堆制作及使用［M］．北京：金盾出版社，2010.

［17］ 林宝琦，刘文秀，南凯琼．秸秆生物反应堆技术的效益分析［J］．环境保护与循环经济，2014，12：14-16.

［18］ 郝永乐，邹志荣．早春温室黄瓜生产中秸秆生物反应堆应用效果的研究［D］．杨凌：西北农林科技大学，2009：3-15.

［19］山东秸秆生物工程技术研究中心．2007 年蒙阴县桃树应用生物反应堆技术效果对比图．http://www.jiegan.cn.

［20］王帅，程晋，王福义．秸秆生物反应堆技术的基础理论及应用效果［J］．农业科技与装备，2013，12：68-69.

［21］山东秸秆生物工程技术研究中心．内置式秸秆生物反应堆技术操作图解．http://www.jiegan.cn.

［22］山东秸秆生物工程技术研究中心．外置式秸秆生物反应堆技术操作图解．http://www.jiegan.cn.

［23］山东秸秆生物工程技术研究中心．果树生长季内置式秸秆生物反应堆技术操作图解．http://www.jiegan.cn.

［24］章永松．农业有机废弃物发酵 CO_2 施肥及残渣对植物生长和培肥土壤的作用［D］．杭州：浙江大学，2011：1-9.

［25］马常宝．我国有机肥料工厂化现状及发展前景［J］．磷肥与复肥，2004，19 (1)：7-11.

［26］李博文．蔬菜安全高效施肥［M］．北京：中国农业出版社，2014.

3

秸秆饲料化利用技术

3.1 秸秆饲料化利用简介

3.1.1 秸秆饲料化利用价值

秸秆中含有大量的有机物和少量的矿物质及水分,其有机物主要为碳水化合物、粗蛋白质和粗脂肪,碳水化合物主要包括纤维素、半纤维素、木质素和果胶等。农作物秸秆含有动物需要的各种饲料成分,这为其饲料化利用奠定了物质基础。但是,秸秆被动物消化利用的前提是动物消化道内要有内源性纤维素酶系或添加到秸秆饲料中的外源性纤维素酶系。反刍家畜瘤胃微生物能分泌纤维素酶系,因此能够直接利用秸秆饲料。而单胃家畜不能分泌纤维素酶系,不能直接利用农作物秸秆饲料,必须添加外源性纤维素酶才能利用[1]。

由于农作物秸秆存在以上限制因素,导致秸秆直接作为饲料效果欠佳,需进一步加工处理。秸秆饲料化利用技术主要有秸秆饲料加工技术(微生物贮存技术和青贮技术)、氨化技术、秸秆揉搓加工技术、热喷处理技术和秸秆饲料压块技术。

3.1.2 秸秆饲料化利用方式

农作物秸秆饲料化方法主要有物理处理方法,如揉搓加工技术、压块成型技术、挤压膨化技术和热喷处理技术;化学处理方法,如氨化技术、碱化技术、氧化技术和复合技术;生物处理方法,如青贮技术和微贮技术[2]。

3.1.3 秸秆饲料化利用前景

随着人们生活水平的提高,动物食品的需求量不断扩大,而畜牧业的发展往往受到饲料的制约。目前我国人均粮食占有量仅有400kg左右,难以用更多的粮食满足畜牧业发展的需要。而我国每年生产5亿多吨粮食的同时,也生产了7亿多吨作物秸秆,其中稻草2.3×10^8t,小麦秸1.2×10^8t,玉米秸2.2×10^8t,花生、豆类、高粱、荞麦等秋粮作物秸秆1×10^8t,各种藤蔓类1×10^8t。目前80%左右的作物秸秆是作为能源被烧掉或供他用,利用率低,且产生大量污染,还有相当数量的秸秆被毁弃在田间。利用秸秆类农业固体废物生产饲料，原材料不仅来源广泛，并且成本低廉，同时又减少了对环境的污染，是农业固体废物处理与处置技术中的重要技术之一，具有广阔的前景[3]。

3.2 秸秆青贮技术

3.2.1 青贮机理

秸秆青贮是将新鲜的秸秆（主要是玉米秸秆）切断或铡碎后，紧实堆积于不透气的青贮池或青贮塔内，在适宜的厌氧条件下，利用厌氧微生物的发酵作用，使原料中所含的糖分转化为以乳酸为主的有机酸，使青贮饲料的 pH 值维持在 $3.8 \sim 4.2$，从而抑制青贮饲料内包括乳酸菌在内的所有微生物活动，达到保存饲料和提高秸秆营养价值、适口性的一种方法。该技术适宜于我国一年两熟（小麦—玉米）地区，夏播玉米一般在 9 月中旬前后成熟。此时气温已较低，玉米秸秆趁着收割后青贮最好。适宜在人多地少，饲草、饲料较缺的地区发展畜牧业。

3.2.2 青贮饲料的特点

秸秆青贮饲料不仅气味芳香，而且适口性好，主要有以下几个方面的特点[4]。

1）青贮秸秆养分损失少，可以最大限度保持青饲料的营养物质　玉米秸秆经青贮后，蛋白质、纤维素保存较多，营养价值得到提高。一般青饲料在成熟和晒干之后，营养价值降低 $30\% \sim 50\%$，但在青贮过程中，由于密封厌氧，物质的氧化分解作用微弱，养分损失仅为 $3\% \sim 10\%$，从而使绝大部分养分被保存下来，特别是在保存蛋白质和维生素（胡萝卜素）方面要远远优于其他保存方法。

2）适口性好，消化率高　青饲料鲜嫩多汁，充分保留了秸秆在青绿时的营养成分，青贮使水分得以保存。青贮饲料含水量可达 70%。同时，在青贮过程中由于微生物的发酵作用，产生大量乳酸和芳香物质，气味酸香，更增强了其适口性和消化率。此外，青贮饲料对提高家畜日粮内其他饲料的消化性也有良好的作用。

3）可调节青饲料供应的不平衡　由于青饲料生长期短，老化快，受季节影响较大，很难做到一年四季均衡供应。而青贮饲料一旦做成可以长期保存，保存年限可达 $2 \sim 3$ 年或更长，因而可以弥补青饲料利用的时差之缺，做到营养物质的全年均衡供应。

4）青贮饲料可以作为饲料添加剂预防家畜和农作物的病虫害。

5）青贮可净化饲料，保护环境　青贮能杀死青饲料中的病菌、虫卵，破坏杂草种子的再生能力，从而减少对畜、禽和农作物的危害。另外，秸秆青贮已使长期以来焚烧秸秆的现象大为改观，使这一资源变废为宝，减少了对环境的污染。基于这些特性，玉米秸秆青贮饲料作为奶牛、肉牛和肉羊的基本饲料，已越来越受到各地的重视。

6）青贮方法简单，易于推广应用。

3.2.3 秸秆青贮方式

秸秆青贮一般有青贮窖（池）、青贮袋和地面堆贮三种形式。目前养殖量大的用户一般采用青贮窖（池）（图 3-1），青贮袋适用于养殖规模比较小的养殖户。

图 3-1　秸秆青贮

（1）青贮窖（池）

1）窖（池）址　青贮窖（池）址应选在地势高、干燥、土质坚硬、排水良好、避风向阳、距畜舍较近、四周有一定空地的地段。切忌在低洼处或树荫下建窖（池），并避开交通要道、路口、粪场、垃圾堆等[5]。

2）窖（池）形式　青贮窖（池）有长方体和圆柱体两种，可以是地下式、半地下式或地上式。青贮窖（池）底部应高于地下水位 1m 以上。依据地下水位状况确定窖（池）的形式。地下水位低，采用地下式；地下水位高，可采用半地下式或地上式。

3）窖（池）形与大小　根据地形，畜群种类、数量和原料情况确定窖（池）形与大小。大型养殖场以地上式、长方体为主，单池规模 1000m³ 左右；其他养殖场（户）以半地下式、地下式一端开口斜坡式长方体为主，单窖规模为 30～500m³，具体大小根据养殖数量确定。若建圆柱体青贮池，径深比一般为 1：1.5 左右，上大下小；若建长方体青贮池，长、宽、高比一般为 4：3：2。要求池壁砌砖，水泥造底。池底应该有一定坡度，不透气，不漏水。

4）容量　计算公式：长方体池的容量(t)＝长×宽×深×青贮玉米秸秆(0.5～0.6)t/m³；斜坡式长方体窖的容量(t)＝(窖口长＋窖底长)×深/2×宽×(0.5～0.6)t/m³。

5）建筑结构　地上式采取钢筋混凝土结构，地下式、半地下式可用砖混结构。各种结构在窖底需建渗水池，便于排出多余的青贮渗出液及雨水。

6）质量要求　窖（池）壁应光滑、不透气、不透水，小型窖（池）四角呈弧形，窖底呈锅底状。

（2）青贮壕

青贮壕是指大型的壕沟式青贮设施，适用于大型饲养场使用。此类建筑最好选择在地方宽敞、地势高燥或有斜坡的地方，开口在低处，以便夏季排出雨水。青贮壕一般宽 4.6m，深 5～7m，地上至少 2～3m，长 20～40m，必须用砖、石、水泥建筑永久窖。青贮壕是三面砌墙，地势低的一端敞开，以便车辆运取饲料[6]。

（3）袋装青贮

袋装青贮应选用青贮专用的塑料拉伸膜袋，要求具有抗拉伸、避光、阻气功能。一般选取袋长 200cm、宽 1500cm 左右的圆筒状开口袋子，厚度 10～15 丝，将玉米秸秆切碎压实后装入青贮塑料袋内的简易青贮方法。该方法主要针对一般养殖农户，因养殖规模小、场地限制、劳动力缺乏、铡草机械较小而设计的一种临时贮存青贮料的方法。袋贮场地应选择较为平坦的场地。

（4）地面堆贮

地面堆贮利用干燥、平坦的地方，堆放揉搓或切碎后的玉米秸秆，压紧、覆盖棚膜，四周密封，适宜于多余玉米秸秆的临时青贮，利用期为秋冬及春初。

3.2.4 青贮工艺技术

3.2.4.1 技术流程

秸秆青贮工艺流程主要包括原料准备、装填、密封、检查和启用等工艺过程。

（1）原料准备

1）选择 青贮时，首先选好青贮原料。在选用青贮原料时，应选用一定含糖量的秸秆，一般不低于2%，选用含糖量超过6%的秸秆可以制成优质青贮饲料。秸秆的含水量也要适中，控制在55%～60%为宜，以保证乳酸菌的正常活动。

2）切碎 对秸秆进行切碎处理，将玉米秸秆铡切至2～3cm（饲喂牛装）或揉搓成丝（饲喂羊）。切短的目的在于可以装填紧实，取用方便，牲畜易采食；此外，秸秆经切断或粉碎后，易使植物细胞渗出汁液，湿润饲料表面，有利于乳酸菌的生长繁殖。切碎后的秸秆入窖（池），经压实、密封后贮存。

3）调整湿度 将秸秆含水量调整到65%～75%之间，用手握紧切碎的玉米秸秆，以指缝有液体渗出而不滴下为宜。若玉米秸秆含水量不足时，可在切碎的玉米秸秆中喷洒适量的水，或与水分较多的青贮原料混贮。若秸秆3/4的叶片干枯，青贮时每千克秸秆需加水5～10kg；若原料含水量过大，可适当晾晒或加入一些粉碎的干料，如麸皮、草粉等。

4）添加剂使用 为了提高青贮玉米秸秆的营养或改善适口性，可在原料中掺入一定比例的添加剂。青贮添加剂主要有以下几类。

① 微生物制剂。最常见的微生物制剂是乳酸菌接种剂，秸秆中含有的乳酸菌数量极为有限，添加乳酸菌能加快作物的乳酸发酵，抑制和杀死其他有害微生物，达到长期酸贮的目的。乳酸菌有同质和异质之分，在青贮中常添加的是同质乳酸菌，如植物乳杆菌、干酪乳杆菌、啤酒片球菌和粪链球菌等，同质乳酸菌发酵产生容易被动物利用的L-乳酸。我国近几年用于秸秆发酵的微生物制剂也有很多，大多是包括乳酸菌在内的复合菌剂，如新疆海星牌秸秆发酵活干菌。

② 酶制剂。青贮过程中使用的酶制剂主要有淀粉酶、纤维素酶、半纤维素酶等。这些酶可以将秸秆中的纤维素、半纤维素降解为单糖，能够有效解决秸秆饲料中可发酵底物不足、纤维素含量过高的问题。

③ 抑制不良发酵添加剂。这类添加剂用得较多的有甲酸、甲醛。添加甲酸对青贮的不良发酵有抑制作用，其用量为2～5L/t。甲醛对所有的菌都有抑制作用，其添加量一般为3%～5%。添加甲酸、甲醛或其混合物的费用较大，在我国目前还难以推广。添加丙酸、己二烯酸、丁酸及甲酸钙等能防止发酵中的霉变，这类添加剂的添加量一般为0.1%左右。

④ 营养添加物。玉米面、糖蜜、胡萝卜的添加可以补充可溶性碳水化合物，氨、尿素的添加可以补充粗蛋白质含量，碳酸钙及镁剂的添加可以补加矿物质，这类添加物都属于营养添加物。

⑤ 无机盐。添加食盐可提高渗透压，丁酸菌对较高的渗透压非常敏感而乳酸菌却较为

迟钝，添加 4%的食盐，可使乳酸含量增加，乙酸减少，丁酸更少，从而改善青贮的质量和适口性。

（2）装填

① 青玉米秸秆收获后，应尽快用机械粉碎后装入青贮窖（池）或用灌装机装压入青贮袋中。要做到边收边运、边运边铡、边铡边贮，要求连续作业，在尽量短的时间内完成装填，避免发热、腐烂，现在一般多用机械化铡草机铡后直接装填窖（池）中。

② 装料前用大块塑料布将窖（池）底壁覆好，将铡碎的玉米秸秆逐层装入窖（池）内，每装 20～30cm 厚时可用人踩踏、石夯、履带式拖拉机压等方法将原料压实，特别注意将窖（池）壁四周压实，避免空气（氧气）进入而不能达到厌氧发酵的目的[7]。

③ 装满后原料装至高出窖（池）口 30～40cm，再用塑料布盖严，覆土 30～40cm 后拍实成圆顶，使其中间高周边低，长方形窖（池）呈弧形屋脊状，以利于排水。

④ 封窖后，四周 1m 左右挖好小排水沟，以防雨水渗入窖（池）内。若发现窖（池）顶有裂缝，应及时加土压实，以防漏气。

⑤ 袋装青贮将袋子打开，压缩成圆圈状，接触地面一端用塑料盖严，然后将切短的玉米秸秆边装边踩实装入袋中。在装填过程中，要注意袋子不能装斜，避免袋子翻倒，浪费人力，同时要防止弄破塑料袋，以免透气。

⑥ 地面堆贮要求在地面上铺塑料棚膜，逐层装填时不要超出四周底边，最终装填压实，横截面呈圆弧形。

（3）密封

青贮窖（池）密封前，应该用塑料棚膜将玉米秸秆完全盖严。自上而下压一层厚 300cm 的湿土。袋贮法要在不损坏塑料袋的前提下，尽可能将袋口扎紧，使装袋密闭，并用重物压在扎口处。

（4）检查

青贮完成后要经常检查，若发现下沉或有裂缝，及时填平封严。青贮袋要经常检查袋子有无破损，同时注意防鼠，发现有破洞或袋内起雾时及时封补。

（5）启用

1）启用时间　青贮窖（池）厌氧发酵 30d，袋贮 40d 左右后，玉米秸秆即成为青贮饲料，便可启封。开窖前从一头清除盖土，以后随取随时逐段清土。青贮饲料应随取随用，取后随即继续封闭。

2）启用方法

① 地面堆贮和袋装青贮饲料应首先利用，其次再启封青贮窖（池）。

② 根据养殖数量确定每次启封面的大小。取用时自上而下剥掉覆土，揭去塑料棚膜，从青贮饲料横断面垂直方向自上而下取到底，以此为起点向里依次取用，直至用完。取后及时盖好棚膜，防止料面暴露，产生二次发酵[8]。

3.2.4.2　注意事项

（1）排除空气

乳酸菌是厌氧菌，只有在没有空气的条件下才能进行生长繁殖。若不排除空气，就没有乳酸菌生存的余地，而好氧的霉菌、腐败菌会乘机滋生，导致青贮失败。因此，在青贮过程中原料要切到 3cm 以下，踩实、封严。

（2）温度适宜

青贮原料温度在 25～35℃时，乳酸菌会大量繁殖，很快便占主导优势，致使其他一切杂菌都无法活动繁殖，若料温达 50℃时，丁酸菌就会生长繁殖，使青贮饲料出现臭味，以致腐败。因此，除要尽量踩实、排除空气外，还要尽可能地缩短铡草装料过程，以减少氧化产热。

（3）水分适当

适于乳酸菌繁殖的含水量为 70%左右，过干不易踩实，温度易升高；过湿则酸度大，牛不喜食。70%的含水量相当于玉米植株下边有 3～5 片干叶；如果全株青贮，砍后可以晾半天；青黄叶比例各半，只要设法踏实，不加水同样可获成功。

（4）原料处理

乳酸菌发酵需要一定的糖分。原料含糖多的易贮，如玉米秸、瓜秧、青草等。含糖少的难贮，如花生秧、大豆秸等。对含糖少的原料，可以和含糖多的原料混合贮，也可以添加 3%～5%的玉米面或麦麸单贮，豆科牧草和蛋白质含量较高的原料应与禾本科牧草混合青贮，禾豆比以 3：1 为宜；糖分含量低的原料应加 30%的糖蜜（制糖的副产品）；禾本科牧草单独青贮可加 0.3%～0.5%的尿素；原料含水量低、质地粗硬的可按每 100kg 加 0.3～0.5kg 食盐。这些方法都能更有效地保存青料和提高饲料的营养价值[9]。

（5）青贮时间

饲料作物青贮，应在作物子实的乳熟期到蜡熟期进行，即兼顾生物产量和动物的消化利用率。利用农作物秸秆青贮则要掌握好时机，过早会影响粮食的产量，过晚又会使作物秸秆干枯老化、消化利用率降低，特别是可溶性糖分减少，影响青贮的质量。玉米秸秆的收贮时间，一看子实成熟程度，乳熟早，枯熟迟，蜡熟正适时；二看青黄叶比例，黄叶差，青叶好，各占一半就嫌老；三看生长天数，一般中熟品种 110d 就基本成熟，套播玉米在 9 月 10 日左右，麦后直播玉米在 9 月 20 日左右，就应收割青贮。秸秆青贮应在作物子实成熟后立即进行，而且越早越好。

3.2.5　青贮饲料的品质鉴定

青贮饲料的品质鉴定一般采用感官评定和化学评定两类方法。化学评定中有机酸及微生物的检测是判断青贮饲料品质好坏最关键、最直接的评判指标，但是在实际生产中大多采用感官评定，同时结合在实验室内进行的化学评定，检查青贮饲料的品质，判断青贮饲料的营养价值及是否存在安全风险[10]。

（1）取样

为了准确评定青贮饲料的质量，对饲料的取样必须具有代表性。首先清除封盖物，并除去上层发霉的青贮物料；再自上而下从不同层分点均匀取样。采样后立即把青贮饲料填好，密封，以免空气混入导致青贮饲料腐败。样品采集后若不能立即评定，应将饲料置于塑料袋中密闭，4℃冰箱保存。

（2）感官评定

感官评定主要是通过感官评定青贮饲料的颜色、气味、口味、质地和结构等指标，来判断青贮饲料的品质好坏，此方法简便迅速，但是不能定量，相关评定标准见表 3-1。

表 3-1　青贮饲料感官评定标准

等级	颜色	气味	酸味	结构
优良	青绿或黄绿色，有光泽，近于原色	芳香酸味，给人以好感	浓	湿润、紧密、茎叶花保持原状，容易分离
中等	黄褐或暗褐色	有刺鼻酸味，香味淡	中等	茎叶花部分保持原状。柔软、水分稍多
低劣	黑色、褐色或暗墨绿色	具特殊刺鼻腐臭味或霉味	淡	腐烂、污泥状、黏滑或干燥或黏结成块，无结构

　　1）色泽　青贮饲料越接近于作物原先的颜色越好。若青贮前作物秸秆为绿色，青贮后仍为绿色或黄绿色最佳。秸秆青贮发酵温度是影响青贮饲料色泽的最主要因素，温度越低，青贮饲料的颜色越接近于青贮前的颜色。

　　2）气味　若青贮饲料具有酸味和水果香味，则饲料品质优良；若饲料具有刺鼻的酸味，则饲料中醋酸较多，品质较次；若饲料具有臭味且腐烂腐败，则为劣等，不宜饲喂家畜。

　　3）质地　作物秸秆经过青贮后，农作物的茎叶结构应当能清晰辨认，柔软松散，茎叶花保持原状，容易分离的青贮饲料为上等；青贮饲料茎叶部分保持原状，柔软，水分稍多为中等饲料；若饲料非常黏滑，腐烂，分不清原有结构，则为劣等青贮饲料。

　　（3）化学分析评定

　　青贮饲料评定中常用化学分析测定方法分析青贮饲料的 pH 值、有机酸含量、微生物种类和数量、营养物质含量变化、青贮饲料可消化性及营养价值等。

　　1）pH 值　pH 值是衡量青贮饲料品质好坏的重要指标之一。若在实验室测定 pH 值，用精密酸度计。在生产现场，可用精密 pH 试纸测定。

　　2）氨态氮与总氮的比值　氨态氮与总氮的比值能反映青贮饲料中蛋白质及氨基酸分解的程度，比值越大，说明蛋白质分解越多，青贮饲料的质量越不好。

　　3）有机酸含量　有机酸总量及其构成可以反映青贮发酵过程的好坏，有机酸主要包括乳酸、醋酸和丁酸，乳酸所占比例越大越好。若青贮饲料中含有较多的乳酸和少量醋酸，不含丁酸，则说明饲料品质好。若青贮饲料中含丁酸多而乳酸少，则饲料品质差。化学评定法的评定标准见表 3-2。

表 3-2　不同青贮饲料中各种酸含量

等级	pH	乳酸/%	醋酸/%		丁酸/%	
			游离	结合	游离	结合
良好	4.0～4.2	1.2～1.5	0.7～0.8	0.1～0.15	—	—
中等	4.6～4.8	0.5～0.6	0.4～0.5	0.2～0.3	—	0.1～0.2
低劣	5.5～6.0	0.1～0.2	0.1～0.15	0.05～0.1	0.2～0.3	0.8～1.0

　　4）微生物指标　微生物种类及数量也是影响青贮饲料品质的关键因素，主要检测的微生物指标有总菌数、乳酸菌数、霉菌数及酵母菌数，霉菌及酵母菌过多，会降低青贮饲料的品质以及引起二次发酵。

3.2.6　青贮饲料饲喂方法

　　1）不能长期堆放　青贮饲料不能长时间堆放在圈舍内，尤其是气温较高的季节，取出后应尽快饲喂家畜。

2）逐渐适应 开始饲喂青贮饲料时，家畜不习惯，要坚持由少到多的原则，待适应后喂足。

3）不宜单一饲喂 青贮饲料的饲喂量一般不应超过日粮总量的1/2。各种家畜的参考饲喂量如下：奶牛15～20kg，育成牛9～20kg，育肥牛初期12～14kg，犊牛5～9kg，马7～10kg，羊5～8kg。

4）避免气味进入奶中 挤奶的家畜在挤奶后2h再喂青贮饲料，以减少气味附到奶中，影响奶的风味[11]。

3.2.7 工程实例

3.2.7.1 案例1 作物秸秆青贮窖饲料化处理工程

（1）适用范围

该技术适用于各类作物秸秆的饲料化调制处理，能适应不同生产规模，比较适合中国农村现有的生产水平。

（2）工艺流程

采用厌氧发酵处理工艺。工艺流程：秸秆类原料→切碎→装填→压实→密封→贮存→开窖饲喂。

（3）形式与处理容量

青贮窖的形式有半地下式、地下式，形状呈圆形或方形，以方形为多。青贮窖可大可小，能适应不同的生产规模，大型青贮窖的处理能力为100t以上，中型青贮窖为50～100t，小型青贮窖为50t以下。见图3-2。

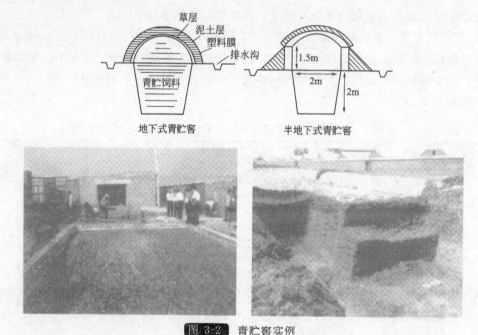

图 3-2 青贮窖实例

（4）工程特点

该工程选址适于地势高、土质坚实、地下水位低、易排水和靠近畜舍的地方，需避开交通要道、粪场和垃圾场。窖深应距地下水 0.5m 以上，四周光滑平直。永久性青贮窖可用混凝土建成，半永久性可为简单土坑。大中型青贮窖应在底部准备若干个集液坑，收集青贮原料渍出的多余汁液。调制处理过程应遵循"六随三要"，即随割、随运、随切、随装、随踩、随封连续进行，一次完成；原料要切短、装填要踩实、窖顶要封严。秸秆类青贮窖饲料化处理的主要优点是造价较低，作业方便，既可人工作业，也可机械化作业[12]。

3.2.7.2 案例2 作物秸秆青贮壕饲料化处理工程

（1）适用范围

该技术适用于各类作物秸秆的饲料化调制处理，能适应不同的生产规模，便于大规模机械化作业。

（2）工艺流程

采用厌氧发酵处理工艺。工艺流程：秸秆类原料→切碎→装填→压实→密封→贮存→开封饲喂。

（3）形式与处理容量

青贮壕一般呈长条形壕沟状，沟的两端呈斜坡，可建成地下式或半地下式，也可建于地面之上。地上式青贮壕是在平地建两垛平行的水泥墙，两墙之间即进行饲料化调制处理。处理能力 100t 以上为大型青贮壕，50～100t 为中型青贮壕，50t 以下为小型青贮壕[12]。见图 3-3。

图 3-4 青贮壕实例

（4）工程特点

该工程选址适于地势高、土质坚实、地下水位低、易排水和靠近畜舍的地方，便于饲喂。青贮壕沟及两侧墙面一般为混凝土结构，保证光滑以防渗漏。该工程有利于大规模机械化作业，可由拖拉机牵引着拖车从壕的一端驶入，边前进，边卸料，从另一端驶出，卸料的同时还可进行压实处理。该处理方式造价低、易于建造，尤其是地上式青贮壕不但便于机械化作业，还可有效避免积水，减少贮料损失。

3.2.7.3　案例 3　作物秸秆青贮袋饲料化处理工程

（1）利用原理

该工程利用塑料袋的密封性及所具有的机械强度，形成密封厌氧环境，对各类作物秸秆进行饲料化调制处理。

（2）工艺流程

采用厌氧发酵处理工艺。工艺流程：秸秆类原料→切碎→装填→压实→密封→破损检查→贮存→开袋饲喂。

（3）材料选用与制作

青贮袋材料选用优质无毒的聚乙烯塑料薄膜，厚度应在 0.12mm 以上，要求具有较高的密封性、遮光性及光热抗性，具有一定的抗拉强度、直角撕裂强度及耐穿刺性，还应柔韧易弯，以适应有效捆扎。青贮袋的长短大小制作视饲料调制多少而定，每个袋以长 170～200cm、宽 60～100cm 为宜。青贮袋的一端需用机械加热压紧封口，黏结牢固，不透气[12]。见图 3-4。

图 3-4　青贮袋实例

（4）工程特点

该工程方法简单，贮存地点灵活，饲喂方便，青贮袋的大小可根据实际需要调节。青贮袋密封后需贮存于平坦坚实、有遮棚、防止阳光直射的地方。寒冷地域还应采取防冻措施，同时还需注意防鼠及防御其他破坏青贮袋的外部因素，如家畜、动物、鸟类等。贮存期间应定期或不定期进行青贮袋的破损检查，及时修补。小型青贮袋饲料化处理主要依靠人工，适用于农村家庭小规模青贮调制。大型青贮袋可贮存数十吨至上百吨饲料，可用专用的袋装机，可高效进行装料和压实作业，取料也使用机械，一可节省投资，二可减少贮存损失，三可降低劳动强度。

3.2.7.4 案例4 作物秸秆拉伸膜裹包青贮饲料化处理工程

（1）基本概况

拉伸膜裹包青贮是一种新型先进的青贮饲料调制技术，属于半干青贮（低水分青贮）范畴。该技术于20世纪70年代在欧洲和新西兰首次获得使用，并在石油化工业开发出适用的塑料薄膜后得到广泛的应用。通过拉伸膜裹包青贮，可调制出高品质的青贮饲料，作业机械化程度高、机动性强，能够及时应对突发的天气变化，产品可实现市场流通。

（2）工艺流程

采用厌氧发酵处理工艺。工艺流程：原料刈割（必要时晾晒）→捡拾打捆→裹包密封（4～6层特制塑料薄膜）→搬运→贮存→开封饲喂。

（3）工程特点

该处理实施中需注意调制原料的适时收割和晾晒，含水量宜控制在50%～60%。制作密度高、形状整齐的捆包，捡拾打捆机的行进速度要比干草收集压捆慢，压捆要牢固、结实，草捆表面要平整均匀，以免草捆和拉伸膜之间产生空洞，或与膜之间的粘贴性不良，从而发生霉变。打好的草捆应在当天迅速裹包，使拉伸膜青贮饲料在短时间内进入厌氧状态，抑制丁酸菌的繁殖。拉伸膜要选择性能好、已被实践验证过的产品，颜色选择白色为好，以更容易保持较低的表面温度。裹包后的饲料可在自然环境下堆放在平整的地上或水泥地上进行贮存。该处理与传统青贮饲料化工艺相比，具有所调制的饲料质量好、浪费极少、易于运输和商品化、保存期长和成本低等特点[12]。见图3-5。

(a) 打捆

(b) 拉伸膜裹包作业现场

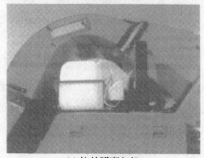
(c) 拉伸膜裹包机

(d) 拉伸膜裹包实例

图 3-5　秸秆拉伸膜裹包青贮饲料

3.3　秸秆微贮技术

众所周知，秸秆青贮和秸秆氨化技术是世界公认的秸秆饲料加工的有效方法，但是，秸秆青贮季节性强，存在着与农争时的矛盾，目前，农业生产以粮食为主，这种矛盾十分尖锐。秸秆氨化处理后的粗蛋白质可提高 1 倍左右，消化率可提高 20%，在低精料饲养的情况下，4kg 的氨化秸秆可节约 1kg 的精料，这无疑是一种秸秆处理的好方法，但氨源（尿素、液氨等）价格高，饲喂氨化秸秆的效益增值部分被氨源涨价所抵消，秸秆氨化与农争肥的矛盾比较突出，在这种情况下，发展秸秆微贮技术就有比较重要的现实意义。

3.3.1　微贮技术与机理

（1）技术原理与应用

秸秆微贮技术是把农作物秸秆按比例添加一种或多种有益微生物菌剂，在密闭和适宜的条件下，通过有益微生物的代谢与发酵作用，使农作物秸秆转变成柔软多汁、气味酸香、适口性好、消化率高的粗饲料。

秸秆微贮技术中的微生物菌株除了乳酸菌外，还有纤维素分解菌、酵母菌、霉菌和其他细菌等。在自然界中，能够分解纤维素、半纤维素的微生物有霉菌（丝状真菌）、担子菌等真菌中的一些菌种，也有一些放线菌和原生动物[13]。

在国内，主要产品和技术有江西宜春高新技术专利产品开发中心开发的活力 99 生酵剂，中国科学院化工冶金研究所生化工程室的甜菜渣发酵技术，山东农业大学饲养教研室的担子菌发酵技术，山东莱阳农学院的"高等真菌优化麦秸饲料技术"，中国科学院应用技术研究所的"DJ 农作物秸秆生物发酵饲料"，中国科协专利技术研究所的"秸秆高效生物蛋白饲料"，武汉高校科技成果产业化研究中心的"高效能草秆生化饲料"，新疆乌鲁木齐海星农业科学技术应用推广服务站和深圳市联侨经济开发公司的海星牌秸秆发酵活干菌，以及山东的采禾秸秆生物饲料制作剂。

（2）微贮技术的优点

1）制作成本低　每吨秸秆制成微贮饲料只需用 3g 秸秆发酵活干菌（价值 10 余元），而每吨秸秆氨化则需要 30～50kg 尿素，在同等条件下秸秆微贮饲料对牛、羊的饲喂效果相当于秸秆氨化饲料。

2）消化率高　秸秆在微贮过程中，由于高效复合菌的作用，木质纤维素类物质大幅度降解，并转化为乳酸和挥发性脂肪酸（VFA），加之所含酶和其他生物活性物质的作用，提高了牛、羊瘤胃微生物区系的纤维素酶和解脂酶活性。麦秸微贮饲料的干物质体内消化率可提高 24.14%，粗纤维体内消化率提高 43.77%，有机物体内消化率提高 29.4%，干物质代谢能为 8.73MJ/kg，消化能为 9.84MJ/kg[14]。

3）适口性好　秸秆经微贮处理，可使粗硬秸秆变软，并且有酸香味，可刺激家畜的食欲，从而提高采食量。

4）秸秆来源广泛　麦秸、稻秸、干玉米秸、青玉米秸、土豆秧、牧草等，无论是干秸秆还是青秸秆，都可用秸秆发酵活干菌制成优质微贮饲料，且无毒无害、安全可靠。

3.3.2　秸秆微贮饲料的特点

（1）秸秆微贮饲料适口性好，消化率高

作物秸秆经微贮后，秸秆质地柔软，具有酸香气味，适口性明显增强，可使家畜采食速度提高43%，同时，由于秸秆中的部分纤维素、木质素被微生物降解，秸秆的消化率提高，可使牲畜采食量提高20%～40%。

（2）秸秆营养价值提高

秸秆经发酵后，秸秆中的木质素、纤维素被降解成低聚糖、乳酸、挥发性脂肪酸，因而提高了秸秆的营养价值。此外，由于微生物的繁殖，使秸秆中的菌种蛋白质含量增加。试验数据表明：用微贮后的秸秆喂牛，可日增重30%左右。4kg的微贮秸秆饲料的营养价值相当于1kg玉米。

（3）秸秆微贮成本低，经济效益好

采用微贮方法，1t秸秆仅需要8～15元微生物菌剂原料，而氨化处理1t秸秆需要尿素投入108～135元，相当于微贮饲料的12倍。

（4）制作季节长，易于推广

秸秆微贮技术简单易行，且采用干秸秆和无毒的干草植物，不存在与农争时的问题。在气温10～40℃都可以制作微贮饲料，北方地区春、夏、秋三季都可以进行，南方一年四季都可以进行。

（5）原料来源广

秸秆微贮对原材料的要求低，无论是干秸秆还是青秸秆都可用秸秆发酵活干菌制成优质微贮饲料。常用的微贮原料有麦秸秆、稻草、黄玉米秸秆、土豆秧、山芋秧、青玉米秸秆、无毒野草及青绿水生植物等。

（6）保存期长

秸秆发酵菌在秸秆中产生大量的挥发性脂肪酸，其中的丙酸与乙酸未离解分子具有强力抑菌作用，因此，秸秆微贮饲料不易发霉腐败，可以长期保存。

（7）制作简单

与青贮饲料技术相比，秸秆微贮技术制作简单，易学易懂，容易普及推广。

3.3.3　微贮工艺

（1）技术内容

根据采用容器的不同，微贮方法有水泥窖微贮法、土窖微贮法、塑料袋窖内微贮法、压捆窖内微贮法等几种[15]。

1）水泥窖微贮法　秸秆铡切后进入水泥窖，然后分层喷洒菌液，压实，窖口用塑料薄膜盖后覆土密封。这种方法经久耐用，密封性较好，适合大中型微贮工程。

2）土窖微贮法　在土窖的底部及四周铺上塑料薄膜，秸秆铡切至一定长度入窖，喷洒菌液，压实，窖口盖膜覆土密封。这种方法成本较低，简便易行，适于较小量的微贮。

3）塑料袋窖内微贮法　依据塑料袋大小挖一个圆形窖坑，然后将塑料袋放入窖内，再在袋内放入秸秆并分层喷洒菌液，最后将塑料袋口扎紧，覆土密封。这种方法适合处理少量的作物秸秆，一般为100～200kg。

4）压捆窖内微贮法　秸秆首先经压捆机打成方捆，喷洒菌液后放入窖坑，封窖发酵，出窖时将成捆秸秆粉碎饲喂。这种方法的优点是开窖取用方便。

（2）操作要点

① 秸秆微贮的工艺流程非常简单，如图 3-6 所示，秸秆铡切后入窖，然后分层喷洒菌液，再分层压实，窖口用塑料薄膜盖好，然后覆土密封发酵，出窖时揉碎饲喂[16]。

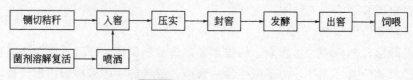

图 3-6　秸秆微贮工艺流程

② 菌液配制应根据要处理的秸秆数量，按表 3-3 所列出的比例称取所需活干菌，加入 200～500mL 水充分溶解，然后在常温下放置 1～2h，使菌种复活。

表 3-3　微贮活干菌、盐、水用量

秸秆种类	秸秆质量/kg	秸秆发酵活干菌用量/g	食盐用量/kg	用水量/L	贮料含水量/%
稻麦秸秆	1000	3.0	12	1500	60～70
黄玉米秸秆	1000	3.0	8	1000	60～70
青玉米秸秆	1000	1.5	14	适量	60～70

③ 秸秆微贮前一定要用铡草机、秸秆揉搓机或秸秆粉碎机铡切或揉碎，若用于饲羊则需铡切到 3～5cm，若用于饲牛可铡切到 5～8cm。

④ 操作时，先在窖底铺放 20～30cm 厚的作物秸秆，然后均匀喷洒菌液，经压实后再铺放 20～30cm 秸秆，再喷洒菌液压实，直到高于窖口 40cm，最后再封口。微贮饲料的含水量应达到 60%～70%，喷水量可用下式计算：

$$\chi = (1.5 \sim 2.3)G_{干} - G_{水}$$

式中　χ——喷水量，L；

　　$G_{干}$——秸秆微贮前的干物质重，kg；

　　$G_{水}$——秸秆微贮前水分的含量，kg。

⑤ 稻麦秸秆用于微贮时，为了在发酵初期为菌种提供一定的营养物质，可加入 0.5% 的大麦粉或玉米粉、麸皮之类以提高微贮饲料的质量。

（3）适宜条件

秸秆微贮饲料可避开农忙季节，不误农时。发酵活干菌处理秸秆的温度为 10～40℃，北方地区除冬季外，春、夏、秋三季均可制作。微贮窖应选择在土质坚硬、排水容易、地下水位低、距畜舍近、操作方便的地方。可以是地下式或半地下式，最好砌成永久性的水泥窖。窖的内壁光滑坚固，并应有一定的斜度，这样可保证边角处的贮料能被压实。窖的大小应根据秸秆和牲畜的多少来定，其宽度要保证拖拉机往复行走压实的重叠度。一般 1m³ 的窖可容纳微贮稻麦秸秆 250～300kg、青玉米秸秆 500～600kg。

（4）注意事项

① 秸秆微贮饲料一般需在窖内贮藏 21～23d 才能取喂，冬季则需时间长些。

② 取料时要从一角开始，从上到下逐段取用。

③ 每次取出量应以当天喂完为宜。

④ 每次取料后必须立即将口封严，以免雨水浸入引起微贮饲料变质。

⑤ 每次投喂微贮饲料时，要求槽内清洁，对冬季冻结的微贮饲料应化开后再用。

⑥ 霉变的农作物秸秆不宜作微贮饲料。

⑦ 微贮饲料由于在制作时加入了食盐，这部分食盐应在饲喂家畜日粮中扣除。

3.3.4 微贮饲料品质鉴定

秸秆微贮经 21～30d 即可完成发酵过程，气温较低的冬季则需要时间长些。微贮饲料主要依靠看、嗅和手感的方法鉴定饲料的好坏。

1) 看 微贮青玉米秸秆饲料色泽呈橄榄绿色为优质，微贮稻麦秸秆呈金黄色为优质。若变成褐色或墨绿色，则饲料品质较差。

2) 嗅 若微贮饲料具有醇香味和果香气味，则饲料品质优良；若有强酸味，表明由于水分过多和高温发酵生成醋酸过多，品质中等；若有腐臭味、发霉味，则说明由于压实程度不够和密封不严，大量有害微生物发酵，因此这种饲料不能饲喂。

3) 手感 若饲料拿到手中感到很松散，且质地柔软湿润，则为优质微贮饲料。若饲料拿到手里感到发黏，或者粘成一块，说明微贮饲料品质一般，属于不良饲料。

此外，微贮饲料用 pH 试纸测试时，pH＜4.2 为上等，pH＝4.3～5.5 为中等，pH＝5.5～6.2 为下等，pH＞6.3 为劣质品[17]。

3.3.5 饲喂方法

秸秆微贮饲料以饲喂草食性家畜为主，饲喂时可以与其他草料搭配。饲喂时应坚持循序渐进的原则，饲喂量从少到多，逐步增加。微贮饲料的日饲喂量参考如下：奶牛、育成牛、肉牛 15～20kg，马、驴、骡 5～10kg，羊 1～3kg。取料时从一角开始，从上到下逐段取用，当天取用当天用完，取完料后立即封严取料口，以免空气和雨水进入引起饲料变质。

3.4 秸秆碱化处理技术

3.4.1 技术原理

碱化处理技术就是在一定浓度的碱液（通常占秸秆干物质的 3%～5%）的作用下，打破粗纤维中纤维素、半纤维素、木质素之间的醚键或酯键，并溶去大部分木质素和硅酸盐，从而提高秸秆饲料的营养价值。

3.4.2 碱化技术分类

碱化处理技术目前主要有氢氧化钠碱化法、生石灰碱化法和加糖碱化法三种[18]。

3.4.2.1 氢氧化钠碱化法

（1）湿法处理法

将秸秆浸泡在 1.5%氢氧化钠溶液中，每 100kg 秸秆需要 1000kg 碱溶液，浸泡 24～48h

后，捞出秸秆，淋去多余的碱液(碱液仍可重复使用，但需不断增加氢氧化钠，以保持碱液浓度)，再用清水反复清洗。这种方法的优点是可提高饲料消化率25％以上，缺点是在清水冲洗过程中有机物及其他营养物质损失较多，污水量大，目前较少采用。

（2）干法处理法

用4％～5％(占秸秆风干重)的氢氧化钠配制成浓度为30％～40％的碱溶液，喷洒在粉碎的秸秆上，堆积数日后不经冲洗直接饲喂反刍家畜，秸秆消化率可提高12％～20％。此方法的优点是不需用清水冲洗，可减少有机物的损失和环境污染，并便于机械化生产。但牲畜长期喂用这种碱化饲料，其粪便中的钠离子增多，若用作肥料，长期使用会使土壤碱化。

（3）快速处理法

将秸秆铡成2～3cm的短草，每千克秸秆喷洒5％的氢氧化钠溶液1kg，搅拌均匀，经24h后即可喂用。处理后的秸秆呈潮湿状，鲜黄色，有碱味。牲畜喜食，比未处理的秸秆采食量增加10％～20％。

（4）堆放发热处理法

使用25％～45％的氢氧化钠溶液，均匀喷洒在铡碎的秸秆上，每吨秸秆喷洒30～50kg碱液，充分搅拌混合后，立即把潮润的秸秆堆积起来，每堆至少3～4t。堆放后秸秆堆内温度可上升到80～90℃，温度在第3天达到高峰，以后逐渐下降，到第15天恢复到环境温度。由于发热的结果，水分被蒸发，使秸秆的含水量达到适宜保存的水平，即秸秆含水量低于17％。

（5）封贮处理法

用25％～45％的氢氧化钠溶液，每吨秸秆需60～120kg碱液，均匀喷洒后可保存1年。此法适于收获时尚绿或收获时下雨的湿秸秆。

（6）混合处理法

原料含水量65％～75％的高水分秸秆，整株平铺在水泥地面上，每层厚度15～20cm，用喷雾器喷洒1.5％～2％的氢氧化钠和1.5％～2.0％的生石灰混合液，分层喷洒并压实。每吨秸秆需喷0.8～1.2t混合液。经7～8d后，秸秆内温度达到50～55℃，秸秆呈淡绿色，并有新鲜的青贮味道。处理后的秸秆粗纤维消化率可由40％提高到70％。或将切碎的秸秆压成捆，浸泡在1.5％的氢氧化钠溶液里，经浸渍30～60min捞出，放置3～4d后进行熟化，即可直接饲喂牲畜，有机物消化率提高20％～25％。

3.4.2.2　生石灰碱化法

生石灰碱化法是把秸秆铡短或粉碎，按每百千克秸秆2～3kg生石灰或4～5kg石灰膏的用量，将生石灰或石灰膏溶于100～120kg水制成石灰溶液，并添加1～1.5kg食盐，沉淀除渣后再将石灰水均匀泼洒搅拌到秸秆中，然后堆起熟化1～2d即可。注意：冬季熟化的秸秆要堆放在比较暖和的地方盖好，以防止发生冰冻。夏季要堆放在阴凉处，预防发热。

另外，也可把石灰配成6％的悬浊液，每千克秸秆用12L石灰水浸泡3～4d，浸后不用水洗便可饲喂。若把浸好的秸秆捞出控掉石灰水踩实封存起来，过一段时间再用将会更好。据有关测定，该方法的优点是成本低廉、原料广泛，可以就地取材，但豆科秸秆及藤蔓类等饲草均不宜碱化。碱化饲料，特别是像小麦秸秆、稻草、玉米秸秆等一类的低质秸秆，经过碱化处理后，有机物质的消化率由原来的 42.4％提高到 62.8％，粗纤维的消化率由原来的 53.5％提高到 76.4％，无氮浸出物的消化率由原来的 36.3％提高到 55.0％。适口性大为改善，其采食的数量也显著增加（20％～45％）。同时，若用石灰处理，还可增加饲料的钙质[19]。

3.4.2.3 加糖碱化法

加糖碱化法就是在秸秆等材料碱化的基础上进行糖化处理。加糖碱化秸秆适口性好，有酸甜酒香味，牛、马、骡、猪均喜欢吃，且保存期长，营养成分好，粗脂肪、粗蛋白质、钙、磷含量均高于原秸秆。加糖碱化秸秆收益高，简单易行。加糖碱化法的工艺流程如下。

（1）材料准备

1）双联池或大水缸　双联池一般深 0.9m、宽 0.8m、长 2m，中间隔开，即成 2 个池（用砖、水泥，用水泥把面抹光），单池可容干秸秆 108kg。池建在地下、半地下或地面上均可。

2）秸秆粉　干秸秆抖去沙土，粉碎成长 0.5～0.7cm。秸秆可用玉米秸、麦秸、稻草、花生壳和干苜蓿等。

3）石灰乳　将生、鲜石灰淋水熟化制成石灰乳（即氢氧化钙微粒在水中形成的悬浮液）。石灰要用新鲜的生石灰。石灰与水作用后生成氢氧化钙，氢氧化钙容易与空气中的二氧化碳化合，生成碳酸钙。碳酸钙是无用的物质，因此不能用在空气中熟化的或熟化后长期放置空气中的石灰。

4）玉米面液　玉米面用开水熟化后，加入适量清水制成玉米面液。玉米面熟化要用开水，以便玉米面中的糖分充分分解。

5）器具　脸盆、马勺、塑料布和铁铲。

6）用料比例　秸秆、石灰、食盐、玉米面、水的比例为 100∶3∶0.5∶3∶270。

（2）加工处理

将石灰、食盐、玉米面按上述比例组成混合液喷淋在秸秆粉上，边淋边搅拌，翻 2 次后停 10min 左右，等秸秆将水吸收后再继续喷淋、搅拌，这样反复经过 2～3 次，所用混合水量全部吸收后，秸秆还原成透湿秸秆，用手轻捏有水点滴下为止。

（3）入池或缸贮存

将处理好的秸秆加入池或缸内，边入池边压实，池边、池角部分可用木棒镇压，越实越好。此时上层出现渗出的少量水。秸秆应层层铺设直至装满，也可超出一点小顶帽。后用塑料布覆盖封口，上压沙土为 0.4～0.5m 厚。池缸封口后，夏季 4～7d、冬季 10～15d 便可开口饲喂。

3.5 秸秆氨化技术

3.5.1 氨化技术简介

（1）氨化原理

秸秆氨化就是在密闭条件下向粉碎的农作物秸秆中加入一定比例的氨水、无水氨或尿素等，破坏木质素与纤维素之间的联系，促使木质素与纤维素、半纤维素分离，使秸秆细胞膨胀、结构疏松，从而使秸秆消化率提高、营养价值和适口性改善的加工处理方法。秸秆氨化技术原理主要包括3个方面。

1）碱化作用　秸秆中的纤维素、半纤维素能够被食草牲畜消化利用，但木质素基本上不能被利用，而且秸秆中一部分纤维素和半纤维素会与木质素紧紧结合在一起，阻碍牲畜的消化吸收。碱可以使木质素和纤维素之间的酯键断裂，破坏其镶嵌结构，溶解半纤维素、一部分木质素及硅酸盐，从而使反刍家畜瘤胃中的瘤胃液易于渗入，消化率提高。

2）氨化作用　在发酵能量不足的情况下，饲料不能被微生物充分利用，多余的氨可能被瘤胃壁吸收，从而使反刍动物中毒。通过氨化作用处理秸秆，可以减缓氨的释放速率，促进瘤胃微生物的活动，进一步提高秸秆的营养价值和利用率。

3）中和作用　氨能够与秸秆中的有机酸结合，中和秸秆中的潜在酸度，形成适宜瘤胃微生物活动的微碱性环境，从而使瘤胃内的微生物大量增加，形成更多的菌体蛋白。

（2）氨化技术优缺点

氨化秸秆饲料的优点如下。

① 由于氨具有杀灭腐败细菌的作用，氨化可防止饲料腐败，减少家畜疾病的发生。

② 氨化后秸秆的粗蛋白质含量可从3％～4％提高到8％甚至更高。

③ 秸秆饲料的适口性大为增加，家畜的采食量可提高20％～40％。

④ 因为氨化使纤维素及木质素那种不利于家畜消化的化学结构破坏分解，使秸秆饲料的消化率大为提高，氨化秸秆比未氨化的消化率提高20％～30％。

⑤ 提高了秸秆饲料的能量水平，因为氨化可分解纤维素和木质素，可使它们转变为糖类，糖就是一种能量物质。

⑥ 氨化秸秆饲料制作投资少、成本低、操作简便、经济效益高，并能灭菌、防霉、防鼠、延长饲料保存期。

⑦ 家畜尿液中含氮量提高，对提高土地肥力还有好处。

⑧ 提高了家畜的生产能力。原因：第一，节约了采食消化时间，从而减少了因此而消耗的能量；第二，提高了秸秆单位容积的营养含量，从而有利于家畜生产能力的发挥。

但秸秆的氨化处理也存在不少问题。

① 氨的利用率低　在氨化过程中，注入的含氨化合物的利用率只有50％，从而造成了资源的浪费。

② 污染环境　在饲喂氨化饲料时，未被利用的氨释放到空气中，会造成一定的污染，同时对家畜和人的健康也有一定的危害。

③ 处理成本较高　每氨化1000kg秸秆，约需尿素40kg，与其他加工方法相比投入较高。

④ 降低了奶的品质　奶牛饲喂氨化饲料，有时会使牛奶带有异味，降低奶的品质。

⑤ 可能会引起家畜中毒现象　犊牛、羔羊在大量进食氨化饲料时，由于饲料中的余氨尚未散尽，可能会出现中毒事故。

⑥ 与NaOH处理相比，达到理想效果的处理时间长得多，同时需要密封，增加了成本，且液氨和氨水运输、贮存和使用不便，尿素和碳铵虽然运输、使用较为方便，但处理效果不稳定，特别是温度很低时。

3.5.2 氨化技术分类

3.5.2.1 根据氨源分类

（1）尿素氨化法

秸秆中存有尿素酶，加进尿素，用塑料膜覆盖，尿素在尿素酶的作用下分解出氨，对秸秆进行氨化。方法是按秸秆质量的 3%～5% 加尿素。首先将尿素按 1:（10～20）的比例溶解在水中，均匀地喷洒在秸秆上。即 100kg 秸秆用 3～5kg 尿素，加 30～60kg 水。逐层添加堆放，最后用塑料薄膜覆盖。用尿素氨化处理秸秆的时间较液氨和氨水处理要求稍长一些。

（2）液氨氨化法

液氨是较为经济的一种氨源。液氨是制造尿素和碳铵的中间产物，每吨液氨的成本只有尿素的 30%。但液氨有毒，需高压容器贮运、安全防护及专用施氨设备，一次性投资较高。

具体方法：将秸秆打成捆或不打捆，切短或不切短，堆垛或放入窖中，压紧，盖上塑料薄膜密封；在堆垛的底部或窖中用特制管子与装有液氨的罐子相连，开启罐上压力表，通入秸秆质量 3% 的液氨进行氨化，即 1t 秸秆用 30kg 液氨。氨气扩散相当快，短时间即可遍布全垛或全窖，但氨化速度很慢，处理时间取决于气温，通常夏季约需 1 周，春、秋季 2～4 周，冬季 4～8 周甚至更长。液氨处理过的秸秆，喂前要揭开薄膜 1～2d，使残留的氨气挥发。不开垛可长期保存。

液氨处理秸秆应注意秸秆的含水量，一般以 25%～35% 为宜。液氨必须采用专门的罐、车来运输。液氨输入封盖好的秸秆中要通过特制的管子，一般利用针状管。针状管用直径 20～30mm、长 3.5m 的金属管制成，前端焊有长 150mm 的锥形帽，从锥形帽的连接处开始，每 70～80mm 要钻 4 个直径 2～2.5mm 的滴孔，管子的另一端内焊上套管，套管上应有螺纹。可以用来连接通向液氨罐的软管。如果一垛秸秆为 8～10t，只要一处向垛内输送液氨即可；如果为 20～30t，则可多选 1～2 处输送[20]。

（3）碳铵氨化法

碳铵是我国化肥工业的主要产品之一，年产量达 800 多万吨，由于用作化肥需深施，所以长期处于积压滞销状态。碳铵在常温下分解但又分解不彻底，在自然环境条件下，相同时间内，尿素在脲酶的作用下可完全分解，碳铵却仍有颗粒残存，然而其在 69℃ 时则可完全分解。碳铵的使用方法与尿素相同。

（4）氨水氨化法

与液氨相比较，氨水不需专用钢罐，可以在塑料和橡皮容器中存放和运输。用氨水处理秸秆时，要根据氨水的浓度，按秸秆干物质质量加入 3%～5% 的纯氨。由于氨水中含有水分，在处理半干秸秆时可以不向秸秆中洒水。在实际操作时，可从垛顶部分多处倒入氨水，随后完全封闭垛顶，让氨水逐渐蒸发扩散，充分与秸秆接触发生反应。或按比例在堆垛或装窖时把氨水均匀喷洒在秸秆上，逐层堆放，逐层喷洒，最后将堆好的秸秆用薄膜封闭严实。

值得注意的是：只能使用合成氨水，焦化厂生产的氨水因可能含有毒杂质不能应用；含氨量少于 17% 的氨水也不宜使用，因为在这种情况下秸秆的水分可能过高，长期贮存比较困难。在处理过程中，因人与氨的接触时间较长，要注意防毒和腐蚀污染身体等。

3.5.2.2 根据氨化设施分类

（1）堆垛法

堆垛法，是指在平地上将秸秆堆成长方形条垛，用塑料薄膜覆盖，注入氨源进行氨化的一种作物秸秆处理方法。该方法不需要建造基本设施，投资较少，适于大量制作，堆放与取用方便，适于夏季气温较高的季节采用。主要缺点是塑料薄膜容易破损，使氨气逸出，影响氨化效果。秸秆堆垛氨化的地址，要选地势高燥、平整，排水良好，雨季不积水，地方较宽敞且距畜舍较近处，有围墙或围栏保护，能防止牲畜危害。麦秸、稻草等比较柔软的秸秆，既可铡成 2～3cm 的碎段，也可整秸堆垛。但较高大的玉米秸秆，应铡成 1cm 左右的碎秸。当用液氨作氨源时，秸秆含水量应该调整到 20% 左右；用尿素、碳铵作氨源，含水量应调整到 40%～50%。

（2）小型容器法

氨化容器有窖、池、缸及塑料袋之分。氨化前可用铡草机把秸秆铡碎，也可整株、整捆氨化。若用液氨，先将秸秆加水至含水量 30% 左右（一般干秸秆含水量约 9%）装入容器，留个注氨口，待注入相当于秸秆质量 3% 的液氨后密封。如果用尿素，则先将相当于秸秆质量 5%～6% 的尿素溶于水，与秸秆混合均匀，使秸秆含水量达 40%，然后装入容器密闭。小型容器法适宜于个体农户的小规模生产。

采用窖、池容器氨化秸秆时，若用尿素，每吨秸秆需尿素 40～50kg，充分溶解于 400～500kg 清水中，用喷雾器均匀喷到秸秆表面，分批装入窖内，踩实。原料需高出窖口 30～40cm，然后用塑料薄膜覆盖，之后在四周填压泥土，封闭严实。

采用塑料袋法时，塑料袋一般采用无毒、韧性好、抗老化的聚乙烯薄膜，颜色为黑色，厚度在 0.12mm 以上，袋口直径 1～1.2m，长 1.3～1.5m。一般用相当于干秸秆质量 3%～4% 的尿素或 6%～8% 的碳铵，溶在相当于秸秆质量 40%～50% 的清水中，然后与秸秆搅拌均匀装入袋内，袋口用绳子扎紧，放在向阳背风处。平均气温在 20℃ 以上时，经 15～20d 即可完成秸秆氨化过程。此法的缺点是塑料袋易破损，需经常检查粘补，而且塑料袋的使用寿命较短，一般只能用 2～3 次，成本相对较高。

（3）氨化炉法

氨化炉既可以是砖水泥结构的土建式氨化炉，也可是钢铁结构的氨化炉。

土建式氨化炉用砖砌墙，水泥抹面，一侧安有双扇门，门用铁皮包裹，内垫保温材料如石棉。墙厚 24cm，顶厚 20cm。如果室内尺寸为 3.0m×2.3m×2.3m，则一次氨化秸秆量为 600kg。在左、右侧壁墙的下部各安装 4 根 1.2kW 的电热管，合计电功率为 9.6kW。后墙中央上、下各开有一风口，与墙外的风机和管道连接。加温的同时开启风机，使室内氨浓度与温度均匀。亦可不用电热器加热，而将氨化炉建造成土烘房的样式，例如两炉一闾回转式烘房。用煤或木柴燃烧加热，在加热室的底部及四周墙壁均有烟道，加热效果很好。

钢铁结构的氨化炉可以利用淘汰的发酵罐、铁罐或集装箱等。改装时将内壁涂上耐腐蚀涂料，外壁包裹石棉、玻璃纤维以隔热保温。如果利用的是淘汰的集装箱，则在一侧壁的后部装上 8 根 1.5kW 的电热管，共计 12kW。在对着电热管的后壁开上、下两个风口，与壁外的风机和管道相连，在加温过程中开动风机，使氨浓度与温度均匀。集装箱的内部尺寸为 6.0m×2.3m×2.3m，一次氨化量为 1.2t 秸秆。

氨化炉一次性投资较大，但它经久耐用、生产效率高，综合分析是合算的（堆垛法所用的塑料薄膜只能使用两次）。特别是如果增加了氨回收装置，液氨用量可以从 3% 降至 1.5%，则能进一步提高经济效益。挪威、澳大利亚等国采用真空氨化处理秸秆收到较好的效果。

3.5.3　工艺过程

3.5.3.1　技术内容

用氨化炉或氨化池将秸秆用液氨、尿素、碳铵等氮素物喷洒混拌后进行密封氨化处理，使秸秆经氨化后成为优质饲料的过程。

3.5.3.2　操作要点

（1）技术要点

1）液氨氨化　将秸秆打捆堆成垛，再用塑料薄膜覆盖密封，注入相当于秸秆干物质质量 3% 的液氨进行氨化。氨化时间夏季约需 1 周，春、秋季 2~4 周，冬季 4~8 周，甚至更长。若采用氨化炉氨化，由于温度较高，1d 即可完成整个氨化过程。

2）尿素氨化　秸秆经切碎后置于氨化池中，加入相当于秸秆干物质质量 5% 的尿素溶液，均匀喷洒到秸秆上，氨化池装满、踩实后用塑料薄膜覆盖密封。

3）碳铵氨化　碳铵氨化的方法与尿素氨化相同，只不过由于碳铵含氨量较低，其用量应相应增加。

4）氨水氨化　方法同液氨氨化，由于氨水含氨量也较低，用量亦需相应增加。

（2）氨化影响因素

1）秸秆的质量　氨化的原料主要有禾本科作物及牧草的秸秆。所选用的秸秆必须无发霉变质。最好将收获籽实后的秸秆及时进行氨化处理，以免堆积时间过长而霉烂变质。一般说来，品质差的秸秆氨化后可明显提高消化率，增加非蛋白氮的含量。

2）氨源的用量　根据具体的氨源种类来确定使用量。用量过小，达不到氨化的效果；用量过大，会造成浪费。氨的用量，一般以秸秆干物质质量的 3% 为宜。

3）秸秆含水量　含水量过低，水都吸附在秸秆中，没有足够的水充当氨的"载体"，氨化效果差。含水量过高，不但开窖后需延长晾晒时间，而且由于氨浓度低会引起秸秆发霉变质。水是氨的"载体"，氨与水结合成氢氧化铵，其中 NH_4^+ 和 OH^- 分别对提高秸秆的含氮量和消化率起作用。因而，必须有适当的水分，一般以 25%~35% 为宜。

水在秸秆中的均匀分布，也是影响氨化结果的因素，如上层过干、下层积水，都会妨碍氨化的效果。

4）氨化温度　氨化温度越高，完成氨化所需时间越短；相反，氨化温度越低，氨化所需时间就越长。温度与秸秆氨化时间的关系如表 3-4 所列。

表 3-4　温度与秸秆氨化时间的关系

环境温度/℃	<5	5~10	10~20	20~30	>30
氨化时间/d	>56	28~56	14~28	7~14	5~7

值得提出的是，用尿素进行氨化的时间要比表中所列时间长 5d 左右。因尿素首先在脲酶的作用下释放氨，温度越高，脲酶作用的时间越短。只有释放出氨以后，才能真正起到氨化的作用。

5）秸秆的粒度　用尿素或碳铵进行氨化，秸秆铡得越短越好，用粉碎机粉碎成粗草粉效果最好。用液氨进行氨化时，粒度应大一点，过小则不利于充氨。麦秸完全可以不铡。

3.5.3.3 注意事项

1）注意防止爆炸　液氨遇火容易引起爆炸，因此，要经常检查贮氨容器的密封性。在运输、贮藏过程中，要严防泄漏、烈日暴晒和碰撞，并远离火源，严禁吸烟。

2）操作要迅速　氨化时操作要快，最好当天完成充氨和密封，否则将造成氨气挥发或秸秆霉变。

3）及时排除故障　要经常检查，如发现塑料膜的破漏现象，应立即粘好。

4）做好防护工作　氨水和液氨有腐蚀性，操作时应做好防护，以免伤及眼睛和皮肤。

3.5.4　品质鉴定

秸秆氨化一定时间后就可开窖饲用。通常采用感官鉴定法来评定秸秆氨化的质量。若秸秆氨化后呈棕色，或为深黄色，发亮，则氨化质量较高；氨化好的秸秆质地柔软，具有糊香味。如果氨化秸秆变白、发灰、发黑或者有腐烂味，则说明秸秆已经变质，秸秆不能用于饲喂牲畜，原因可能是秸秆氨化过程中漏气跑氨。

3.5.5　饲喂方法

取喂时，按需求量从氨化池取出秸秆，放置10～20h，在阴凉处摊开散尽氨气，至没有刺激的氨味即可饲喂。开始时应少量饲喂，待牲畜适应氨化秸秆后逐渐加大饲喂量，使其自由采食，亦可以与其他饲草混合饲喂，剩余的仍要封严，防止氨气损失或进水腐烂变质。

3.5.6　工程实例

3.5.6.1 案例1　作物秸秆氨化堆垛饲料化处理工程

（1）适用范围

该工程处理的目的是改进秸秆的营养价值和适口性，适用于稻草、玉米秸和麦秸等的饲料化调制处理，适用于我国制作上述各类氨化饲料的地区。

（2）工艺流程

利用氨与秸秆发生氨解反应，破坏木质素与多糖之间的酯键，从而提高秸秆的饲用价值。工艺流程：场地清理→铺膜（无毒，聚乙烯薄膜，0.1～0.2mm厚）→秸秆堆垛→封垛→注氨→贮存→开垛放氨→饲喂。

（3）氨源、堆垛规格与处理时间

氨化堆垛饲料化处理的氨源使用尿素、碳铵、氨水或液氨均可，其中碳铵为较方便、经济和效果好的氨源。各种氨源的用量按干秸秆计算：尿素5%、碳铵10%、氨水10%～20%、液氨3%[12]。

堆垛大小可以根据需求调节。大垛适合液氨氨化，规格一般为长×宽×高＝4.6m×4.6m×2m；小垛适合尿素或碳铵氨化，规格一般为长×宽×高＝2m×2m×1.5m。

氨化堆垛饲料化处理时间取决于环境温度，温度越高，氨化时间越短：一般0～10℃需4～8周，10～20℃需2～4周，20～30℃需1～2周，30℃以上需1周以下。

（4）工程特点

该工程适于地势高、干燥平整的平地地块。秸秆堆垛时打捆或不打捆、切碎或不切碎均可以。实际调制时预先进行打捆和切碎处理效果会更好，一是方便饲喂，二是减少氨化用膜，三是可以减少秸秆刺破薄膜的危险。堆垛时，需调节秸秆水分至20%或以上，水分稍高，氨化效果稍好。使用碳铵或尿素作为氨源，需一边堆垛，一边浇洒氨源；使用氨水处理，可一次堆垛到顶后再浇泼氨源；使用液氨时，需用专门的设备将液氨注入。为方便注氨，堆垛时可先放一木杠，通氨时取出，插入注氨钢管即可，结束后注意密封好注氨管。开垛放氨宜选择晴朗天气，将氨化后的秸秆饲料摊开，一般1～3d即可。见图3-7。

氨槽车注氨示例

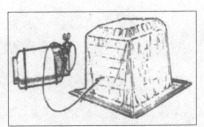
氨瓶注氨示例

图 3-7 秸秆氨化堆垛工程

3.5.6.2 案例2 作物秸秆氨化窖饲料化处理工程

（1）适用范围

该工程处理的目的是改进秸秆的营养价值和适口性，适用于稻草、玉米秸和麦秸等的饲料化调制处理，适用于我国制作上述各类氨化饲料的地区。

（2）工艺流程

利用氨与秸秆发生氨解反应，破坏木质素与多糖之间的酯键，从而提高秸秆的饲用价值。工艺流程：秸秆类原料→切碎→装填→撒氨或喷洒氨溶液→压实→密封→贮存→开窖放氨→饲喂。其中装填、喷洒氨溶液和压实作业可同时进行。

（3）氨源与处理时间

氨化窖饲料化处理的氨源一般使用尿素、碳铵和氨水，其中尿素为我国较为普及的一种氨源。各种氨源的用量按干秸秆计算：尿素5%、碳铵10%、氨水10%～20%。氨源可直接均匀地撒到秸秆原料上，也可制成水溶液进行均匀喷洒，一般每100kg的干秸秆用水20～30kg。碳铵和尿素可边装填边分层添加，氨水可将秸秆装填好之后直接在秸秆堆中部进行浇洒。

氨化窖饲料化处理时间取决于环境温度，温度越高，氨化时间越短。例如，一般0～

10℃需4～8周，10～20℃需2～4周，20～30℃需1～2周，30℃以上需1周以下[12]。

（4）工程特点

该工程处理时一般需调节秸秆水分至30%～50%。氨化窖的大小可根据饲喂家畜的种类和数量进行调节，一般每立方米的窖装切碎风干秸秆在150kg左右。氨化窖可建在地上，也可建在地下或半地下，一般以长方形双联池较好，可轮换进行秸秆处理。氨化秸秆顶部要堆成馒头形，高出窖面至少1m，以防止下沉塌陷成坑，下雨积水。开窖放氨宜选择晴朗天气，将氨化后的秸秆饲料摊开，一般1～3d即可。秸秆氨化窖见图3-8。

图 3-8　秸秆氨化窖

3.5.6.3　案例3　作物秸秆氨化炉饲料化处理工程

（1）适用范围

该工程处理是采用一种密闭保温的设备，通过外界能源加热，进行秸秆快速氨化饲料处理，主要是利用氨与秸秆发生氨解反应，破坏木质素与多糖之间的酯键，从而提高秸秆的饲用价值。该技术适用于稻草、玉米秸和麦秸等的饲料化调制处理，适用于我国制作上述各类氨化饲料的地区。

（2）工艺流程

工艺流程：秸秆装车→氨液喷洒→进炉斗加热(950℃左右14～15h)再焖炉(5～6h)→出炉→通风放氨→饲喂。

（3）氨源与用量

氨化炉饲料化处理的氨源一般使用尿素、碳铵或氨水。各种氨源的用量按干秸秆计算：尿素为5%，碳铵为8%～12%，氨水为10%～20%。氨源溶液需均匀喷洒到秸秆原料上，将秸秆含水量调整到45%左右[12]。

（4）工程特点

氨化炉主要由炉体、加热装置、空气循环系统和秸秆车等组成。炉体要求保温、密封和耐酸碱腐蚀；加热装置可用电加热，也可用煤炭作为燃料通过水蒸气加热；秸秆车要求便于装卸、运输和加热，以带铁轮的金属网车为好。氨化炉饲料化处理可大大缩短氨化时间，24h可氨化好，不受季节限制，可均衡生产供应，但生产成本偏高。秸秆氨化炉见图3-9。

(a) 氨化炉示意

(b) 氨化炉实例

图 3-9 秸秆氨化炉

3.6 秸秆揉搓加工技术

3.6.1 技术原理

与传统的秸秆青贮技术不同，秸秆揉搓加工技术是将收获成熟玉米果穗后的玉米秸秆，用挤丝揉搓机械将硬质秸秆纵向铡切破皮、破节、揉搓拉丝后，加入专用的微生物制剂或尿素、食盐等多种营养调制剂，经密封发酵后形成质地柔软、适口性好、营养丰富的优质饲草的技术。可用打捆机压缩打捆后装入黑色塑料袋内贮存。经过加工的饲草含有丰富的维生素、蛋白质、脂肪、纤维素，气味酸甜芳香，适口性好，消化率高，可供四季饲喂，可保存1～3年，同时由于采用小包装，避免了取饲损失，便于贮藏和运输及商品化。

秸秆揉搓加工能够极大地改善和提高玉米秸秆的利用价值、饲喂质量，降低了饲养成本，显著提高了畜牧业的经济效益，有力地推动和促进畜牧业向规模化、集约化和商品化方向发展。此外，秸秆揉搓加工能够改善养殖基地和小区饲草料的贮存环境，可有效地提高农村养殖基地的环境水平。

据测算，玉米种植农户仅卖秸秆每亩可增收 50 元左右；加工 1t 成品饲草的成本为100～130 元，以当前乳业公司青贮窖玉米饲料销售价 240 元/t 计算，可获利 110 元/t 以上，经济效益十分显著。需要注意的是：秸秆揉搓加工技术适用于秸秆产量大、可为外地提供大量备用秸秆原料的地区。

3.6.2 工艺过程

（1）工艺流程

秸秆（主要是玉米、豆类秸秆）经揉搓加工机械（图 3-10）精细加工后，变成柔软的丝状散碎饲料。经揉搓加工的秸秆物料，经短时间的自然晾晒干燥后即可用打捆机进行打捆，便于贮存和后期深加工。秸秆揉搓加工的主要工艺路线：收获成熟玉米果穗后的秸秆 → 机械挤丝揉搓 → 添加微生物制剂 → 机械压缩打捆 → 装入塑料袋密封发

图 3-10 秸秆揉搓机

酵 → 贮藏运输 → 饲喂[21]。

　　（2）技术操作要点

　　1）适时收割　要求玉米秸秆无污染、无霉烂、无泥土杂质，符合无公害生产标准。适宜的加工用玉米秸秆收获期为农艺蜡熟期，此时大多数秸秆仍带有 4～6 片绿叶，含水量在 55%～65%。

　　2）秸秆揉搓加工　揉搓加工机械开机前必须检查，主要检查内容包括：电机接线是否正确，各连接部位是否有松动现象，皮带松紧度是否合适，转子是否转动灵活，机体内是否有异物等。通过机械揉搓加工能实现对玉米秸秆的纵向压扁揉搓和铡切挤丝，达到破坏秸秆表面的蜡质层、角质层和茎节的目的。经挤丝揉搓的玉米秸秆呈长度为 3～7cm、宽度为 0.4cm 左右的细丝状。发酵后饲草质地极为柔软，适口性大幅度增加，奶牛平均采食率可达 98% 以上，比传统横向铡切玉米秸秆提高 40% 以上。

　　3）加入秸秆生物调制剂　其目的是降低秸秆中的营养损耗，抑制有害微生物繁殖，防止腐烂，促进厌氧发酵，保证饲草质量及利用价值。通常情况下按每 3t 草料加入 1 袋（1kg）微生物调制剂为宜。

　　4）打捆　经揉搓和添加调制剂的草料必须及时压实成捆，排出草料中的空气，最大限度地降低草料的氧化过程。饲草液压打捆机打出的方草捆质量为 50～85kg/捆，密度为 500～600kg/m³，压缩比 40% 左右。

　　5）装袋　装袋是为了将草捆与外界空气相隔离，实现饲草厌氧乳酸菌发酵，达到秸秆微贮的目的。将打好的草捆及时装入厚 0.1～0.15mm、150cm×80cm 的聚乙烯黑色塑料袋中，尽可能排除草捆与袋膜间的空气并扎紧，再套入编织袋中并扎紧袋口，最后称重，并在编织袋上用记号笔标注生产日期、重量、生产地点、批次等信息。

　　6）贮藏　为保证草捆的长期贮藏质量，贮藏场所要求避风、避光、干燥，防止积水，注意防治鼠害。日常检查中如发现个别草捆有破损时，必须及时封堵，防止漏气。

3.6.3　秸秆揉搓饲料评价标准

　　玉米秸秆经揉搓加工后，若饲料颜色为绿色或黄绿色，则为上等，酸味浓，有芳香味，柔软稍湿润。中等饲料颜色为黄褐色或黑绿色，酸味中等或较少，芳香，稍有酒精味，柔软稍干或水分稍少。下等饲料为黑色或褐色，酸味很少，有臭味，呈干燥松散或黏软块状，为防止牲畜中毒，该种饲料不宜饲喂牲畜。

3.7　秸秆饲料热喷技术

3.7.1　技术原理

　　秸秆饲料热喷是指经过热蒸与喷放处理后，把动物不能直接食用的秸秆、饼粕、鸡粪等资源装入饲料热喷机内，通入热饱和蒸汽，使物料受高压热力的处理，经过一定时间后，对物料突然减压，物料破碎后从机内喷爆到大气中，从而改变其结构和某些物理化学成分，经消毒、除臭后，使秸秆转化为动物能够食用的饲料的过程[22]。

　　热喷装置见图 3-11，其技术作用原理主要包括热力效应和机械效应两部分。热力效应就是指作物秸秆在170℃以上的高温蒸汽作用下，其细胞结构木质素熔化，部分氢键断裂而吸水，致使其结晶度有所降低，木质素、纤维素、半纤维素等分子物质发生高温水解反应；机械效应就是指秸秆饲料在以150～300m/s的速度在排料管中运行时，由于其运行速度和方向的改变会产生很大的内摩擦力，摩擦力的应力、蒸汽突然膨大以及高温水散蒸汽的胀力三种作用集中在熔化木质素的脆弱结构区，导致作物茎秆撕碎，细胞壁疏松，细胞间木质素分布状态发生改变，进而使秸秆物料的总表面积增加，与各种消化酸的接触面也相应增大。在热力效应和机械效应的综合作用下，可以使热喷粗饲料的消化率提高，增加秸秆饲料的适口性和采食量[23]。

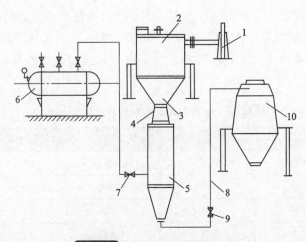

图 3-11　秸秆热喷装置的构造

1—铡草机；2—贮料罐；3—进料漏斗；4—进料阀；
5—压力罐；6—蒸汽包；7—供汽阀；8—排料管；9—排料阀；10—泄压罐

3.7.2　工艺过程

（1）工艺流程

秸秆热喷工艺就是将农作物秸秆铡碎或粉碎成约8cm长的片段，分批装入安装在地下的压力罐内，混入饼粕、鸡粪等，装入饲料热喷机内，通入0.5～1MPa热饱和蒸汽（蒸汽由锅炉提供，进汽量和罐内压力由进汽阀控制），保持一定时间（1～30min），然后突然降压，秸秆经排料阀进入泄力罐，喷放的秸秆可直接饲喂牲畜或压制成型外运（图3-12）。

（2）注意事项

① 做好预处理工作，去除秸秆中所含土、沙等杂质，使杂质含量控制在5%以下，含水量小于10%，切碎长度不超过3cm。

② 保证锅炉蒸汽压力达到10～20kgf/cm²（1kgf=9.80665N，下同），蒸汽温度达到170℃以上，持续时间在30min以上。

③ 热喷过程中，保证充足的氮源供应。

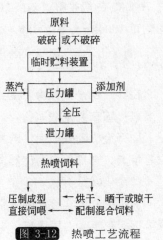

图 3-12　热喷工艺流程

3.7.3 热喷饲料的效果

秸秆物料经热喷处理后，其物理性质发生变化，其全株采食率由50%提高到90%以上，消化率提高50%以上。热喷装置还可以对菜籽饼、棉籽饼进行消毒，对鸡粪、鸭粪、牛粪进行除臭、灭菌处理，使之成为蛋白质饲料。

研究表明，热喷工艺条件主要包括3个要素，即处理的压力、保温的时间和喷放压力。因此，其热喷的效果在于选择适当的上述3项指标及其配合应用。经探索，各类秸秆在中压区（1.57～3.33MPa）、短时间（1～5min）处理后，其消化率均有较大提高。但是，在生产中应用时，出于对设备安全、价格和管理等因素的考虑，多采用低压力区（小于1.57MPa）和长时间（3～10min）的处理工艺，其消化率提高的幅度小于中压区，相当于中压区效果的60%～80%，但比较适合于我国目前的情况。表3-5为热喷处理前后粗饲料消化率的变化情况[22]。

图 3-5　热喷处理前后粗饲料消化率比较　　　　　　　　　　　　%

粗饲料种类	处理前	处理后	粗饲料种类	处理前	处理后
麦秸	38.46	55.46	向日葵秆	49.59	58.96
稻草	40.14	59.61	甘蔗渣	48.35	59.79
稻壳	23.94	27.29	锯木屑	24.87	43.27
玉米秸	52.09	64.81	柠树条	36.35	59.99
高粱秸	54.04	60.03	红柳条	29.55	48.87
芦苇	42.79	55.61	山林杂木	35.10	61.66

注：引自内蒙古畜牧科学院（1988）资料。

用热喷小麦秸秆饲料饲喂羔羊，与用粉碎的小麦秸秆相比，羔羊增重提高50%以上；用热喷荆棘饲喂牛羊，每千克可以替代1.2～1.7kg青干草，同时增加了产奶量。将混合精料热喷，用来补饲羔羊，与未处理相比，羔羊增重提高22%。用28.5%热喷玉米秸饲喂单产7000kg的奶牛群，与喂草相比，不但不会降低产奶量和乳脂率，而且每头成年母牛年节省饲草1000kg，每100kg奶成本可以降低2.4元。

3.7.4 品质鉴定

在实际生产操作中，主要从以下两个方面来进行热喷粗饲料判定和鉴别。

（1）感官鉴别法

秸秆经热喷处理后，若其具有色泽鲜亮、气味芬芳、质地蓬松、适口性好、易于消化吸收等特点，则被认定为优质饲料产品。

（2）化学分析法

一般在分析实验室中采用化学分析法进行化学组成成分和秸秆微细胞结构的分析，主要分析指标有粗蛋白质含量、粗纤维含量、细胞壁疏松度和空隙度。若实验条件较好的话，还可以进行色谱分析，观察秸秆物料结构性多糖降解产物的增减变化，分析溶解木质素、半纤维素程度的强弱[8]。

3.8 秸秆压块饲料技术

我国是一个农业大国，年产农作物秸秆 7×10^8 t，由于秸秆饲料加工技术滞后，致使大批秸秆被焚烧或废弃，造成了秸秆资源的严重浪费，污染了环境。近年来，随着畜牧养殖业的快速发展，饲草需求量越来越大。随着人们对秸秆饲料产品认识的提高、秸秆饲料加工业的不断创新、农作物秸秆压块技术设备的开发生产，秸秆压块饲料生产技术得到了推广应用。

3.8.1 技术原理及应用

(1) 技术原理

秸秆压块饲料加工是以玉米秸、稻草、麦秸、葵花秆、高粱秸之类的农作物秸秆等低值粗饲料为原料，经机械铡切或揉搓粉碎，混配以必要的营养物质，经压块成型成套设备在高温高压轧制，利用压缩时产生的温度和压力，使秸秆氨化、碱化及熟化，使秸秆本质彻底变性，提高其营养成分并制成品质一致的高密度块状饲料。秸秆饲料压块技术可将粉碎后含水量在 10%～18% 的玉米秸秆、牧草等秸秆压制成高密度饼块，其压缩比可达到 1：(5～15)。秸秆经过压块后，其粗蛋白质含量从 2%～3% 提高到 8%～12%，消化率从 30%～45% 提高到 60%～65%。其营养成分相当于中等牧草，产品无毒、无病菌、水分低、不易发生霉变、营养成分高，可以作为反刍动物的基础食粮。饲喂牛羊时，只需要将秸秆压块饲料按 1：(1～2) 的比例加水，使之膨胀松散即可饲喂。该技术省时省力，劳动强度低，工作效率高。

秸秆压块饲料可以实现秸秆的长距离运输，能够有效调剂种植区与养殖区的饲草余缺，尤其是对抗御牧区"黑灾""白灾"有着非常重要的现实意义。冬、春两季，各地的牧草和农作物秸秆相对短缺，而到了夏、秋两季，各种农作物秸秆及牧草资源非常丰富。在夏、秋两季通过机械加工生产压块饲料，使之成为可长期贮存和长途运输的四季饲料，能够有效解决部分地区和冬、春两季饲草资源短缺的问题。

(2) 秸秆压块饲料技术优势

与原始秸秆饲料相比，秸秆压块饲料存在以下几个方面的优势[24]。

1) 提高采食率 农作物秸秆经过机械化压块加工后，在高温的作用下，秸秆由生变熟，喂养牲畜的适口性好，采食率可达 100%。如玉米秸秆压块饲料可比原始秸秆的采食率提高48%，比机械粉碎秸秆的采食率提高 28%。

2) 提高消化率 应用结果表明，秸秆经高温压制并碱化处理后，玉米秸秆的消化率可由处理前的 50% 提高到 74%，稻麦秸秆的消化率可由处理前的 39% 提高到 70%。

3) 提高肉牛重量 在肉牛养殖过程中，若每天喂 6.58kg 玉米秸秆饲料块，约占采食量的 77%，每日肉牛增重比秸秆铡碎喂食增重率提高达 48%。

4) 提高奶牛产奶量 喂食秸秆压块饲料比秸秆铡切喂食提高奶牛的产奶量及牛奶的质量，如在奶牛的总采食量中，秸秆压块饲料占 60%、浓缩饲料占 40% 时，日产奶量可达15kg，每日每头增加 2kg，产奶质量也得到提高。

5) 有利于饲草贮存和运输 每年到冬、春两季时，各地的牧草和农作物秸秆短缺，牲畜普遍缺草，而到了夏、秋两季，各种农作物秸秆及牧草资源极为丰富，但却不能有效地利用。在秋季通过机械加工压块饲料，使之成为可以长途运输或长期贮存的四季饲料，可有效地解决部分地区饲草资源稀少和冬、春季短草的问题。

3.8.2 技术流程及关键设备

（1）技术流程

秸秆压块饲料技术流程主要包括秸秆收集、晾晒、去除杂质、切碎、压块、冷却晾干、成品包装和贮存几个环节（图3-13）。关键技术环节为秸秆压块过程，由秸秆压块饲料成套设备完成。秸秆压块饲料成套设备由铡切系统、上料系统、搅拌系统、压缩系统及输出系统等5个部分组成。农作物秸秆经晾晒风干后，经铡切系统进行铡切。然后将铡切后的秸秆进行搅拌堆积，使温度均匀，水分控制在20%以内为宜。然后通过输送系统上料，上料时要求保持均匀，尽量去除原料中的杂质，把原料送入搅拌系统搅拌，此系统装有去铁装置，可以

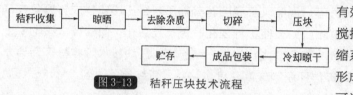

图3-13 秸秆压块技术流程

有效地去除原料中的金属物质。经搅拌后的原料进入压缩系统，在压缩系统进行摩擦挤压，并通过模块形成块状成品挤出，出口最高温度可达100℃以上，由此原料由生变熟。饲料块通过冷却输出系统输出，经晾晒后，使水分控制在14%左右，进行称重包装，便可贮存或运输。

（2）秸秆饲料压块关键设备

秸秆饲料压块机是秸秆饲料深加工的关键设备（图3-14）。秸秆饲料压块机将物料推进模块槽中，产生高压高温使物料熟化，经模口强行挤出，生成秸秆压块饲料。从压块机模口挤出的秸秆饲料块温度高、湿度大，可启动冷风机使迅速降温，这样可有效减少压块饲料中的水分。为了保证成品质量，必须将降温后的压块饲料摊放在硬化的场地上晾晒，继续降低其水分含量，以便于长期保存。市场上销售的秸秆饲料压块机从原理上可分为挤压式环模压块机、平模压块机和环平式压块机等几种，但这些机械加工得到的压块大多为高密度块，并且在技术上还存在一些问题。如挤压式压块机的散热问题，工作一段时间需停机冷却；环模压块机内腔饲料容易发生拥堵，经常需要开机清理，大大影响了生产效率。目前，我国研发的部分秸秆饲料压块成型机如表3-6所列。

(a) 环模压块机

(b) 平模压块机

(c) 环平式压块机

图3-14 秸秆饲料压块机

图 3-6　国内研发的部分秸秆饲料压块成型机

厂家	产品型号	生产率/(t/h)	功率/kW	密度/(t/m³)
石家庄市金达机械厂	9JG-1500	1.5	20~40	0.6~1.0
河北富润农业科技开发有限公司	9JYS3-2000	1.5~2.5	37	0.6~1.0
北京农人农业科技有限公司	9YK-1.0	1.0	22	0.65~0.7
天津宏达建材机械厂	9KWH-1500	1.5~2.0	75~90	0.6~0.8
北京蓝天昆仑畜业机械有限公司	9KL-380	0.3~0.4	22	0.9~1.0
山东博昌农业机械股份有限公司	9JY-500	0.5	15~22.5	0.35~0.7

国外在秸秆饲料压块机械设备研究方面起步较早，经济基础好，技术相对比较成熟。欧、美和澳大利亚等发达国家和地区，早在 20 世纪 60~70 年代就研制开发了秸秆压块饲料工业化生产设备，并实现了专业化和产业化。在秸秆压块成型饲料生产方面也做了大量研究，如美国、荷兰和瑞典的压块饲料生产都实现了工厂化或产业化，原料从收集、粉碎、干燥、成型、包装到销售全部实现了生产线生产。但是这些生产线设备大都配套结合性很强，功率比较大，能量消耗较高，适合欧美国家和地区劳动力少、人均占有耕地多的国情，对我国则不大适用[16]。

3.8.3　技术操作要点

（1）秸秆收集与处理

秸秆收集后要进行如下处理：一是晾晒，要求秸秆压块的湿度应该控制在 20% 以内，最佳为 16%~18%；二是切碎或揉搓粉碎。在切碎或揉搓粉碎前一定要去除秸秆中的金属物、石块等杂物。切碎长度应控制在 30~50cm。秸秆切碎后将其堆放 12~24h，使切碎的秸秆原料各部分湿度均匀。含水量低时应适当喷洒一些水，使湿度保持在 16%~18%。

秸秆收集与处理的注意事项：首先，应根据地区秸秆资源条件，确定用于压块饲料生产的主要秸秆品种，首选豆科类秸秆，其次为禾本科秸秆。此外，秸秆原料无霉变是确保秸秆压块饲料质量的基本要求。因此，在秸秆收集与处理过程中，一要确保不收集霉变秸秆；二要对收集的秸秆进行妥善保存，防止霉变。

（2）添加营养物质

为了使秸秆饲料在加水溶解后能够直接饲喂牲畜，可以在压块过程中添加适量的营养物质，使其成为全价营养饲料。一般根据牲畜需求按比例添加适量精饲料和营养物质，并混合均匀。

（3）压块机压块

秸秆压块时的注意事项如下。

① 启动压块机空转 10min，在一切正常的情况下先加入少量物料，逐步达到最大的正常添加量。

② 随时观察秸秆压块的密度，并对控制阀进行调节，使密度保持在 0.45~0.7g/cm³ 之间。

③ 压块结束后，应对粉碎机、压块机进行保养。

（4）秸秆压块存贮

将成品压块饲料按照要求进行包装，存贮在干燥通风的仓库中，并定期检查有无温度升高的现象，以防止霉变。见图3-15。

图3-15 秸秆压块产品存贮

3.8.4 适宜区域

秸秆压块加工技术适于秸秆产量大、饲养规模大或可为外地提供大量备用秸秆原料的地区采用，尤其是在相对靠近内蒙古、新疆、青海、西藏、宁夏、甘肃等牧区的地区建设。

参 考 文 献

[1] 张颖，王晓辉. 农业固体废弃物资源化利用 [M]. 北京：化学工业出版社，2005.
[2] 邢廷铣. 农作物秸秆饲料加工与应用 [M]. 北京：金盾出版社，2008.
[3] 胡华锋，介晓磊. 农业固体废物处理与处置技术 [M]. 北京：中国农业大学出版社，2009.
[4] 高玉鹏. 玉米青贮饲料开窖后贮存期营养成分及霉菌变化规律研究 [D]. 杨凌：西北农林科技大学，2009：10-22.
[5] 张惠. 玉米秸秆青贮技术 [J]. 甘肃畜牧兽医，2015，45（6）：77，80.
[6] 张丽娟. 饲料青贮技术要点 [J]. 农业技术与装备，2011，（15）：26-27.
[7] 杜春华. 平泉县玉米秸秆青贮生产技术 [J]. 农民致富之友，2012，（24）：94.
[8] 卞有生. 生态农业中废弃物的处理与再生利用 [M]. 北京：化学工业出版社，2005.
[9] DB62/T 474—1996 青贮饲料技术规程 [S].
[10] 张颖，王晓辉. 农业固体废弃物资源化利用 [M]. 北京：化学工业出版社，2005.
[11] 刘家秀. 玉米秸秆青贮技术及饲喂青贮料的注意事项 [J]. 畜牧与饲料科学，2011，（7）：48-49.
[12] 朱明. 农业废弃物处理实用集成技术100例 [M]. 北京：中国农业科学技术出版社，2012.
[13] 毕于运，寇建平，王道龙. 中国秸秆资源综合利用技术 [M]. 北京：中国农业科学技术出版社，2008.
[14] 谢涛，曹文龙，史云天. 玉米秸秆饲料的现状及玉米秸秆糠颗粒饲料的应用 [J]. 农业与技术，2010，30（1）：66-70.
[15] 李晨华，朱欢婷，王淑珍. 秸秆微贮饲料及其制作 [J]. 内蒙古农业科技，2002，（4）：36-37.
[16] 农业部科技教育司，中国农学会. 秸秆综合利用 [M]. 北京：中国农业出版社，2011.
[17] 甘秀叶. 浅谈秸秆微贮技术要点 [J]. 畜禽业，2014，（8）：32-33.
[18] 冯静，仉明军. 秸秆饲料的加工与调制 [J]. 新疆畜牧业，2013，（08）：12-17.
[19] 彭远荣. 秸秆饲料碱化处理技术 [J]. 中国畜牧兽医文摘，2012，（03）：22-26.
[20] 刘胜. 秸秆氨化技术及注意事项 [J]. 现代农业科技，2015，（19）：303-306.
[21] 河北省环境保护厅. 河北省农村环境保护适用技术报告 [R]. 2010.
[22] 贺健，周秀英，侯桂芝. 热喷技术与饲料资源开发 [J]. 畜牧与饲料科学，2010，31（6）：362-365.
[23] 刘兴元. 热喷技术在秸秆饲料加工生产中的应用 [J]. 草业科学，1998，（04）：69-72.
[24] 宋中界，连萌，王威立. 秸秆压块饲料技术及前景分析 [J]. 农机化研究，2008，（2）：15-18.

秸秆能源化技术

我国"十二五"规划到 2015 年生物质固体成型燃料、生物质乙醇、生物柴油和航空生物燃料利用量分别达到每年 1×10^7 t、3.5×10^6 t、1×10^6 t 和 1×10^5 t，而目前我国生物质固体成型燃料为 5×10^5 t/a，生物质乙醇为 2×10^5 t/a[1]。因此，秸秆能源化综合利用还有巨大的发展空间，应加快推进秸秆能源化综合利用技术的发展，这有助于节约资源和能源，改善以煤炭为主的能源结构，减轻环境污染，增加农民收入，对于建设资源节约型和环境友好型社会具有重大的现实意义。

4.1 秸秆成型燃料技术

秸秆成型燃料技术（straw densification briquetting fuel，SDBF）是指农作物秸秆经过脱水、粉碎、成型等一系列工序制备成致密的固体成型燃料。该技术能够使秸秆从生长到作为燃料燃烧的整个循环过程中，实现碳的零排放。秸秆成型燃料是一种能够代替煤的优质燃料，一般为粒状或棒状，具有体积小、贮运方便、干净卫生等优点，可直接用于民用和工业燃烧锅炉，供给工业生产及农村温室、禽舍、烘干室等，还可用于冶金、化工、环保等行业[2]。

4.1.1 秸秆成型燃料技术原理与特点

4.1.1.1 秸秆成型燃料技术原理

秸秆的主要成分为纤维素和木质素，木质素属于非晶体，没有固定熔点，在 110℃会软化，160℃左右出现熔融状态，如果在该温度下给松散的秸秆类生物质以一定压力就能够使纤维素与木质素紧密黏结并与相邻颗粒互相胶合，然后经过保性、冷却等工序即可固化成型。

4.1.1.2 秸秆成型燃料特点

秸秆成型燃料的密度因成型工艺不同而有所差异，一般在 0.8～1.3g/cm³ 范围内，含 70%左右的纤维素、10%～17%的木质素、0.08%～0.3%的硫以及 1%左右的碱金属，此外还含有 0.2%～0.8%的硅。秸秆成型燃料的热值大约为普通烟煤的 75%，燃烧灰渣残炭含量在 1%左右，而传统煤灰渣残炭含量在 15%～20%之间[3]。秸秆固化成型燃料不仅贮运、使用方便，而且清洁环保，燃烧效率高，既可作为农村的炊事和取暖燃料，又可作为城市分散供热的原料，具有以下几个特点。

（1）可再生性

秸秆类生物质属于可再生资源，生物质能可以通过植物的光合作用得以再生，我国的秸秆资源非常丰富，因此可以保证此类能源的永续利用。

（2）低污染性

秸秆成型燃料的硫、氮含量较低，燃烧生成的硫氧化物和氮氧化物总量较少，仅为煤炭燃烧排放量的1/20，不会对大气环境质量产生大的影响。此外，秸秆成型燃料燃烧排放的二氧化碳量相当于农作物生长过程中光合作用固定的二氧化碳量，从总体来看，对大气中二氧化碳净排放量为零，而且，秸秆成型燃料的利用可以避免化石燃料燃烧排放的二氧化碳。因此，秸秆成型燃料的应用可有效保障温室气体减排。

（3）广泛分布性

我国农作物秸秆种类多，分布极为广泛，因此，对于缺乏煤炭的地区，可以充分考虑推广应用秸秆成型燃料技术。

4.1.2 秸秆成型燃料制备技术

4.1.2.1 秸秆压缩成型影响因素

（1）农作物秸秆种类

农作物秸秆种类不同，其压缩成型特性会有很大差异。农作物秸秆种类不仅影响成型燃料的质量（成型块密度、强度和热值）和产量，而且影响成型机的动力消耗。例如，玉米秸秆粉碎以后容易压缩成型，而小麦、稻草类秸秆压缩成型就比较困难。

（2）含水量

秸秆含水量对成型燃料的制备影响很大，其含水量越高软化点越低。一般秸秆成型含水量在6%～10%为宜，安全贮存水分在12%左右，不论是热成型工艺还是冷成型工艺，都要重视脱水工作，这是工程难点。若秸秆水分含量过高，加热过程产生的蒸汽不能从燃料中心孔排出，会造成燃料表面开裂，严重时还会产生爆鸣。此外，秸秆含水量也不能太低，适量的水分对木质素的软化和塑化有促进作用，而且，含水量过低会导致成型困难。

（3）成型温度

成型温度对于秸秆成型燃料的产品质量和产量都会产生影响。秸秆原料中木质素软点温度为134～187℃，纤维素软点温度为120～160℃，半纤维素软点温度为145～245℃。因此，在160℃秸秆开始出现熔融点，这时给适当的压力就会成型。在实际生产中，热成型温度一般定在200～260℃。温度过低（＜200℃），会使传入出料筒的热量太少，不足以使秸秆中的木质素塑化，会加大秸秆原料与出料筒之间的摩擦，导致出料筒堵塞，无法成型；反之，若温度过高（＞280℃），会使原料分解严重，不能形成有效压力，也无法成型。

（4）颗粒度和成型压力

秸秆颗粒度对于燃料成型的影响很大，不同粒径的粒子在压缩过程中表现出的充填特性、压缩特性和流动特性对秸秆压缩成型都有很大影响。在秸秆成型燃料制备过程中，随着成型压力的逐渐增大，秸秆内大颗粒在压力作用下破裂，成为粒径更加细小的粒子，发生变形或塑性流动。此时细小粒子开始充填空隙，使粒子间更加紧密接触而互相啮合，由于一部分残余应力贮存在成型块内部，使粒子间的结合更为牢固。构成成型块的粒径越细小，粒子间的充填度就越高，接触就越紧密。

成型压力是秸秆压缩成型最基本的条件。只有施加足够的压力，秸秆才能压缩成型。当压力较小时，成型块密度随压力增加而增加的幅度较大，当压力增加到一定数值以后，成型块密度的增加就变得缓慢。此外，成型压力与模具形状尺寸的关系密切，由于大多数成型机械都采用挤压成型方式，原料从成型模具一端连续压入，又从另一端连续挤出，因此，原料挤压所需要的成型压力需要与成型孔内壁面的摩擦力相平衡，而摩擦力大小与模具的形状尺寸有直接关系。因此，成型过程中成型压力的设定还要考虑模具的形状、长径比等参数[4]。

（5）添加剂

在秸秆压缩成型过程中还可根据工艺需要添加不同的添加剂，主要作用有两个：一是添加剂起到黏结剂的作用，可以改善致密成型效果，减少动力消耗；二是通过添加不同种类的添加剂以改善秸秆成型燃料的燃烧性能。

4.1.2.2 秸秆燃料成型工艺

根据成型过程中是否添加黏结剂，可将成型工艺分为加黏结剂和不加黏结剂两种成型工艺。加黏结剂的工艺一般是冷压成型，根据成型过程中是否对原料采取加温措施，不加黏结剂成型工艺又可划分为常温成型、热压成型（原料在挤压部位被加热）、预热成型（挤压之前加温）和成型炭化（挤压后热解炭化）四种主要类型[5]。

（1）常温成型工艺

作物秸秆在常温下浸泡数日水解处理后，使纤维变得柔软、湿润皱裂并部分降解，使其压缩成型特性明显改善而易于压缩成型，然后利用简单的杠杆和模具，将农林废弃物中的部分水分挤出，即可形成低密度的压缩成型燃料块。该成型技术工艺主要被广泛用于纤维板的生产。

（2）热压成型工艺

热压成型工艺是指物料在模具内被挤压的同时，对模具进行外部加热，将热量传递给物料，使物料受热而提高温度的秸秆成型燃料工艺。其主要包括原料粉碎、干燥、挤压成型和冷却包装四道工序，主要工艺参数为温度、压力以及物料在成型模具内的滞留时间。

在挤压部位加热的主要作用有三个：一是使秸秆中的木质素软化、熔融而成为黏结剂。由于农作物秸秆中的木质素是具有芳香族特性、结构为苯丙烷型的立体结构高分子化合物，在温度为70～110℃时软化，黏合力增加，在温度达到140～180℃时就会塑化而富有黏性，在200～300℃时可熔融；二是使成型燃料块外表层炭化，在其通过模具时能顺利滑出以减少挤压动力消耗；三是提供物料分子结构变化所需能量。不同种类秸秆中木质素、纤维素含量及物料形状等都不相同，因此成型过程中对温度和压力等参数值的要求也不相同。即使是同种作物秸秆，形态相似而含水量和颗粒度也不同，则成型时所需温度和压力等参数也不相同。

（3）预热成型工艺

预热成型工艺是在原料进入成型机之前，对其进行预热处理，将原料加热到一定温度，使秸秆中的木质素软化，起到黏结剂的作用。对秸秆原料进行预热可以减少后续压缩过程中成型部件与原料间的摩擦作用，降低成型压力，从而大幅度提高成型部件的使用寿命，降低单位产品能耗。

（4）成型炭化工艺

成型炭化有两种工艺。其中第一种是先将秸秆用成型机压缩成燃料棒，然后将燃料棒放入炭化炉炭化成木炭，主要工艺流程：原料→粉碎→干燥→成型→炭化→冷却→包装。这种工艺秸秆压缩成型与炭化过程是两个相对独立的过程。第二种是将压缩成型与热解炭化有机结合成为一个前后连续的工艺过程。

秸秆燃料成型对于原料的种类、粒度、含水量都有一定的要求。因此，任何种类的秸秆在成型前都要进行干燥。一个完整的秸秆燃料成型工艺过程主要包括收集、干燥、粉碎、成型、燃烧等工序（图4-1）。

图 4-1 秸秆收集、干燥、粉碎、成型、燃烧循环流程[6]

4.1.2.3 秸秆燃料成型设备

秸秆固化成型的机械设备主要包括秸秆粉碎机、秸秆压块机和燃烧设备等。

（1）秸秆粉碎机

1）秸秆粉碎机 秸秆粉碎机一般由壳体、电动机、与电动机轴相连的用于粉碎物料的锤片、筛网及固定筛网的齿板、台座等组成。其粉碎原理：当物料由进料口进入粉碎机壳体的粉碎室后，电动机在电力驱动下，与机轴相连的锤片飞速旋转并带动物料，在锤片末端与筛片之间形成一层随锤片旋转的物料环流层，秸秆在锤片的撞击和与固定筛网的搓擦双重作用下被粉碎，然后经筛片分离出一定粒度后经排料装置输出[7,8]。

2）适用范围 在农作物秸秆的综合利用过程中，除秸秆压缩成型燃料外，秸秆气化、秸秆发电、秸秆饲料化利用等都需要进行初步的秸秆破碎。秸秆粉碎机几乎可以破碎所有的农作物秸秆，主要包括玉米秸秆、玉米芯、小麦秸秆、棉花秸秆、高粱秸秆、向日葵秸秆、稻秆、稻壳、树枝、树叶、花生壳、甘蔗叶等强度低的柔性物质的破碎。

3）秸秆粉碎机分类 根据粉碎方式和粉碎手段的不同，可将秸秆粉碎机分为锤片式、揉切式、铡切式和组合粉碎式四种，实际应用中普遍采用锤片式和爪齿式粉碎机。

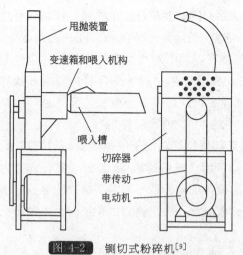

图 4-2 铡切式粉碎机[9]

甩抛装置
变速箱和喂入机构
喂入槽
切碎器
带传动
电动机

① 铡切式粉碎机。铡切式粉碎机又称为铡草机，主要加工原理是切断(图 4-2)，常用于切断茎秆，如谷草、稻草、麦秸、玉米秸秆等。其结构简单、功耗低、生产率较高。在 20 世纪 80～90 年代，我国研制出许多机型，根据规格可分为小型、中型和大型；根据切割方式可分为滚筒式和圆盘式；根据作业方式可分为田间直接收获机和固定式切碎机[5]。

② 锤片式粉碎机。锤片式粉碎机是利用高速旋转的锤片击碎物料的一种机械。由于其具有粉碎质量好、维修方便、生产效率高等优点而成为较常用的秸秆粉碎机。其粉碎原理：秸秆由进料口喂入粉碎室，在锤片的高速旋转打击作用下使秸秆得到一定程度的粉碎，同时，物料以较高速度被抛向固定在粉碎室内的齿板和筛片上，在齿板的碰撞和筛片的搓擦双重作用下得到进一步粉碎。秸秆粉碎在粉碎室内可重复进行，直到物料可通过筛孔为止。如图 4-3 所示，锤片式粉碎机的喂入方式多采用切向喂入和顶部喂入两种。影响其粉碎性能的因素很多，主要有秸秆物料的结构特点及物理特性、粉碎室形状、粉碎机结构、锤片数量、厚度和线速度、筛孔形状及孔径、锤片末端与筛网间隙、物料喂入量及空气流量等。

③ 揉切式粉碎。揉切式粉碎有揉搓机和揉碎机两种。揉搓机(图 4-4)主要由机架、喂入机构、锤片转子、变高度齿板、刀片和风机等部件构成。工作时，高速旋转的锤片不断打击喂入的物料，同时，机具凹板上装有变高度齿板和定刀，斜齿呈螺旋走向，从而保证撞击后能产生轴向运动，初步粉碎的秸秆经隔板空缺部分流向抛送室，然后再由风机抛出。目前秸秆揉搓机主要采用螺旋排列的锤片进行揉搓，再借助风机抛送。该种机械生产效率较低，耗能高，不适于湿度高或韧性大的物料。

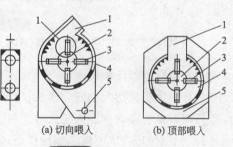

(a) 切向喂入   (b) 顶部喂入

图 4-3 锤片式粉碎机
1—进料口；2—转轴；
3—锤片；4—筛网；5—出料口

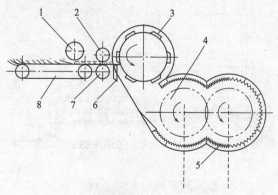

图 4-4 揉搓机
1—喂草轮；2—上喂入辊；3—滚刀；4—螺旋揉搓机械；5—齿板；6—定刀；7—下喂入辊；8—喂入带

揉碎机是一种介于铡切和粉碎两种机械加工方式之间的新型秸秆加工机械。可将秸秆加工成为柔软、蓬松的丝状段,具有适宜的长度和粗细度(长度为 4～12mm 的占 85% 以上,粗细度在 2～6mm 之间)。揉碎机不仅适用于新鲜的秸秆,同时对含水量较低的秸秆也具有较好的揉碎效果。目前主要的揉碎机机型有吉林石河农具厂生产的 9FRQ-40B 型秸秆揉碎机;北京林海农牧机械厂生产的 9RC-40 型粗饲料揉碎机;陕西西安市畜牧乳品机械厂生产的 93F-45 型揉碎机和陕西秦原生物有限责任公司生产的 9RC-30 型揉碎机等。

④ 组合式粉碎。组合式粉碎技术是集铡切、粉碎和揉搓等功能于一体的新型粉碎技术。如北京市顺诚明星机械厂生产的 9FZ-700 型多功能秸秆组合式粉碎机(图 4-5),其粉碎室内装有高速旋转的锤片,上机体内装有定刀、动刀和齿板,加入的秸秆物料在锤片的强烈打击及锤片与齿板之间的撕裂和搓擦等作用下迅速被粉碎成粉状,由于离心力和粉碎机下腔负压的作用,被粉碎的物料通过筛孔落入出料口。

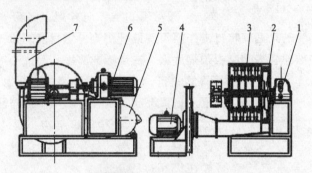

图 4-5　组合式粉碎机

1—进料机构;2—动刀切碎结构;3—揉搓机构;4—输送电机;5—主电机;6—进料机构调速电机;7—出料管

(2) 秸秆成型压块设备

秸秆成型机又称为秸秆压块机,秸秆压块是整个工艺流程中较为关键的一道工序。秸秆成型压缩设备主要有螺旋挤压式成型机、柱塞挤压式成型机和压辊式成型机三种[10]。

1) 螺旋挤压式成型机　螺旋挤压式成型机(图 4-6)利用螺杆输送推进和挤压秸秆原料,由于成型燃料为空心结构以及其表面具有炭化层,使该成型工艺具有运行平稳、生产连续、成型燃料燃烧性能好等特点。但其存在成型部件磨损严重、使用寿命短、单位产品能耗高等缺点。

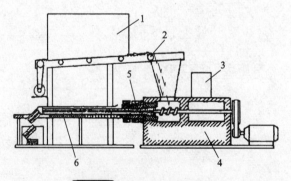

图 4-6　螺旋挤压式成型机

1—进料仓;2—喂入系统;3—控制箱;4—压缩机;5—电加热器;6—切割台

2）柱塞挤压式成型机　柱塞挤压式成型机通常用于生产实心燃料棒或燃料块，原料的成型主要是靠柱塞的往复运动实现的，其原理如图 4-7 所示。依据动力来源可将柱塞挤压式成型机分为液压驱动柱塞式成型机和机械驱动柱塞式成型机。液压式成型机利用液压油缸所提供的压力带动柱塞使秸秆物料挤压成型。而机械式成型机是利用飞轮贮存的能量通过曲柄连杆带动柱塞，将松散的秸秆物料挤压成成型燃料块。

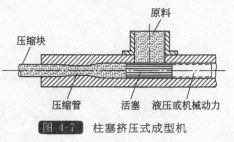

图 4-7　柱塞挤压式成型机

与螺旋挤压式成型机相比，柱塞式成型机由于改变了成型部件与原料的作用方式，使得成型部件磨损严重的现象有所缓解，延长部件的使用寿命，使得单位产品能耗也有所下降，但由于其振动负荷较大，易造成机器运行稳定性差，噪声较大[5]。

3）压辊式成型机　压辊式成型机主要用于生产颗粒状成型燃料，分为平板模造粒机（图 4-8）和环板模造粒机（图 4-9），其中环板模造粒机又分为卧式和立式两种形式。压辊式成型机的基本工作部件由压辊和压模组成。压辊外周加工有齿或槽，用于压紧秸秆原料而不致打滑。压模上有成型孔，秸秆进入压辊和压模之间，在压辊的作用下被压入成型孔内，从而将原料变成圆柱形或棱柱形，最后经切断刀切成颗粒状成型燃料[10]。

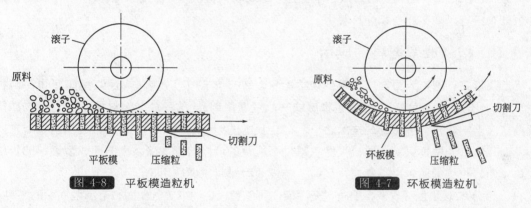

图 4-8　平板模造粒机　　　　　图 4-7　环板模造粒机

（3）秸秆成型燃料燃烧炉

秸秆成型燃料燃烧炉是用来燃烧秸秆燃料的专用炉具，根据燃用燃料形状的不同，可分为颗粒炉和棒状炉。根据进料方式的不同可分为自动进料炉和手动炉。根据燃烧方式的不同，可以分为燃烧炉、半气化炉和气化炉。根据燃烧用途的不同，可分为民用炉具、工业锅炉和电站锅炉。一般民用炉具主要有炊事炉、采暖炉和炊事采暖两用炉三种。工业锅炉有热水锅炉和蒸汽锅炉。下文将重点介绍秸秆成型燃料民用燃烧炉（图 4-10）。

1）技术工艺　民用燃烧炉一般采用直接燃烧工艺，可用于采暖、炊事、提供生活热水、温室增温等，其综合热效率高，烟气排放浓度低于国家大气污染物排放标准，产品已商品化。

① 燃烧工艺。一般采用直接燃烧技术，针对秸秆燃料挥发分多的特点，设置二次进风口进行供氧以提高挥发分的燃烧率，并适当增加烟气燃烧回程和水套吸热面积，从而实现秸秆压缩成型燃料的高效利用。

② 燃料。秸秆成型燃料有块状、棒状和颗粒状三种形式，密度一般在 $0.6 \sim 1.4 t/m^3$ 之间，块状和棒状燃料其截面和直径应大于 25mm，颗粒状燃料其截面和直径不大于 25mm。

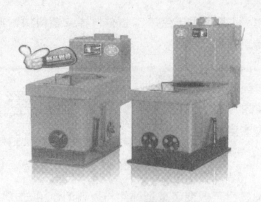

图 4-10   秸秆成型燃料民用燃烧炉

③ 热性能指标。炊事炉，炊事火力强度≥2kW，热效率≥35%；采暖炉，额定供热量≥10kW，热效率≥65%；炊事采暖炉，炊事火力强度≥2kW，额定供热量≥5kW，综合热效率≥60%。

④ 安全要求。为避免一氧化碳中毒，炉具排烟口不允许设置任何形式的挡风板；此外，为防止炉体爆炸，采暖炉必须合理设置防爆阀[11]。

2）适宜条件   秸秆直燃技术使用方便、高效环保、投入小、适用性强，秸秆资源丰富地区的农户均可购买灶心和炉具使用。

4.1.3   秸秆成型燃料的应用

近几年来，国家大力推广发展生物质能源，2005 年颁布了《中华人民共和国可再生能源法》，2007 年农业部发布了《农业生物质能产业发展规划》。秸秆成型燃料技术作为生物质能源推广应用中较为经济可行的技术之一，符合我国的能源政策和环保政策，应用前景非常广阔。近几年来，由于煤、石油、天然气等化石能源的价格持续上涨以及秸秆成型燃料的价格优势，使其应用领域越来越宽广。目前，秸秆成型燃料主要应用于以下场合。

① 民用取暖和生活炊事，干净，无污染，可以替代燃油或燃气作为城市小型锅炉的燃料。

② 作为工业锅炉和窑炉的燃料，避免燃煤和燃气带来的环境污染问题。

③ 可以作为气化发电和火力发电的燃料。

4.1.4   秸秆成型燃料关键问题

（1）农作物秸秆收集和贮运成本高

我国在原料收集方面的运行模式和管理制度都与国外不同。地块小而分散，收集机械化水平低，打捆和定向收集没有提到日程。没有充足的原料，秸秆成型燃料技术就不可能迅速发展，因此，原料的收集是制约成型燃料技术发展的技术瓶颈。这一问题可以随着农业机械化的高度发展得到较好的解决。

（2）秸秆脱水及水分调控问题

农作物秸秆收获时含水量一般较高（如水稻秸秆一般在 40% 以上），而秸秆成型燃料加工原料含水量需控制到 20% 以下，秸秆成型燃料安全贮存含水量应控制在 12% 以内。若采用人工烘干的方式将 1t 秸秆含水量从 60% 降到 16%，至少需要消耗 150kg 原煤，这使得能源和经费的投入过高，从而成为阻碍该技术大范围推广应用的主要原因。此外，秸秆堆积相对密度仅有 0.2，秸秆贮存需占用大量土地。因此，秸秆脱水和贮存水分调控成为该技术推广应用要解决的问题。

（3）秸秆燃料成型机关键部件快速磨损

螺杆式和压辊式成型机都是依靠传动部件与秸秆之间的高速相对运动来实现秸秆物料的压缩，压缩过程中摩擦热将纤维、木质素软化的同时，旋转部件产生的挤压力将秸秆推入成型模完成成型。由于生物质秸秆内 Si、Ca、Cr 等元素含量较高，而且秸秆收集过程中还会带入许多粉尘和泥沙（主要成分为 SiO_2），这些物质的存在会加剧成型机械的磨损。对于螺杆式成型机，由于螺杆与秸秆物料始终处于高速摩擦状态，导致压缩区螺纹磨损非常严重，使得螺杆的平均修复期为 60h 左右。

环模成型设备压辊在环模内高速旋转过程中与喂入环模内的秸秆物料摩擦生热，温度可达 200℃以上；同时，压辊运动的分力挤压秸秆进入成型孔成型，这使得压辊和成型孔磨损较快。

（4）秸秆成型燃料燃烧结渣问题

秸秆成分中含有较多的钾、钙、铁、硅、铝等成分，在高温下极易燃烧成灰，易于在传热壁面形成结渣和沉积，直接影响热量的传导和炉具的热利用率。

（5）成型燃料燃烧过程中焦油析出问题

间断燃烧是农村生活用能的主要特点，燃烧炉具的封火性能要好，并且由于封火后炉内温度降低，高挥发分含量的秸秆会有大量焦油析出，在短期内会使烟囱、炉口等部位堵塞[6]。

4.1.5 工程实例

4.1.5.1 案例 1 北京市大兴区礼贤镇生物质成型燃料厂

（1）基本概况

该工程总投资约 350 万元，占地 $4 \times 10^4 m^2$，年生产成型燃料 $3 \times 10^4 t$，工程建于 2007 年。

（2）工艺流程

采用热压成型技术生产颗粒成型燃料，实现了工业化生产。工艺流程见图 4-11。

（3）处理能力

该工程年处理秸秆量 $3.3 \times 10^4 t$。

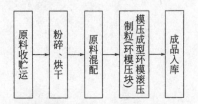

图 4-11　北京市大兴区礼贤镇生物质成型工艺流程

（4）工程特点

该工程探索了"农户＋经纪人＋燃料厂"等秸秆原料的收集、贮存和运输模式，形成了每年 $2 \times 10^4 t$ 的原料收贮运供给能力[12]。礼贤镇生物质成型设备见图 4-12。

4.1.5.2 案例 2 沈阳市金昊源米业有限公司生物质成型燃料厂

（1）基本概况

该工程位于沈阳市于洪区于光辉街道万金村，主要利用稻米加工废弃物稻壳生产生物质燃料。工程总投资约 80 万元，年生产能力可达 3000t，建于 2007 年试生产。

（2）工艺流程

采用热压成型技术生产棒状成型燃料，实现了工业化生产。工艺流程见图 4-13。

图 4-12　礼贤镇生物质成型设备

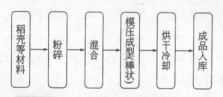

图 4-13　沈阳市金昊源米业有限公司
生物质成型工艺流程图

（3）处理能力

稻壳年处理量 3300t。

（4）工程特点

该工程延长了稻米加工产业链，不仅处理了企业本身的稻米加工废弃物，同时也处理了周边相同企业的加工废弃物，而且也为企业带来了相当可观的收入，形成了以企业为主导的稻米加工废弃物原料资源化利用模式[12]。成型燃料生产车间见图 4-14。

图 4-14　成型燃料生产车间

4.2　秸秆制沼气技术

"十二五"期间，中央提出建设生态文明的要求，提倡发展节约型农业、循环农业、生态农业，加强生态环境保护，这一政策的实施为秸秆的综合利用提供了新的机遇。2007 年中央 1 号文件提出了关于"推进人畜粪便、农作物秸秆的综合治理和转化利用"的精神，鼓励沼气技术的大力推广；同年，农业部又把秸秆沼气生产技术列为我国农业和农村"十大节能减排技术"之首，表明了对秸秆沼气技术的支持与肯定。利用农作物秸秆进行厌氧发酵产沼气，是一条清洁高效的秸秆能源化利用途径[13]。

4.2.1　技术原理与应用

（1）技术原理

秸秆制沼气是以农作物秸秆(小麦、玉米、花生、大豆等)为主要发酵原料,在严格厌氧环境和适宜的温度、水分、酸碱度等条件下,经过微生物的厌氧发酵产生沼气的技术。该技术具有原料充足、产气率高、生态环保、供应周期长等优点,可以解决常规沼气技术中粪便供应不足的问题。秸秆厌氧发酵产生的沼气的主要成分是甲烷和二氧化碳,甲烷含量通常为50%～70%,二氧化碳含量为30%～50%,热值比天然气低40%左右,1m³沼气燃烧产生的热量为20930～25120kJ,是一种可再生、无污染、高热值的清洁能源[14]。

（2）秸秆沼气技术的应用

目前,我国农村沼气池主要是以畜禽粪便为发酵原料,但随着近年来规模化养殖业的快速推进,畜禽分散养殖量日益减少,以畜禽粪便为发酵原料的农村户用沼气建设面临原料不足的问题,因此,全国大约有27%的农户需要花钱购买畜禽粪便以维持沼气生产的局面。近些年来,我国广大科研工作者针对户用秸秆沼气池进行了大量的研究和试验,取得了实质性突破,相关技术已进入示范推广阶段。从2005年开始,农业部在赣、鲁、苏、浙、川等11个省市的100多个县进行了试点示范。到2006年年底,全国已建成农村户用秸秆沼气池5104个。

秸秆沼气技术包括户用秸秆沼气池和秸秆沼气集中供气技术(又称为秸秆沼气工程)两种推广模式。户用沼气池是针对农户使用的小型沼气池,秸秆经粉碎后加入一定的碳铵(调碳氮比)进行堆沤,以提高产气效率,然后一次性投入沼气池发酵所需的秸秆。这种批量化投入秸秆的操作模式,产气时间长,但8～10个月后必须大换料一次才能再次使用。秸秆沼气集中供气技术,是以自然村为单元,建设沼气发酵装置、贮气设备,通过管网把沼气输送到农户家中。目前,农业部已在山西、河南、内蒙古、浙江、江苏、山东、四川、贵州、广西和黑龙江农垦总局12个省、区(局)启动了秸秆沼气集中供气工程试点项目[15]。

4.2.2　技术流程

秸秆沼气发酵工艺是指从农作物秸秆收集、预处理、发酵到生产沼气的整个过程所采用的技术和方法,主要包括原料的收集和预处理、接种物的选择和富集、沼气发酵装置的启动和日常操作维护及其他相应的技术措施。

4.2.2.1　秸秆发酵预处理方法

农作物秸秆主要由纤维素、半纤维素、木质素组成,这些物质在秸秆中相互缠绕形成致密的空间结构,不易被厌氧微生物及酶直接利用,因此,在沼气发酵前需对秸秆进行预处理。进行预处理的目的是通过破坏秸秆的空间结构,使厌氧菌和酶更容易附着在纤维素和半纤维素上,有利于原料的水解酸化,从而提高发酵的产气量。因此,秸秆预处理应满足以下几个方面的要求:a. 形成活性纤维结构,易于被酶或微生物利用;b. 避免破坏纤维素和半纤维素结构;c. 不能引入或生成破坏或抑制微生物酶活性的物质;d. 降低秸秆原料的破碎费用;e. 不产生残渣;f. 不消耗或者少消耗化学用品。

目前,秸秆制沼气预处理方法主要有物理处理、化学处理、热处理和生物处理四种[16]。

（1）物理处理

物理处理主要是采用粉碎、揉丝、浸泡等方法，改变秸秆的内部组织结构或外部形态，以达到厌氧微生物快速降解和利用秸秆中养分的目的。目前采用最多的是机械破碎将秸秆铡短或粉碎到 3cm 以下。玉米秸秆采用揉搓机粉碎，稻草和麦秸采用铡草机粉碎，物理法对提高秸秆沼气的发酵效率有限，且过细破碎会导致较高的能耗，因而一般与其他处理方法结合使用。

（2）化学处理

化学处理就是利用化学药剂破坏秸秆细胞壁中木质素与半纤维素形成的共价键，以达到提高秸秆消化率的目的。主要包括碱化处理和氨化处理两种方法。

碱化处理是用 NaOH，Ca(OH)$_2$ 或 KOH 等碱性溶液浸泡秸秆或喷洒于秸秆表面，打开纤维素、半纤维素和木质素之间的 β-1,4 糖苷键，使纤维素、半纤维素和一部分木质素及硅酸盐溶解，提高消化率。该方法在山东德州、黑龙江佳木斯、广西临桂及河南洛阳等地的秸秆沼气工程中较为常见[17,18]。

氨化处理是用氨水、无水氨或尿素对秸秆进行预处理以提高秸秆的消化率。氨化处理具有三种作用：第一，氨为碱性，可起到与碱化处理同样的作用；第二，氨与秸秆中的有机物发生反应生成铵盐，作为发酵所需氮源被厌氧微生物利用，并与碳、氧、硫等元素一起合成氨基酸，进一步合成菌体蛋白；第三，氨呈碱性，可与秸秆发酵中产生的有机酸中和，消除秸秆中潜在的酸性，维持发酵环境适宜的 pH 值，从而提高微生物的活性，进而提高秸秆的消化率。

（3）热处理

热处理方法中已经应用的是高压水蒸气爆破法，旨在破坏秸秆结构，提高秸秆利用率。河南农业大学秸秆能源工程化项目中玉米秸秆预处理采用汽爆方法，大大提高秸秆厌氧发酵的产气率和产气速率，能够节约发酵时间，缩短发酵周期。但是，该方法处理成本较高，而且需要采用专用设备，因而该方法的推广应用受到限制。

（4）生物处理

生物处理就是在人为控制下，利用筛选出的具有超强木质纤维素降解能力的微生物对秸秆进行固态发酵，将木质纤维素降解成为易于被厌氧微生物利用的水溶性小分子物质，从而缩短厌氧发酵时间，提高干物质消化率和产气率[19]。该方法的技术关键就是筛选出具有强木质素降解能力的菌种。由于生物法具有处理成本低、条件温和、效果好和无需专门设备设施等优点，近年来受到极大的关注。如天津市静海县南柳木村秸秆沼气工程和四党口秸秆沼气工程、山西省高平市秸秆沼气工程等均采用玉米秸秆青贮方法进行预处理。江苏淮安秸秆沼气工程在沼气发酵前向原料中投加绿秸灵复合菌剂，进行堆沤处理 15d 左右，然后进行厌氧发酵。此外，四川省成都市新津县秸秆沼气集中供气示范工程、山西省高平市秸秆沼气集中供气示范工程、河南省安阳县白璧镇秸秆沼气站利用沼液中的水解酸化菌对原料进行预处理，沼液预处理具有经济、高效、环保等优点。

4.2.2.2　户用秸秆沼气池

（1）户用沼气池发酵模式

沼气厌氧发酵需要维持微生物所需的适宜的营养物比例，厌氧消化最适宜的碳氮比为（25～30）:1。但农作物秸秆的碳氮比较高，一般为（53～87）:1，高于厌氧消化最适碳氮比

2～3倍（表4-1）[20]，因此，秸秆沼气发酵通常需要额外补充氮源，经常采取的措施有两种：一是与人畜禽粪便等富氮原料混合发酵；二是定期补充添加尿素或碳酸氢铵等氮素物料。因此，户用秸秆沼气池有相应的两种发酵模式。

表 4-1 主要农作物秸秆碳氮比例

秸秆种类	碳素占原料比例/%	氮素占原料比例/%	碳氮比
玉米秆	40.0	0.75	53∶1
干麦草	46.0	0.53	87∶1
干稻草	42.0	0.63	67∶1
油菜秆	30.24	0.52	58∶1

1）人畜粪便加秸秆混合发酵模式　该模式适用于以人畜粪便为主的沼气池。在沼气池正常启动后原料不足时补充使用。将农作物秸秆铡成5～10cm小段投入沼气池，每20d投入一次，产气效果很好。

优点：操作简单易行，持续产气时间较长。适合因牲畜粪便量减少、发酵原料供应不足的沼气池。

2）秸秆（干）处理加绿秸灵复合菌剂全秸秆散装发酵模式　该模式适用于无人畜粪便时全秸秆作为发酵原料的沼气池。一个8m³沼气池一般使用秸秆400kg。玉米秸秆经秸秆揉搓机粉碎并铡成3～6cm小段。将铡好的秸秆加水进行湿润1d（用沼液或粪水效果更好），边加水边翻料，润湿要均匀。然后将1kg/袋的绿秸灵和5kg碳铵分层均匀撒到秸秆上。边翻边撒边补充水分，然后将秸秆、绿秸灵和碳铵进行拌合，一般需两次。为了保证秸秆含水量在65%～70%，需补充加水320～400kg（以地面无积水、用手捏紧时有少量水滴下为准）。然后，将拌匀的秸秆收堆，堆宽1～1.5m，夏季宜矮，冬季宜高。为了防止水分蒸发和下雨淋湿，秸秆堆需用塑料布覆盖，并留有空隙，以便透气、透风。堆沤时间应在3～6h以上，冬天需在料堆上加盖草帘进行保温。沼气池最适宜的接种物量为池容的20%～30%，一个8m³沼气池的接种物量为2000kg，而且要保证接种物pH值为6.5～8.0。当秸秆堆变成黑褐色、秸秆上长有白色菌丝时，即可入池进行发酵[21]。

优点：该发酵模式适合无养殖条件或停养的沼气用户。由于绿秸灵复合菌剂能够使秸秆中的纤维素结构发生改变，使得半纤维素和木质素对纤维素降解所起的阻碍和屏障作用受到破坏，加快产气速度，提高沼气产量，而且不会结壳。缺点：秸秆物料由于散装导致出料困难。

（2）户用沼气池类型

随着我国沼气技术的不断发展和农村家用沼气池的推广，出现了多种多样的沼气池，归纳起来主要有水压式沼气池、浮罩式沼气池、中心吊管式沼气池和无活动盖水压式沼气池四种基本类型[22]。

1）水压式沼气池　水压式沼气池是我国推广较早、应用数量较多的池型（图4-15）。其池体上部气室完全封闭，随着沼气的不断产生，沼气压力相应提高，使得沼气池内部分发酵料液进入与池体相连通的水压间，使得水压间内液面升高。水压间液面与池体液面就产生一个水压差。沼气使用时，沼气开关打开，沼气在水压下排出；随着沼气量的减少，水压间料液又返回到沼气池池体内，使水位差不断下降，沼气压力也随之降低。这种利用部分料液来回流动引起水压反复变化来贮存和排放沼气的池型称为水压式沼气池[13,14]。

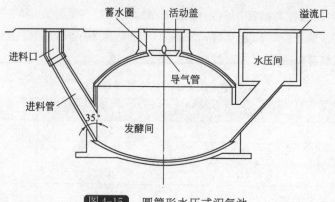

图 4-15　圆筒形水压式沼气池

水压式沼气池型具有以下优点：a. 池体充分利用土壤的承载能力，结构受力性能良好，而且省工省料，成本较低；b. 适合装填多种发酵原料，尤其是大量的农作物秸秆；c. 沼气池周围都与土壤接触，能够起到一定的保温作用。

同时，水压式沼气池型也存在一些缺点：a. 由于气压反复变化，压力一般在 4~16kPa 之间变化，这对池体强度以及灶具燃烧效率的稳定与提高有不利影响；b. 由于没有搅拌装置，池内浮渣容易结壳，致使发酵原料利用率不高，产气率偏低，每天产气率一般为 0.15m³/m³ 左右；c. 由于发酵原料以秸秆为主且沼气池活动盖的直径不能加大，因此大出料比较困难，最好采用机械出料。

2）浮罩式沼气池　浮罩式沼气池是将发酵池与气罩一体化的沼气发酵技术（图 4-16）。传统的浮罩式沼气池多采用顶浮罩式，基础池底用混凝土浇制，两侧分别为进、出料管，池体一般呈圆柱状。浮罩用钢材或用薄壳水泥构件制成。发酵池产生沼气后，慢慢将浮罩顶起，发酵池依靠浮罩的自身重力，使气室产生一定的压力，便于沼气输出。这种沼气池可以一次性投料，也可半连续投料。

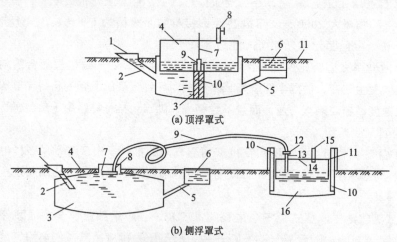

(a) 顶浮罩式

(b) 侧浮罩式

图 4-16　浮罩式沼气池

（a）1—进料口；2—进料管；3—发酵间；4—浮罩；
5—出料连通管；6—出料间；7—导向轨；8—导气管；9—导向槽；10—隔墙；11—地面
（b）1—进料口；2—进料管；3—发酵间；4—地面；5—出料连通管；6—出料间；7—活动盖；
8—导气管；9—输气管；10—导向柱；11—卡具；12—进气管；13—开关；14—浮罩；15—排气；16—水池

顶浮罩式沼气池的特点主要有以下几点。a. 气密性好。浮罩式沼气池是机械制造，工厂化生产，在农户安装和使用过程中不会出现裂缝和漏气等问题。b. 供气稳定。沼气池压力是由浮罩配重决定的，因此，在沼气使用过程中，火力基本上是保持稳定，直到全部用尽。c. 安装方便。农户挖好坑后，2h 即可将一口浮罩式沼气池安装完毕。d. 经济性较好。因浮罩式沼气池不需安装气压表、安全阀等，因此，安装一口 8m³ 浮罩式沼气池要比同容积的玻璃钢沼气池便宜 500 元以上。e. 安全性高。因沼气池内部气压恒定，不会出现爆池、爆管等危险事故。

近年来，我国研发出一种新的分离式浮罩沼气池发酵形式，称为侧浮罩式，其发酵间与水压式沼气池相似，但尽可能缩小贮气室体积，然后另做一个浮罩气室，用管道把两部分连接。这种沼气池结构特别适合大中型沼气池，可避免贮气间漏气，而且能获得稳定压力的沼气，对多用户集体供气十分有利[14]。

3）中心吊管式沼气池　中心吊管式沼气池的结构如图 4-17 所示，该沼气池将活动盖改为钢丝网水泥进、出料吊管，使其代替进料管、出料管和活动盖而具有一管三用的功能[23]。

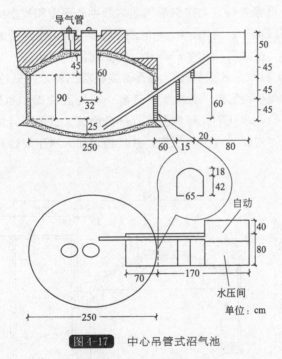

图 4-17　中心吊管式沼气池

① 进料管。将进料管预制件安装在天窗围内（沼气池顶端的中心位置），6m³ 沼气池进料管向下 70cm。进料管上端用混凝土接牢于天窗围，并在其上加接半个管筒，使进料管口略高于水压池面。进料管口地面位置应加安全盖，同时要预留进料暗沟。

② 导气管。在天窗围外缘与拱顶板交汇处安装铜质导气管，并加半个管筒预制件（加盖），以备故障检修。

③ 出料系统。在主池基部开设 65cm×60cm 拱门形通道，并以低到高梯级向外伸展，至略低于池拱顶处做一个 240cm×50cm 的水压池。

④ 排渣管。在水压池基部斜置一条 12cm 硬质塑料管通往池中心位置；在塑料管口上方用预制件分隔一自动排渣小池，自动排渣池出口应略低于水压池。

中心吊管式沼气池的特点如下。a. 进料容易，管理方便。斜管进料式沼气池存在进料费力、搅拌困难等缺点。固定中心吊管进料自动排渣沼气池将进料管固定在沼气池中心位置，因改变物料的进料角度，因此比斜式进料省力，而且便于沼气池的日常维护管理。b. 自动破壳。由于固定中心吊管浸在沼气发酵液里面，沼气池内液、气两相升降互变而使液面在进料筒旁边做上下运动，能够有效避免沼气池结壳。c. 方便出渣。低层出料口的开设，加大了沼气池与水压池之间的角度，在水压池用长竹竿可直接搅拌到沼气池主池内，沼气池一旦出现草料浮渣之类的杂物，不能从自动排渣管排出，此时，稍停止半天用气，沼气压力增大，将池内液面降低，再用长竹竿搅拌器在水压池的地面直接搅拌清除出去，有效地降低了沼气池必要的人工清渣难度，保证了沼气池的正常发酵运转。d. 自动排渣。固定中心吊管进料自动排渣池，在水压间与主池的连通道梯级内侧设置 1 条直径 12cm、长 3m 左右的塑料管，从水压池底部一直伸入沼气池中心底部，利用水压间水位高度压力差，可将池内沉渣抽出。进行底层排渣处理时，先向进料管口注入清水，最好从出料间上层舀取沼液，同时适当搅拌，沼渣即可从塑料管口自动排出，达到自动排渣的目的。e. 可工厂化生产，商品化推广。固定中心吊管进料自动排渣沼气池内除中心吊管和底层排渣管外，没有其他设置物，结构简单，生产成本低。例如，6～8m³ 沼气池共需 59 件混凝土预制构件。用一定规格的铁模捣制预制构件，可以工厂化生产构件，商品化推广应用。

4）无活动盖底层出料水压式沼气池　无活动盖底层出料水压式沼气池是一种变型的水压式沼气池，构造如图 4-18 所示。该类型沼气池一般为圆柱形，池底为斜坡，由发酵间、贮气间、进料口、出料口、水压间、导气管等几部分组成。该池型将传统水压式沼气池活动盖取消，并把沼气池拱盖封死，只留导气管，并且通过加大水压间容积而避免活动盖密封不严带来的问题。

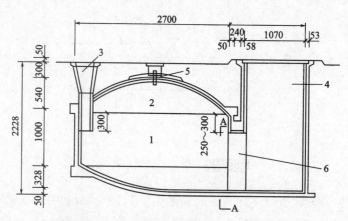

图 4-18　无活动盖底层出料水压式沼气池结构
1—发酵间；2—贮气间；3—进料口；4—水压间；5—导气管；6—出料口通道

无活动盖底层出料水压式沼气池的工作原理如下。a. 不产沼气时，进料管、发酵间、水压间的料液处在同一水平面上。b. 产气时，微生物厌氧发酵产生的沼气上升至贮气间，沼气不断积聚产生压力。当沼气压力超过大气压时，就会把沼气池内料液压出，进料管和水压间内水位上升，发酵间水位下降，产生了水压差，从而使贮气间内沼气保持有一定压力。c. 使用沼气时，沼气从导气管输出，水压间水流回发酵间，使水压间水位下降，发酵间水位上升。因此，沼气池依靠水压间水位的自动升降来自动调节贮气间的沼气压力，从而保持燃烧设备火力的稳定。d. 产气太少时，即用气量大于沼气产生量时，发酵间水位将逐渐与水压间水位相平，压差消失，从而沼气停止输出[24]。

4.2.2.3 秸秆沼气工程

秸秆沼气工程，是以自然村为单元，通过建设沼气发酵装置、贮气设备等，通过管网把产生的沼气输送到农户家中的农作物秸秆利用技术。一个完整的秸秆沼气工程主要包括预处理系统、厌氧发酵系统、沼气净化及管网输送系统、加热保温系统、沼液沼渣利用系统和监控及数据采集系统六部分（见图4-19）。目前，农业部已在山西、河南、江苏、山东、内蒙古、浙江、四川、贵州、广西和黑龙江农垦总局12个省、区（局）启动了秸秆沼气集中供气工程试点项目。从在建的和运行成功的秸秆沼气工程来看，我国秸秆沼气大致可分为液态消化、固态消化和固液两相消化三种工艺类型。

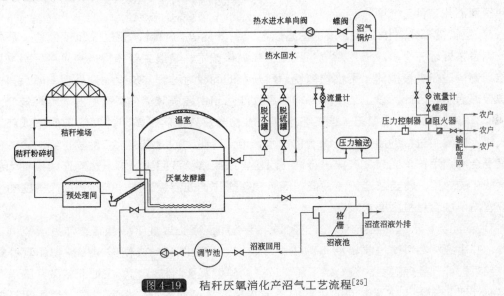

图4-19 秸秆厌氧消化产沼气工艺流程[25]

（1）液态消化

液态消化是指秸秆物料在有流动水状态下进行的厌氧消化过程。一般发酵原料固体含量应控制在8%左右。在厌氧消化器内安装搅拌装置，通过搅拌改善厌氧菌群与物料接触以及传热传质效率，以提高沼气产生效率。液态消化反应器有立式和卧式两种形式，采用序批式或连续式进出料方式。沼液回流循环使用以减少沼液外排。液态消化技术由于物料含水量高，因此所需消化器体积较大，而且加热和搅拌能耗高，且存在微生物易随出料流失的缺点。秸秆液态消化沼气工程主要以完全混合式和自载体生物膜厌氧消化工艺为主[13]。

完全混合式厌氧消化工艺是目前应用较广泛的消化工艺，一般采用立式或卧式圆柱形反应器，连续或半连续进出料运行，适合于含有大量悬浮固体物料的厌氧发酵。由于反应器内部设有搅拌装置，原料进入反应器后立即与发酵微生物完全混合，能够大大缩短发酵时间，提高产气效率。此外，搅拌装置可以破碎发酵液上层浮渣，防止结壳，并能保证产气正常进行。对于完全混合式厌氧消化，进料干秸秆粒径小于10mm，青贮秸秆粒径一般为20~30mm，进料浓度4%~6%，发酵温度为（38±2）℃，发酵时间为40~50d，容积产气率≥0.8m³/（m³·d）。河北天正秸秆沼气发电工程、吉林五棵树沼气发电等均采用此工艺。但是该工艺存在发酵浓度低、机械搅拌耗能大、投资高等缺点[26]。

自载体生物膜厌氧消化工艺首先将秸秆搓揉成固态丝状，厌氧消化菌以秸秆为依附载体附着在其表面上形成"生物膜"，对秸秆进行消化利用。这一工艺中，秸秆既是微生物依附生存的"载体"，也是维持微生物生命活动的"食料"。因此，能够有效提高微生物与物料间的传质效果，能够促进厌氧消化效率的提高。

（2）固态消化

固态消化是指没有或近乎没有流动水状态下进行的秸秆厌氧发酵过程。根据投料方式不同，固态消化可分为序批式和连续式两种工艺类型。由于农作物秸秆固体浓度高，进出料困难，因此，秸秆沼气工程以序批式投料为主，但由于单个发酵周期内存在产气高峰、低谷明显等特点，因此，序批式沼气工程采用多个不同消化阶段反应器并联的方式运行，以保证整个系统产气稳定。根据消化反应器结构的不同，固态消化主要有覆膜槽干式、车库式和红泥塑料厌氧消化三种工艺[27]。

1）覆膜槽干式消化工艺　该工艺是以秸秆、粪便等为原料，通过好氧预处理→厌氧消化→剩余物处理三个阶段进行沼气生产的厌氧消化技术。其最主要的特点是采用好氧堆肥法对秸秆物料进行机械搅拌，用生物能使原料升温的同时对秸秆实施生物预处理，然后再辅以高效保温措施，因此，该工艺不用外加热源即能达到中温厌氧消化所需温度，能耗较低。

2）车库式厌氧消化工艺　该工艺是指固体混合发酵物料在多个并联的车库型或集装箱型厌氧反应器中进行的序批式厌氧消化技术。用富含菌种的沼渣作为接种物，经粉碎的秸秆与其混合后，用铲车送入反应器进行消化反应，采用渗滤液回流喷淋以达到连续接种和缓解过度酸化的效果。该工艺运行能耗低，而且易于操作，无沼液外排。但对车库门的密封性和反应仓内甲烷含量检测要求较高。

3）红泥塑料厌氧消化技术　该工艺是采用钢筋混凝土或地下砖混结构作为厌氧消化反应器，并用红泥塑料覆盖收集沼气的技术。该技术一般以畜禽粪便作为接种物和营养调节剂，且对秸秆预处理的要求较低，不需粉碎或切碎，直接将秸秆物料在地面或敞开的消化器内堆沤处理 5～10d。进料时向消化器内注入水量以淹没池内物料为宜，覆上红泥塑料并通过水封将消化器密封。消化器顶部四周设置喷淋管，用于定期添加液体或回流沼液，以防止结壳，提高产气效率。换料时应揭开红泥塑料覆皮，采用机械进出料的方式。该技术需要的动力设备装置较少，而且能耗低，且操作简便。

（3）固液两相厌氧消化工艺

固液两相厌氧消化是指固态和液态发酵原料分别在不同装置中进行厌氧发酵的过程。该工艺通过将固相和液相发酵原料分别放置在不同区域，以达到产酸过程和产甲烷过程分离，并利用沼液回流实现循环接种。根据所需反应器个数可分为一体化两相厌氧消化工艺和分离式两相厌氧消化工艺。

1）一体化两相厌氧消化工艺　是在同一个反应器内实现固相和液相分区消化的连续厌氧发酵工艺。作物秸秆经粉碎、青贮等预处理后，与回流的沼液混合，从消化器顶部均匀投加到消化反应器内。沼液回流可实现对物料的循环接种，可有效解决秸秆厌氧消化易酸化的问题。该消化工艺通过连续性进出料，使得沼气生产连续稳定，适合处理青贮秸秆、干秸秆等类物料。

2）分离式两相厌氧消化工艺　是指固相（产酸）和液相（产甲烷）分别在不同消化器中

进行的厌氧消化工艺。两相分离有利于保证产酸菌和产甲烷菌各自最适宜的生长环境。秸秆在产酸反应器中转化成易于消化的料液，作为产甲烷菌的原料厌氧发酵生产沼气，沼液作为接种物回流至产酸反应器。为了保证整个工艺系统的连续稳定运行，一般采用固相消化器连续投料或多个处于不同消化阶段的序批消化器并联运行的形式得以实现，但由于设置多个消化器使得投资成本较高。

4.2.3　秸秆沼气技术操作要点

4.2.3.1　秸秆沼气池的运行与管理

（1）秸秆沼气池的运行

1）准备发酵原料　用粉碎机将秸秆粉碎，粉碎长度在 6cm 以下，将粉碎好的秸秆用粪水拌均匀，加入适量水（以水不溢出为准），同时加入 1％的石灰，加快秸秆腐烂，盖上塑料薄膜进行堆沤，气温在 15℃左右时，一般在 4～5d，气温在 20℃以上时，堆沤 2～3d 即可。

2）进行配比　作物秸秆碳氮比值较高，以作物秸秆为发酵原料时，需同时加入含氮量较高的原料，如人畜粪便或添加适量的碳酸氢铵等氮肥，以平衡碳氮比。粪草比一般在 2：1 以上，不宜小于 1：1。

3）接种物　采用下水道污泥作接种物时，接种量一般为发酵料液的 10％～15％；采用老沼气池发酵液作接种物时，接种量为发酵料液的 30％以上，若以基层污泥作接种物，接种量为发酵料液的 10％以上。使用较多的秸秆作为发酵原料时，需加大接种物数量，其接种量一般大于秸秆重量。

4）装料　把已准备好的接种物和发酵原料从活动盖口或进料口投入，并铺平，再装入人畜粪便。投入的发酵原料为沼气池总有效容积的 1/2 左右。发酵原料在池内堆沤 1～2d，发酵原料温度上升到 40℃以上方可加水密封。水要加到气箱顶部，直到沼气池内的空气全部排出，然后将活动盖封好，接上导气管。水密封和装料完成后，从出料口导出气箱部分的水，以便存气用[28]。

5）启动　一般在气压表水柱上升到 3922～5883Pa（40～60cm）时应放气试火，开始气体中甲烷含量较低，不能点燃，放气 2～3 次后，随着气体中甲烷含量的增加，即可点燃。

（2）秸秆沼气池的管理

1）进出料经常化　除定期大换料外，要做到经常小出料和小进料，以满足沼气菌生活所必需的原料，利于沼气菌的新陈代谢。一般 5～10d，进出料量以占发酵原料的 3％～5％为宜。也可按产 1m³ 沼气，进干料 3～4kg 计算。要先出料，后进料，出进料量要相等；出料时，保证料液不低于进出料口上沿，防止沼气逸出。

2）经常搅拌　使用长棍或其他用具，从出料口或进料口插入池内，来回用力抽动，搅动池内发酵料液。能促进沼气菌新陈代谢，防止料液上层形成结垢，能提高产气率。

3）经常检查 pH 值　经常用比色板或酸碱度试纸检查，沼气池内发酵原料 pH 值正常范围是 7～8。酸性过大，可加入富氮有机原料（如人畜粪便等）和水；也可加入适量草木灰或石灰水进行调节。碱性过大，可适量加入新鲜牛粪和青草、水等进行调节。

4）保持适宜的浓度　沼气池内发酵原料的含水量保持在 85％～95％为宜，发酵干物质浓度，夏季不低于 6％，冬季不高于 12％。

5）做好保温　沼气池内发酵原料的温度保持在 10～27℃之间，沼气发酵才能正常进行。低于 10℃将不能正常产气。因此，冬季必须采取保温措施。一般是在沼气池上堆放柴草保温；与厕所、猪圈相连的沼气池可搭盖塑料阳光板进行保温。

（3）适宜条件　秸秆沼气技术投入小、使用方便、卫生环保，可以享受国家资金补贴，适用于我国广大农村地区。

4.2.3.2　秸秆沼气工程关键技术问题

（1）原料收集

秸秆收集受季节和价格的影响很大，如何保证秸秆沼气工程低价格、持续足量的原料供给是沼气工程推广应用的重点。秸秆制沼气的生产成本主要取决于秸秆收购价格，秸秆收购价格不能高于 200 元/t，农民可承受的沼气价格不能超过 1.5 元/m³。在河南安阳等地沼气工程采用沼气用户以秸秆换取气、在收获季节沼气业主以免费提供收割机换取秸秆的方式，均取得了较好的效果。此外，在秸秆不足时可以混合添加畜禽粪便、生活垃圾、餐厨垃圾等，一方面解决了原料不足的问题，另一方面也处理了其他废弃物，以废治废。

（2）秸秆沼气工程运行管理

与国外秸秆沼气工程相比，我国的沼气工程刚刚起步，存在规模较小、运行状况不佳等问题。并且许多沼气工程建成后管理不善，导致产气率低，运行不稳定，甚至出现停产等问题。沼气工程规模化是维持沼气工程稳定运行的重要因素之一。因此，应扩大秸秆沼气工程的建设规模，采用配置自控设施、实现远程在线监测等措施保证反应器正常运行。此外，应该组建专业化的运营管理团队来实现沼气工程的持续运营。同时，应考虑积极引入生态补偿机制及清洁发展机制（CDM）等方式，使秸秆沼气工程获得相应的资金及技术支持，促进沼气工程的推广应用。

（3）反应器增温保温

目前已建成的沼气工程中由于部分没有采取有效的增温保温措施，致使沼气产量受季节的影响较大，尤其是在我国的北方地区。如何经济高效地保证沼气反应体系的稳定性，是沼气工程的关键技术问题之一。部分沼气工程采用太阳能、锅炉等方式加热以及在进料时适量混入热水等方式提高发酵温度，取得一定的效果。在德国，沼气工程配有热电联产系统，能够保证冬季低温时的正常运行。

（4）秸秆沼气高值利用

在德国，沼气的主要利用途径为发电，其次是提纯并入天然气管网，而且政府补贴力度大，能够保障沼气工程的经济可行。我国秸秆工程产生的沼气以集中供气为主，投资回报率低，经济效益较低，因而业主的投资热情不高。因此，今后应大力推广沼气的高值利用。

（5）沼液、沼渣综合利用

沼液、沼渣含有丰富的养分。沼液中含有丰富的氮、磷、钾、钠等营养元素。沼渣的主要成分是未降解的物料和微生物菌体。对于户用沼气池，沼液、沼渣的利用形式有以下 5种：a. 浸种；b. 叶面喷施；c. 土壤基肥；d. 饲料添加剂；e. 喷灌和滴灌。而对于秸秆沼气工程产生的沼液、沼渣的综合利用还未受到重视。为了解决沼液、沼渣综合利用的问题，下一步应完善沼渣、沼液安全利用规范，同时大力开展沼肥深加工技术的研发与应用，提高沼肥利用的安全性及价值[29]。

4.2.4 秸秆沼气工程应用案例

4.2.4.1 案例1 河北省耿官屯大型秸秆沼气工程

（1）基本情况

该工程总投资约1100万元，占地5300m²，建设总池容2650m³沼气发酵反应器，年产沼气1.17×10⁶m³，为3000户居民提供生活用气，工程建于2008年。见图4-20。

图 4-20　河北省耿官屯大型秸秆沼气工程

（2）工艺流程

秸秆中高温高浓度发酵工艺技术路线：秸秆→粉碎→（青贮）→加土→加添加剂→加菌种→加入50～60℃热水→搅拌→打入发酵罐→产气→脱水→脱硫→入贮气罐→（将CO_2和CH_4分离后提纯为天然气）→输配系统→供企业和农户使用[12]。

（3）处理能力

年处理秸秆3000t。

（4）工程特点

① 发酵罐、贮气罐等主体装置由钢板焊接而成，并进行必要的防腐处理。

② 采用纯秸秆中高温高浓度发酵工艺，每2kg干体秸秆或5.5～7.5kg鲜体秸秆可产出1m³沼气。

③ 发酵罐内无搅拌装置，顶部多点进料，底部多点出料。

④ 系统加热采用"太阳能、玉米芯、沼气"多能互补的方式。

4.2.4.2 案例2 内蒙古杭锦后旗干法沼气工程

（1）基本情况

该工程总投资约559万元，占地4000m²，建设沼气生产车间600m³、好氧发酵车间620m³，年产沼气1.225×10⁵m³，为300户居民提供生活用能，年产有机肥1200t，工程建于2010年。见图4-21。

（2）工艺流程

采用农业部规划设计研究院研发的MCT干法沼气工艺"预处理升温→干法厌氧消化产沼气→好氧发酵产有机肥"，先将原料进行揉搓预处理，再将发酵原材料堆入发酵槽进行好氧升温，当达到一定温度时进行覆膜，进行厌氧产气，产气结束后揭膜并进行好氧除水生产有机肥[12]。见图4-22。

图 4-21　内蒙古杭锦后旗干法沼气工程

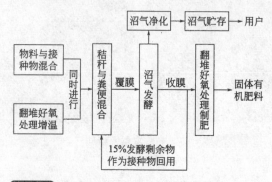

图 4-22　内蒙古杭锦后旗干法沼气工程工艺流程

（3）处理能力

年消纳秸秆 2500t、粪便 1500t。

（4）工艺特点

① 采用 MCT 新工艺，突破了现有中温运行的沼气工程采用外加热源加温的常规做法，实现全年无外加热源稳定运行，系统能耗低，能量效益高。

② 系统运行过程中无沼液排放，无二次污染。

③ 采用装卸机进出料，适合规模化生产。

④ 采用部分柔性的反应器结构，可直观判断反应器中的沼气是否排空，操作简便，避免残留沼气造成安全事故。

⑤ 具有独立单元保温功能的沼气发酵车间，在为覆膜槽反应器提供加温、保湿功能时，还可确保沼气工程的安全运行。

⑥ 产气、产肥效益并重，经济效益高。

4.3　秸秆直接燃烧发电技术

4.3.1　技术原理与应用

（1）秸秆直燃发电技术原理

秸秆直燃发电是作物秸秆直接在锅炉以固态燃烧产生高温高压蒸汽推动蒸汽轮机发电的秸秆利用技术，主要包括秸秆燃烧和汽轮机发电两大部分；秸秆电站汽轮机与常规热力发电的汽轮机几乎没有差别,最关键的是秸秆燃烧过程。秸秆的燃烧过程分为水分析出阶段、挥发分析出并着火阶段、焦炭燃烧和燃尽4个阶段。由于秸秆的水分和挥发分较高,灰分、热值、灰熔点较低,因此,秸秆燃烧过程与煤粉燃烧不完全相同。此外,秸秆中碱金属含量较高,某些秸秆如稻草中氯离子含量较高,因此,燃烧烟气容易腐蚀设备,在秸秆直燃发电设计时应考虑这些不利因素的影响[30]。

(2) 秸秆直燃发电应用现状

秸秆直接燃烧发电技术研究在我国起步较晚,近几年,国家大力提倡和鼓励发展循环经济、低碳经济,节约能源,发展可再生能源,建设节约型社会。一系列相关法律、法规和综合利用政策出台,为农作物秸秆综合利用提供了良好的政策平台,有力地促进了秸秆发电的推广应用。

2003年,山东省十里泉热电厂对该厂410t/h煤粉锅炉进行改造,引进丹麦生物质发电技术,投资8000多万元,掺杂约20%的小麦秸秆进行混燃发电。2004年8月,发改委分别批准山东单县和河北晋州秸秆发电项目,并于2006年年底和2007年年初投入试运。2007年河北省邯郸成安县、邢台威县两个秸秆发电项目也先后分别投入试运。目前我国的秸秆发电项目主要集中分布在黑龙江、辽宁、河北、内蒙古、江苏、山东、河南、陕西等省份(自治区)。从项目规模看,由于受到秸秆收集半径的限制,发电单机容量以12MW和25MW为主,其中最小单机容量为3MW,最大单机容量为50MW。单个秸秆发电厂总装机容量在24～50MW之间。单台15MW凝汽式汽轮发电机组配75t/h锅炉,秸秆消耗量为16t/h[31]。

4.3.2 秸秆直燃发电工艺流程

秸秆直燃发电工艺流程主要由上料系统、锅炉系统、汽轮发电机组、烟气处理系统及其他辅助设备组成,工艺流程如图4-23所示。

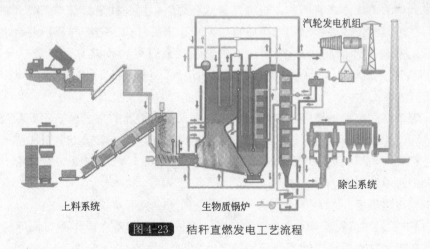

图 4-23 秸秆直燃发电工艺流程

(1) 上料系统

秸秆直燃发电系统的上料系统由计量室、卸料系统、贮料系统、送料系统、事故系统、辅助设施以及附属系统等七部分组成。

(2) 锅炉系统

燃烧锅炉是秸秆直燃发电厂的关键设备,其结构和材质要适合秸秆生物质燃料燃烧,而且应具有抗腐蚀性能。目前我国运行的秸秆发电锅炉有固定床锅炉和流化床锅炉[30]。

1）固定床锅炉　固定床锅炉直燃秸秆发电机组的单机容量一般为 15～25MW。在我国应用较多的是水冷式振动炉排燃烧炉，秸秆经破碎后通过螺旋给料机输送到炉膛，燃烧的燃料依靠炉排的定时振动产生移动完成燃烧。我国典型的秸秆直燃发电固定床锅炉设计参数见表 4-2，该锅炉燃烧是典型的层燃燃烧，适合单一农作物秸秆的直接燃烧，对燃料的适应能力有限，当秸秆品种以及物理特性和燃烧特性发生改变时，就会导致锅炉燃烧效率下降甚至不能正常运行，而且由于秸秆层燃会存在灰渣沉积和烟气两大问题。

表 4-2　典型秸秆直燃发电固定床锅炉设计参数[32]

发电机组容量/MW	30	15
锅炉形式	单汽包自然循环锅炉	单汽包自然循环锅炉
锅炉蒸发量/(t/h)	130	60
设计燃料	灰色秸秆	黄色秸秆
过热蒸汽压力/MPa	9.8	9.8
过热蒸汽温度/℃	540	540
给水温度/℃	210	215
热风温度/℃	190	175
排烟温度/℃	124	140

2）流化床锅炉　目前运行的生物质直燃发电锅炉中，大部分是燃煤循环流化床锅炉改造的秸秆燃烧锅炉。流化床锅炉的运行温度在 800～900℃之间，即使秸秆水分高达 50％～60％也能稳定燃烧，燃烧效率较高。由于该温度低于作物秸秆的灰熔点，能够有效地解决灰渣堵结问题，并能够抑制 NO_x 的生成，因此，能够避免固定床锅炉存在的问题[33]。

流化床锅炉的燃烧方式有两种：一种是全秸秆燃烧；另一种是秸秆与煤混合燃烧。全秸秆燃烧时，采用煤渣、高炉矿渣和石英砂等作为流化床底料；当秸秆与煤粉混合燃烧时，根据秸秆掺杂比例有 2 种情况：a. 秸秆作为主料，此时以煤粉作底料，且掺杂比例不超过 20％；b. 煤为主要燃料时，可以混烧各种生物质燃料，包括工业生物质废弃物、农作物秸秆和林业废弃物等。

秸秆与煤混烧时，根据燃料粒度特点，秸秆进入锅炉炉膛的方式也不同。颗粒状和粉状秸秆燃料，可以和煤提前混合后送入炉膛，秸秆与煤粉使用同一套输送装置和同一个炉膛进料口；当秸秆物料为棒状秸秆（棉秆、树枝、玉米秸等）时，秸秆需要与煤采用不同的输送设备和不同的进料口送入炉膛。

（3）汽轮发电机组

1）汽轮机系统　汽轮机和锅炉必须在启动、部分负荷和停止操作等方面保持一致，协调锅炉、汽轮机和空冷凝汽器的工作非常重要。

2）空冷凝汽器　丹麦的所有发电厂都是海水冷却的，西班牙的 Sanguesa 发电厂是河水冷却的，英国的 Ely 发电厂装有空气冷凝器。由于在我国空气冷凝器是一种很成熟的产品，可以在秸秆发电厂中采用。

（4）烟气处理系统

秸秆燃烧发电的烟气主要污染物为飞灰、二氧化硫和氮氧化物。与煤炭相比，秸秆的灰分、硫分均较低，烟尘和二氧化硫的实际产生量较少。烟气成分中二氧化硫浓度较低，无需使用专门的烟气脱硫装置，其排放浓度也可满足《火电厂大气污染物排放标准》（GB 13223—2003）第 3 时段标准要求；烟气除尘可以采用除尘效率相对较高的脉冲袋式除尘器，为避免烧袋的问题，需将锅炉出口烟气温度降至 145℃以下。氮氧化物排放浓度远低于第 3 时段标准要求，不需单独处理。

4.3.3　技术操作要点

（1）厂址应该遵循的原则

秸秆直燃发电厂址的选择应该遵循以下几点：a. 原料密集；b. 气候干燥；c. 交通方便；d. 劳动力成本低。秸秆发电最关键的问题就是原料收集问题，一个 $2×12MW$ 的秸秆发电厂年消耗秸秆量为 $1.6×10^5t$，平均每小时就需要 18.5t 秸秆，一辆农用三轮车干秸秆（含水量低于 20％）装载量不到 1t，折算下来，平均每小时需要 37 辆农用三轮车。因此，为了保证秸秆能够及时供应，秸秆物料必须密集。

（2）秸秆发电常见问题及解决措施

与燃煤发电相比，秸秆直燃发电有其特有的特点。秸秆燃点低，比煤容易点燃。同时，秸秆挥发分含量高、硫含量低而氯含量高，而且秸秆中含有 K、Na 等碱金属，因此，燃烧秸秆过程容易出现结渣、碱腐蚀、氯腐蚀和受热面粘灰等问题。

1）燃烧不完全　由于燃料表面沉积的灰分燃料不能完全燃烧。

解决办法：采用振荡炉排，通过定期振荡炉排把灰振荡掉。

2）结渣　锅炉炉膛温度高于 1000℃时，炉排上的灰达到熔点，处于熔融状态，当温度降低时即形成炉渣。

解决办法：a. 在炉排中通循环水控制炉排温度过高；b. 采用低温燃烧，控制炉膛温度在 900℃左右。

3）飞灰　由于供风和引风使得烟气中混有很多飞灰，这引起粉尘污染。

解决办法：采用袋式除尘器除尘。

4）火焰不稳定　燃料在炉膛中燃烧时，会出现脱火现象。

解决办法：把燃烧器炉头放入炉膛，稳定火焰。

5）结构与腐蚀　秸秆中含有碱金属和氯，会在过热器上结垢，引起腐蚀。

解决办法：采用刮板，定期刮去过热器上的灰垢。

4.4　秸秆炭化技术

4.4.1　技术原理与应用

（1）技术简介

秸秆炭化技术是利用专用炭化设备将农作物秸秆在特定温度和升温速率下热解，进一步加工成为蜂窝煤状、棒状、颗粒状等不同形状的固体成型燃料的技术。该技术能够将农作物秸秆由低品位能源转化为无污染、易贮运的高品位"生物煤"能源，而且秸秆含硫量和灰分都比煤粉低，因此，燃料品质要优于普通煤粉。是一种农作物秸秆洁净利用技术。秸秆炭化可利用的农作物秸秆种类很多（高粱、玉米、大豆、棉花等），而且来源广泛。

秸秆炭化产物——木炭可以应用到工业、农业等各个领域中去。木炭可以作为表面阻溶剂应用到有色金属的生产过程中；也可以作为炼制铁矿石的原料应用到冶金行业中；木炭还可以用于制造电极、黑火药、润滑剂等。在农业生产中，由于木炭的多孔结构，可以将其混合入土壤中，在增加土壤吸附效果的同时，间接增加土壤肥力。

（2）技术原理

秸秆炭化是一种生物质热解过程。依据热解过程中温度的变化以及生成产物的种类等特征，可将秸秆炭化过程划分为 4 个阶段[34]。

1）干燥阶段　干燥阶段的温度一般为 120～150℃。当温度超过 100℃时，秸秆中的水分就会大量蒸发，与秸秆中的化合物组成的聚合水分子会在稍高的温度下蒸发散失。

2）预炭化阶段　预炭化阶段的温度一般为 150～275℃。当温度处于这一温度时，在隔绝氧气的条件下，农作物秸秆中的化学成分开始发生变化，部分半纤维素、木质素等不稳定成分开始分解，生成二氧化碳、一氧化碳以及少量醋酸等物质。干燥阶段和预炭化阶段都属于吸热反应阶段，需要外界提供热能保证反应进行。

3）炭化阶段　炭化阶段是秸秆炭化的核心阶段和关键阶段，温度一般为 275～450℃。秸秆在该阶段热解反应剧烈，产生大量甲烷、二氧化碳、一氧化碳、乙酸、焦油等。该阶段属于放热反应阶段，不需要外界提供热量。

4）煅烧阶段　煅烧阶段的温度一般为 450～550℃，在外界供给热能和内部反应放热的共同作用下，对成型木炭进行煅烧。在该阶段木炭内部发生变化，孔隙率增多，开始形成多孔介质，比表面积开始增大。

4.4.2　技术流程

4.4.2.1　工艺流程

与木材炭化不同，秸秆中纤维素、半纤维素和木质素之间的结合，是破坏其网状结构后再施加外力强行结合在一起的，这种结合不紧密且没有规律性，因此不牢固。因此，秸秆炭化工艺不完全同于木材炭化工艺，具有其独特性。秸秆炭化工艺根据炭化和成型的先后顺序可分为先炭化后成型和先成型后炭化两种类型[35]。

（1）先炭化后成型工艺

如图 4-24 所示，该工艺的技术流程：原料→粉碎除杂→炭化→黏结剂混合→挤压成型→干燥→包装。其技术原理是先将农作物秸秆炭化成颗粒状炭粉，然后再添加一定量的黏结剂，用压缩成型机将炭粉挤压成一定规格和形状的成型炭。由于在炭化过程中使秸秆原料

图 4-24　先炭化后成型工艺流程

纤维结构受到破坏，能够改善秸秆的挤压成型特性，使得成型部件的机械磨损和能量消耗降低。但是，该工艺的缺点是秸秆炭块在挤压成型后维持既定形状的能力较差，在贮运和使用过程中容易开裂和破碎，为了解决这一问题，在压缩成型时要加入一定量的黏结剂。

（2）先成型后炭化工艺

先成型后炭化工艺流程（如图 4-25 所示）：原料→粉碎干燥→成型→炭化→冷却包装。该工艺的技术原理是先用压缩成型机将松散细碎的农作物秸秆压缩成具有一定密度和形状的燃料块或燃料棒，然后再用炭化炉将燃料块或燃料棒炭化成生物炭。

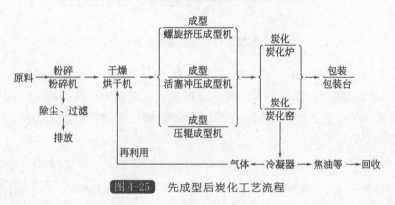

图 4-25　先成型后炭化工艺流程

4.4.2.2　炭化设备

秸秆炭化工艺最关键的工序是炭化，秸秆炭化设备（炭化炉）是其中最关键的设备，主要有窑式热解炭化炉和固定床式热解炭化炉两种形式。其中窑式热解炭化炉是在传统土窑炭化工艺的基础上研发的新型炭化炉。传统分类上，依据传热方式的不同，可将固定床式炭化设备分为外燃料加热式和内燃式两种形式，目前研发出的一种新型再流通气体加热式热解炭化炉型也属于固定床炭化炉的一种。

（1）窑式热解炭化炉

窑式热解炭化炉主要由密封炉盖、窑式炉膛、底部炉栅、气液冷凝分离及回收装置等几部分组成。该工艺在产炭的同时可以回收热解过程中的气液产物，生产木煤气和木醋液，通过化学方法可将其进一步加工制得乙酸、甲醇、乙酸乙酯、酚类、抗聚剂等化工用品。窑式热解炭化炉炉体多采用低合金碳钢和耐火材料等制成，具有机械化程度高、得炭质量好、适应性强等优点。

国内王有权等研制的敞开式快速热解炭化窑如图 4-26 所示。采用上点火式内燃控氧炭化工艺，当炉内温度达到 190℃时，在自然环境下进行原料断氧，使窑内多种秸秆原料炭化，同时产生清洁、高热值的可燃气体。

河南省能源研究所雷廷宙等研制的三段式生物质热解窑如图 4-27 所示。该窑体由热解釜与加热炉两部分组成，根据不同升温速率对热解产物的影响，将热解釜设计为低温段（100～280℃）、中温段（280～500℃）和高温段（500～600℃）3 个温度段炉膛，热解釜通过管道相互连通，气相也通过料管排出，料管上部焊在装有两个轮子的钢板上，可在热解釜下方的卧式加热炉导轨上行走[36]。

（2）固定床式热解炭化炉

1）外加热式固定床热解炭化炉　外加热式固定床热解炭化炉主要由加热炉和热解炉两

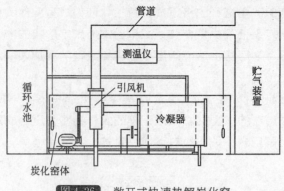

图 4-26 敞开式快速热解炭化窑

部分组成，如图 4-28 所示。加热炉多采用管式炉，因为管式炉的温度控制方便、精确，可提高秸秆生物质能源的利用率，提高热解产品质量，但需要消耗其他形式的能源。外加热式固定床热解炭化炉的热量由外及里传递，炉膛温度始终低于炉壁温度，因此，该工艺对炉壁耐热材料的要求较高[37]。

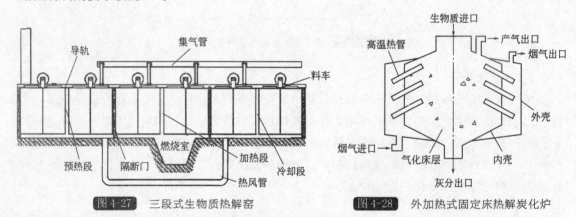

图 4-27 三段式生物质热解窑   图 4-28 外加热式固定床热解炭化炉

2）内燃式固定床热解炭化炉　与外加热式固定床热解炭化炉不同，内燃式炭化炉是集热传导、热对流和热辐射三种传递方式组合在一起的炭化过程。其燃烧方式类似于传统窑式炭化炉，需在炉内点燃秸秆物料，依靠燃料自身燃烧所提供的热量维持热解反应。因此，其热解过程不消耗任何外加热量，反应本身和原料干燥均利用秸秆生物质自身产生的热量，热效率较高，但消耗的秸秆生物质物料量较大，而且为了维持热解所需要的缺氧环境，燃烧不充分，升温速率较缓慢，热解终温不易控制，图 4-29 为合肥工业大学研制的内燃式固定床热解炭化炉的结构。

3）再流通气体加热式固定床热解炭化炉　再流通气体加热式固定床热解炭化炉是一种新型热解炭化设备，其最主要的特点是高效利用部分秸秆物料自身燃烧产生的燃料气来干燥、热解、炭化其余秸秆物料。炭化炉产生的高温燃气可使温度高达 600～1000℃，能够满足炭化反应的需要。根据气体流向可将炭化炉分为上吸式和下吸式两种类型。

① 上吸式固定床炭化炉。上吸式固定床炭化炉的结构如图 4-30 所示，向下移动的秸秆物料与向上流动的气体逆向接触，秸秆物料被向上流动的热空气烘干和裂解。上吸式气化炉对物料的湿度和粒度要求不高，能源消耗相对下吸式固定床较少，但对炉体顶部密封性的要求较高。

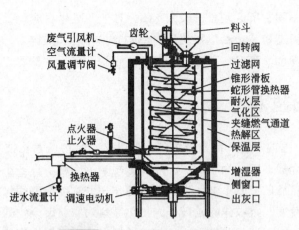

图 4-29　内燃式固定床热解炭化炉

② 下吸式固定床炭化炉(图 4-31)。与上吸式气化炉相比,下吸式气化炉体有 3 个优点:a. 秸秆气化产生的焦油可以在氧化区被高温裂解,生成气的焦油含量较低;b. 裂解后产生的有机蒸气经过高温氧化区,会携带较多的热量,因此,气化室排出气体的温度更高;c. 由于下吸式气化炉在微负压条件下运行,对炉体密封性的要求不高。

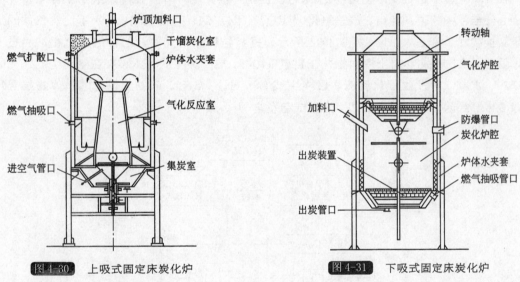

图 4-30　上吸式固定床炭化炉　　　　　　图 4-31　下吸式固定床炭化炉

4.4.3　技术操作要点

对于先成型后炭化工艺,农作物秸秆的粉碎长度不应超过 5mm。粉碎后的秸秆需要在干燥炉或烘干机里干燥至含水量为 6% 左右。成型机运行参数:成型压力一般为 49.0~127.4MPa,成型温度一般在 150~300℃。秸秆成型固体燃料有颗粒状、棒状、块状等多种形状,一般规格为外径 50~60mm,长度 30~50mm,内径 12~15mm。秸秆成型后经二次干燥后进行预炭化。预炭化技术参数:温度一般在 270℃ 左右,时间 3.5h。炭化阶段技术参数:温度一般为 270~360℃,持续 1.5h。之后进入煅烧阶段(炭化阶段),技术参数:温度 360~450℃,持续 4.0h 左右。然后进入保温阶段,技术参数:温度为 450℃ 左右,持续 3.0h。最后为冷却过程,技术参数:温度由 450℃ 降到 50℃ 左右,持续 12.0h 左右。整个炭化周期随炭化炉的不同有所区别，一般为24h。对于先炭化后成型工艺，由于秸秆炭化后的原料在挤压成型后强度较差，贮运和使用过程中容易开裂和破碎，一般要在成型工序中加入一定量的黏结剂来增加其强度，改善其在贮存、运输和使用中的稳定性与密实度。

4.5 秸秆气化技术

自1839年世界上出现了第一台上吸式气化炉以来，生物质气化技术已经有160多年的历史了。第二次世界大战期间，为了解决石油资源短缺的问题，许多小型气化装置广泛应用于内燃机。目前，受石油危机的影响，生物质能源作为矿物能源的替代能源，生物质气化技术在国际上有了新的发展。将农作物秸秆作为气化原料为农业废弃物的规模化利用提供了良好的物质基础。将农作物秸秆气化发电，不仅能够提供洁净便捷的高品位气体燃料，还可以杜绝因焚烧秸秆所造成的大气环境污染问题。

4.5.1 秸秆气化技术简介

（1）气化原理

秸秆气化技术是将农作物秸秆（玉米秸、麦秸、棉花秸秆等）在高温缺氧条件下不完全燃烧，使秸秆中的碳、氢转变成一氧化碳（CO）、甲烷（CH_4）和氢气（H_2）等可燃气体的热化学转换技术。其基本原理（如图4-32所示）是将秸秆原料加热，秸秆进入气化炉后被干燥，随着温度的升高，析出挥发物并在高温下热解；热解产生的气体和炭在气化炉的氧化区与空气、水蒸气等发生氧化反应，最终生成CO、H_2、CH_4、C_nH_m等可燃气体的混合气体，混合气经除焦油、杂质后即可燃用或者发电[38]。

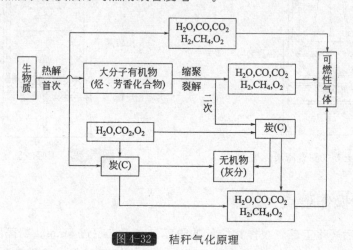

图4-32 秸秆气化原理

（2）秸秆气化装置

秸秆气化炉是整个气化过程中最关键的设备，主要有固定床气化炉和流化床气化炉两大类[39]。

1）固定床气化炉　根据气流方式不同，可将固定床气化炉分为上吸式、下吸式和横吸式（平流式）三种类型（图4-33）。固定床气化炉具有设备结构简单、易操作、可进行多种生物质秸秆的热解气化、投资少等特点，但其产生的秸秆燃气热值较低，一般在4200～

7560kJ /m³ 之间，而且焦油含量高，易造成管路堵塞。

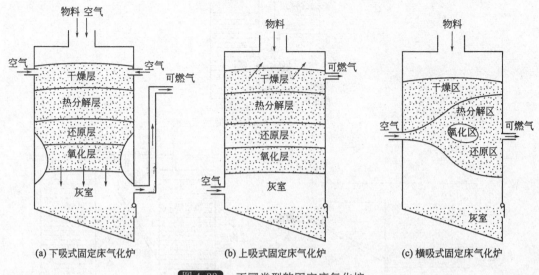

(a) 下吸式固定床气化炉　　　(b) 上吸式固定床气化炉　　　(c) 横吸式固定床气化炉

图 4-33　不同类型的固定床气化炉

上吸式固定床气化炉是指秸秆物料自气化炉顶部的加料口投入，气化剂由炉体底部进气口进入炉内参与气化反应，气化剂与秸秆物料逆向接触，反应产生的气化气自下而上升至可燃气出口排出。下吸式固定床气化炉是指秸秆物料和气化剂都从气化炉顶部的加料口投入炉内。在底部引风机的引力下，炉内气体自上而下流动，生成的可燃气体由引风机排出。横吸式固定床气化炉是秸秆物料自气化炉顶部的加料口投入炉内，而气化剂从炉子一侧供给，产生的可燃气体从炉子的另一侧抽出。

2）流化床气化炉　流化床气化炉是指秸秆物料在气化炉中气化剂的作用下呈沸腾状态，秸秆与气化剂能够充分接触，因此气化效率高，适用于多种秸秆物料。其工作特点：气固两相接触混合良好，停留时间较短，床体压力损失较大，受热均匀，加热迅速，气化反应速度快，可燃气得率高，而且可燃气中焦油含量较小，可频繁启停，气化强度大，综合经济性好，适合于大中型工业供气系统，但流化床气化炉存在结构复杂、设备投资较多的缺点。

流化床气化炉包括单流化床气化炉、循环流化床气化炉和双流化床气化炉三种结构形式（基本结构如图 4-34 所示），目前研究和应用较多的是循环流化床气化炉。循环流化床气化炉与单流化床气化炉的区别在于气化炉可燃气体出口处装有气固分离器，可将可燃气体携带出来的炭粒和惰性材料颗粒分离出来，返回至气化炉继续发生反应，能够提高炭的转化效率。

（3）秸秆气化技术应用

农作物秸秆气化发电产品的利用模式共有三种：一是在农村地区建设以气化站为核心的村级气化供气工程；二是将秸秆气化转化为可燃气后发电；三是农作物秸秆炭-气-油联产技术。

农作物秸秆在气化炉气化产生的气体经过净化除焦、除尘后，通过供气管网送至用户以实现供热、供暖、供电的过程为秸秆村级气化供气工程。一般以自然村为单元，供气规模从数十户至数百户不等，供气半径在 1km 以内。产生的秸秆燃气通过管网输送到农户家中，可满足农户对高品位能源的需求。秸秆燃气是继天然气、煤气、液化气、沼气后又一种清洁

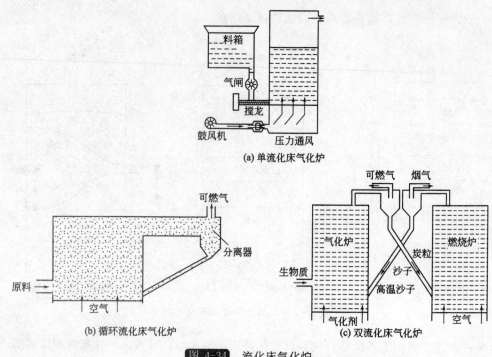

(a) 单流化床气化炉

(b) 循环流化床气化炉   (c) 双流化床气化炉

图 4-34 流化床气化炉

环保的农村新能源。据统计，截至 2006 年年底，我国已建成规模秸秆气化站 602 处，规模较大的省份是辽宁、山东和江苏。2005 年秸秆气化集中供气户数达到 134544 户，供气量达到 $2.00405 \times 10^8 \mathrm{m}^3$，秸秆利用量达到 137051.06t，每个气化站平均供气 250 户。秸秆气化技术的推广应用对于增加农村能源供给，改变农村炊事结构，改善农村卫生条件，减轻环境污染，构建节约型社会和建设社会主义新农村具有重大意义。

我国的秸秆气化技术不仅在农村集中供气方面有应用，辽宁省能源研究所、中科院广州能源研究所等一些科研单位经过科技攻关衍生了秸秆气化技术的应用，利用秸秆气化技术发电，将秸秆气化产品不仅仅局限应用于农村地区，可以并网发电，取得了良好的经济效益和社会效益。

农作物秸秆炭-气-油联产技术是通过将农作物秸秆经过干馏热解气化炭化工艺转化为优质可燃气体、生物炭和生物质焦油的一种处理工艺。该工艺的产品可以作为农民炊事用气和工业原料，具有良好的经济效益、社会效益和生态效益。

4.5.2 秸秆气化集中供气工程

秸秆气化集中供气系统根据功能不同，可将工艺过程划分为秸秆气化系统、燃气净化系统、燃气输配系统和用户燃气系统四大子系统[28]，见图 4-35。

4.5.2.1 秸秆气化系统

秸秆气化系统主要包括干燥区、热分解区、还原区和氧化区四个反应区。下面就以固定床气化炉为例的四个反应区来描述秸秆的气化过程（图 4-36）。

（1）干燥区

气化炉最上层为干燥区，该区温度为 100～300℃。秸秆物料从气化炉上面加入，首先

图 4-35　秸秆气化集中供气系统

进入干燥区，在这里秸秆物料与下面三个反应区产生的热气体发生热交换，使原料中的水分蒸发，该层产物为干物料和水蒸气，除了水蒸气的失去，农作物秸秆的化学组分几乎没有发生变化，干物料则落入裂解区继续进行反应。

（2）热分解区

热分解区的温度降到 400～600℃，秸秆在此区受热后发生裂解反应。裂解反应的主要产物为炭、氢气、水蒸气、一氧化碳、二氧化碳、甲烷、焦油及其他烃类物质等。炭作为固体相进入下面的还原区，气体挥发分从固体中分离出去上升至干燥区。

（3）还原区

还原区的温度一般为 700～900℃，氧化区生成的二氧化碳在该区与热分解区生成的炭及水蒸气发生还原反应，生成一氧化碳（CO）和氢气（H_2）。这

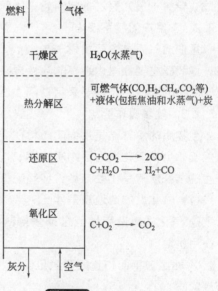

燃料 ↓	↑ 气体
干燥区	H_2O(水蒸气)
热分解区	可燃气体(CO,H_2,CH_4,CO_2等)+液体(包括焦油和水蒸气)+炭
还原区	$C+CO_2 \longrightarrow 2CO$ $C+H_2O \longrightarrow H_2+CO$
氧化区	$C+O_2 \longrightarrow CO_2$
灰分 ↓	↑ 空气

图 4-36　秸秆气化过程

些热气体同在氧化区生成的部分热气体进入裂解区，而没有反应完全的炭则下落进入氧化区。

（4）氧化区

氧化区的温度可达 1000～1200℃，空气由气化炉底部进入，在灰渣层被加热后进入气化炉底部氧化区，与炽热的炭发生燃烧反应，生成二氧化碳，同时放出热量，反应方程式为：

$$C+O_2 \!\!=\!\!= CO_2 + \Delta H \quad (\Delta H \approx 408.8kJ)$$

由于氧气的供给是不充分的，因而会发生不完全燃烧反应，生成一氧化碳，同时释放热量。氧化区燃烧反应释放的热量为还原区的还原反应、物料的裂解和干燥提供热源。生成的含一氧化碳和二氧化碳的混合热气体进入还原区，灰则落入下部的灰室中。

4.5.2.2 燃气净化系统

燃气净化系统主要由旋风除尘器、冷却除尘器、箱式过滤器、气水分离器和风机等几部分构成。其工艺过程：气化炉所产生的混合气体经两级旋风除尘器除尘，一级管式冷却器除湿、除焦油，再经箱式过滤器进一步除焦油、除尘后，进入气水分离器进行气水分离，最后被风机加压送往贮气柜。

4.5.2.3 燃气输配系统

燃气输配系统的作用就是将燃气输送到系统内的每个用户，并且保证具有稳定的供气压力。燃气输配系统主要由贮气柜、附属设备和地下燃气管网组成。

贮气柜的压力一般为3000～4000Pa，可满足1km以内的输送要求。贮气柜有全钢结构和混凝土水槽半地下结构两种，主要由水槽、钟罩、配重块、导向架、防回火装置及避雷针等组成，贮气柜通过钟罩的浮起与落下来贮存和释放燃气，以适应用户用气量的变化，并在夜间和白天炊事间歇时间供应零散用气，是平衡用气负荷和保证系统压力稳定的重要设备。

燃气输配管网是将燃气供给用户的运输工具，由干管、支管、用户引入管、室内管道等组成，管材一般为聚乙烯塑料管。干管和支管通常采用浅层直埋的方式敷设在地下。

4.5.2.4 用户燃气系统

用户燃气系统主要由燃气流量表、滤清器、阀门、专用燃气灶和燃气热水器等设备组成。滤清器主要靠里边装有的活性炭来吸附过滤燃气中的残余杂质。用户使用的燃气灶具不同于一般的煤气灶，需要采用专门为低热值燃气设计的灶具。

4.5.2.5 技术操作要点

生物质热解气化是生物质燃料在有限空气（气化剂）供给下，不完全燃烧或热解的过程，最后固体生物质转换为生物质可燃气。以农村的自然村为单位建设一个生物质气化站，将所产生的秸秆燃气净化贮存后，经输配气管网集中向农户提供炊事燃气。

（1）气化站的选址及条件

① 气化站建设用地，必须坚持科学、合理、节约用地的原则，尽量利用坡地、荒地，不占用耕地。

② 站区总平面布置既要满足使用、环保、防火等要求，又要做到分区明确、流程合理、布局紧凑。

③ 供气站选址应充分进行方案论证，应符合当地的城镇规划，项目区域应具有丰富的生物质原料，居住相对集中，燃气输配管网易于施工安装。

④ 气化站建筑覆盖率应不小于占地面积的50%。

⑤ 气化站应与居民居住区域保持规定距离，远离易燃易爆、危险品仓库及铁路、公路等。气化站附件具备生产所需的水源和电源。

⑥ 气化站应有绿化设计，绿化覆盖率应符合国家有关规定的要求。

⑦ 气化站应配有消防设施。

（2）气化站的分类

气化站的规模按日供气能力划分为三类：一类，3001～5000m³/d；二类，1001～3000m³/d；三类，500～1000m³/d。

（3）气化站建设用地

一类，占地3100～4700m²；二类，占地1500～3100m²；三类，占地1000～1500m²。

（4）气化站内对建筑的要求

① 气化站内的气化间、原料加工间、贮气柜属于乙类厂房，建筑耐火等级不应低于二类，原料贮藏、净化、原料加工间的火灾危险类别为甲类。

② 气化间与原料贮存间的层高宜为4.8m，气化净化间、原料加工间、机修间、机房等宜采用砖混结构，原料贮存间宜采用轻钢结构，以防风雨。

③ 气化站各建筑物间的安全距离见表4-3。

表 4-3 气化站内对建筑的要求   m

建筑物	气化间	贮料间	居民住宅
居民住宅	≥25	≥30	
贮料间	≥15		
贮气柜	10～30	25～30	≥25

（5）气化站生产设施建筑面积的确定

气化站生产设施建筑面积的确定见表4-4。

表 4-4 气化站生产设施建筑面积的确定   m²

建设规模	一类	二类	三类
气化、净化间	324～540	108～324	72～108
原料加工间	216～360	90～216	54～90
原料贮藏间	600～1000	200～600	100～200
贮气柜	200～250	150～200	100～150
机房（含变配电间）	36	36	36
污水处理	36	36	36

（6）供气系统设计原则

① 根据供气对象的数量和规模，确定生物质燃气的供应负荷。

② 根据用气负荷估算当地生物质原料能否满足需要，并进行设备选型和初步设计。

③ 根据当地冻土层的深度，确定输气管网的填埋深度；进行管路水力计算，确定管路直径，绘制设计和施工图纸。

④ 编制设计文件，提供站区平面布置图及该区集中供气系统的工程预算。

（7）供气负荷计算

1）用气定额   以3口之家为例，每天的燃气消耗量为3～4m³。

2）流量计算   燃气设计流量的大小直接关系到管网的经济性和供气的可靠性。一般应按用户所有燃气用具的额定流量和同时工作系数计算。计算公式：

$$Q = K\Sigma Q_n n$$

式中，Q 为燃气主管道的计算流量，m^3/h；K 为相同燃具的同时工作系数；n 为相同燃具数；Q_n 为相同燃具的额定流量，m^3/h。

3）同时工作系数　它反映秸秆气化用具同时使用的程度，一般情况下，用户越多，用具的同时工作系数越小。居民生活用燃气双眼灶的同时工作系数见表4-5。

表 4-5　居民生活用燃气双眼灶的同时工作系数 K

相同灶具数 n	同时工作系数 K	相同灶具数 n	同时工作系数 K
15	0.56	90	0.36
20	0.54	100	0.35
25	0.48	200	0.345
30	0.45	300	0.34
40	0.43	400	0.31
50	0.40	500	0.30
60	0.39	700	0.29
70	0.38	1000	0.28
80	0.37	2000	0.26

4）燃气压力　根据所选灶具的额定压力及管道总阻力损失，确定贮气柜的最低出口压力，但贮气柜的最大出口压力不得大于 3342Pa。

（8）常用管材

包括钢管和塑料管（聚乙烯）。钢管是燃气输送工程中使用的主要管材，具有强度大、严密性好、焊接性能优良等特点，但耐腐蚀性差，需采取防腐措施。塑料管密度小、强度低，一般只用于低压管路，最高承受压力为 0.4MPa。

（9）主要设备

1）气化炉　气化炉是秸秆气化集中供气系统的核心设备。以秸秆为原料，空气为介质的固定床气化炉的气化效率和流化床干馏热解式气化床的热能转换率应不低于 70%，燃气热值应不低于 $4600kJ/m^3$，气化机组正常工作时的噪声小于 80dB。

2）净化设备　燃气通过除尘、净化、冷却后，在进入贮气柜前，其温度应不高于 35℃，焦油和灰尘的含量应不大于 $50mg/m^3$。

3）贮气柜　应按照 GB 50057 的规定安装避雷设施；内外壁应做防腐处理；湿式贮气柜水封的液面有效高度应不小于最大工作压力时液面高度的 1.5 倍，冬季要采取防冻措施；容积应为日供气量的 0.4～0.6 倍；应配有容积指示标尺和自动安全放气装置，当充气超过上限时，能自动放散燃气。

（10）生物质燃气特点

① 秸秆燃气中一氧化碳含量约为 20%，漏气会引起一氧化碳中毒，必须向秸秆气中添加臭剂。

② 秸秆燃气热值低，在 4600～7560kJ 之间，造成燃气用量较大，所以气化站贮气柜容积、输气管路直径、燃气流量等都应加大。

③ 燃气中虽经过净化，但仍有少量焦油，因此，用户应定期清理灶具。

（11）适宜条件

秸秆气化集中供气技术对原料的需求量大，建设地区应有充足的秸秆原料；建设资金投入较大，后续运行管理复杂，要求村集体具有一定的经济实力。

（12）安全用气注意事项

① 秸秆燃气系有毒、易燃、易爆气体，用户必须通过培训，严格按照《安全使用煤气常识》正确使用燃气。

② 秸秆气化站的工作人员应严格遵守《安全操作规程》，不得违章作业。

③ 为防止发生燃气中毒，用户不能在居住室内使用燃气。

④ 用户在使用秸秆燃气时，应该有专人看守，并应保持屋内空气流通顺畅。

⑤ 若发生燃气泄漏、失火时，应立即关闭输气阀，采取救护等应急措施，并向有关部门和人员报告，最大程度减少损失。

4.5.3 秸秆气化发电技术

（1）技术原理

秸秆气化发电技术是在一定的压力和温度下，使农作物秸秆与 O_2、H_2O 发生气化反应，产生 CO、H_2 和 CH_4 等可燃气体，这些可燃气体经净化处理后送往燃气轮机发电的过程。农作物秸秆气化发电主要包括三个技术环节：一是农作物秸秆气化，就是将秸秆转化为可燃气的过程；二是气体净化，就是将气体中含有的灰分、焦油、焦炭等杂质经净化设备除去以满足燃气设备需要的过程；三是燃气发电，就是利用内燃机、燃气轮机等将可燃气转化为电的过程。

秸秆转化为可燃气后其发电途径主要有三种：一是可燃气作为内燃机燃料，用内燃机带动发电机发电，这种方式在我国应用最多；二是可燃气作为燃气轮机的燃料，用燃气轮机带动发电机发电；三是用燃气轮机和蒸汽轮机两级发电，利用燃气轮机排出的高温烟气把水加热成蒸汽，再推动蒸汽轮机带动发电机发电的两级发电过程。

（2）工艺流程

典型的秸秆气化发电工艺流程如图 4-37 所示，其主要由进料装置、燃气发生系统、燃气净化系统、燃气发电系统、控制系统和废水处理系统六部分组成[38]。

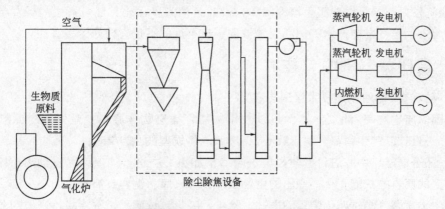

图 4-37　秸秆气化发电工艺流程

1）进料装置　进料装置一般采用螺旋进料器，依靠电磁调速电机驱动并调节秸秆物料的进料量，螺旋进料器不仅能够保证连续均匀地进料，而且能够有效地将气化炉与外部隔绝密闭起来，使气化所需空气只能由鼓风机控制进入气化炉。

2）燃气发生系统 燃气发生系统主要由进风机、气化炉和排渣螺旋装置构成。气化炉有固定床气化炉、流化床气化炉等不同形式，但主要采用循环流化床气化炉。农作物秸秆在气化炉中转化为可燃气体，气化后产生的灰分由排渣螺旋装置及时排出炉外。

3）燃气净化系统 秸秆气化后产生的可燃气含有大量的粉尘、灰分、焦油等，需经过净化处理后才能用于发电。对于固体颗粒和细粉尘的去除一般选用多级除尘技术，如惯性除尘器、旋风除尘器、文丘里洗涤器、电除尘器等。可燃气中焦油的去除一般采用吸附和水洗的方法，主要设备是两个串联的喷淋洗气塔。

4）燃气发电系统 燃气发电系统主要有内燃机发电系统、燃气轮机发电系统和燃气内燃机组发电系统三种。内燃机发电系统以简单的内燃机组为主，可以单独燃用低热值燃气，也可以燃气、油两用，其设备紧凑，系统简单，技术成熟可靠，较常采用。燃气轮机发电系统对燃气的质量要求较高，而且需要较高的自动化控制水平和燃气轮机改造技术水平，所以单用燃气轮机的秸秆发电技术较少。燃气-蒸汽联用混合发电技术是在内燃机、燃气轮机发电的基础上增加余热蒸汽的联合循环，可以有效提高发电效率，燃气-蒸汽联合循环的秸秆发电系统一般采用燃气轮机发电设备。

5）控制系统 控制系统主要由电控柜、热电偶、温度显示仪、压力表以及风量控制阀构成，有需要时还可以增加电脑自动化监控系统。

6）废水处理系统 秸秆气化发电产生的废水一般采用过滤吸附、生物法处理或者化学混凝法等处理，然后循环利用。

（3）秸秆气化发电技术的特点

1）技术灵活，能够满足秸秆分散利用的特点 秸秆气化发电既可以采用内燃机，也可以采用燃气轮机，甚至可以结合余热锅炉和蒸汽发电系统，因此，秸秆气化发电可以根据工程规模的大小选择合适的发电设备，保证在任何规模下都有适宜的发电效率。

2）洁净性好，不污染环境 农作物秸秆属于可再生能源，其综合利用可以有效地减少SO_2、CO_2等大气污染物的排放，而且秸秆气化过程一般控制温度在 700～900℃，能够有效避免氮氧化物的生成。

3）经济性好 秸秆发电工艺流程简单，设备结构紧凑，比其他可再生能源发电技术投资更小；此外，秸秆发电技术的灵活性能够保证在小规模下也有较好的经济性。

4.5.4 秸秆炭-气-油联产技术

4.5.4.1 秸秆炭-气-油联产技术原理与意义

农业固体废物炭-气-油联产技术是以农作物秸秆类废物作原料，首先需对原料进行粉碎、干燥、挤压成型（生料棒、块、颗粒）；然后，将成型的生料棒（块、颗粒）原料装入小车豹火管（即干馏釜）中并进行密封，推进隧道窑加热炉中进行加热。经过预热—加热—冷却过程，完成原料的干馏炭化，产出的生物质炭装箱入库、销售；而后，由小车密闭的火管中产生的生物质燃气经过净化装置的冷却、除尘、脱焦、过滤和碱洗除酸，产出的清洁优质燃气送入贮气柜中，经燃气输配系统送到用户使用；同时，由二级冷却、分离器分离出来的木焦油装桶入库、销售。

农业固体废物炭-气-油联产技术是一项规模化综合利用农业固体废物的技术，通过将秸秆类农业固体废物进行干馏、热解、气化、炭化，转化为优质可燃气体、生物炭和生物质焦油等工业产品，供农民用气和作工业原料，是一种清洁能源和优质工业产品，具有较好的经济效益、社会效益和生态效益，成为国家重点开发推广的农村绿色能源项目。农业固体废物炭-气-油联产技术的重点开发和大力推广，将推动生物质工程技术的全面升级换代，对推进农村新能源的开发和农业固体废物的规模化利用，对行业技术进步和产业结构调整将起到积极的促进作用。

4.5.4.2　秸秆炭-气-油联产技术工艺流程

农业固体废物炭-气-油联产技术的工艺流程如图 4-38 所示。

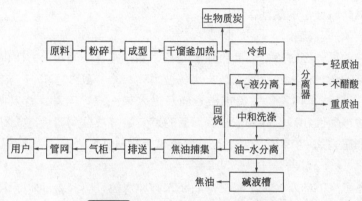

图 4-38　炭-气-油联产技术工艺流程

（1）原料处理

首先将原料进行粉碎、干燥、致密成型（生料棒、块、颗粒），且确保原料中没有石块、铁块等硬性杂物。一般原料含水量在 30% 左右，所以要进行湿态粉碎，然后将采用燃烧进行干燥成型后的原料生料棒（块、颗粒）作为装干馏釜的原料。

（2）干馏工艺

干馏处理采用隧道窑式干馏方法（图 4-39），隧道窑内部由耐火砖砌成，外部为普通红

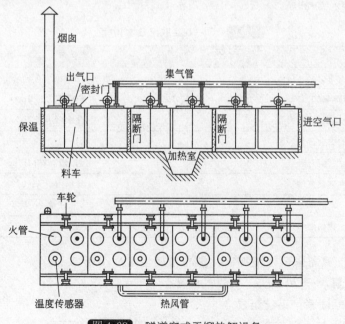

图 4-39　隧道窑式干馏热解设备

砖，中间为保温材料，在红砖上有两根导轨。倒置的小车推进隧道窑后与隧道窑一起形成一个完整隧道，整个隧道窑分为3部分，分别为冷却段、加热段与预热段，它们之间用活动的保温门隔开。在加热段下方有一个燃烧室，在加热段与预热段之间的门上有通气孔，烟气可以通过。在冷却段与预热段有一个保温管相连，可抽取冷却段的热气进入预热段。小车有两个轮子，可在导轨上移动，每一个小车上有4个圆形的火管，上部有密封盖。各管子之间相互连通，在一个密封盖上有一个出气口，通过此口可收集干馏所产生的中热值生物质燃气。在小车的火管上装有一个温度计，可测量管内温度，进而控制干馏时间。该设备可连续生产，并充分利用燃料所放出的热能。

（3）净化及液体产品回收

由干馏釜出来的燃气经过冷却、回收化工产品、除去有害杂质后，方可供居民使用。

由干馏釜出来的燃气进入二级冷却器，燃气被循环水冷却到30℃以下（这时有冷凝液冷凝析出），然后进入气液分离器除去冷凝液，而后进入碱洗器，用碱泵打入循环碱液清洗，除去燃气中的醋酸等酸性物质。除去酸性物质后的燃气经气液分离器后进入罗茨鼓风机。燃气经罗茨鼓风机加压到9.6kPa后再经二级除焦装置后被送入贮气柜中，经燃气输配系统送到用户。

由二级冷却器出来的热水经凉水塔冷却后流入循环水池，再经循环水泵送回二级冷却器循环使用。

由二级冷却器、气液分离器分离出的冷凝液流到焦油醋液分离槽，分离出来的木焦油入焦油槽，分离出水分后装桶入库；分离出的醋液入醋液槽，除去焦油的醋液去发酵池生产积肥或作为杀虫剂出售。

由碱洗塔流出的循环碱液入循环碱液池，再由碱液泵送回碱洗器，定期向循环碱液池补充碱，保持循环碱液pH值大于12。

4.5.4.3 秸秆炭-气-油联产技术指标

农业固体废物炭-气-油联产的技术指标如表4-6所示。

表4-6 炭-气-油联产技术指标

项目	主要应用指标
原材料	含水量不大于50%，无杂质
粉碎后的原料	粒径不大于5mm
干燥后的原料	含水量小于10%
成型的农业固体废物	密度(1.0~1.3)×10³kg/m³
生物质炭	发热量>29MJ/kg
生物质焦油	含水量小于10%
木醋液	pH值2~4
生物质燃气	低位发热量>14MJ/m³

生物质燃气还应具备以下性能指标：焦油和灰尘含量小于50mg/m³；一氧化碳含量小于20%；硫化氢含量小于20mg/m³；氧气含量小于1%。

4.5.4.4 秸秆炭-气-油联产系统组成

农业固体废物炭-气-油联产系统的主要组成及功能如表4-7所列。

表 4-7　炭-气-油联产系统的主要组成及功能

设备名称	功能
粉碎机	农业固体废物切断与粉碎
干燥机	粉碎后的农业固体废物干燥
致密成型机	干燥后的农业固体废物致密成型
干馏釜、加热炉	成型后的农业固体废物干馏炭化
燃气净化系统	生物质燃气的净化与焦油、木醋液的分离

4.5.4.5　秸秆炭-气-油联产技术经济效益分析

农业固体废物炭-气-油联产技术系统除生产生物质燃气外，还生产生物质炭、木焦油、木醋液等副产品。主要用途如下。

生物质燃气可作为农村炊事用气，也可用于取暖、洗浴、供热、烘干和发电等。生物质炭可用于有色金属冶炼、铸造脱模剂和防氧化剂；食品熏烤不含致癌物质。炭粉制成活性炭用于污水和恶臭气味的吸附剂；炭粉掺入化肥中，可减少化肥流失；春播前在土壤表面每公顷布撒 750kg 炭粉，可使地表温度提高 2～3℃，使耕地疏松、保墒，改良土壤效果显著，花生最大能增产 14%，玉米最大能增产 18%。木焦油优于煤焦油，是一种贵重的化工原料，目前多用于油漆行业和燃料行业。木醋液作为植物生长剂和饲料添加剂，可使花生、玉米、蔬菜产量提高 10%～15%，对提高家禽产蛋率效果明显，另外，还有很好的杀虫效果[38]。

（1）产品产量（千户级）

1）生物质燃气　年产可燃气 $1 \times 10^6 m^3$，除外供农户炊事用气外，还供秸秆炭化干馏炉加热生产自用燃气。

2）生物质炭　年产块状（或粉状）人造木炭 1000t，直接向市场销售。

3）木焦油　年产木焦油 200t，可直接销售。

4）木醋液　年产木醋液 800t，可净化后销售。

（2）产品价格

1）生物质燃气　以农民可接受的价格，按 0.5 元/m^3 计价，每月每户（按 4 人算）消耗 45m^3，月用气费 22.5 元，比蜂窝煤的费用要低，农民是乐于接受的。

2）生物质炭　目前各地市场价格相差很大，一般市场平均零售价在 1500 元/t 左右。

3）木焦油　该系统生产的木焦油优于其他气化工艺的煤焦油（主要是未被氧化），是一种贵重的化工原料，每吨木焦油出厂价按 2000 元计算。

4）销售税金　农业固体废物炭-气-油联产技术属于废物综合利用技术，又是环保节能项目，可获得免税待遇，供应燃气的收入部分，可得到全免税；销售生物质炭、木焦油、木醋液的收入部分，只考虑工商管理税（以 5% 计）。

5）生产总成本　即年生产总消耗，如表 4-8 所列。

表 4-8　炭-气-油联产技术系统生产总成本

项目	年用量	单价	年费用/万元
农业固体废物	4000t	60 元/t	24.00
人工	12 人	4800 元/(人·年)	5.76
辅助燃料	30t	220 元/t	0.66

项目	年用量	单价	年费用/万元
电	$40 \times 10^4 kW \cdot h$	0.6 元$/(kW \cdot h)$	24.00
碱	8t	2000 元/t	1.60
折旧费			8
流动资金利息			3
税金			5
企业管理税			6
运输费			4
不可预见费			2
总计			84.02

6）年利润　全部产品销售收入分为：燃气每年按 $0.55 \times 10^6 m^3$ 外供计算，收入 27.37 万元；生物质炭市场销售 1000t，按 1000 元/t 计算，收入 100 万元；木焦油市场销售 200t，收入 40 万元，总销售收入 167.37 万元，年纯利润为 83.35 万元。根据以上预算，2～3 年能收回全部投资。

另外，木醋液暂未计算销售收入。近年来，木醋液在国内逐渐走上市场，价格在 200～300 元/t。主要用于有机肥料，起到杀虫、促进植物生长的作用，作为禽畜饲料添加剂效果良好。如果木醋液能全部售出，该工程的经济效益将会更好。

4.5.5　工程实例

4.5.5.1　案例 1　北京市通州区潞城镇小豆各庄秸秆气化站工程

（1）基本概况

该工程总投资约 280 万元，占地 1300m²，年产秸秆气化气 $1.46 \times 10^5 m^3$，工程建于 2009 年。见图 4-40。

图 4-40　小豆各庄秸秆气化装置

（2）工艺流程

采用 JQ-C700（WS）机组，以化学溶剂作为燃气净化介质去除焦油，气化炉采用二级裂解和中高温除灰系统。见图 4-41。

（3）处理能力

日处理秸秆 91t。

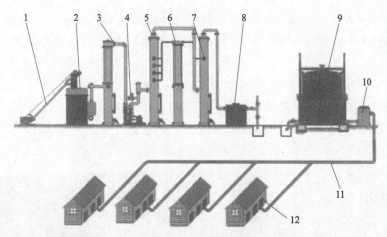

图 4-41　北京市通州区潞城镇小豆各庄秸秆气化工艺流程

1—上料器（图中为斗式）；2—气化炉；3—冷藏塔；4—真空泵；5—吸收塔；
6—分离器；7. 除雾塔；8—沉淀水封器；9—湿式贮气柜；10—阻火器；11—输气管网；12—用户

（4）工程特点

采用固定床气化系统，新型无水除焦净化技术，气体净化率达到 99％以上，该除焦技术实现了生物质气化工艺水平的大幅提升；占地面积大大减少，运行环境干净整洁[12]。

4.5.5.2　案例 2　江苏省泰兴市古溪镇顾庄村秸秆气化站

（1）工程概况

该工程总投资约 100 万元，年产秸秆气 $1.2 \times 10^5 \, m^3$，年产秸秆炭 2.34t，年产秸秆醋液 1.95t，为顾庄村 200 户农户供气，工程建于 2010 年。见图 4-42。

图 4-42　泰兴市顾庄村秸秆气化站

（2）工艺流程

该气化站的工艺流程：稻草（不粉碎）→装进气化炉→引燃→继续装物料并点火（试验产气是否合适）→转载物料→产气→用水除尘→除焦油→冷凝→空冷→罗茨风机→贮气柜→管网→用户采用[12]。

（3）气化能力

该工程年处理秸秆 7.8t。

（4）工程特点

① 用 JQ-C 型秸秆气化机组可实现 3min 点火，启动速度快。

② 运行用电依靠气化发电机组提供，降低了运行成本。

③ 改造升级的净化系统可在气化炉内部去除焦油，生产工艺流程简单，工程占地面积小。

④ 村内电网实现双电网运行，降低农民的生活成本。

4.5.5.3 案例3 辽宁省沈阳市沙岭村秸秆气化站工程

（1）基本概况

该工程总投资约263万元，日产气3600m³，工程建于2003年。见图4-43。

图 4-43 沈阳市沙岭村秸秆气化站工程

（2）工艺流程

采用BIJQ-500型两套秸秆气化机组。基本工艺过程：生物质经上料机送入气化炉，在气化炉内进行气化反应，产生可燃气体；从气化炉中出来的可燃气体由冷却器洗涤冷却除去大部分焦油和灰尘，同时使燃气温度降至常温；含有较大水蒸气的混合气进入过滤器，在过滤器中除去部分水分、焦油和灰尘；最后燃气通过净化器，完成气水分离后再经高分子滤料过滤净化，便可直接输入贮气罐贮存[12]。

（3）处理能力

该工程日处理秸秆750t。

（4）工程特点

① 设备性能参数均优于《秸秆气化供气系统技术条件及验收规范》（NY/T 443—2001）中规定的指标要求。

② 配套了焦化污水处理装置，解决了秸秆气化工程二次污染的问题。该装置是国内第一套专门处理秸秆气化焦化污水的处理设施。

③ 加装了国内首套秸秆气化在线监测系统，在线监测秸秆气中CO和O_2的含量。

4.5.5.4 案例4 湖北鄂州生物质热解炭-气-油联产联供示范工程

（1）工程概况

湖北鄂州生物质热解示范工程项目位于鄂州市长港镇，被列为国家发改委战略性新兴产业（新能源）项目。由武汉光谷蓝焰新能源股份有限公司与中科大共同研发，在传统干馏釜技术的基础上，开发的新型移动床热解炭-气-油多联产技术。项目投资2.1亿元，占地96亩。该项目年处理农林废弃物可达1.1×10^5t，年产生物质燃气1.1×10^7m³，可供周边6000户的生活用气，余气可配套3MW发电并网。对工业用户配套5×10^4t成型燃料，项目

可减排 CO_2 1.4×10^5t、SO_2 1200t。见图4-44。

(a) 示范工程现场

(b) 国家主席习近平考察鄂州项目

图 4-44　鄂州生物质热解炭-气-油联产示范工程

（2）工艺流程

鄂州生物质热解工艺主要包括原料预处理、燃烧炉、移动床热解、冷凝净化、燃气贮藏输送等几部分。首先，农作物秸秆等生物质原料由提升机从地面提升至输送滑板，经滑板输送至烘干设备，后经提升机升高后均匀地落入料仓；在进料旋转阀的搅动下，物料从料仓均匀地落入竖管式热解移动床各热解管内，然后物料在长径比很大的移动床热解管内依靠自身重力从上至下连续移动，热解供热烟箱内有折返式烟道使高温烟气通过，以高速冲刷的方式为竖管式热解移动床内连续移动的物料提供热解所需要的热量，使物料完成深度干燥、预炭化和热解等过程。热解产生的热解气朝物料相反的方向自下而上移动，并将热量传递给上端的物料。通过外部供热强化和内部热量的充分利用可以使生物质物料在移动床内快速而充分地吸收热量，大幅缩短生产所需时间。移动床内各个热解管产生的热解气在热解气导出箱内汇集并被输送至后续处理装置。热解产生的高温焦炭颗粒进入到空冷管冷却，最终形成焦炭产品，通过出料旋转阀汇集到出料绞龙内输出。

（3）生产能力

该工程年处理农林废弃物 11t，收到的生物质原料有棉秆、油菜秆和小麦秸秆。其中油菜秆的挥发分含量最高，利于产气；棉秆的固定炭含量最高，最利于产炭，而且其低位热值也最高。该技术适用于各种农林废弃物，所生产的炭、气、油产品品质均优于现有的干馏釜技术。各种产物的成分分析见表4-9～表4-11，表中LHV为低位热值。

表 4-9　热解气成分分析

样品	H_2/%	CH_4/%	CO/%	CO_2/%	C_2H_4/%	C_2H_6/%	C_2H_2/%	LHV/(MJ/m^3)
现场数据	18.36	19.64	19.63	39.75	0.96	1.54	0.12	13.15
中试数据	19.93	18.39	18.94	40.52	0.84	1.31	0.07	12.53

注：现场气体数据平均分子量为 27.258，干空气标准状况下密度为 1.293kg/m^3，热解气密度为 1.215kg/m^3。

表 4-10　焦炭成分分析表

样品	工业分析(ar，质量分数)/%				元素分析(ar，质量分数)/%					LHV/(MJ/kg)
	M	V	A	FC	C	H	N	S	O	
现场数据	4.37	15.58	7.74	73.31	83.08	1.14	0.87	0.09	14.82	29.02
中试数据	4.65	16.89	8.17	70.29	82.03	1.02	0.92	0.08	15.95	28.87

注：水分(M)、灰分(A)、挥发分(V) 和固定炭(FC)。

样品	水分	pH 值	黏度	发热量
液体油	70.34%	3.26	2.72Pa·s	5.93MJ/kg

表 4-11　热解油特性分析

（4）工程特点

与传统干馏釜工艺相比，该秸秆项目在实现连续式生产和对气固液三态产物的精确调控及高效提质的同时，实现了余热利用和水循环，具有优异的经济性和环保性。

本工程项目的优点如下。

1）热解过程温度均匀可控，产品品质相对稳定　鄂州秸秆项目采用的是移动床工艺，其中有多根热解管，高温烟气高速冲刷进行外部供热，原料在长径比很大的移动床内能够保证受热均匀，热量利用效率较高。此外，本项目在热解炉内设置 4 处温度检测层，每层设置 3 个监测点（分别是热解管内部、热解管外部及热解炉壁），同时利用计算机进行实时监控，自动化、机械化程度高，能够保证热解产品品质的相对稳定。

2）生产能力强，可以实现连续生产　本项目采用移动床热解多联产系统可实现连续运行，热解炭化和降温过程仅为 3～4h，单台热解炉日处理量可达 4t，通过增减热解管的数目可以控制项目的实际生产能力。

3）设备耗损低，能源转换与综合利用率高　本工艺流程利用原料的自身重力移动实现连续生产，电耗低、磨损少。同时，利用排放的高温烟气的余热对原料进行干燥，实现余热综合利用。该项目处理 1t 原料的能耗仅为 2500～3000MJ。

4）产品分离彻底，无二次污染问题　对于热解液体产物，本工艺通过控制温度区间实现 7 级分级冷凝，因此可以得到不同的液体产物，可以确保产品性质的稳定。排放的烟气主成分为水蒸气，直接排放入冷却水池，循环利用工艺产生的废水，不会引起水质的二次污染。

本工程项目存在的问题如下。

1）工艺设计中未考虑原料预处理　在设计过程没有将原料的预处理工序考虑进去，导致原料成分的一致性较差，导致后续过程对原料的工艺参数要求较高。

2）热解产物的稳定性不够　由于本项目缺少精确控制产物最佳生成条件的设备，导致对不同原料的适应性较差，生产的产物品质各不相同，需要进一步进行后续的深加工。

3）未形成完整的产业链，影响项目的整体经济效益　本项目生产的产品品质相对稳定，但是本项目没有进行产品深加工，影响了本工艺的经济效益[40]。

4.6　秸秆降解制取乙醇技术

2009 年 12 月，在哥本哈根会议上，我国政府承诺："我国到 2020 年，单位国内生产总值 CO_2 排放量比 2005 年下降 40%～45%。"交通运输作为国民经济基础的支柱行业，对全社会的低碳发展起决定作用。低碳交通是指在交通出行的各个环节全面关注温室气体排放，通过运输结构、效率优化和运输污染控制技术的进步，最大限度地减少污染物排放和碳排放总量。陆路交通是未来几十年减缓气候变化的关键环节。为了减少交通运输带来的 CO_2 及其他污染物排放对大气的影响，发展低碳燃料是有效的方法之一。

乙醇（俗称酒精）是一种重要的工业原料，广泛应用于化工、食品、饮料工业、军工、日用化工和医药卫生等领域，也是一种重要的能源，其燃烧值为 26900kJ/kg。纯酒精或汽油和酒精的混合物都可作为汽车燃料。作为一种生物能源，酒精燃料具有廉价、清洁、环保、安全、可再生等特点，有望取代日益减少的化石燃料（如石油和煤炭）。早在 1908 年，美国福特公司就生产出了既能用汽油，又能用纯酒精的通用型汽车。现在，所有的汽车都可以直接采用 90% 的汽油和 10% 的酒精作为燃料，很多最新开发的汽车甚至可以使用纯酒精作为燃料。酒精已经成为一种越来越重要的燃料。并且，酒精燃料与汽油的混合使用还能大大改善燃油的性能。由于酒精具有较高的辛烷值（96～113），从而使混合液的辛烷值得以大大提高，而无需使用高毒性、高辛烷值的添加剂，同时，酒精还为汽油提供氧气，使其得到充分燃烧，从而大大降低尾气中 CO_2 和其他有害气体的排放浓度[41]。目前，我国燃料乙醇的实际生产能力已经达到 1.7×10^6 t。燃料乙醇的制取主要是以淀粉和糖类物质为原料，如：薯类、粮谷类、野生植物、甘蔗糖蜜、甜菜糖蜜等。我国以小麦、玉米等陈化粮进行燃料乙醇试点，生产成本较高，受汽油价格影响，燃料乙醇的销售价格偏低，必须依靠政府的补贴才能够保本/盈利。目前，由于陈化粮消耗殆尽，我国批准的四家定点燃料乙醇企业主要靠收购新粮维持生产。近几年，以粮食为原料的燃料乙醇产业的规模化运行，推动了国内玉米主产区收购价格的持续攀升，反过来也导致了燃料乙醇生产成本的进一步上扬，国家玉米贮备数量逐年下降。这种"以缺代缺"的产业模式造成粮食的紧缺，这种恶性循环不仅阻碍了燃料乙醇的发展过程，还有可能引发国家粮食安全问题，社会各界有关粮食安全的争论日趋激烈，寻找理想的替代原料成了研究的焦点。2006 年 12 月 28 日，国家发展和改革委员会下发了《关于加强玉米加工项目建设管理的紧急通知》，明确提出我国将以"坚持非粮为主，积极稳妥推动生产燃料乙醇产业发展"。国家《可再生能源中长期发展规划》也明确提出，我国将不再增加以粮食为原料的燃料乙醇生产能力，而是合理利用非粮食生物质原料生产燃料乙醇[43]。由此可见，由于各种原料的价格大幅度上涨，使得以粮食为原料的乙醇发酵工业成本剧增，生产难以为继，急需寻找能取代粮食的廉价原料。

而与此同时，作为地球上最丰富的可再生资源，大量的木质纤维素得不到有效的利用，并造成了对环境的污染。据估计，地球上每年产生大约 1.7×10^{11} t 纤维素废物，如能很好地利用这些资源，不仅能避免资源浪费，从根本上解决能源危机，而且能大大改善我们的生态环境，促进可持续发展。并且，从整个 CO_2 循环周期看，由生物质生产燃料乙醇形成了基本上封闭的碳循环，没有 CO_2 排放，有利于减少温室效应。用生物质燃料来逐步取代化石燃料，将引起一场历史性的工业革命，最终构建出可持续发展的新型循环型社会的基础。努力发展替代粮食类原料生产乙醇，利用秸秆类纤维素原料生产乙醇，实现燃料乙醇的生产"不与人争粮，不与粮争地"。这不仅使秸秆类废物得到有效利用，而且能为国家节省大量粮食，其产业循环方式见图 4-45。利用农作物秸秆、农业废弃物等生物质原料大规模工业化生产乙醇，使燃料乙醇产业真正

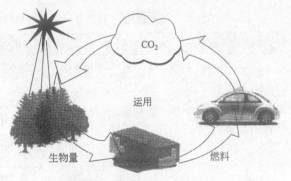

图 4-45　燃料乙醇产业循环方式

实现了可持续发展，展示了生物燃料开发的广阔前景[43]。

4.6.1 技术原理与应用

制燃料乙醇的木质纤维素原料主要来源于木本类植物、草本类植物、工业和农业废物。木本类有杨树、云杉、红松；草本类有甜高粱、柳枝稷、苜蓿、黑麦草、三叶草；工业和农业废物有玉米秸秆、水稻秸秆、油菜秸秆、黑麦秸秆、小麦秸秆、棉花秸秆、棕榈壳、啤酒糟、甘蔗渣等[44]。

我国是一个农业大国，每年有大量的木质纤维素废物产生，仅农作物秸秆和稻壳资源量就相当于标准煤 2.15×10^8 t。此外，城市垃圾和林木加工残余物中也有相当量的生物质存在。但这些资源至今未被充分利用，且常因就地焚烧而污染环境。随着我国农村经济的发展，这已经成为一个全国性的问题。另一方面，我国的石油资源有限，对石油类产品的需求量却在不断增加。自 1993 年起，我国已成为了石油净进口国，这几年来，国内石油消费正以平均 4% 左右的速度高速增长，开发可再生性的替代能源，减少对进口的依赖，以保障石油安全，维持可持续发展，已成为当务之急。因此，在我国开展以木质纤维素原料生产酒精燃料的研究是一项刻不容缓的任务，具有非常重要的战略意义。

4.6.1.1 天然纤维素的特征

（1）天然纤维素原料的主要成分

植物的生物质主要是由木质素、纤维素和半纤维素相互镶嵌结合而成的，共同构成了植物细胞壁的主要成分。木质素与半纤维素以共价键的形式结合，将纤维素分子包埋在其中，形成一种天然的屏障，使酶不易与纤维素分子接触。而木质素的非水溶性、化学结构的复杂性，导致存在于秸秆中的非水溶性木质纤维素的难降解性[41]。

纤维素的分子排列规则、聚集成束，决定了细胞壁的构架。在纤丝构架之间充满了半纤维素和木质素。植物细胞壁的结构非常紧密，在纤维素、半纤维素和木质素分子之间存在着不同的结合力。纤维素和半纤维素或木质素分子之间的结合主要依赖于氢键；半纤维素和木质素之间除氢键外，还存在着化学键的结合，使得从天然纤维素原料中分离的木质素总含有少量的碳水化合物。半纤维素和木质素的化学键结合主要是半纤维素分子支链上的半乳糖基和阿拉伯糖基与木质素和碳水化合物之间的化学键结合，主要是通过分离的木质素-碳水化合物复合物（lignin-carbohydrate complex，LCC）进行研究的。表 4-12 总结了纤维素、半纤维素和木质素的结构及化学组成[42]。

表 4-12 纤维素、半纤维素和木质素的结构及化学组成

项目	木质素	半纤维素	纤维素
结构单元	愈创木基丙烷（G）、紫丁香基丙烷（S）、对羟基苯丙烷（H）	D-木糖、甘露糖、L-阿拉伯糖、半乳糖、葡萄糖醛酸	吡喃型 D-葡萄糖基
结构单元间的连接键	多种醚键和碳-碳键，主要是 β-O-4 型醚键	主链大多为 β-1,4 糖苷键，支链为 β-1,2 糖苷键、β-1,3 糖苷键、β-1,6 糖苷键	β-1,4 糖苷键
聚合度	4000	200 以下	几百到几万
聚合物	G 木质素、GS 木质素、GSH 木质素	聚木糖类、聚半乳糖葡萄糖甘露糖、聚葡萄糖甘露糖	β-1,4 葡聚糖

项目	木质素	半纤维素	纤维素
结构	不定形的、非均一的、非线性的三维立体聚合物	有少量结晶区的空间非均一性分子，大多为无定形	由结晶区和无定形区两相组成立体线性分子
三类成分之间的连接	与半纤维素有化学键结合	与木质素有化学键结合	无化学键结合

纤维素、半纤维素和木质素这三类主要组分在细胞壁中的一般组成比例为 4:3:3，但不同来源的原料其比例存在差异，硬木、软木、草本都有所不同。天然纤维素原料除上述三大类组分外，尚含有少量的果胶、含氮化合物和无机灰分等。了解天然纤维素原料的化学组分、各组分的性质特点以及各组分之间的相互关系，有利于天然纤维素原料微生物转化的研究开发工作[42]。

1）纤维素　纤维素是世界上最丰富的天然有机高分子化合物，它不仅是植物界，也是所有生物分子（植物或动物）最丰富的胞外结构多糖。纤维素占植物界碳含量的 50%以上。纤维素是植物中最广泛存在的骨架多糖，是构成植物细胞壁的主要成分，常与半纤维素、木质素、树脂等伴生在一起。棉纤维是较纯的纤维素，一般含量在 90%以上，农作物秸秆、木材、竹子等均含有丰富的纤维素。尽管植物细胞壁的结构和组成差异很大，但纤维素的含量一般都占到其干重的 35%～50%。纤维素不仅是将来重要的清洁能源，更是目前造纸工业、纺织工业和纤维化工的重要原料。

① 纤维素的化学结构。纤维素是 300～15000 个 D-葡萄糖以 β-1,4 糖苷键结合起来的长链状高分子化合物，含有碳、氢、氧三种元素，其化学分子式为（$C_6H_{10}O_5$）$_n$，其中碳含量为 44.44%，氢含量为 6.17%，氧含量为 49.39%。纤维素的分子量为 50000～2500000。纤维素由纯的脱水 D-葡萄糖的重复单元所组成，重复单元是纤维二糖。纤维二糖的 C1 位上保持着半缩醛的形式，有还原性，而在 C4 上留有一个自由羟基。组成纤维素的 β-D-吡喃葡萄糖的三个游离基位于 C2、C3、C6 三个碳原子上。构成纤维素的葡萄糖亚基排列紧密有序，形成类似晶体的不透水的网状结构，以及分子间结合不甚紧密、排列不整齐的无定形区域。纤维素的结晶部分是由纤维素分子进行非常整齐规则的折叠排列而成的。在结晶部分里，葡萄糖分子的羟基或在分子内部或与分子外部的氢离子相结合，没有游离的羟基存在，所以纤维素分子具有牢固的结晶构造，酶分子及水分子难以侵入到内部中。因此，纤维素的结晶部分比非结晶部分难分解得多。

② 纤维素的理化性质。大多数情况下，纤维素是被半纤维素和木质素包裹的，不溶于水、稀酸、稀碱和乙醇、乙醚等有机溶剂，能溶于铜铵溶液和铜乙二胺溶液等。水可使纤维素发生有限溶胀，某些酸、碱和盐的水溶液如硫酸、盐酸、氢氧化钠等可渗入纤维结晶区，产生无限溶胀，使纤维素溶解。纤维素与较浓的无机酸起水解作用生成葡萄糖等，与较浓的苛性碱溶液作用生成碱纤维素，与强氧化剂作用生成氧化纤维素。纤维素酶具有一种无法解释得清的自然特性，可有效地将纤维素转化为糖。

纤维素加热到约 150℃时，不发生显著变化；在 200～280℃时，生成脱水纤维素，随后形成木炭和气体产品；280～340℃时，生产易燃的挥发性产物（焦油）；400℃以上时，变成芳环结构，与石墨的结构相似。

由于纤维素本身含有糖醛酸基、极性羟基，使纤维素在水中时，表面带负电荷，在水中形成双电层，这对制浆造纸、纤维素酶发酵的过程有一定影响。纤维素链中每个葡萄糖基环上有3个活泼的羟基。因此，纤维素可以发生一系列与羟基有关的化学反应。然而，这些羟基又可以组合成分子内和分子间氢键。它们对纤维素链的形态和反应性有着深远的影响，尤其是C3位羟基与邻近分子环上的氧所形成的分子间氢键，不仅增强了纤维素分子链的线性完整性和刚性，而且使其分子链紧密排列而成高度有序的结晶区。C3位羟基的空间位阻最小，故庞大的取代基对C6位羟基的反应性能高于对其他羟基。另外，结晶度越高，氢键越强，则反应物越难以到达其羟基上。

2) 半纤维素　半纤维素往往是指除纤维素和果胶物质以外的，溶于碱的细胞壁多糖类的总称。不同来源的半纤维素，它们的成分和结构也各不相同。

① 半纤维素的化学结构。半纤维素是一类杂多糖物质，它广泛存在于植物中，占木材干重的25%～35%，在单子叶植物的叶中含量尤其高，可达80%～85%。半纤维素是由五碳糖和六碳糖组成的短链异源多聚体。半纤维素主要可以分为：木聚糖、甘露聚糖和阿拉伯半乳聚糖三类。从不同植物的组成可见，植物体中半纤维素含量略少或接近纤维素，而半纤维素中一半以上是木糖，因此，木糖的利用是开发利用半纤维素的关键。

Ⅰ. 木聚糖类半纤维素的化学结构。几乎所有植物都含有木聚糖，其主链是由D-木糖基相互连接成的均聚物线性分子。禾本科植物半纤维素结构的典型分子是以β-1,4糖苷键连接的D-吡喃式木糖基为主链，在主链的C3位和C2位上分别连有L-呋喃式阿拉伯糖和D-吡喃式葡萄糖醛酸基作为支链。还存在木糖基和乙酰基（木糖乙酸酯）支链。禾本科半纤维素的聚合度小于100。虽然木材木聚糖类的半纤维素与禾本科植物一样，都是由D-吡喃式木糖基以β-1,4键连成的直链状多糖，在此支链上再连上一些不同的短支链，但木材木聚糖链的平均聚合度一般大于100，而且针叶木和阔叶木也有差别。

Ⅱ. 甘露聚糖类半纤维素的化学结构。针叶木中甘露聚糖类半纤维素最多，阔叶木中也有，草类中含量甚少。它实际上是由甘露糖与葡萄糖两种糖单元互相以β-1,4键连接构成的共聚物为主链。阔叶木甘露聚糖类半纤维素由葡萄糖与甘露糖基构成主链，稍有分支，平均聚合度为60～70。而针叶木甘露聚糖类半纤维素中的糖基，除主链外，还有半乳糖基以α-1,6键连接到主链上的葡萄糖或甘露糖的C6位上形成支链，平均聚合度＞60，高的可超过100。

Ⅲ. 其他少量半纤维素。植物半纤维素中除含大量木聚糖类和甘露聚糖类外，还有半乳聚糖类和葡聚糖类等分布较少的半纤维素。半乳聚糖类半纤维素在针叶木中都存在，一般含量很少。它是高分支度的，而且是水溶性的。

② 半纤维素的理化性质。半纤维素由于聚合度低，无或少有结晶结构，因此在酸性介质中比纤维素易降解。但是半纤维素的糖基种类多，糖基之间的连接方式也多种多样，一般来讲，呋喃式醛糖配糖化物比相应的吡喃式醛糖配糖化物的水解速率快得多。

半纤维素是由多种糖基构成的共聚糖，所以半纤维素的还原末端基有各种糖基，而且有支链，其他部分和纤维素分子一样，即在较温和的碱性条件下可发生剥皮反应。半纤维素在高温下可发生碱性水解。研究表明，呋喃式配糖化物的碱性水解速率比吡喃式配糖化物高许多倍。半纤维素既溶于碱（5%的Na_2CO_3溶液），又溶于酸（2%的HCl溶液）。它对水有一种相对的亲和力。这种亲和力能使其形成黏性状态或胶凝剂。半纤维素亲和力的大小和戊糖部分紧密相关，阿拉伯糖和木糖这两种成分负责将水团固定于半纤维素的不同结构上。这种特性给我们带来的最大好处是把戊糖应用于食品技术方面，同时也说明了如果一种半纤维素对水的亲和力很小，那是因为要么是它所含戊糖的比率太低，要么是它的空间组织结构使戊糖所处位置不能与水接近。

半纤维素的结构与组成随植物的种类或存在部位的不同而异，微生物分解半纤维素的酶也多种多样。半纤维素分解后产生木糖、阿拉伯糖等等。

3）木质素　纤维素属于难分解物质，而木质素属于抗分解物质。木质素是植物界中仅次于纤维素的较丰富的有机高分子化合物，主要分布于纤维、导管和管胞中。木质素可以增加细胞壁的抗压强度，正是细胞壁木质化的导管和管胞构成了木本植物坚硬的茎干，并作为水和无机盐运输的输导组织。木质素在木材中的含量为20％～40％，禾本科植物中木质素的含量为15％～20％。木质素是结构复杂、稳定、多样的生物大分子物质，是由苯丙烷结构单元通过醚键和碳碳键连接组成的复杂的、近似球状的芳香族高聚体，由对羟基肉桂醇（phydroxycinnamyl alcohols）脱氢聚合而成，由于分子大（分子量＞$1.0×10^5$），溶解性差，没有任何规则的重复单元或易被水解的键，所以木质素分子结构复杂而不规则，由于含有各种生物学稳定的复杂键型，因而微生物及其分解的胞外酶不易与之结合，与其他成分如纤维素、半纤维素等降解物不同，木质素不含有易水解而重复的单元，并且对酶的水解作用呈抗性，是目前公认的微生物难降解的芳香族化合物之一。正是由于木质素的存在使得植物具有一定的硬度，能够抵抗机械压力和微生物侵染。

因单体不同，可将木质素分为3种类型：由紫丁香基丙烷结构单体聚合而成的紫丁香基木质素（S-木质素），由愈创木基丙烷结构单体聚合而成的愈创木基木质素（G-木质素）和由对羟基苯基丙烷结构单体聚合而成的对羟基苯基木质素（H-木质素）。裸子植物主要为愈创木基木质素（G），双子叶植物主要含愈创木基-紫丁香基木质素（G-S），单子叶植物则为愈创木基-紫丁香基-对羟基苯基木质素（G-S-H）。

虽然木质素的化学结构非常复杂，但在自然界中，仍然有一些微生物能够分解该类物质。其中，以担子菌的分解能力最强。担子菌分解木质素时，还常同时分解纤维素、半纤维素等物质。

（2）木质纤维素的主要特点

常见的农作物木质纤维素下脚料有稻草、麦草、玉米秸秆、玉米芯、高粱秆、花生壳、棉籽壳等。一般来说，每生产1kg的谷物就会产生1～1.5kg的农作物下脚料，我国每年的农作物秸秆产量巨大，如能经济地将其转变成乙醇，将大大地转变我国的能源供给状况。表4-13列出了几种典型的木质纤维素原料的组成。

表 4-13　几种典型的木质纤维素原料的组成

原料	纤维素/％	半纤维素/％	木质素/％
玉米秸秆	36	28	29
小麦秸秆	36	28	22
稻草	37	19	10
稻壳	36	20	19
高粱秸秆	32	19	14

为了更好地开发和利用天然纤维素原料，其特点总结如下。

① 来源丰富，数量巨大，具有可再生性。

② 分散于符合某种条件的地区，生产具有季节性，原料的供应和集约生产规模可灵活掌握。

③ 原料形态多种多样，不同原料其纤维素、半纤维素和木质素的组成和结构有一定的差别。

④ 原料的比容大。

⑤ 原料的价格低廉，现作为废物。

这些特点说明天然纤维素原料具有解决当前世界面临的粮食短缺、能源危机和环境污染等问题的巨大潜力，但同时赋予了利用生物化技术转化天然纤维素原料的困难。

4.6.1.2　燃料乙醇的特性

（1）一般概念

1）生物燃料　通过生物资源生产的燃料乙醇和生物柴油，可以替代由石油制取的汽油和柴油，是可再生能源开发利用的重要方向。受世界石油资源、价格、环保和全球气候变化的影响，自 20 世纪 70 年代以来，许多国家日益重视生物燃料的发展，并取得了显著的成效。

2）燃料乙醇　也称燃料酒精、汽油醇、乙醇汽油等。将乙醇进一步脱水再加上适量的变性剂（汽油）后形成变性燃料乙醇。未加变性剂的、可作为燃料的无水乙醇，俗称乙醇。

3）变性燃料乙醇　将燃料乙醇加上适量的变性剂就形成变性燃料乙醇。

4）车用乙醇汽油　把变性燃料乙醇和汽油以一定比例混配形成的一种汽车燃料。

（2）乙醇特性

工业上通常所说的无水乙醇，含乙醇在（20℃）99％（体积分数）以上，专供科研和作分析试剂之用。乙醇的大生产中以含乙醇（20℃）95％（体积分数）以上的医药乙醇和（20℃）99.5％（体积分数）的工业乙醇为主。乙醇的分子式是 C_2H_5OH，分子量为 46.07。作为生产汽油乙醇的原料，要求乙醇在（20℃）99.5％（体积分数）以上。工业上生产乙醇的方法有两种：一种是以含淀粉的农产品（谷物、薯类等）或糖类为原料，用发酵法酿造，制得的乙醇有芬芳醇香味，饮料用乙醇常用此法；另一种是以从石油裂解气中提取的乙烯（C_2H_4）为原料，在一定条件下与水化合制成。

1）物理性质　纯净的乙醇是无色、透明、具有酒味和微弱香辣味的液体，易挥发。液体所含乙醇的浓度百分比不同，其沸点、密度、凝固点、燃点等也不同，如 95％（质量分数）的乙醇溶液，沸点是 78.18℃。常用的乙醇密度为 0.7893g/mL，沸点 78.3℃，自燃点558℃，闪点 12℃。乙醇燃烧时，1kg 乙醇完全燃烧后能放出 7000～7100kcal（29260～29678kJ）热量。

乙醇又是一种很好的有机溶剂，它能和水、乙醚、甘油等以任意比互溶。乙醇与水混合时，放出热量，体积缩小。体积缩小这一性质在配制一定体积的混合溶液时值得注意。

2）化学性质　乙醇是带有一个羟基的饱和一元醇，易与水、醇类、乙醚和其他有机溶剂相混溶，能溶解多种金属盐、氢氧化钾、烃类化合物、脂肪酸及其他有机化合物，对各种气体的溶解能力比水大。钠、钾溶解于乙醇生成相应的乙醇盐；以 800℃ 的温度热分解后变成乙烯和水或者乙醛和氢。

乙醇燃烧时发出不易见的淡蓝色火焰，放出热量，燃烧后生成 CO_2 和 H_2O。

$$C_2H_5OH + 3O_2 \Longrightarrow 2CO_2 + 3H_2O + Q$$

乙醇能与碱金属作用放出氢气。

$$2C_2H_5OH + 2Na \Longrightarrow 2C_2H_5ONa + H_2$$
（乙醇钠）

乙醇与浓硫酸共热发生失水反应，生成乙烯或乙醚。

$$C_2H_5OH \Longrightarrow C_2H_4 \uparrow + H_2O$$
（乙烯）

$$2C_2H_5OH \Longrightarrow C_2H_5OC_2H_5 + H_2O$$
（乙醚）

乙醇在高锰酸钾或重铬酸钾等氧化剂的作用下，能迅速氧化生成乙醛，并进一步气化生成乙酸(冰醋酸)。

$$CH_3CH_2OH \longrightarrow CH_3CHO \longrightarrow CH_3COOH$$
（乙醛）　　　　（乙酸）

乙醇与浓硝酸作用，生成硝酸乙酯。硝酸乙酯受热分解会发生猛烈爆炸，因此可作为炸药原料。

$$C_2H_5OH + HNO_3 \longrightarrow C_2H_5NO_3 + H_2O$$
（硝酸乙酯）

乙醇与有机酸作用，生成有机酸乙酯。许多乙酯类香精就是利用了这种性质。

$$CH_3C\!\!\overset{O}{\underset{OH}{||}} + HO{-}C_2H_5 \xrightarrow{\text{浓 } H_2SO_4} CH_3C\!\!\overset{O}{\underset{O{-}C_2H_5}{||}} + H_2O$$
（乙酸乙酯）

3）生化性质　乙醇能使细胞蛋白质凝固变性，因此具有杀菌能力，75%的乙醇杀菌力最强。少量的乙醇对人的大脑具有兴奋作用。

4.6.2　技术流程

自从 20 世纪 70 年代初的石油危机引发了木质纤维素资源转化研究热潮以来，很多国家都投入了大量的人力、物力进行研究开发。经过 30 多年的持续努力，已在很多领域取得了重大进展。采用木质纤维素类作为原料制酒精的工艺流程见图 4-46。一般是由预处理、水解、发酵、后处理以及废水和残渣的处理 5 个工艺组成[45]。纤维乙醇转换工艺主要由：原料处理、糖化、发酵和蒸馏四个工序组成；每道工序又有多种技术可供选择，作为完整的生产工艺流程可能有多种组合，具体选哪种技术要考虑本地区的经济基础、技术条件、能源价格、辅助原料价格等因素[43]。

4.6.2.1　预处理

纤维类原料作为一种可转化为液体燃料的可再生资源，其转化利用已成为必然的趋势，木质纤维生产燃料乙醇已成为一个热门的研究课题，也成为科研工作者关注的焦点，而纤维类原料的预处理是利用木质生物资源生产乙醇的一个重要环节。

由己糖通过酿酒酵母发酵生成乙醇是很成熟的工艺，当采用纤维素酶水解木质生物资源制造乙醇时，纤维素酶必须接触吸附到纤维素底物上才能使反应进行。由于木质素、半纤维素对纤维素的保护作用以及纤维素本身的结晶结构阻碍了纤维素对酶的可及性，天然的木质

图 4-46 木质纤维素类作为原料制酒精的工艺流程

纤维素直接进行酶水解时，其水解程度是很低的，即纤维素水解成糖的百分率很低，一般只有 10%～20%。因此，为了提高水解率，对木质纤维素进行预处理是有必要的，预处理后的水解率可达理论值的 90% 以上[43]。通过预处理可以去除木质素和半纤维素等对纤维素的保护作用并破坏纤维素的结晶结构，增加其表面积，以达到提高水解率的目的。

预处理方法的选择主要是从提高效率、降低成本、缩短处理时间和简化工序等方面来考虑。理想的预处理能满足下列要求：产生活性较高的纤维，其中戊糖较少降解；反应产物对发酵无明显的抑制作用；设备尺寸不宜过大，成本较低；固体残余物较少，容易纯化；分离出的木质素和半纤维素纯度较高，可以制备相应的其他化学品，实现生物质的全利用。目前，常用的纤维原料预处理的方法主要有物理法、化学法、物理化学法、生物法等。实际运用过程中，这几种方法往往联合使用。各种预处理的方法见表 4-14[43]。

表 4-14 预处理方法

物理法	化学法	生物法	联合法
射线处理 机械磨碎法	盐酸水解 硫酸水解 醋酸水解 氢氧化钠处理	白腐菌	蒸汽爆碎法 高温机械磨碎法 碱-机械磨碎法 二氧化硫-蒸汽爆碎法

（1）物理方法

物理法包括球磨、压缩球磨、爆破粉碎、冷冻粉碎、液相热水、声波、电子射线等，均可使纤维素粉化、软化，提高纤维素的酶解转化率。通过切、碾、磨等机械粉碎工艺可使生物质原料的粒度变小，增加其和酶的接触表面，更重要的是可破坏纤维素的晶体结构，这些变化都有利于纤维素酶与纤维基质的接触和渗入，从而有利于纤维素的水解。但粉碎生物质原料所需能耗较大。

液相热水预处理又称为水压热解、非催化溶剂分解或者水溶解等。据研究，把 200～230℃中高压水和生物质混合 15min 以后，40%～60% 的生物质可被溶解，其中包括 4%～

22%的纤维素、35%～60%的木质素以及所有的半纤维素。再对得到的液体用稀酸处理后，90%的半纤维素都能以单糖的形式回收。热水预处理中，半纤维素上的乙酰基和醛酸取代物的键会断裂，生成乙酸和其他有机酸。这些酸有助于寡糖的生成和寡糖进一步水解为单糖，但生成的单糖也会在酸的催化下转化为醛，它们对微生物的发酵有抑制作用。另外，水的电离常数(pK_a)会随温度而变化，如纯水在200℃时的pH值约为5.0。因此，在热水预处理的研究中，常采用加碱来保持热水的pH值在5～7之间，以控制化学反应的程度，这样的工艺被称为pH控制热水预处理。热水预处理中包含着水的大量流动，水的消耗和能量的消耗较大，为此又开发了所谓的热水分流预处理(partial flow pretreatment)，它可把水的消耗减少60%，预处理的效果也很好。

木质纤维素的热水预处理中不需要减小原料的粒径；不要外加酸或碱，减少了后续处理的成本，也无污染问题；而且半纤维素转化为糖的收率很高，故近年来很受重视。它对秸秆的效果很好，对软木的效果较差。目前该工艺的发展仍处于实验室阶段[46]。

还有些研究者采用微波或超声波等现代手段处理纤维素时发现：微波处理能使纤维的分子间氢键发生变化。超声波预处理能使木浆纤维的形态发生变化，纤维细胞壁出现裂纹，细胞壁发生位移和变形，有更多的次生壁中层暴露出来。表明用微波或超声波对纤维素进行预处理，能提高纤维的可及性和反应活性[46]。

(2) 物理-化学法

物理-化学法主要包括蒸汽爆破、氨纤维爆裂、CO_2爆裂等。

报道最多的预处理方法是在加或不加酸催化剂的条件下采用蒸汽爆破法。蒸汽爆破法是使高温蒸汽与生物质混合，经一定时间后迅速开阀降压，水蒸气提供了一个有效的热载体，可使原料迅速升温而不使生成的糖过分稀释，喷射出的蒸汽和液化物质由于压力降低而很快冷却。该预处理过程中，高压蒸汽可渗入纤维内部，再以气流的方式从封闭的孔隙中释放出来，使纤维发生一定的机械断裂；同时，高温高压加剧了纤维素内部氢键的破坏和增加了纤维素的吸附能力，也促进了半纤维素的水解和木质素的转化。

水蒸气爆破的效果主要取决于停留时间、处理温度、原料粒度和含水量等。研究表明，在较高温度和较短停留时间(270℃，1min)下处理，或在较低温度和较长停留时间(190℃，10min)下处理，效果都很好。蒸汽爆破过程中生成的降解副产品会阻碍后续的酶水解以及发酵，因此，要用水洗掉这些副产品，同时也洗去可溶于水的半纤维素。

以稀硫酸或SO_2湿润生物质后再以蒸汽爆破更有利于提高预处理效率。一般通过用稀硫酸或SO_2湿润的蒸汽爆破，再加上水洗，几乎所有的半纤维素都能除去。所使用的酸中H_2SO_4得到了最为广泛的研究。SO_2催化的蒸汽预处理也被全面地研究过，用气态SO_2进行预处理不会像H_2SO_4一样腐蚀设备，还更容易更快地渗透原料，它最大的缺点就是高毒性，会给安全与健康带来威胁。尽管如此，SO_2已被应用于研制的各种工艺中。

蒸汽爆破法比机械粉碎能耗低，可间歇也可连续操作。主要适合于硬木原料和农作物秸秆。缺点是木糖损失多，对软木的效果较差，且产生对发酵有害的物质。预处理强度越大，纤维素酶水解越容易，但由半纤维素得到的糖也越少，而产生的发酵有害物越多。

氨纤维爆裂(ammonia fiber explosion，AFEX)的原理类似于蒸汽爆破。它是在高温和高压下使固体原料和液态的氨反应，同样经一定时间后突然开阀减压，造成纤维素晶体的爆裂。典型的AFEX中，处理温度在90～95℃，维持时间20～30min，每千克固体原料(干)

用 1～2kg 氨。氨纤维爆裂预处理可去除部分半纤维素和木质素，并降低纤维素的结晶性，提高纤维素酶和纤维素的接近程度。草本作物及其农业废物十分适合 AFEX 法，该方法不适合有高木质素含量的原料。对于硬木只有中等效果，而对于软木则不大适宜。氨纤维爆裂不产生有害物质，半纤维素中的糖损失也少。但经此处理的半纤维素并未分解，需另用半纤维素酶水解，故处理成本较大。

为降低 AFEX 的成本，氨需要回收。为此用温度高达 200℃ 的过热氨蒸气将残留在固体原料上的氨气化后回收。为使氨和水分离，可先用预冷凝器把大部分水蒸气冷凝下来，留下纯度达到 99.8％ 的氨蒸气。预冷凝器中的液体进入精馏塔，塔顶也可得 99.8％ 的氨蒸气。这些氨蒸气经冷凝压缩后循环使用。

CO_2 爆裂与氨纤维爆裂相似，只是以 CO_2 取代了氨。有人在 5.62MPa 下用该法对草类原料进行处理，每千克原料用 4kg CO_2，24h 后原料中有 75％ 的纤维素可被酶水解[46]。与预处理一样，也可以用来处理原料。Zheng 等用蒸汽爆破、氨气爆裂和 CO_2 爆裂这三种处理方法处理可再生的废纸混合物、甘蔗渣和废纸浆泥，发现 CO_2 爆裂的效果较好，它比氨气爆裂经济合算，又不会生成蒸汽爆破中产生的抑制物。

（3）化学方法

化学预处理方法有无机酸、碱、臭氧和有机溶剂处理等方法。其原理主要是使纤维素、半纤维素和木质素吸胀并破坏其晶体结构，从而增加其可降解性。其中，稀酸处理是比较常用的方法，其原理类似于酸水解，通过将其中的半纤维素水解为单糖，达到使原料结构疏松的目的。稀酸预处理分为一段法和两段法。要从半纤维素和纤维素得到最高产量的糖，需要不同的预处理条件。一般情况下，两阶段的预处理法更为有利，即在第一阶段较温和的条件下，用稀 H_2SO_4 处理原料，然后在第二阶段较高温度的条件下，采用 SO_2 处理。但在酸处理过程中，半纤维素上的乙酰基脱出产生乙酸和糖类降解产生的少量糠醛和 5-羟基糠醛具有毒性，对后期的发酵有一定的抑制，因此，通常采用离子交换、过量石灰中和等措施脱毒，或选育和使用能抗毒性的酒精发酵菌。碱处理法是利用木质素能溶解于碱性溶液的特点，用稀氢氧化钠或氨溶液处理生物质原料，破坏其中木质素的结构，从而便于酶水解的进行。碱预处理目前用得比较多，操作简便，成本较低，用碱处理天然纤维素材料可显著提高酶解效率。

（4）生物方法

生物预处理法中常用于降解木质素和半纤维素的有白腐菌、褐腐菌和软腐菌等。褐腐菌只腐蚀纤维素，白腐菌和软腐菌腐蚀纤维素和木质素。其中，白腐菌是预处理纤维素类物质效果较好的担子菌。它能够有效地和有选择性地降解植物纤维原料中的木质素。生物预处理在常温、常压和 pH 近于中性的条件下进行，降解的最终产物是二氧化碳和水，故具有能耗低、无污染、条件温和的特点。然而，到目前为止，该过程的速度还是太慢，无法实际应用。有时候，生物法可与化学法组合在一起使用[46]。Hatakka 等把麦秆用 19 种白腐菌预处理，再用 *Pleurotus ostreatus* 处理，5 周后，35％ 的麦秆被转化为还原糖。为了减少纤维素的损失，开发了一种含纤维素酶少的突变菌种 *Sporotrichum pulverulentum*，用来降解木屑中的木质素。白腐菌 *P. chrysosporium* 在次级代谢中产生木质素降解酶、木质素过氧化物酶和依赖锰的过氧化物酶，以适应碳源和氮源被限制的情况。有研究者应用基因克隆技术，已从不同真菌的基因组中克隆出许多参与木质素降解的基因，包括木质素过氧化物酶、锰过氧化物酶、漆酶、乙二醛氧化酶等的基因[43]。

（5）预处理方法的比较

物理法和化学法能较好地破坏木质纤维素的结构，使纤维素和半纤维素能被降解酶所降解，但往往存在能耗大、成本高、催化剂不能循环利用、产生毒性副产物、污染环境等问题。生物预处理法的优点是能量消耗少，条件温和，但预处理后大部分的水解率往往很低，并且利用白腐菌预处理的一个主要缺点是白腐菌在除去木质素的同时会分解消耗部分纤维素和半纤维素。因此，物理法、化学法、生物法都不适合作为工业化生产的预处理方法。在各种预处理方法中，蒸汽爆破法适合于植物纤维原料的处理，在蒸汽爆破过程中，物理和化学的作用使半纤维素水解成单糖和寡糖，部分木质素溶解而使得原料适合于纤维素酶的使用[43]。

总之，在实际对植物纤维原料进行预处理时，单一的处理方法很难达到预定的效果，往往采用各种不同的组合方法，比较常见的是先采用机械破碎，然后采用物理、化学或是生物的方法进行处理。目前，开发廉价高效的预处理技术和工艺已成为木质纤维素制取酒精工艺成败的关键之一。

4.6.2.2　纤维素水解

由于木质纤维素类生物质的结构十分复杂，只有在有催化剂存在的情况下才能发生水解[42]。目前，可以通过生物酶和酸水解两种途径将木质纤维素类生物质降解。

生物质的水解工艺主要有浓酸水解、稀酸水解和酶水解。

（1）酸水解

早在1819年，国外就开始了木质纤维素的酸水解研究，并在1930年建立了酸水解木材的工厂。比较常用的酸水解工艺包括 Bergius 工艺和 Scholler 工艺，在德国、巴西、日本等国家都得到了广泛的应用。对于木质纤维素的酸水解工艺，可以使用盐酸或硫酸，按照使用酸的浓度不同可以进一步分为浓酸水解和稀酸水解。

1）浓酸水解　浓酸水解是指浓度在30%以上的硫酸或盐酸将生物质水解成单糖的方法。浓酸水解过程实际上是一单相水解反应，纤维素首先在浓酸作用下先行溶解，然后在溶液中进行水解反应，之后转变为纤维素糊精，纤维素糊精进一步水解成单糖。半纤维素也可以在酸的作用下完全被水解生成各种单糖。该方法具有较高的糖转化率，可达90%以上，但由于浓酸条件下的水解速度受到明显影响，工艺十分复杂，同时对水解设备的耐腐蚀性的要求高[45]。酸的大量使用会造成设备的腐蚀，并且酸的回收也比较困难，往往需要消耗很高的能量；另外，酸的存在还会对后续发酵过程产生抑制。这些都大大限制了酸水解方法的进一步发展和应用。后来，由于美国 Masada 资源集团公司和 Arkenol 公司以及澳大利亚 APACE 公司等相继开发出一系列新的经济可行的酸回收技术，才使得浓酸这种工艺再次受到人们的关注。例如，Arkenol 公司采用离子排斥法分离水解液中的酸和糖，得到了15%浓度的糖液，其纯度高达98%。

2）稀酸水解　稀酸水解工艺主要是指用10%以内的硫酸或盐酸等无机酸为催化剂将木质纤维素水解成单糖的方法[45]。纤维素在稀酸水解中，水中的氢离子和纤维素上的氧原子相结合，使其变得不稳定，容易和水反应，纤维素长链即在该处断裂，同时又放出氢离子。

与浓酸水解相比，稀酸水解中酸的消耗量相对较低，但必须在高温条件下操作，并且葡萄糖的产率较低。另一方面，高温条件下生成的葡萄糖还会进一步被分解，并且设备的腐蚀也大大加剧。葡萄糖进一步分解，产生的一些物质会对下一步的发酵过程产生抑制。针对这一问题，有人提出了采用两步稀酸水解法。在第一步中，采用较低的温度，较易降解的半纤维素首先被水解；第二步，纤维素在高温下被水解。这种方法有效避免了半纤维素水解糖在高温下的进一步分解，因而得到了广泛的应用和发展。瑞典的发酵酒精燃料机构对木材的两阶段稀酸水解工艺进行了研究，开发出了一套 CASH 工艺。美国 BCI 公司已经成功实现了两阶段稀酸水解工艺的产业化。

20 世纪 70 年代后期至 80 年代前半期，有关稀酸水解系统的模型和新的水解工艺成为热点。与浓酸水解的工艺路线相比，稀酸水解需要在比较高的温度下进行才能使半纤维素和纤维素完全水解。同样，木质纤维素稀酸水解过程也是相当复杂的，很难用某一种较为精确的动力学模型进行描述，这与纤维素、半纤维素以及木质素三者之间的结构相当复杂和相互间强的化学键作用有关。木质纤维素稀酸水解还受到生物质的种类和尺寸、酸的种类和浓度、反应压力、反应温度以及反应时间等因素的影响，不同的反应条件、不同种类的木质纤维素生物质，甚至不同产地的同类生物质原料往往会产生不同的反应结果。

（2）酶水解

由于木质纤维素酸水解对条件的要求非常苛刻，对设备腐蚀严重，并且其分解产物中往往含有如糠醛、酚类等有毒物质，以及酸的回收等问题，大大限制了酸水解的使用。与酸水解相比，酶水解起步较晚，到 20 世纪 60 年代才开始了对木质纤维素生物降解的研究，是目前生物质水解的主要方法。该法在较低的温度下加入纤维素酶，对纤维素进行专一的水解。并且由于酶有很高的选择性，可生成单一产物，故糖产率很高（＞95％）。但由于生物酶的制备比较困难、成本比较昂贵、水解效率较低及其本身与木质纤维素类生物质的接触面积较小等缺点而在一定程度上限制了酶水解技术的推广和应用。

纤维素的酶水解是由具有高效性的纤维素酶来完成的。水解产物通常是包括葡萄糖在内的还原糖。同酸或者碱相比较，酶水解的成本是比较低的，因为酶通常是在比较温和的条件下（pH4.8，45～50℃）完成反应，而且不会有腐蚀问题。细菌和真菌能产生使木质纤维原料水解的纤维素酶。微生物可以是需氧的或厌氧的、嗜热的或嗜温的。纤维素易与半纤维素、木质素等难分解的物质相复合，因此，纤维素不能溶于水，难以水解，其分解需要至少3组水解酶的协同作用。纤维素分解首先是纤维素的晶体消失，继而生成纤维二糖、戊二糖，最后纤维二糖酶将其分解成葡萄糖，葡萄糖便于吸收[47]。纤维素酶大致可分为三类：内切葡萄糖酶，外切葡萄糖酶和 β-葡萄糖苷酶。a. 内切 β-葡聚糖酶（EC3.2.1.4，endoglucamse），简称 EGⅠ～Ⅳ，属于内切酶，作用于纤维素大分子的内部，随机切割 β-1,4 葡萄糖苷键，随机产生短链分子；产生的小分子可以被下面介绍的 CBH 所作用。b. 外切 β-葡聚糖酶（EC 3.2.1.91，cellobiohydrolase），也叫微晶纤维素分解酶，简称 CBH 酶，又分为两大类。β-1,4 葡聚糖葡萄糖水解酶 CBHⅠ：作用于纤维素分子链的非还原性末端，切割 β-1,4 键，产物是葡萄糖。β-1,4 葡聚糖纤维二糖水解酶 CBHⅡ：同样作用于纤维素分子链的非还原性末端，但产物是纤维二糖。c. β-1,4 葡萄糖苷酶（EC3.2.1.21），又称 BGL 酶，可水解纤维二糖和短链寡糖成葡萄糖。d. 除了以上 3 种主要的纤维素酶外，还有很多的辅酶能够作用于半纤维素。如葡糖苷酸酶、乙酰酶、木聚糖酶、β-木聚糖酶、半乳甘露聚糖酶和葡甘露聚糖酶等。

很多细菌和真菌都能产生水解纤维素物质的纤维素酶，研究最多的是 *Cellulomonas*

fimi 和 *Thermomonospora fusca*。尽管很多分解纤维素的细菌，特别是厌氧菌如 *Clostridium thermocellum* 和 *Bacteroides cellulosolvens* 都能产生具有高度专一活性的纤维素酶，但产酶量不高。再加上厌氧微生物的生长率很低，需要厌氧生长条件，因此，大部分商业化纤维素酶生产的研究集中在真菌上。大多数真菌都产生纤维素酶，Mandels 和 Sternberg 早在 1976 年就做了先驱工作，采集并筛选了 14000 种真菌。迄今为止，最好的同时也是研究最多的降解纤维素的微生物是真菌 *Trichoderma*。Saddler 和 Gregg 指出，大多数真菌产生的纤维素酶在温度(50±5)℃、pH 值为 4.0～5.0 的条件下活性最强。Tenborg 对酶活性的研究表明，酶活性最佳的条件随着水解时间的改变而改变，还随产生酶的菌种的不同而不同。并且水解停留时间增长(＞24h) 时，酶的最适温度变为 38℃。纤维素水解酶的活性随着水解的进行逐渐降低，一部分是由于纤维素酶在纤维素上的不可逆吸附造成的。水解时，加入表面活性剂能显著改善纤维素的表面特性，使这种吸附降至最小。另外，酶水解过程中会产生很多抑制性物质，如纤维二糖、葡萄糖和甲基纤维素等，降低纤维素酶的活性。

纤维素的酶水解具有反应条件温和、不生成有毒降解产物、糖化率高、设备投资低等优点，但纤维素酶的酶解效率往往很低，与淀粉酶相比相差了 2 个数量级以上，并且生产成本很高，占了纤维素糖化工艺的 40%以上，从而严重阻碍了这一技术的广泛应用。因此，高产菌种的筛选和培育已成为了决定这一技术成败的关键之一。近几年来，随着生物技术的发展，高效的基因工程菌的培育也显示了巨大的潜力。在大量微生物菌株选育和酶学研究的基础上，已有来自真菌、细菌、放线菌的数百个编码内切葡萄糖酶类的基因得到了克隆和表达，大量基因的完整核苷酸序列已测出。在此技术上，有目的地筛选木质纤维素降解菌，进一步通过基因工程、代谢途径工程、蛋白质工程等现代生物技术，对现有的纤维素降解菌进行全面改造，将有望构建出高产高效的纤维素降解菌。

另外，酶的固定化技术也为提高纤维素酶的水解效率、降低成本提供了更好的保障。为了提高酶的利用率，人们开发了固定化酶技术，即将原水溶性的酶或含酶细胞固定在某种载体上，制成不溶于水但仍具有酶活性的酶衍生物。因为固定化酶比游离酶具有更好的稳定性，并且可以回收进行重复使用，又便于连续化操作，因而可以大大降低成本。美国、日本等国早在 20 世纪 70 年代初期就开始进行了纤维素酶固定化(immobilization of cellulase, IC) 的研究，目前已有许多不溶性或可溶性载体被广泛用于纤维素酶的固定化。

目前，酶的生产成本太高，这已成为阻碍生物质酶水解制酒精工艺发展的一个重要因素。很多研究者正在从事这方面的改进工作，包括对微生物的选择和培养以增加酶的产率并提高酶的活性，用廉价的工、农业废物作为微生物培养基质，试验各种形式的发酵器等。生物工程的进展使得更有效的纤维素酶生产成为可能。目前通过重组 DNA 技术已能把纤维素酶中的单个组分移置在原来不产酶的微生物内，从而生产出纯组成的酶，更方便地应用于酶水解中。科学工作者还培养出了含内切葡萄糖酶的转基因烟草和土豆，这就为低成本生产纤维素酶开辟了新的途径。同时也表明，将来有可能直接把含纤维素酶的转基因植物加入到水解发酵罐内，这将进一步降低乙醇的生产成本[46]。

（3）热解

热解是一种比较新的纤维素水解方法。近年来，纤维素的热解工艺取得了突破性的进展，为纤维素的糖化开辟了一条新的道路。热解是在完全无氧或氧含量极小因而氧化反应程度极为有限的情况下进行的降解反应。研究表明，通过控制热解条件，可以有效地将纤维素类物质转化成含有高浓度内醚糖的热解液。内醚糖作为潜在的发酵工业碳源，越来越受到研究者的注意。然而遗憾的是，迄今为止没有发现可以将内醚糖直接转化为乙醇的微生物，而采用水解内醚糖为葡萄糖再转化为酒精的路线，必须以经济的方法去除纤维素热解液中抑制微生物生长和发酵的物质，例如呋喃、糠醛等。

4.6.2.3 纤维素发酵

(1) 发酵原料净化

通过酸水解得到的糖液中存在很多有害组分，它们会阻碍微生物的发酵活动，降低发酵效率。大部分有害组分来自纤维素和半纤维素水解中产生的副产品，其中含量最高的是乙酸。人们研究了很多方法来降解有害组分。最简单的办法是把水解液稀释(1∶3)，但这样将大大降低糖浓度，增加后续工段的成本，从经济上看并不可行。其他方法包括过量加碱法、水蒸气脱吸、活性炭吸附、离子交换树脂等。

有的微生物能耐某些有害组分，如酵母 *S.cerevisiae* 有代谢糠醛的能力；*E.coli* 有抗乙酸和甲酸的能力；经过适应性培养的微生物常能增强对有害组分的抵抗力。目前，通过基因工程开发抗有害组分的微生物也取得了一定的进展，从而大大提高了酒精的产率。

(2) 发酵菌的选择和培育

木质纤维素经水解后，产生的葡萄糖、木糖、阿拉伯糖等可通过微生物发酵生成酒精。通过筛选和培育，以及近年来转基因技术的应用，已得到了很多实用的菌种。其中，酵母菌是研究得比较多的一种发酵菌。其中的 *S.cerevisiae* 酵母在葡萄糖的降解中显示了优良的性能，是最常用的一种发酵菌。但现有的酵母菌株都不能利用木糖和阿拉伯糖。众多的学者开展了构建基因工程菌的研究，使构建的工程菌能同时发酵葡萄糖和木糖为酒精。工程菌在葡萄糖∶木糖为 1∶1 的混合液中可以发酵产生 47g/L 的乙醇，达到理论得率的 84％，为木质纤维素转化为酒精工艺的实际应用提供了新途径。

到了 20 世纪 70 年代，人们开始研究细菌的发酵作用。其中，运动发酵单胞菌(*Z.mobilis*)受到了人们的普遍关注。它具有很高的发酵选择性，能耐高浓度的酒精和低 pH 值，对水解糖液中的有害物质也有较强的耐受力，具有生成菌体量小、发酵快、乙醇得率高等优点。和普通酵母菌相比，它的酒精转化率可提高 5％～10％。在葡萄糖的发酵中，其酒精收率可达 97％，并能产生 12％的酒精浓度。然而，运动发酵单胞菌不能利用木糖和阿拉伯糖。张敏等利用克隆技术，构建了带有两个独立操纵子的杂合穿梭质粒以及转酮酶基因和转醛酶基因，成功地转化了运动发酵单胞菌 CP4 菌株。重组菌以木糖作为唯一碳源生长，木糖和葡萄糖转化为乙醇的得率分别达到理论得率的 86％和 94％。另外，他们还通过从大肠杆菌中克隆与阿拉伯糖代谢相关的一些基因，并将编码与木糖同化、阿拉伯糖同化和戊糖磷酸途径相关的 7 个关键酶的基因都导入了运动发酵单胞菌，使重组菌具有了能同时发酵存在于稻草、玉米纤维和锯末水解物中的葡萄糖、木糖和阿拉伯糖为酒精的能力。

(3) 常用的糖化发酵工艺

自然界很多微生物(酵母菌、细菌、霉菌等) 都能在无氧的条件下通过发酵分解糖，并从中获取能量。不同微生物有不同的发酵途径，并产生不同的发酵产物。从生产酒精的目的看，以酵母菌和少数细菌的发酵途径最有利，因它们的产物只有酒精和 CO_2。从理论上说，100g 葡萄糖发酵可得 51.1g 酒精和 48.9g CO_2。实际发酵中酒精收率必小于理论值，这主要是由于以下一些原因：a. 微生物不能把糖全部转化为酒精，总留有一些残糖；b. 微生物本身生长繁殖需消耗部分糖，构成其细胞体；c. 发酵中产生的 CO_2 逸出时会带走一些酒精，因酒精易挥发；d. 杂菌的存在会消耗一些糖和酒精[46]。

按反应过程和机理的不同，木质纤维素发酵可分为直接发酵法、糖化发酵两段发酵法（SHF）、同步糖化发酵（SSF）、非等温同步糖化发酵（NSSF）、同步糖化共发酵（SSCF）、联合生物工艺（CBP）等。

1) 直接发酵法　直接发酵法就是以纤维素为原料进行直接发酵纤维素生产酒精，而不需经过酸解或酶解前处理过程。Van Rensburg 等曾尝试将不同的纤维素酶和 β-葡萄糖苷酶基因在 *Saccharomyces cerevisiae* 中表达，但可发酵纤维素的重组酵母菌一直都不成功，只有一些重组酵母可以同化作为碳源的纤维寡糖（2～6 个葡萄糖单元）。2002 年，日本的 Yasuya Fujta 等构建了一种新型的降解纤维素的酵母，不需预处理就可以把 β-葡聚糖转化为酒精。在 *S. cerevisiae* 的细胞表面上用基因工程技术联合显示了两种纤维素水解酶。通过一种基于 α-凝集素的细胞表面工程体系，把由丝状真菌 *Trichoderma reesei* QM9414 获得的葡聚糖内切酶 II（EG II）作为融合蛋白显示在细胞表面上。由此获得的酵母可在以 β-葡聚糖为唯一碳源的合成培养基上生长，50h 内发酵 45g/L β-葡聚糖可生成 16.5g/L 的酒精，产量达到理论值的 93.3％。重组酵母显出了巨大的发展潜力，有望投入实验和生产中。这种工艺方法简单，成本低廉，但酒精产率不高，而且易产生有机酸等副产品。

利用混合菌直接发酵，可部分解决这些问题。中国科学院广州能源研究所陈柏铨、彭万峰等曾应用里氏木霉与运动发酵单胞菌原生质的融合子进行了纤维素直接发酵酒精的研究，他们用聚乙二醇作为诱导剂，使钝化的里氏木霉 QM9414 的原生质体和运动发酵单胞菌 ATCC29191 的原生质球融合产生远缘细胞融合子，该融合子可以直接进行纤维素的酒精发酵，但其产酶能力很低，而且产酒精的能力亦很低，酒精的平均含量为 0.038％，最高含量也只有 0.153％。通过基因工程技术改造菌株的性能，有望得到高效的纤维素降解菌，从而使得利用纤维素进行酒精发酵在经济上成为可能。

2) 糖化发酵两段发酵法　糖化发酵两段发酵法（SHF）是目前研究得比较多的一种方法。纤维素经纤维素酶水解后，生成的糖液作为碳源发酵生成酒精。酒精产物的形成受以下因素限制：末端产物抑制，低细胞浓度以及基质抑制。为了克服酒精产生的抑制，必须不断地将酒精从发酵罐中移出，采取的方法有减压发酵法、快速发酵法、Biotile 法等。对物流进行循环利用可以克服细胞浓度低的问题，并且可以降低成本和能耗。Stenberg 等对物料循环量与酒精产率的关系进行了研究，将部分釜液经蒸馏后循环回到发酵罐中。结果表明，当用釜液取代 60％的清水时，酒精的产率并没有降低。筛选在高糖浓度下存活并能利用高糖的微生物突变株，以及使菌体分阶段逐步适应高基质浓度，可以克服机制抑制。

3) 同步糖化发酵法　由于纤维素水解和乙醇发酵所需的酶系通常来自不同的微生物，最适反应条件各不相同，因此，最初的水解和发酵过程一般是分开进行的。在水解系统中，为了克服可溶性糖的反馈抑制作用，要么增加纤维素酶的用量，要么扩大容积降低反应液中可溶性糖的浓度，这都要增加酶解过程的生产成本。为了克服反馈抑制作用，Gauss 等提出了在同一个反应罐中进行纤维素糖化和酒精发酵的同步糖化发酵法。这样，生成的葡萄糖很快就被微生物发酵消耗掉了，避免了产物抑制，且所需反应器的数目减少了，节约了总生产时间，提高了生产效率。但由于纤维素酶和酵母发酵的最适温度不一致，水解最佳温度为

45～50℃，而发酵最佳温度为 30℃，因此，SSF 工艺中一般采用 35℃左右作为折中，但这在一定程度上降低了糖化和发酵的效率。耐热性酵母的应用能较好地解决这一问题。SSF 法的另一个缺点是反应后菌体细胞与木质素残留物混杂在一起，酵母难以回收再利用。

黑龙江轻工科学院研究院的吕伟民、王宇等利用产朊假丝酵母可以用来发酵五碳糖产生酒精，将稀酸处理后的玉米秸秆同时加入纤维素酶、产朊假丝酵母和酒精酵母，一起在同一发酵容器中，使水解和发酵同步进行，直接生产酒精，还降低了葡萄糖对纤维素水解的抑制作用。

山东轻工业学院的王瑞明等用 1.5％的 H_2SO_4 处理玉米秸秆，再以纤维素酶、假丝酵母、酒精酵母进行 SSF 乙醇发酵，得到 2.84％的酒精浓度。将秸秆酒精醪与淀粉质原料及固态发酵酒精醪混合蒸馏后，进行 CO_2 气提乙醇发酵分离耦合工艺，淀粉的利用率为89％，酒精醪的乙醇浓度为 11.6％。由于酒糟全部用于饲料，实现酒精的清洁生产。

4）非等温同步糖化发酵　针对纤维素糖化和发酵最适反应温度不一致的问题，Zhangwei Wu 等提出了利用非等温同步糖化发酵法生产乙醇的工艺，较好地解决了这一矛盾。中科院化冶所生化工程国家重点实验室与清华大学分析中心利用分散、耦合、并行系统，使酶解、发酵和酒精在线分离操作既分离又结合成一个整体，并在小实验的规模上采用这一系统，在已有的基础上对纤维素制酒精进行了研究，所得结果明显优于同步糖化发酵法。

5）同步糖化共发酵　随着能同时发酵戊糖和己糖的稳定的基因重组菌株的获得，同步糖化共发酵技术也发展起来了。目前相对比较成熟的是美国能源部的国家可再生能源实验室（NREL）推荐的同步糖化共发酵法。SSCF 法把源于半纤维素的木糖等五碳糖和源于纤维素的葡萄糖等六碳糖一道转化成乙醇，从而提高了转化效率，降低了生产成本。同时，也可以采用混合培养的方法：一是混合培养糖化菌与酒精发酵菌，直接发酵多糖生产酒精；二是混合培养葡萄糖发酵菌与木糖发酵菌，同步发酵葡萄糖与木糖生产酒精。

6）联合生物工艺　自然界中的某些微生物（如 *Clostridium*、*Moniliar*、*Fusarium*、*Neurospora* 等）都具有直接把生物质转化为乙醇的能力，这就为在同一个生物反应器中利用同一种微生物完成生物质转化为酒精所需的酶制备、酶水解及多种糖类的酒精发酵等全过程，从而简化工艺，降低成本，提供了可能。联合生物工艺（以前称为直接微生物转化，DMC），将纤维素酶生产、水解和发酵组合在一步里完成。这要求纤维素酶生成和乙醇发酵都由一种微生物或一个微生物群体来实现。目前，这一技术已开始得到人们的重视，并进行了一些研究。Ingram 等已成功地将欧文菊（*Erwinia*）的两种内切葡聚糖酶的基因克隆到能发酵戊糖生产乙醇的克雷伯菌（*Klebsiella*）中，使该菌在配合真菌纤维素酶发酵结晶纤维素时产生的乙醇增加了 22％。但总的来说，该技术目前还处于起步阶段，要实现产业化还有很长的一段路要走。

4.6.2.4　后处理

发酵液中的酒精一般通过精馏的方法回收。用普通精馏得到的是酒精和水的恒沸物（酒精浓度为 95％左右），不能直接用作燃料酒精（燃料酒精为无水酒精）。一般先用传统的双塔精馏得到共沸酒精，再进一步脱水制得无水酒精。双塔精馏中的第一个塔叫醪塔，在该塔内可脱除溶解在醪液中的全部 CO_2 和大部分水。糖液发酵而得的产品被称为"醪液"，它是酒精、微生物细胞和水的混合物。以生物质原料制得的醪液中酒精浓度较低，一般不超过

5％。第二个塔叫精馏塔，在该塔内可得到接近恒沸组成的酒精。从95％酒精生产无水酒精的工艺很多，从节能考虑，常用分子筛吸附法脱水[46]。

4.6.2.5 废水及残渣的处理

精馏塔底残液中含有大量有机物，可把这部分残液和其他过程的废水一起收集后，在厌氧条件下发酵，并可产生甲烷。此甲烷可作内部能源，用于生产蒸汽。

以木质素为主的固体残渣一般用作燃料，但从提高经济效益的角度考虑，还可以进行木质素残渣的综合利用，如可用水解残渣为原料生产活性炭、木质素树脂等化工产品。

4.6.3 技术操作要点

4.6.3.1 木质纤维素原料制取乙醇的难点

木质纤维素转化为酒精一般可分为3个阶段：a. 将木质纤维素转化为可发酵的原料；b. 生物质降解产物发酵为乙醇；c. 分离提取乙醇及其副产物。目前，影响上述转化过程实用化主要有3个难点。

① 木质纤维素材料通常难以被直接降解转化。该过程可通过酸解或酶水解等方法得以实现，但酸解存在着腐蚀、酸难以回收以及抑制发酵等弊端，因此，酶水解是目前采用比较多的一种方法。但酶水解过程中，由于纤维素的微小构成单元周围被半纤维素和木质素层的鞘所包围，木质素虽然对纤维素酶反应没有阻碍作用，但它阻止纤维素酶对纤维素的作用，而且纤维素本身存在的晶体结构也会阻止酶接近纤维素表面，因此，人们不得不借助各种化学的、物理的方法进行预处理，破坏木质纤维素的结构，降低它的结晶度，并除去木质素或半纤维素，从而增大酶与纤维素的可接触面积，提高水解产率。

② 木质纤维素资源生物转化技术实用化的另一个主要障碍——纤维素酶的生产效率低、成本高，影响了酶的广泛应用。筛选和培育高产的菌种是生产纤维素酶的关键。随着生物技术的发展，有些酶组分的研究已进入基因工程和蛋白质工程等分子生物学水平，大大提高了人们改造菌株和酶分子本身的能力，有望通过高效基因工程菌株的培育来解决这一问题。

③ 半纤维素的水解产物往往含有大量戊糖（主要是木糖和少量阿拉伯糖）。戊糖一般不能被通常的酿酒酵母发酵成酒精，因此，戊糖的高效率发酵转化也是实现木质纤维素转化工艺实用化的一个技术关键。

4.6.3.2 木质纤维素发酵燃料乙醇的关键技术

（1）戊糖的乙醇发酵

纤维素经水解后产生的六碳糖（主要是葡萄糖）较易被传统工业微生物转化为乙醇，而半纤维素水解后主要得到戊糖（主要为木糖），通常情况下不能被传统工业微生物转化利用。而半纤维素在木质纤维素中所占的比例较大，因此，开展戊糖发酵菌株选育工作对于推动纤维素燃料乙醇制备技术的发展具有重要意义。

1）木糖发酵微生物　目前，在自然界中筛选到的能将木糖转化成乙醇的微生物主要有细菌、酵母菌和丝状真菌。能代谢木糖产生乙醇的细菌种类多、发酵速度快，且除了能发酵单糖外，还能发酵纤维素、生物高聚糖等，但细菌在厌氧发酵乙醇过程中，在较低的糖、醇浓度下就会受到抑制，此外，发酵过程还会产生许多副产物，导致乙醇的最终得率较低。

就酵母菌而言，能发酵木糖的酵母菌大致可分为两大类：一类能在厌氧条件下发酵木糖生成乙醇，如嗜鞣管囊酵母（*P. tannophilus*）；另一类在发酵木糖时需有部分氧存在，如产朊假丝酵母。与细菌的乙醇发酵相比，酵母菌具有酒精转化率高、得率高、耐受力高、副产物少、发酵过程不易染菌等优点。田毅红等利用嗜鞣管囊酵母 As21585 发酵木糖产乙醇，当水解液中木糖浓度为 30g/L 时，最大乙醇得率为 0.39g/g，为乙醇理论得率的 85%。汤斌等筛选出一株休哈塔假丝酵母 TZ8-13，对木糖和葡萄糖都有良好的发酵性能，糖浓度为 60g/L 时的乙醇产量可分别达到 21.6g/L 和 24.2g/L。

真菌中发酵戊糖产生乙醇的菌较少，研究也不多。目前的研究主要集中在尖镰孢菌（*Fusarium oxysporum*）及粗糙脉孢菌（*Neurospora crassa*）两类菌上。这两类菌自身可产生纤维素酶及半纤维素酶，又具有发酵戊糖和己糖为乙醇的能力，可直接转化产乙醇，可使天然纤维原料的利用工艺大大简化，降低乙醇生产的成本。因此，这是木质纤维素利用方面的一个不可忽视的研究方向。

除以上所述天然筛选到的发酵木糖产乙醇菌株外，目前，通过基因工程技术也获得了许多可代谢木糖的重组菌株。研究思路主要有两个：一是向能高效代谢六碳糖的菌种中引入五碳糖代谢途径；二是向能利用混合糖但产乙醇能力低的菌种中引入高产乙醇的关键酶基因。构建基因重组菌常用的宿主菌种有酿酒酵母（*Saccharomyces cerevisiae*）、运动发酵单胞菌（*Zymomonas mobilis*）和大肠杆菌（*E. coil*）。孙金凤等从 *Z. mobilis* 的 DNA 中扩增出 *pdc*、*adhB*，分别用 lac 启动子控制表达，构建了可以在 *E. coli* JM109 中表达的重组质粒 pKK-PA、pEtac-PA，得到的重组菌几乎专一地发酵产生乙醇。鲍晓明等从嗜热栖热菌（*Thermus themophilus*）克隆得到 *xyl*A，转化酿酒酵母，成功地在酿酒酵母中看到木糖异构酶活力表达，同时表达 *xyl*A 和超表达 TK11、TA11 的酿酒酵母重组菌可以在木糖为唯一碳源的培养基上生长，经摇瓶发酵，该菌株可以发酵木糖产乙醇，产量为 1.3g/L。

2）戊糖发酵机制　目前，戊糖发酵机制的研究主要集中在微生物代谢木糖的机制研究上。木糖的异构化是微生物木糖代谢的最初生化反应。木糖在微生物细胞中首先在木糖异构酶的作用下被转化成木酮糖，然后在木酮糖激酶的作用下转变成磷酸木酮糖，继而进入磷酸戊糖循环，经过一系列的生化反应，最后生成乙醇等代谢产物。

在由木糖异构化成木酮糖的途径中，细菌、丝状真菌和酵母菌的代谢途径是不同的。大多数细菌和放线菌是通过木糖异构酶一步完成的；而在酵母和丝状真菌中，木糖首先在依赖 NADPH 的木糖还原酶（XR）的作用下被还原成木糖醇，然后在依赖 NAD 的木糖醇脱氢酶（XDH）的作用下氧化形成木酮糖。以酵母为例，酵母的木糖发酵在兼性厌氧条件下进行，其总反应式为：

$$3C_5H_{10}O_5 \longrightarrow 5C_2H_5OH + 5CO_2$$

所以，木糖乙醇发酵的最高理论产率为 0.46g/g（以葡萄糖质量计），低于葡萄糖乙醇发酵的理论得率 0.51g/g（以葡萄糖质量计）。

（2）固定化细胞发酵工艺

固定化细胞发酵具有使发酵反应器内细胞浓度提高、细胞可连续使用、使最终发酵液乙醇浓度得以提高等优点。目前，研究最多的是酵母和运动发酵单胞菌的固定化。常用的载体有海藻酸钙、卡拉胶、多孔玻璃等。目前又有将微生物固定在气-液界面上进行发酵的报道，其活性比固定在固体介质上高。此外，混合固定化细胞发酵也可以提高纤维质原料发酵产乙醇的效率，如将酵母和纤维二糖酶一起固定化，将纤维二糖基质转化成乙醇。

4.6.4 纤维素燃料乙醇的示范工程与应用

各国政府大力发展纤维素乙醇,推动其产业化进程。目前绝大多数国家纤维素乙醇的研究都停留在实验室基础研究阶段,只有中国、美国、加拿大、瑞典、日本、西班牙和巴西等国家在产业化进展方面取得了一定的进展,建有一些中试示范和商业化规模工厂[47]。

在美国,Verenium 公司纤维素乙醇工厂是第一个示范性的纤维素乙醇厂,年产 $529.9 \times 10^4 L$ 的纤维素乙醇,于 2008 年 5 月投入运行。此外,美国农业部和能源部共同支持的纤维素乙醇产业化示范项目有以玉米秸秆为原料的 Abengoa 公司、以整个玉米(包括秸秆)为原料的 Broin 公司(2007 年 3 月更名为 Poet),以及以麦秸为原料的 Iogen 公司等。

我国燃料乙醇虽起步较晚,但发展迅速,目前已成为继美国、巴西之后的世界第三大燃料乙醇生产国。国内在纤维素乙醇产业化技术研究方面取得了多项关键技术的突破,并且建设了数套中试装置和示范工程。中国科学院过程工程研究所生化国家重点实验室在固态发酵技术产业化和秸秆组分分离及其生物量全利用方面进行了卓有成效的研究工作。采用其技术,山东泽生生物科技有限公司建立了年产 3000t 秸秆酶解发酵燃料乙醇产业化示范工程。秸秆酶解发酵乙醇示范工程实现了生物质利用的系统集成,其中包括 $5m^3$ 蒸汽爆破系统、$100m^3$ 纤维素酶固态发酵系统和 $110m^3$ 秸秆固相酶解、同步发酵-吸附-分离三重耦合反应装置,以及配套设备等。2008 年,河南天冠集团年产 5000t 秸秆乙醇项目建成并开始试运行,包括建设一套年产 10000t 纤维素酶和 5000t 秸秆乙醇生产装置,以及相关公用工程[42]。从前面的介绍来看,要从木质纤维类原料生产酒精,虽然有一定的技术和一些小规模的中间厂进行,但迄今为止,还没有一个商业化的运营厂。归纳起来有以下几个原因。

① 固定资产投资太高,特别是预处理的反应器。

② 技术都没有在大规模上验证过,工程设计有问题。

③ 酒精是大宗产品,价值不高。

④ 需在瓶颈问题上有重大技术突破,如预处理、酶制剂和发酵菌;同时,这些过程的集成也非常重要。能相对满足条件,如相对温和、腐蚀性小、产生较少的抑制剂、相对廉价的化学辅料、水耗低等的预处理过程进一步发展。利用六碳糖已经是非常成熟的技术,而利用五碳糖仍相对落后。迄今为止,很多国家都在此方面进行了大量研究,发现了超过 100 种的细菌、霉菌和酵母菌等可利用五碳糖生成酒精。酶制剂的进步提高了效率和降低了成本。

⑤ 投资回报不确定。

⑥ 原料的季节性和分散性的难题。玉米秆、小麦秆、稻草等如何收割、运输及存储都是比较大的问题。这是一个系统工程,包括收购-打捆-运输等流程,中间环节也比较复杂。这需要有国家政策的支持,因为一个企业独自承担前期如此多的环节和费用较困难[48]。

4.6.4.1 国外纤维素燃料乙醇工业的实例介绍

国外纤维素燃料乙醇工业发展迅猛,特别是前美国总统布什大力支持可再生能源的开发,争取到 2017 年燃料乙醇的生产达到 350 亿加仑($1gal = 3.78541dm^3$,下同)之后,广大的能源企业争先恐后地建设纤维素燃料乙醇的中试以及大规模的工厂。这些企业中比较大型、实力雄厚的有 Verenium 公司、Coskata 公司、Range Fuels 公司、Mascoma Corporation 公司和 Abengoa Bioenergy 公司。

（1）Verenium 公司

Verenium 公司于 2008 年 5 月在美国路易斯安那州的 Jennings 建造了一个生物质乙醇的示范工厂，以甘蔗渣和树木为原料，采用 2 级稀酸水解工艺，可年产乙醇 140 万加仑。以此中试工厂为基础，Verenium 公司准备建造生产能力为年产乙醇 3000 万～6000 万加仑规模的工厂。该公司的 2 级稀酸水解工艺过程主要可以分为 10 步：a. 原料的输送；b. 原料的预处理，包括粉碎和清洗；c. 稀酸水解半纤维素，通过蒸汽爆破以及较温和的稀酸水解工艺，将生物质中的半纤维素转化为五碳糖；d. 固液分离，将含有五碳糖的液体与固体物料分离，液体进入五碳糖发酵罐中，固体物质通过清洗后进入六碳糖的发酵罐中；e. 五碳糖发酵；f. 回收到的纤维素和木质素的物料，在六碳糖的发酵罐中进行连续酶水解和发酵工序，得到稀的乙醇溶液；g. 将五碳糖和六碳糖的发酵液混合，进入精馏工序；h. 稀乙醇溶液精馏，可得到含量为 100％的无水乙醇；i. 水解之后的木质素残渣进行燃烧，作为蒸汽的一部分热源；j. 将无水乙醇运送至各分销点，流通进入市场。

（2）Coskata 公司

从事纤维素乙醇生产的 Coskata 公司于 2009 年 10 月宣布投资 2500 万美元在美国宾夕法尼亚州的麦迪逊建造以生物质、农业及城市废物为原料，年生产能力为 4 万加仑的纤维素燃料乙醇中试工厂。该公司将进一步建设生产规模为 5000 万～1 亿加仑/a 的装置。该公司的燃料乙醇生产工艺可以分为三步：a. 气化部分，将原料气化得合成气；b. 发酵部分，将第一步得到的合成气发酵为燃料乙醇；c. 分离以及回收燃料乙醇。该生产工艺具有高效、低运行成本和灵活的优点，主要是因为：微生物具有高的选择性，可以接近完全地利用能量；如果采用稻草、农业废物和木屑为原料，可以减少 80％～90％的二氧化碳排放，并且过程最后没有固体垃圾排放、废液处理及高价纤维素酶的限制；该过程能量的产出比投入高 7.7 倍，而玉米乙醇所产出的能量约是投入能量的 1.3 倍；而且该生产工艺不受纤维素酶的限制，采用独自开发的微生物将合成气转化为燃料乙醇，原料适用性强，可以选用木屑、稻草、林产品、玉米秸秆、城市垃圾和工业有机垃圾作为原料。

（3）Range Fuels 公司

2008 年第一季度，Range Fuels 公司的中试工厂开始生产燃料乙醇，该中试工厂位于其在美国科罗拉多州丹佛市的研发中心。

Range Fuels 在佐治亚州的工厂除美国能源部资助外，还吸纳了 1.58 亿美元的风险投资和 8000 万美元的贷款担保，同时，示范工程所在地佐治亚州还提供了 625 万美元的贷款。该工厂将非食用如木质生物质和牧草气化为合成气，然后催化剂将合成气催化成甲醇，最后甲醇在附加的反应器中转化成乙醇。目前该公司于 2010 年 8 月成功运行了年产 2000 万加仑的生产线，并于 2011 年第三季度正式生产，这是美国最先进的达到商业化规模的纤维乙醇工厂。同时，该公司于 2011 年夏天计划将纤维素生物燃料生产能力提高到 6000 万加仑/a，最终甲醇和乙醇产能将达到每年 1 亿加仑。

（4）国外其他燃料乙醇公司

Poet 公司作为一个老牌的玉米燃料乙醇生产公司，也开展了燃料素乙醇相应的开发工作。该公司要将其在美国艾奥瓦州的 Emmetsburg 的玉米燃料乙醇装置进行改造扩建，由原来的每年 5000 万加仑的生产能力扩大至每年 1.25 亿加仑，其中 2500 万加仑为纤维素燃料乙醇。工程目前已经开工，于 2011 年竣工，所用原料为玉米和谷物的废弃纤维。

Iogen 是加拿大最大和最主要的纤维素乙醇生产厂家，也走在全球纤维素乙醇产业化前列。2004 年，Iogen 公司在渥太华投资 0.2 亿多美元建成并运营着世界上第一个和唯一的示范规模的使用生物酶技术化的纤维素乙醇的工厂，每天可处理 40t 小麦秸秆，具有年产 26 万加仑的能力，被认为是目前世界上同类装置中规模最大的。该公司率先利用自产的纤维素酶制剂，连续运行，生产出的乙醇成本已经降到 1.2～1.4 美元/gal。2006 年，世界上第一个使用纤维素乙醇燃料的车队也在此诞生。2007 年，Iogen 继续投入 2580 万加元，同时接受加拿大政府 770 万加元的可偿还投资，进一步开发纤维素乙醇项目，改造现有装置。到 2009 年，Iogen 生产了 15.3 万加仑纤维素乙醇，并将其添加到加拿大油站进行销售，成为第一个将生物燃料出售给零售服务站的纤维素乙醇生产商。该公司在酶制备方面的核心技术包括蛋白质工程、酶表征、发酵开发、酶制造、酶应用工程以及酶基反应操作。Bluefire Ethanol 公司将与 MECS 公司和 Brinderson 公司共同在美国加利福尼亚州的兰开斯特建造生产能力为每年 310 万加仑的纤维素燃料乙醇工厂，并正式投产，远小于预期的 1900 万加仑/年。后来还要求能源部再给予 2.5 亿美元的贷款担保，于 2010 年年底在密西西比州的富尔顿开始建设年产 1900 万加仑的纤维素乙醇工厂。Abengoa Bioenergy 公司隶属于西班牙 Abengoa 工程公司，该公司于 2007 年 10 月耗资 3500 万美元在澳大利亚 Neb. 的约克角建造了一个燃料乙醇的中试工厂。Abengoa Bioenergy 公司计划耗资 3 亿美元在 Hugoton Kan 建造生产能力为每年 4900 万加仑的燃料乙醇工厂，同时，DOE 公司资助 7600 万美元在堪萨斯州的 Colwich 建造一座生产能力为每年 1140 万加仑的燃料乙醇生产工厂。

美国 Mascoma 公司成立于 2005 年，是一家专门从事纤维素乙醇研发的高技术公司，总部设在马萨诸塞州剑桥市，研发部门在新汉普顿。示范工厂建在纽约 Rochester，利用 Genencor 国际公司现有的设备及酶系统，采用 Mascoma 公司的创始人之一及首席科学家 Lee Lynd 的技术，利用木屑和废纸生产乙醇，乙醇年产量 50 万加仑。Lee Lynd 的"利用纤维素原料生产乙醇的无机械搅拌的连续工艺"：经稀酸预处理后的纤维素浆、发酵菌和酶混合物连续进入温度控制在 60℃ 的生物反应器中，经糖化发酵为乙醇。反应物在反应器内分为三层：上层为乙醇、水蒸气和微生物的混合气，中层为乙醇、水和微生物的混合液，下层主要是不溶的原料渣。中层混合液连续流出，一部分直接进入到蒸馏单元，另一部分回流到反应器以保证反应器内的酶和微生物浓度。上层气体中的乙醇可提纯，下层残渣在提取出乙醇和酶等后可用于燃料供热。该工艺的特点是实现酶和微生物的内循环、反应时间短、单位体积产率高。从 2006 年至今，Mascoma 公司累计从 Khosla 公司、Flagship 公司和 General Catalyst Partners 公司等获得的风险投资高达 5000 万美元。

加拿大 SunOpta 是美国 NASDAQ 上市公司，成立于 1973 年，下属的生物技术集团是世界上在纤维素乙醇的预处理、蒸汽爆破和精制生产工艺领域处于领先地位的公司之一，20 年前在法国建立第一家纤维素乙醇厂。该公司开发了全球第一套利用高压无水氨预处理纤维素的连续式生产工艺和设备，并于 1999 年申请了加拿大等国的专利。原理是先将原料放入压力为 1.38～3.10MPa、装有活化剂的预处理反应器中，停留时间为 1～10min，然后在常压下爆破，使原料角质化，再进行糖化发酵。由于 SunOpta 公司拥有先进的纤维素乙醇技术，它为多个纤维素乙醇商业化项目提供技术。Abengoa 公司与 SunOpta 公司合作，于 2005 年 8 月开始在西班牙 Babilafuente(Salamanca) 的 BCYL 粮食乙醇厂旁边建设一座日处理 70t 干草、年产 5000000L 的生物质乙醇厂，采用添加催化剂的蒸汽爆破预处理及同步酶水解发酵工艺，是世界上第一家纤维素乙醇商业厂。SunOpta 公司为其项目提供专利的预处理技术和设备。2006 年，SunOpta 公司与黑龙江华润酒精有限公司合作在肇东市建厂，由 SunOpta 公司提供系统和技术，利用玉米秆生产乙醇。SunOpta 公司还与加拿大 GreenField 乙醇公司成立合资公司，专门设计建造从木屑制造乙醇的工厂。

4.6.4.2　国内秸秆纤维素燃料乙醇工业的实例介绍

目前我国对燃料乙醇工业的研究也进展迅速，国内多家企业和科研单位对该工业投入了大量的人力和物力进行研究，具有代表性的有河南天冠集团、中粮集团、山东泽生生物科技有限公司、华东理工大学、中国科学院广州能源研究所和中国科学院过程工程研究所等。

河南天冠集团先后与浙江大学、山东大学、清华大学和河南农业大学等科研机构交流合作，攻克了秸秆生产乙醇工艺中的多项关键技术，使原料转化率超过 18%，即 6t 秸秆可以转化为 1t 乙醇。针对秸秆原料的特殊构造，采用酸水解和酶水解结合，戊糖、己糖发酵生产乙醇。该集团自主开发培育高活性纤维素酶菌种，生产纤维素酶，通过优化工艺，提高酶活力，使生产纤维素乙醇的用酶成本降至每吨 1000 元以下。同时，该集团还成功开发了乙醇发酵设备，从根本上解决了纤维素乙醇发酵后乙醇浓度过低的难题，降低了水、电、汽的消耗，有效地降低了生产成本。

河南天冠集团年产 3000t 的纤维素乙醇项目已于 2006 年 8 月底在河南省南阳市镇平开发区奠基，于 2007 年 11 月 23 日第一批燃料乙醇下线，这是国内首条纤维素乙醇产业化生产线，其技术水平在生物能源领域处于国际领先地位。该项目总投资 4500 万元，每年可消化玉米秸秆类生物质 18000t。天冠集团负责人表示，在 3000t 装置运行正常的基础上，将会对其进行改造，扩大生产规模至每年 10000t。2011 年 12 月，该集团完成的万吨级纤维素乙醇项目也顺利通过国家能源局鉴定。

山东大学微生物技术国家重点实验室研究课题试生产过程中生产纤维素酶、乙醇等产品。2010～2020 年的目标：在完善万吨级木糖相关产品——纤维素乙醇联产示范工厂的基础上，扩大原料品种（如玉米秸秆和麦秸秆等），扩大联产产品（如纸浆、化学品、饲料、沼气、二氧化碳等），进而以石油炼制企业为榜样，开发出以植物纤维资源为原料，全面利用其各种成分，同时生产燃料、精细化学品、纤维、饲料、化工原料的新技术，建立大型植物全株综合生物炼制技术示范企业。预期中国 2020 年可望建成年产 2×10^6 t 植物纤维基生物炼制产品的新兴产业，新增工业产值 2000 亿元，减少 3×10^6 t 石油需求，并安排 60 万农村人口就业。农民通过提供秸秆类原料增收 300 亿元，减少近亿吨 CO_2 净排放。远期目标（2050 年）：实现生物质原料（淀粉、糖类、纤维素、木素等）全部利用，产品（燃料、大宗化学品和精细化学品、药品、饲料、塑料等）多元化，形成生物质炼制巨型行业，部分替代不可再生的一次性矿产资源，初步实现以碳水化合物为基础的经济社会可持续发展。山东大学承担的"酶解植物纤维工业废渣生产乙醇工艺技术"项目，开发成功木糖-乙醇联产工艺，实现了生物质资源的综合及高值利用。这项技术实现了玉米芯的高值利用。科研人员将提取了木糖、木糖醇后的玉米芯下脚料木糖渣中 60%的成分先进行深度预处理，然后将处理过的纤维素用作原料生产葡萄糖，再由葡萄糖进一步生产燃料乙醇，余下高热能的木素则充当燃料。山东大学研究并成功实现了纤维素酶的产业化，初步的技术经济分析表明，木糖-乙醇联产工艺的乙醇生产成本低于粮食乙醇成本，具有良好的经济效益和社会效益。

莎车县与浙江浩淇生物新能源科技有限公司合作共同开发的甜高粱秸秆制取无水燃料乙醇工程项目已于 2006 年 9 月底在新疆南部莎车县启动。甜高粱秸秆制取的无水燃料乙醇部分功能可代替石油，且价格成本比市场上使用的 93# 汽油的价格成本要低。使用甜高粱秸秆制取无水燃料乙醇可减少环境污染，提取燃料乙醇的废渣还可以作饲料、造纸、制作密度板的原材料，延伸产业链，提高综合效益。此项目建成可使莎车县 4 个乡镇近 2 万公亩(1 公亩＝100m²，下同)的甜高粱秸秆得到综合利用，农户种植甜高粱每公亩可增收 150～200 元。该公司计划用 5 年的时间分 3 期投资 12.6 亿元建设年产 $3×10^5$ t 甜高粱秸秆制取无水燃料乙醇项目。一项利用农作物秸秆制取燃料乙醇的工程于 2006 年 10 月底在新疆吉木萨尔县三台酒业(集团)公司生产基地开工。该项目利用当地丰富的废弃植物秸秆资源进行生物能源开发生产，预计年产乙醇 $1×10^5$ t，项目总投资 2.8 亿元。

由清华大学、中国粮油集团公司和内蒙古巴彦淖尔市五原县政府共同完成的甜高粱秸秆生产乙醇中试项目获得成功。中试结果显示，发酵时间 44h，比目前国内最快的工艺缩短 28h；精醇转化率达 94.4％，比目标值高出 44 个百分点；乙醇产率达理论值的 87％以上，比目标值高出 7 个百分点。该成果意味着我国以甜高粱秸秆生产乙醇的技术取得重大突破。据介绍，此次甜高粱秸秆制乙醇项目试验是由清华大学提供技术，中国粮油集团公司提供资金，内蒙古巴彦淖尔市五原县政府提供原料和场地条件联合完成的。专家预测，我国的东北、华北、西北和黄河流域部分地区共 18 个省市区的 $2.678×10^7$ hm² 荒地和 $9.6×10^6$ hm² 盐碱地将成为甜高粱生产基地，加上我国每年产生 7 亿多吨的作物秸秆，这些地区将成为我国生物燃料乙醇工业丰富的原料基地。

吉林九新实业集团白城庭峰乙醇有限公司年产 $3×10^4$ t 玉米秸秆燃料乙醇项目于 2007 年 5 月初奠基，它标志着吉林省瞄准非粮生物原料开发生物能源工程迈出了具有重大意义的一步。由白城庭峰乙醇有限公司投资建设的这一秸秆燃料乙醇项目是目前我国唯一利用玉米秸秆生产乙醇(酒精)的高技术项目，拥有目前国际上规模最大的秸秆燃料乙醇生产线。在技术上，该企业在加强国际合作的基础上，自行研发了具有自主知识产权的玉米秸秆燃料乙醇生产技术。据介绍，项目建成后，每年可转化玉米秸秆 $2.3×10^5$ t，可生产秸秆燃料乙醇 $3×10^4$ t、秸秆饲料 $6×10^4$ t，并可通过燃烧秸秆废料生产蒸汽 $6.4×10^5$ t、发电 4800 万度，年可实现销售收入 1.78 亿元，实现利润 8200 万元，带动当地农民年增加收入 2700 多万元。另悉，继 2006 年 $5×10^5$ t 燃料乙醇扩建项目达产后，一向以玉米为生产原料的吉林燃料乙醇有限公司正在开展原料多样化研究，积极探索走"非粮"路线。目前，该公司每年 3000t 玉米秸秆生产燃料乙醇工业化试验研究项目的某些关键技术已取得重大突破。此外，吉安新能源集团有限公司也在尝试以甜高粱秸秆生产燃料乙醇。吉林省秸秆原料丰富，随着玉米生产规模的扩大和效益的显现，秸秆燃料乙醇必将在吉林省形成新的产业，玉米等粮食秸秆也将从此变废为宝，成为重要的能源资源。

吉林燃料乙醇公司确定以甜高粱茎秆为原料制乙醇作为"非粮"发展燃料乙醇的方向之一，立足在不占用耕地、不消耗粮食、不破坏生态环境的原则下，坚持发展"非粮"生产燃料乙醇路线。2007 年 9 月 28 日，吉林燃料乙醇有限公司年 3000t 甜高粱茎秆制乙醇示范项目在江苏省盐城地区东台市启动。甜高粱是普通高粱的一个变种，其茎秆所含主要成分是糖、淀粉和纤维素。在充分利用甜高粱茎秆丰富的糖分生产乙醇的同时，还能综合利用其废物，创造更高的效益附加值。通过加工与综合利用，基本上不产生废物，可形成良性循环。该项目建设投资 6500 万元，以甜高粱茎秆为原料制燃料乙醇工程的实施，不仅开启了我国发展生物质能源的新途径，而且还可带动当地农民增收，拉动农业经济发展。

综上，经过多年的努力，我国燃料乙醇事业有了飞速的发展，特别是粮食乙醇工业已经成为国际大国。但从我国的国情出发，我国不适合发展粮食乙醇产业。通过对纤维素燃料乙醇的研究，我国已取得了可喜的成绩，但是与发达国家的先进水平还有一定的差距。因此，我们要合理利用自己的优势，充分发展我国的纤维素燃料乙醇产业，为节能减排以及国家能源安全做出贡献[45]。

4.6.4.3　秸秆酶解发酵燃料乙醇生态产业链示范

（1）山东泽生生物科技有限公司年产 3000t 纤维素乙醇的示范工程项目

造成秸秆生产燃料乙醇难以与石化生产乙醇、粮食生产乙醇相竞争的主要原因是生产成本过高。影响秸秆发酵乙醇成本的主要因素：a. 秸秆预处理费用高和污染环境（单一组分利用）；b. 秸秆发酵乙醇过程中纤维素酶用量大，纤维素酶使用费用高（沿用传统乙醇生产工艺及设备，缺乏关键特殊过程研究）；c. 秸秆乙醇转化效率低及蒸馏前乙醇浓度低、能耗高（单一技术研究）。

中国科学院过程工程研究所陈洪章课题组与山东泽生生物科技有限公司合作，在山东建立的年产 3000t 纤维素乙醇的示范工程项目中，把秸秆组分分离、纤维素酶固态发酵、秸秆纤维素高浓度发酵分离乙醇耦合过程和发酵渣作为有机肥料等四个关键过程作为一个有机整体来进行研究，形成经济有效的秸秆预处理工艺的技术集成。图 4-47 为秸秆分层、多级定向转化乙醇的工艺技术路线。

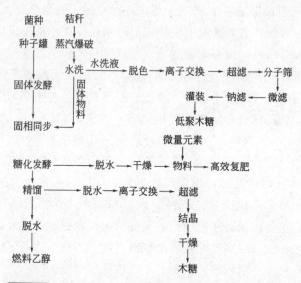

图 4-47　秸秆分层、多级定向转化乙醇的工艺技术路线

该工程将无污染蒸汽爆破技术、纤维素酶固态发酵、秸秆纤维素高浓度发酵分离乙醇耦合过程和发酵渣作有机肥料等四个关键过程作为一个有机整体，进行了 110m³ 乙醇发酵项目（预计年产乙醇 3000t）的建设。该生产线主要包括 5m³ 蒸汽爆破罐、100m³ 纤维素酶固态发酵罐、110m³ 秸秆固相酶解同步发酵乙醇装置、乙醇发酵吸附耦合塔[42]。

（2）中粮生化能源有限公司年产 1×10^4 t 纤维素乙醇示范项目

1）工艺技术

① 备料。原料玉米秸秆经过备料工段，送入玉米秸秆切片机，切断的并除去泥沙杂质的合格秸秆送入预处理车间。

② 预处理。原料在蒸煮器内保持一定温度和时间后，输送至喷放阀前端。喷放阀每隔一段时间开启一次。喷放阀开启时，物料由高温高压的蒸煮器中排入旋风分离器中，瞬间卸压降温引起蒸汽喷放，从而导致原料爆破，使纤维和半纤维素断裂。汽爆物料经缓冲罐进入水洗罐进行水洗。水洗完成后，利用浓浆泵将物料打入压滤机中压滤

③ 酶解发酵。浓缩后的物料经计量后进入酶解罐中。酶解一定时间后，将酶解液输送至发酵罐和活化罐中。活化罐中投入新型酿酒干酵母进行培养，培养好后打入酒母罐进行二次扩培，扩培好后的酒母打入相应的发酵罐中进行接种发酵。

④ 蒸馏

Ⅰ. 双塔差压蒸馏。发酵醪泵入醪塔，醪塔在减压状态下工作，釜馏物由循环泵经醪塔再沸器快速循环，以维持稳定的沸腾状态，并防止堵塞。

釜馏物（酒糟）被送到废渣处理工段。

醪塔顶部蒸汽首先经醪液预热器冷凝，然后经冷凝器冷凝。淡乙醇自醪塔中部取出，预热后送入精塔浓缩。精塔在加压状态工作。精塔顶部蒸汽在醪塔再沸器中冷凝，其冷凝液流入精塔回流罐，再由回流泵送入精塔顶部。

杂醇油自精塔中下部油馏段抽出，经冷却洗涤清洗后的杂醇油经分离器送入杂醇油贮罐；洗涤水返回精塔。

高浓度的乙醇（95%）从精塔出酒口流出，经冷却器冷却后流入成品罐。

Ⅱ. 分子筛脱水。脱水塔顶采出的 95% 的乙醇产品，通过乙醇进料泵送至预热器预热后进入蒸发器，乙醇蒸气通过过热器将温度加热至 130℃，自下而上进入正处于吸附状态的分子筛吸附床进行吸附脱水操作。脱水后的乙醇蒸气进入冷凝器进行冷凝，冷凝液进入成品乙醇中间贮罐，再经成品乙醇泵、过滤器、一级冷却器和二级冷却器冷却后送入燃料乙醇贮罐。

Ⅲ. 废渣处理。来自蒸馏单元的废渣送到锅炉烧掉，回收热量。

2）经济效益分析　项目总投资 18779.4 万元，其中银行贷款 1000 万元，建设期利息 391.5 万元。主要经济指标如表 4-15 所列。

该项目虽然采用了先进的工艺技术，但由于制造成本较高，财务费用高，年平均亏损 1237.28 万元，因此，该项目的建设从财务分析角度看是不可行的。

表 4-15　主要经济指标汇总表

项目名称	单位	数额
项目总投入资金	万元	18779.4
建设投资	万元	17779.22
建设期利息	万元	319.5
流动资金	万元	614.68
全厂定员	人	131

项目名称	单位	数额
工人	人	109
占地面积	m²	87152
建筑面积	m²	13104
销售收入	万元	5612.62
总成本费用	万元	6467.26
销售税金及附加	万元	382.65
利润总额	万元	−1237.28
总投资收益率	%	−4.55
资本金利润率	%	−2.42

但是该项目利用玉米秸秆生产市场前景看好的纤维燃料乙醇产品，开辟了一条新的可再生绿色能源，完全符合国家的产业政策，符合《可再生能源法》中提出的"鼓励清洁、高效地开发利用生物质燃料，鼓励发展能源作物，以及生物液体燃料的生产和利用"。项目建设的社会效益显著，可带动农业综合开发及农业结构的调整优化，带动地方经济发展，增加地方财政收入，增加农民收入，并提供就业机会。而且项目建设投产后，可在万吨级生产线上继续完善、优化纤维素乙醇工艺技术，可加速我国纤维素乙醇产业化步伐，对我国发展非粮燃料乙醇产业有着巨大的推动作用。

（3）纤维素乙醇产业试验的问题与建议

近年来，国内外对利用木质纤维素转化乙醇进行了大量的研究，工艺路线已经打通，但要想实现工业化生产，在原料收集、预处理、糖化、发酵和精馏各工艺过程中还存在着制约纤维素乙醇生产的问题，主要表现在以下几个方面。

① 我国的农业种植还是以个体经营为主体，农作物秸秆和木质纤维素原料分散，季节性强，收集困难，成本高。

② 生物质原料主要由纤维素、半纤维素和木质素三大部分组成。纤维素是细胞壁的主要成分，在纤维素的周围充填着半纤维素和木质素，阻碍了纤维素酶同纤维素分子的直接接触。由于天然纤维素原料结构复杂的特性，使得纤维素、半纤维素和木质素三者不能有效分离，这就给纤维素预处理带来了难度，目前我国掌握的预处理工艺、技术水平和能力有待进一步优化和提高。

③ 缺乏高效的纤维素酶的合剂，能够打破结构复杂的细胞壁，使嵌在其中的半纤维素和木质素内的纤维素充分水解，实现从纤维素到糖类的高转化率。现有的纤维素酶制剂转换效率较低，而且售价较高，使得酶解糖化经济成本居高不下，占总生产成本的 1/3 左右。

④ 缺乏能够同时高效利用戊糖和己糖的发酵菌株。在木质纤维素水解过程中有相当比重的戊糖。因此，戊糖的利用是影响纤维素乙醇综合成本的关键一项[42]。

4.7 秸秆热解液化生产生物油技术

近些年来，我国经济快速增长，导致我国能源消费不断增长，过多的石化消耗带来了严重的环境污染问题，**雾霾天气频发**，$PM_{2.5}$浓度居高不下，严重危害了人们的身心健康。与此同时，我国也暴露出能源紧缺特别是液体燃料短缺的问题。因此，要解决我国的能源安全和环境污染问题，最根本的途径就是寻找和开发来源充足、供应安全和环境友好的替代能源。作为农业大国，我国农作物秸秆资源非常丰富，是生物质资源的重要来源之一。利用农作物秸秆等生物质液化制取生物油技术可以有效地缓解这一问题。生物油是指在隔绝氧气的条件下，将生物质（木材、秸秆等）在500～600℃加热使其迅速裂解，然后冷凝得到的一种棕黑色液体。目前，生物质液化制取生物油技术已经引起世界各国的普遍重视，被许多国家列为国家能源可持续发展战略的重要组成部分。

4.7.1 秸秆热解液化技术原理及影响因素

4.7.1.1 技术原理

农作物秸秆液化制生物油技术近些年来一个新兴的研究方向是通过高温高压热解液化转化成液体燃料和高温干法热解气化再冷凝成液体燃料（生物油）的技术过程，该过程一般分为以下4个阶段。

第1阶段：脱水阶段（室温～150℃），这一过程秸秆等物料的化学组分几乎不变，只是水分子受热蒸发的过程。

第2阶段：预热裂解阶段（150～300℃），这一时期物料的化学组成开始发生变化，生物质中的半纤维素等不稳定成分分解成CO、CO_2和少量醋酸等物质。

第3阶段：固化分解阶段（300～600℃），该阶段是热裂解的主要阶段，物料会发生复杂的物理、化学反应。物料中的各种物质相应析出，液体产物中含有乙酸、木焦油和甲醇等，气体产物中有CO、CO_2、H_2、CH_4等。

第4阶段：炭化阶段，在这一阶段中物料中的C—H键和C—O键进一步断裂，使残留的挥发物排出，最终形成生物炭。

在实际热解液化过程中，以上几个阶段并不是截然分开的。快速裂解的反应过程与此基本相同，只是所有反应在极短的时间内完成，液态产物产率会增加。秸秆热解液化产品见图4-48。

图 4-48 秸秆热解液化产品

4.7.1.2 秸秆热解液化技术分类

秸秆液化有直接液化和快速热解液化两种。直接液化技术是在液化阶段通过加入适当的催化剂使物料大分子断裂成小分子，这些小分子非常不稳定，能够重新聚合成其他分子。快速热解液化技术一般不使用催化剂，通过气相阶段的均一反应，使断裂后的小分子转化为油。两者的主要区别见表4-16。

表 4-16 直接液化和快速热解液化的区别

液化过程	催化剂	温度/K	压力/MPa	干燥	主要产物
直接液化	有	525～600	5～20	不需要	液化油
快速热解液化	无	650～800	0.1～0.5	需要	生物油

4.7.1.3 秸秆热解液化的影响因素

秸秆热解液化制取生物油技术的影响因素主要包括反应条件和原料特性两个方面。

(1) 反应条件

1) 温度　反应体系的温度升高，木炭的产率会减少，可燃气体产率会增加。为获得最大生物油产率，最佳温度范围一般控制在 400～600℃。从物理化学的角度来讲，生成气体反应的活化能最高，生成生物油的反应次之，生成炭的反应最低。因此，反应体系的温度越高，越有利于热解气和生物油的转化。

2) 升温速率　升温速率增加，物料颗粒达到热解所需温度的响应时间变短，有利于热解过程的进行。提高升温速率，热解反应速率和反应途径都会发生改变，并进而导致固态、液态和气态产物都有很大改变。当升温速率增高时，焦油的产量将显著增加，而木炭产量则大大降低；反之，低温、低传热速率时，木炭产量增加。因此，通过控制不同的升温速率可以得到不同的目标产物。对于慢速热解过程，其特征是低温和长滞留期，可以最大限度地增加炭的产量。对于常规裂解过程，其特征是热解温度小于 600℃，采用中等升温速率，热解产物中生物油、气体和炭的产率基本相等。对于闪速热解过程，温度控制在 500～650℃范围内，生物油产率可达到 80%；当闪速热解过程温度高于 700℃时，热解产物主要为气体产物，产率高达 80%。

3) 固相及气相滞留期　热解过程中，物料中的固体颗粒因化学键断裂而分解，形成挥发分以及分子量较高的产物。它们会在颗粒内部与固体颗粒和炭进一步发生二次反应，当挥发分离开颗粒后，焦油和其他挥发物还将发生二次裂解。因此，为了使生物质能够彻底转化，需要很小的固相滞留期。

4) 压力　在较高的压力下，挥发性产物的滞留期增加，二次裂解较大；而在较低的压力下，挥发物可以迅速从颗粒表面离开，避免了二次裂解的发生，从而可以增加生物油产量。

5) 含水量　当秸秆类生物质原料含水量较高时，热解所需时间较长，且热解所需的热量也要增加。

6) 催化剂　秸秆直接液化技术中常需要加入催化剂来控制热解反应的进行。不同的催化剂，其对反应过程和反应产物的影响不同。反应体系中加入碱金属碳酸盐，可以提高气体、炭的产量，降低生物油的产量；钾离子能促进 CO、CO_2 的生成。氯化钠能促进纤维素分解生成 CO、CO_2 和水的反应。氢氧化钠可提高生物油的产量，特别是增加可抽提物质的含量；加氢热裂解能增加生物油的产率，并使油的分子量变小；在活性氧化铝、天然硅酸盐等催化剂的作用下，可以提高生物油的产量。

(2) 原料特性

1) 原料种类　不同农作物秸秆中纤维素、半纤维素、木质素等物质的含量不同，其最终热解产物也会有很大不同。木质素含量多者炭产量较大，液态产物的热值也较大，半纤维素含量多者炭产量低，木聚糖热裂解所得到的气体热值最大。

2) 原料尺寸　原料的尺寸越小，越有利于生物油的生成。在实际工程应用中一般要求物料尺寸小于 1mm，此时热裂解过程受反应动力学速率控制，而当粒径大于 1mm 时，颗粒将成为热传递的限制因素。由于颗粒表面的加热速率远远大于颗粒中心的加热速率，会在颗粒中心发生低温热裂解，产生过多的炭，导致生物油的产量降低。

4.7.2 秸秆快速热解液化技术

（1）快速热解液化技术原理

在常压和隔绝空气的环境中，以超高的加热速率、超短的产物停留时间和适合的热解温度为反应条件，将农作物秸秆和林业废弃物等生物质中的有机高聚物分子迅速断裂为短链的小分子，然后将含有大量有机分子的蒸气迅速冷凝，从而获得液体燃料，并同时获得少量不可凝气体和焦炭的过程。

（2）快速热解技术工艺流程

秸秆类生物质热解液化技术的工艺流程一般主要包括物料的干燥、粉碎、热解、产物炭和灰分的分离、冷凝和生物油的收集等几部分（见图 4-49）[49]。

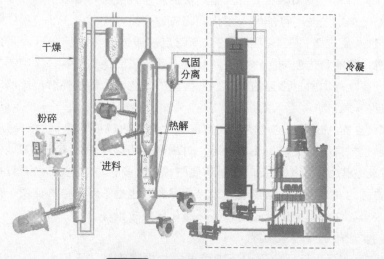

图 4-49 快速热解技术工艺流程

1）粉碎 原料的尺寸大小会影响反应体系的传热速率，通常需要对原料进行粉碎处理，不过随着原料的尺寸变小，整个系统的运行成本会相应提高。

2）干燥 生物油中水分含量的多少会影响其稳定性、黏度、pH 值和腐蚀性等特性。将水分从原料中去除要比从产物中去除容易得多。因此，为了避免将水分带入热解产物中，要将物料中的水分含量干燥至低于 10%。一般控制干燥温度在 120～130℃。

3）进料 热解工艺流程的进料系统包括两级进料器，一级进料器低速运转可以大量喂料，二级进料器转速较高，可以保障无障碍喂料。

4）热解 热解反应器是热解工艺的主要装置，适合于快速热解的反应器型式多种多样，但所有的反应器都应具备以下 3 个基本特点：加热速率快（$10^3 \sim 10^4$ K/s），反应温度中等（450～550℃）和气相停留时间短（≤2s）。

5）焦炭和灰分的分离 液体产物中焦炭的存在会导致生物油的性质不稳定，加快聚合过程，使生物油的黏度增大，从而影响其品质。同时，由于大部分灰分都保留在焦炭当中，其存在将大大催化挥发成分的二次分解，所以需要对焦炭和灰分进行分离。分离焦炭除了采用热蒸汽过滤外，还可以通过液体过滤装置（滤筒或过滤器等）来完成，目前，后者仍处于研究开发阶段。对于气固分离，一般采用旋风分离器，对粒径大于 $20\mu m$ 的固体颗粒的捕集效率高于95%。

6）生物油的冷却与收集　生物油的收集一直以来都是整个热解工艺过程中最为困难的部分，目前几乎所有的收集装置都不能有效地实现生物油的收集。这是因为裂解气产物中挥发分在冷却过程中会与非冷凝性气体形成一种由蒸气、小颗粒（微米级）和水蒸气分子组成的烟雾状气溶胶。这会给液体的收集带来很大困难。在较大规模的反应系统中，一般采用与冷液体接触的方式进行冷凝收集，通常可以收集到大部分的液体产物。若要对微小颗粒进行有效捕集，则需要使用静电捕捉等技术。

（3）快速热解反应器的分类

目前国内外研发的生物质热解反应器主要包括机械接触式反应器、间接式反应器和混合式反应器三类。针对第一类和第三类反应器的研究工作开展得相对较多，并取得了一定的进展，这些反应器的成本较低而且能够大型化，比较适合投入实际的工业应用中[50]。

1）机械接触式反应器　这类反应器的共同特点是通过灼热的反应器表面直接或间接与生物质物料接触，将热量传递到生物质而使其高速升温进而快速热解。采用的热量传递方式主要为热传导，其次是辐射。常见的属于这一类型的反应器有烧蚀热解反应器、丝网热解反应器、旋转锥反应器等。

2）间接式反应器　这类反应器的主要特征是生物质热解所需热量由一高温的表面或热源提供，主要通过热辐射方式进行热量传递，对流传热和热传导则居于次要地位。

3）混合式反应器　该类型的反应器借助热气或气固多相流对生物质物料进行快速加热，其主导热量的方式为对流换热，但热辐射和热传导有时也是不可忽略的，属于该类型的反应器有流化床反应器、快速引射床反应器、循环流化床反应器等。

（4）典型的快速热解反应器装置

1）烧蚀涡流反应器　该反应器由美国可再生能源实验室（NREL）于1995年研制，其结构如图4-50所示。热解过程中，生物质颗粒用速度为40m/s的氮气或过热蒸汽流引射（夹带）沿切线方向进入反应器管，由于受到高速离心力的作用，导致生物质颗粒在受热的反应器壁上受到高度烧蚀。烧蚀后，反应器壁上的生物油膜迅速蒸发。如果生物质颗粒没有被完全转化，可以通过特殊的固体循环回路循环反应。在后来改进的实验系统中，加了过热蒸汽过滤装置，可以成功防止微小的焦炭颗粒在冷凝过程中混入生物油。该系统的生物油产量在67%左右，但存在氧含量较高的问题。

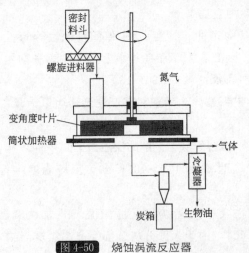

图4-50　烧蚀涡流反应器

2）真空热解反应器/真空移动床　该装置（图4-51）由加拿大Laval大学研制，并于1996年进行了反应器大型化及商业化运营。生物质物料经干燥和破碎后进入反应器，然后物料被送到两个水平的金属板，该金属板被混合的熔融盐加热且温度维持在530℃左右。有机质加热分解所产生的蒸气依靠反应器的真空状态被带出，然后挥发分气体被输入到两个冷凝系统：一个用来收集重油；另外一个用来收集轻油和水分。通过这套系统得到的热解产物成分：生物油47%、裂解水17%、焦炭12%、不可凝热解气12%。真空热解系统可以有效地降低挥发分的劣化和重整，减少裂解气二次反应的概率。但由于反应器所需要的真空需要真空泵的专业运作以及很好的密封性来保证，这大大增加了运行成本和难度。

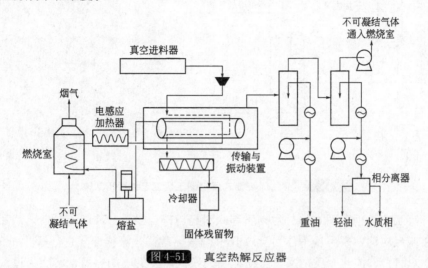

图 4-51　真空热解反应器

3）旋转锥热解反应器　旋转锥热解反应器是由荷兰 Twente 大学反应器工程组及 BTG 研究所从 1989 年开始研制开发的，到 1995 年发展成型（见图 4-52）。

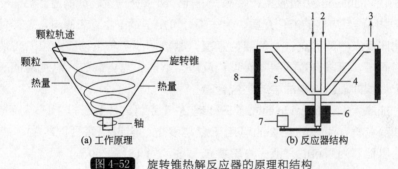

图 4-52　旋转锥热解反应器的原理和结构
1—生物质；2—热沙子；3—热解气；4—固定锥；5—旋转锥；6—轴承；7—驱动装置；8—电加热套

旋转锥热解反应器的工作原理：经预处理的固体生物质混同预热的热载体（沙子）一起进入旋转锥底部，外部旋转锥壳以 1r/s 的转速绕轴旋转。由离心力和摩擦力带动固体颗粒（热沙子和生物质颗粒）在内部固定锥壳和外部旋转锥壳之间的缝隙中旋转上升。在此过程中，生物质被迅速裂解，当到达锥顶时刚好反应结束，生成的蒸气经导出管进入旋风分离器，与炭分离后遇冷凝结成生物油。该反应器的巧妙之处在于利用离心力成功地将反应的热解气和固体产物分离开来。

荷兰 Twente 大学反应工程系与 BTG 研究所在荷兰建立了日处理 50t 原料的示范工厂，工程工艺参数：进料量 10kg/h，蒸汽停留时间 0.3s，固体停留时间 0.5s，床温控制在 500℃左右，传热速率 5000K/s。原料采用棕榈壳，其产油率≥60%、热值 17～19MJ/kg。热解产物中生物油产率为 70%，气体为 20%，焦炭为 10%。荷兰旋转锥式反应器工厂工艺流程和实物见图 4-53。

4）流化床热解反应器（1996）　流化床热解工艺由加拿大 Waterloo 大学于 20 世纪 80

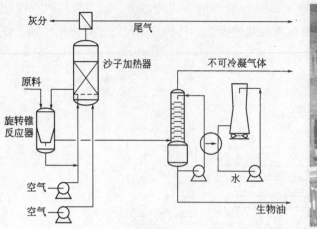

图 4-53 荷兰旋转锥式反应器工厂工艺流程和实物

年代开发，其工艺流程见图 4-54。生物质等原料经粉碎、烘干后输送入料仓，然后由进料装置喂入流化床反应器，采用沙子作为反应器床料兼热载体，流化介质为热解生成的气体（启闭阶段用 N_2 代替）。流化介质由空气压缩机首先泵入可控的电加热器，然后经过预热后再均匀分布地吹入床内。热解反应器的温度应控制在 600℃ 以内。生物质原料在反应器内热降解转化为蒸气和木炭。气固混合产物经旋风分离器分离后，气态物质进入冷凝器，可冷凝部分被冷凝为生物油并用专门的容器进行收集和贮藏，不可冷凝部分通过过滤器过滤后，一部分送入循环气体压缩机中用作反应器的流化介质，另一部分可用于烘干生物质原料，或作他用。

热解流化床反应器的优点：一是结构紧凑，载热体沙子与生物质颗粒的传热效率高；二是气相停留时间短，可以有效抑制二次裂化反应。缺点：需要载气，焦炭磨损严重，需要对生物油有一个后续处理以减少油中的焦炭含量。

该工艺在加拿大 Dynamotive 建立了日处理 200t 原料的热解示范工厂（见图 4-55），采用鼓泡流化床式反应器，生产的生物油可用于燃烧发电。当以木屑为原料时，液体产率高达 65%～70%；以稻草为原料时，液体产率要低一些，为 45%～50%。

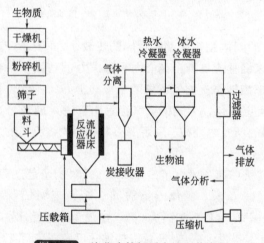

图 4-54 流化床热解反应器工艺流程　　图 4-55 加拿大 Dynamotive 鼓泡流化床式反应器

5）**热辐射反应器**　热辐射反应器由美国 Washington 大学设计研发，属于典型的间接式加热反应器，其基本结构见图 4-56。该试验装置的热源是一个 1000W 的氙灯，其可以为内置在玻璃反应器内套管的试样均匀提供 0～25W/cm 的一维高强度热通量。整个试验系统的反应器、氙灯以及热通量测定装置固定在光学架台上，以便可以精确校正。试验装置采用铝铬热电偶测量颗粒温度，用红外高温计测量颗粒受热辐射时的表面温度。氙气流使得颗粒解析出的挥发分能够快速冷却，并将其送到收集器和分析系统，在 3L/min 的通用流量下，气相产物的停留时间约为 2.8s，可以得到 40％ 左右的生物油。由于该试验装置的温度控制较为困难，导致对生物油二次反应的抑制作用较差，限制了其实际应用，可以用来研究机理。

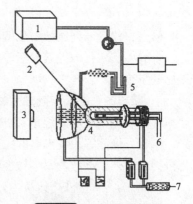

图 4-56　热辐射反应器
1—气相色谱仪；2—红外高温计；3—氙灯；4—反应器；5—生物油收集器；6—热电偶；7—氦气流

4.7.3　农作物秸秆直接液化技术

（1）基本概念

直接液化是指在一定温度和压力条件下，借助液化溶剂及催化剂的作用将农作物秸秆中的纤维素、半纤维素及木质素等固态天然高分子物质转化成分子量分布较宽、具有反应活性的液态混合物的热化学过程。该技术反应条件较为温和，设备简单，生产的产品可部分生物降解。

（2）技术原理

为了提高液化反应速率和生物油的品质，在秸秆直接加压液化过程中常加入一些溶剂、还原剂（如 H_2、CO）和催化剂等。加入的溶剂主要包括水、甲醇、杂酚油和乙二醇等。催化剂主要包括碱性化合物（如碱性氧化物、碳酸盐和氢氧化物等）、酸性化合物（如硫酸铁和氯化锌等）和金属催化剂（如 Ni、Cu 和 Ru 等）。加入的催化剂种类不同，其液化机理也会不同。

1）存在 CO 和催化剂 Na_2CO_3 的反应体系的直接液化机理　Appell 等提出了存在一氧化碳和催化剂 Na_2CO_3 的直接液化反应体系的机理。

首先，碳酸钠、水和一氧化碳发生反应生成甲酸钠和二氧化碳。

$$Na_2CO_3 + 2CO + H_2O \longrightarrow 2HCOONa + CO_2$$

然后，碳水化合物中的相邻羟基脱水生成烯醇，随后异构化为酮。

$$—CH(OH)—CH(OH)— \longrightarrow —CH=C(OH)— \longrightarrow —CH_2—CO—$$

新生成的羰基和甲酸根反应，被还原成相应的醇。

$$HCOO^- + —CH_2—CO— \longrightarrow —CH_2—CH(O^-)— + CO_2$$

$$—CH_2—CH(O^-)— + H_2O \longrightarrow —CH_2—CH(OH)— + OH^-$$

最后，氢氧根与 CO 反应又生成甲酸根离子。

$$OH^- + CO \longrightarrow HCOO^-$$

2）碱金属盐作催化剂的反应体系的直接液化机理　在贱金属盐催化剂（如碳酸钠和碳酸钾）的作用下，生物质中的有机大分子经由脱氢、脱水、脱氧和脱羧反应被降解为小分子化合物。这些小分子具有非常高的反应活性，能够迅速通过缩聚、环化和聚合等反应再生成新的化合物。

（3）农作物秸秆直接液化的影响因素

影响高压液化的因素包括原料种类、催化剂、溶剂、反应温度、反应时间、反应压力和液化气氛等。

1）原料的影响　不同的生物质原料组分含量不同，液化产物也不同，因此，生物质的种类将影响生物原油的组成和产率。农作物秸秆中半纤维素经热解液化后其主要产物为乙酸、甲酸、糠醛等。纤维素的主要液化产物为左旋葡萄糖，木质素的液化产物主要为芳香族化合物。此外，反应物料的粒径和形状等对热解液化反应也会产生影响。

2）溶剂　直接液化体系中，常采用的溶剂主要包括水、苯酚、高沸点的杂环烃、芳香烃混合物、中性含氧有机溶剂（如酯、醚、酮、醇等）。这些溶剂的作用主要是分散生物质原料，抑制生物质组分分解产物的再缩聚。

3）催化剂　直接液化体系中，常采用的催化剂主要有碱、碱金属的碳酸盐和碳酸氢盐、碱金属的甲酸盐和酸催化剂，还有 Co-Mo、Ni-Mo 系加氢催化剂等。催化剂的加入能使液化反应向低温区移动，使反应条件趋于温和。此外，有助于抑制缩聚和重聚等副反应，减少大分子固态残留物的生成量，提高生物油的产率和品质。

4）反应温度和时间　对于生物质中的纤维素，其在 200℃ 左右开始分解，280℃ 以后基本分解完全。因此，随着反应体系温度的升高，生物油产率也会升高，并在 280℃ 达到最大。若反应温度进一步升高，由于生物油会发生二次反应，生成焦炭和气体，导致生物油的产率降低。

热解反应时间太短，会导致反应不完全，反应时间太长，则会引起中间体的缩合和再聚合，使液体产物中重油产量降低。因此，最佳反应时间一般为 10～45min，此时液体产物的产率较高，而固体和气态产物较少。

5）液化气氛　液化反应可以在惰性气体或还原性气体中进行。还原性气体的加入有利于生物质降解，提高液体产物的产率，改善液体产物的性质，但在还原性气氛下，液化生产成本较高。

（4）农作物秸秆直接液化技术设备

生物质直接液化的主要设备是反应釜。其基本结构主要由釜体、釜盖、搅拌器、减速器及密封装置等组成（见图 4-57）。釜体由筒体、上封头及下封头组成，筒体多为圆柱形，封头常用椭圆形、锥形和平板，以椭圆形应用最广泛。釜底可以是碟形、圆形或锥形。常用碟形底，一般不用锥形底。

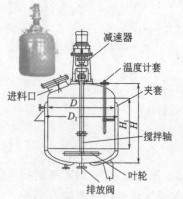

图 4-57　直接液化反应釜

4.7.4　秸秆热解产物生物油深加工技术

生物油具有高含水量、高含氧量、高固体颗粒含量等特点，因此，热解过程产生的生物油需要进一步提升其品质才能用于燃烧设备。通过查阅国内外该技术的相关研究进展，主要是通过对生物油进行改性精制来提高其品质，主要技术有催化加氢、催化裂解、添加溶剂和乳化等。

（1）催化加氢

催化加氢是在高压（10～20MPa）和供氢溶剂存在的条

件下，通过催化剂作用对生物油进行加氢处理的技术。该技术将生物油中的氢主要以 H_2O 和 CO_2 的形式除去，可显著降低生物油的含氧量，提高生物油的能量密度。国外科研人员采用经硫处理过的 CoMo 催化剂对生物油进行加氢处理，可以使生物油的含氧量低至 0.5％（质量分数），芳香烃质量分数高达 38％。但是目前催化加氢技术中容易出现催化剂失活的问题，而且反应需要在高压下进行，使得该技术存在设备比较复杂、成本高、操作困难等问题。

（2）催化裂解技术

催化裂解技术是指在中温、常压下通过向反应体系中加入催化剂，使得生物油中的大分子裂解为小分子，而氧元素以 CO、CO_2 和 H_2O 的形式脱除的过程。通过向反应体系中加入催化剂可以减少酸类、酮类、羰基类化合物等非目的产物的产率，降低生物油的含氧量，提高其能量密度，进而获得高品质的生物油。由于沸石分子筛自身具有酸性和规则的孔道，其在催化裂解过程中表现出优异的催化裂解和芳构化性能，使其成为目前最为常用的催化剂。

（3）添加溶剂和乳化

向生物油中添加溶剂可以提高其稳定性和降低生物油的黏度。溶剂对生物油黏度的影响机制如下：a. 物理稀释；b. 改变油的微观结构以降低反应速率；c. 与活性成分反应生成酯或缩醛，进而阻止生成大分子聚合物反应的进行。采用乳化方法对生物油进行品质提升不需要太多的化学转化操作，但是目前存在乳化成本高和能量投入较大的问题。此外，若作为汽车用油，乳化油对发动机的腐蚀比较严重。基于以上这些问题，故该技术目前还不能被广泛采用。

（4）催化热解

近年来的一些研究表明，在热解过程中加入合适的催化剂，可以实现热解反应过程的定向转化，进而得到高品位的生物油。与生物油离线升级改性技术相比，催化热解技术可以在同一个反应器内完成油的定性转化，省去了冷凝后再次加热等工序，能耗小，工艺简单，成本较低。催化热解技术提高目的产物产率的关键是保证高加热速率、较高的催化剂加入量以及催化剂的种类。对于目前常用的热解反应装置，由于流化床反应器具有传热特性好、加热速率易于控制等优点，可以很好地实现催化热解所需的反应条件。目前催化热解技术的研究工作主要集中在催化剂的研发上。主要通过催化剂酸性位、催化剂改性、尝试采用介孔材料及变孔径的催化剂等来寻求高性能的催化剂。

4.7.5　秸秆热解液化制备生物油技术的发展历程及发展方向

（1）生物质热解生物油技术国内外发展历程

生物质热裂解技术的研究始于 20 世纪 70 年代末期的北美，最初主要集中在欧洲和北美地区。20 世纪 80 年代初，加拿大 Waterloo 大学开始了以提高液体产率为目标的循环流化床研究，随后研制了持续闪速热解流化床试验台。该研究机构的工作为现代快速和闪速裂解提供了研究基础，被公认为本领域中最广泛深入的研究成果。

1990 年左右，欧美一些国家开始了热解示范性工厂建设。1989 年，欧洲第一家生物质热解加工厂（500kg/h）在意大利落成。瑞典 Bio-Alternative 公司也建成了固定床反应器的热解示范性工厂，主要用来制取焦炭和副产品油。西班牙 Fenosa 联邦于 1993 年建立了基于

Waterloo 大学热裂解技术的闪速热裂解试验台(200kg/h)。比利时 Egemin 公司于 1991 年建立了由他们自行设计的、容量为 200kg/h 的引射流反应器。

1995 年左右,生物质热解制油主流设备的研发工作普遍完成。示范性和商业化运行的热裂解项目在欧美地区不断开发和建造,不同规模不同样式的快速热裂解系统在世界各国先后建立。加拿大达茂科技公司利用该公司研发的生物质反应炉专利技术,于 1997 年建立了可日产 0.5t 生物油的示范厂,并于 1998 年与 RTI 公司合作开发生物油系列产品。加拿大 Castle Capital 有限公司在新思科舍建造了 1500~2000kg/h 规模的固体废弃物热烧蚀裂解反应器,用以制取液体燃料。

与国外相比,我国的生物质快速液化装置的研发晚了至少十年。我国的生物质热解制油技术始于 1995 年,国内各大学及科研机构对生物质热解液化技术或装置进行了相关研究,发表了许多相关的科研论文,取得了一些科研成果。沈阳农业大学最早引进荷兰旋转锥壳液化装置(图 4-58),东北林业大学研发了新型旋转锥壳装置,中国科技大学进行了流化床液化装置的研发(图 4-59),山东理工大学研发了加热下降管反应器(图 4-60)。目前国内中科大、中科院广能所、山东理工三个机构在生物质热解液化研究领域处于领先地位。其中中科大、中科院广能所的成果已经相对比较成熟,能够实现规模化生产。

图 4-58 沈阳农业大学引进的荷兰 BTG 旋转锥壳液化装置

图 4-59 中国科学技术大学
流化床液化中试装置

图 4-60 山东理工大学开发的
加热下降管反应器

（2）秸秆热解液化技术的发展方向

作为秸秆能源转化高效利用的重要途径之一，采用快速热解液化技术已经得到了世界各国的广泛关注和普遍重视，基于该技术目前存在的问题和研究现状，未来的发展方向如下。

① 研发经济可行的秸秆预处理技术　与传统的木屑等原材料相比，秸秆快速热解液化存在生物油产率低的问题，因此，应进一步开展以灰分脱除为主的秸秆预处理技术的研究，提高生物油的产率和品质。

② 加强生物油提质技术研究　农作物秸秆热解生物油 pH 值较低，会腐蚀贮存和运输设备。今后应加强生物油提质和应用方面的研究，使生产的生物油能够满足实际应用的需要。

③ 加强现有设备和技术的放大及应用试验研究。综合考虑该技术目前的研发现状，采用的液化反应器规模普遍偏小，因此，应该对现有的技术和设备进行放大试验研究，进一步降低生产成本，提高经济技术的可行性。

参 考 文 献

[1] 国家能源局. 生物质能发展"十二五"规划. 国能新能〔2012〕216 号.

[2] 李保谦，牛振华，张百良. 生物质成型燃料技术的现状与前景分析 [J]. 农业工程技术，2009，5：31-33.

[3] 蔡国芳，高翔. 秸秆成型燃料生产与应用中几个关键技术问题研究 [C] //农村废弃物及可再生能源开发利用技术装备发展论坛，2010.

[4] 奚海莲，杨中平. 玉米秸秆果品内包装衬垫成型工艺试验研究 [D]. 杨凌：西北农林科技大学，2007：9-26.

[5] 钱湘群，赵匀，盛奎川. 秸秆切碎及压缩成型特性与设备研究 [D]. 杭州：浙江大学，2003：5-19.

[6] 张林海，侯书林，田宜水，等. 生物质固体成型燃料成型工艺进展研究 [J]. 中国农机化，2012，5：87-91.

[7] 刘辉，曹成茂. 植物秸秆冷成型固化燃料系统设计与研究 [D]. 合肥：安徽农业大学，2009：4-10.

[8] 刘天舒，李树君，景全荣. 植物纤维餐饮具干法热压成型工艺优化及成型设备研究 [D]. 北京：中国农业机械化科学研究院，2009.

[9] 祖宇，郝玲，董良杰. 我国秸秆粉碎机的研究现状与展望 [J]. 安徽农业科学，2012，40（3）：1753-1756.

[10] 汪莉萍. 复合式秸秆粉碎机设计方法理论研究 [D]. 哈尔滨：东北林业大学，2010：3-9.

[11] DB13/T 1407—2011　生物质成型燃料炉具 [S].

[12] 朱明. 农业废弃物处理实用集成技术 100 例 [M]. 北京：中国农业科学技术出版社，2012.

[13] 倪慎军. 沼气生态农业理论与技术应用 [M]. 郑州：中原农民出版社，2007.

[14] 林聪，王久臣，周长吉. 沼气技术理论与工程 [M]. 北京：化学工业出版社，2006.

[15] 石勇，邱凌. 户用秸秆沼气系统优化与发酵工艺研究 [D]. 杨凌：西北农林科技大学，2011：5-22.

[16] 崔文文，梁军锋，杜连柱. 中国规模化秸秆沼气工程现状及存在问题 [J]. 中国农学通报，2013，29（11）：121-125.

[17] 覃国栋，刘荣厚，孙辰. 酸预处理对水稻秸秆沼气发酵的影响 [J]. 上海交通大学学报：农业科学版，2011，29（1）：58-61.

[18] 覃国栋，刘荣厚，孙辰. NaOH 预处理对水稻秸秆沼气发酵的影响 [J]. 农业工程学报，2011，27（1）：59-62.

[19] 周锐. 高效纤维素降解复合菌剂的筛选及在秸秆沼气发酵中的应用 [D]. 雅安：四川农业大学，2011.

[20] 邱凌，刘芳，毕于运. 户用秸秆沼气技术现状与关键技术优化 [J]. 中国沼气，2012，30（6）：52-58.

[21] 许新清. 秸秆沼气发酵技术的实践与思考 [J]. 农业工程技术. 新能源产业，2010，(7)：2-3.

[22] 穆晓路，马丽媛，穆太力普. 浅谈沼气池的建造技术 [J]. 新疆农机化，2006，2：57-60.

[23] 冼礼雄. 固定中心吊管进料自动排渣沼气池简介 [J]. 中国沼气，1999，17（4）：30-31.

[24] 沼气池的构造原理. http://wenku.baidu.com/view/351212ea0975f46527d3e18b.html?from=search.

[25] 李秀金. 山东省德州市秸秆沼气集中供气示范工程运行模式与管理经验 [J]. 农业工程技术 新能源产业，2010，(4)：6-9.

[26]　NY/T 2142—2012　秸秆沼气工程工艺设计规范 [S].

[27]　陈羚，赵立欣，董保成．我国秸秆沼气工程发展现状与趋势 [J]．可再生能源，2010，28（3）：145-148.

[28]　河北省环境保护厅．河北省农村环境保护适用技术报告 [R]．2010.

[29]　崔文文，梁军锋，杜连柱．中国规模化秸秆沼气工程现状及存在的问题 [J]．中国农学通报，2013，29（11）：121-125.

[30]　张培远，张百良，樊峰鸣．国内外秸秆发电的比较研究 [D]．郑州：河南农业大学，2007：5-15.

[31]　付小倩．生物质电厂锅炉运行优化研究 [D]．保定：华北电力大学，2008.

[32]　刘志超，齐方明．秸秆直燃发电不同技术方法的安全经济性对比 [C] //中国电机工程学会清洁高效燃煤发电技术协作网 2009 年会，2009：170-175.

[33]　李伟振，王立群．生物质流化床气化制取富氢燃气试验系统设计与试验结果 [D]．镇江：江苏大学，2009：3-15.

[34]　张巍，王维新．生物质秸秆炭化炉的结构设计与试验研究 [D]．石河子：石河子大学，2013：3-17.

[35]　刘宇，郭明辉．生物质固体燃料热解炭化技术研究进展 [J]．西南林业大学学报，2013，33（6）：100-102.

[36]　石海波，孙姣，陈文义．生物质热解炭化反应设备研究进展 [J]．化工进展，2012，31（10）：2130-2135.

[37]　石海波，陈文义．固定床生物质热解炭化系统设计与实验研究 [D]．天津：河北工业大学，2013：3-14.

[38]　张全国，雷廷宙．农业废弃物气化技术 [M]．北京：化学工业出版社，2005.

[39]　王建楠，胡志超，彭宝良．我国生物质气化技术概况与发展 [J]．农机化研究，2010，1：198-205.

[40]　吴凤．峒山秸秆热解（炭气油联产）工程分析 [J]．农业工程技术．新能源产业，2014，7：55-60.

[41]　刘佳．表面活性剂在废木质纤维素制酒精中的应用基础研究 [D]．长沙：湖南大学，2008.

[42]　陈洪章．纤维素生物技术 [M]．北京：化学工业出版社，2011.

[43]　肖明松，王孟杰．燃料乙醇生产技术与工程建设 [M]．北京：人民邮电出版社，2010.

[44]　陈魏．低碳燃料——木质纤维素酒精生产技术综述 [J]．公路交通技术，2012，2（1）：124-128.

[45]　马隆龙，王铁军，吴创之，袁振宏．木质纤维素化工技术及应用 [M]．北京：科学出版社，2010.

[46]　刘荣厚，梅晓岩，颜涌捷．燃料乙醇的制取工艺与实例 [M]．北京：化学工业出版社，2008.

[47]　张宇，许敬亮，袁振宏，等．世界纤维素燃料乙醇产业化进展 [J]．当代化工，2014，43（2）：198-202.

[48]　段钢．新型酒精工业用酶制剂技术与应用 [M]．北京：化学工业出版社，2010.

[49]　杨湄，刘昌盛，黄凤洪，等．秸秆热解液化制备生物油技术 [J]．中国油料作物学报，2006，28（2）：228-232.

[50]　朱锡锋，陆强．生物质热解原理与技术 [M]．北京：科学出版社，2014.

秸秆食用菌栽培基料化利用技术

5.1 农作物秸秆基料化利用技术原理

5.1.1 秸秆栽培食用菌技术原理与应用

（1）技术原理

食用菌俗称蘑菇，一般是真菌中能形成大孢子实体或菌核类组织并能够提供食用的种类。食用菌含有丰富的人体所需的蛋白质、维生素和矿物质元素，有"保健食品""绿色食品"的称号。随着人民生活水平的提高，食用菌的消费量越来越大，是人们生活中不可缺少的主要食品。食用菌产业作为种植业和养殖业之后的第三大农业产业，已成为农民增收致富的重要途径。栽培基料是为食用菌菌丝体提供水分和营养的有机、无机混合物。根据食用菌种植品种的不同，目前生产中常以棉籽壳、秸秆、木屑、树枝、树皮、稻草、药渣等作为栽培用基料。

利用农作物秸秆生产食用菌主要是利用秸秆的肥料价值。植物光合作用的产物一般只有10％的有机物被转化为可供人类或动物食用的蛋白质和淀粉，其余皆以粗纤维的形式存在。包括稻草、小麦秆、玉米芯、玉米秆、甘蔗渣、棉籽壳等在内的农作物秸秆，其主要成分为纤维素、半纤维素和木质素（见表 5-1），这些物质不能被人类直接食用，作动物饲料营养价值也极低。但是食用菌中至少含有 3 种类型的纤维素酶，可以将纤维素分解为葡萄糖，也可以合成蛋白质、脂肪和其他物质[1]。

表 5-1 农作物秸秆化学成分分析　　　　　　　　　　　　　　　　　%

种类	水分	粗蛋白	粗脂肪	粗纤维（含木质素）	无氮浸出物	粗灰分
稻草	13.4	1.8	1.5	28.0	42.9	12.4
小麦秆	10.0	3.1	1.3	32.6	43.9	9.1

种类	水分	粗蛋白	粗脂肪	粗纤维（含木质素）	无氮浸出物	粗灰分
玉米秆	12.9	6.4	1.6	33.4	37.8	7.9
高粱秆	10.2	3.2	0.5	33.0	48.5	4.6
黄豆秆	14.1	9.2	1.7	36.4	34.2	4.4
棉秆	12.6	4.9	0.7	41.4	36.6	3.8
棉铃壳	13.6	5.0	1.5	34.5	39.5	5.9
甘薯藤	89.8	1.2	0.1	1.4	7.4	0.2
花生藤	11.6	6.6	1.2	33.2	41.3	6.1

食用菌降解农作物秸秆的原理：在适宜的条件下，真菌的菌丝首先用其分泌的超纤维氧化酶溶解秸秆表面的蜡质，然后菌丝进入秸秆内部，合成并分泌纤维素酶、半纤维素酶、内切聚糖酶、外切聚糖酶等。降解木质素的两个关键酶是木质素过氧化物酶和锰过氧化物酶，在活性氧的作用下，尤其是在过氧化氢的参与下触发一系列自由基链反应，从而达到对木质素的氧化。这些酶的联合使得木质素变成可溶性的小分子木质素残片。在这个过程中，真菌（也包括食用菌）得以生长。由于不同秸秆基料的成分含量不同，其适宜栽培食用菌的品种和配比不尽相同，见表5-2。

表 5-2　秸秆适宜栽培的食用菌及栽培配比

宜栽食用菌	所用比例/%	常用配方及配比
平菇	50	玉米秆50%、木屑23%、麦麸25%
香菇	60	甜高粱秆60%、麦麸10%
鸡腿菇	75	玉米秆75%、棉籽壳10%、麦麸5%、豆秆3%
白灵菇	75	豆秆70%、棉籽壳25%、麦麸5%
杏鲍菇	85	玉米秆85%、麦麸10%
姬松茸	75	烟秆75%、牛粪19%

（2）食用菌栽培配方

食用菌栽培原料主要有麦草、鸡粪、牛粪、豆秸、饼肥等主料和石膏、石灰、过磷酸钙等辅料。

1）麦草　小麦秸秆含干物质95%，其中粗蛋白3.6%、粗脂肪1.8%、粗纤维41.2%、无氮浸出物40.9%、灰分7.5%。木质素含量变化于5.3%～7.4%之间；细胞壁成分含量变化于73.2%～79.4%之间。要求麦草微黄色，无粘连结块、淋雨色斑，当年的质量最好。

2）鸡粪　鸡粪的营养价值由于鸡所摄取的饲料不同，鸡粪中所含有的营养物质也有所差异。每千克鸡粪的干物质中有13.4～18.8kJ的总能量，其含氮量达30～70g。除此之外，鸡粪里还含有含氮非蛋白质化合物。通常情况下，它们是以尿酸和氨氮化物的形态存在的。鸡粪中的各种氨基酸也比较平衡，每千克干鸡粪中含有赖氨酸5.4g、胱氨酸1.8g、苏氨酸5.3g，均超过玉米、高粱、豆饼、棉籽等的含量。它的B族维生素含量也很高，特别是维生素B_{12}以及各种微量元素。以雏鸡粪和肉鸡粪的营养价值最高。

3）牛粪　牛粪中含粗蛋白3.1%、粗脂肪0.37%、粗纤维9.84%、无氮浸出物

5.18%、钙 0.32%、磷 0.08%，每千克含代谢能 0.5672MJ。以放牧的牛粪质量最好，其次是黄牛粪，最次的是奶牛粪，所使用的牛粪一定要干燥无霉变。

4）豆秸　豆秸是大农业生产中来源极为丰富的副产品，便于收集，降低生产投资成本，为菇农提高更多的经济效益。豆秸含氮 2.44%、磷 0.21%、钾 0.48%、钙 0.92%，有机质 85.8%，含碳量 49.76%，碳氮比 20∶1。采用豆秸栽培双孢菇，发菌速度快，出菇早。尤其是豆秸茎中空，容重小、体积大，使单位体积内的营养物质相对减少，因此豆秸在使用前要进行相应的处理，否则会影响单位面积的产量。处理方法是将优质无霉变的豆秸反复碾压多次，使聚集紧实的纤维素和木质素等难以水解的物质得到水解，从而容易被菌丝吸收。经发酵软化后的豆秸，提高了容量，缩小了体积，可使菌丝均匀生长，有利于营养积累。

5）饼肥　是油厂加工大豆油后的下脚料。其蛋白质含量高，是麦皮的 4.5 倍。其粗白质含量为 35.9%，粗脂肪含量为 6.9%，粗纤维含量为 4.6%，可溶性糖类含量为 34.9%，是一种氮素含量较高的有机营养物质，由于其蛋白质含量高，在用量上要适当减少，一般用量不宜超过 10%[2]。

6）石膏　石膏又称硫酸钙，能溶于水，但溶解度小。石膏可直接补充双孢菇菌丝生长所需的硫、钙等营养元素，能减少培养料中氮素的损失，加速培养料中有机质的分解，促进培养料中可溶性磷、钾迅速释放。石膏为中性盐类，虽然不能用来调节培养料的酸碱度，但具有缓冲作用，另外，在培养料中起到凝絮作用，使黏结的原料变得松散，有利于游离氨的挥发，进而改善培养料的通气性能，提高培养料的保肥力，促进子实体的形成。

在双孢菇生产中，宜选用医用和食用石膏，这两种石膏具有降温解毒之功效，添加量为 1%～1.5%；农用石膏的价格虽然便宜，但黏性大，易造成培养料结块；禁用工业石膏（工业石膏大多是石膏石经粉碎后炒熟，此类石膏多用于建筑材料）。购买石膏粉时，要求细度在 80～100 目，颜色纯白，在阳光下闪光发亮即可。颜色发灰或粉红、无光亮的不宜使用。

7）石灰　石灰即氧化钙，遇水变成氢氧化钙，呈碱性，常用于调节培养料的酸碱度。双孢菇培养料的石灰添加量为 2%～4%。

8）过磷酸钙　过磷酸钙又称磷酸石灰，是一种弱水溶性的磷素化学肥料。大多数为灰白色或灰色粉末，易吸潮结块，含有效磷酸 15%～20%。双孢菇培养料中添加过磷酸钙，可补充磷素、钙素的不足，由于过磷酸钙为速效磷，能促进微生物的发酵腐熟，还能与培养料中过量的游离氨结合，形成氨化过磷酸钙，防止培养料铵态氮的逸散。过磷酸钙也可作为一种缓冲物质，使培养料中的酸碱度不至于激化，磷本身又是子实体生长发育阶段不可缺少的物质。过磷酸钙的添加量一般为 0.5%～1%，添加量超过 2% 时，培养料易出现酸化现象。在生产中不可用普通磷肥或钙镁磷肥代替，这两种磷均为迟效磷，有效时期 150d 后才能起到作用。

利用秸秆作为基料栽培的食用菌种类很多，栽培配方各不相同，表 5-2 列出了一些主要的栽培配方。

5.1.2　秸秆栽培食用菌的意义

从物质和能量的利用角度看，农作物在生长过程中吸收了光、热、水、氧气，所积累的光合产物却有 75%～90% 是不能被人体所直接利用的秸秆和糠壳。而食用菌生产正是将这些"垃圾"按照科学的配方组合起来。食用菌菌丝体在纤维素酶的协同下，将农作物秸秆中的纤维素、半纤维素、木质素等顺利地分解成葡萄糖等小分子化合物，在自然界中最能起到降解作用，并将碳源转化成碳水化合物，将氮源转化成氨基酸，生产出集"美味、营养、保健、绿色"于一体的食用菌产品，使高蛋白质有机物进入新的食物链。因此，有些专家把食用菌产业比喻成农业的"垃圾处理厂"，意思是说食用菌生产能科学而有效地利用农业、林业、畜牧业的秸秆、枝条木屑、畜禽粪便等"垃圾"。

分解后的肥料施入大田后，可大大提高地力、肥力，增加土壤腐殖质的形成，改善土壤理化结构，提高土壤持水保肥能力。同时，这些废弃的培养料因含有大量的蘑菇菌丝体，散发着浓郁的蘑菇香味，营养丰富，经处理后可作为畜禽的饲料添加剂，还可用来培养甲烷细菌产生沼气，用来养殖蚯蚓，蚯蚓又可作为家禽的饲料、鱼虾的饵料，家禽的粪便又可栽培食用菌，进入了新的生物循环，这样，有了食用菌这一环节，便形成了一个多层次搭配、多环节相扣、多梯级循环、多层次增值、多效益统一的物质和能量体系，构成了食物链和生态链的良性循环。这充分说明了食用菌产业在废物利用、资源开发、环境保护及农业可持续发展等方面的重要地位和作用。

采用秸秆生产食用菌，可以实现秸秆的资源化、商品化，对于清洁和保护农村环境，促进农民增收，建设资源节约型和环境友好型社会，推进新农村建设都具有十分重要的现实意义[3]。

5.2 秸秆栽培草腐生菌类技术

目前利用秸秆栽培的食用菌，主要分为草腐生菌类和木腐生菌类两大类。其中草腐生菌是以禾草茎叶为生长基质的菌类，常见的有双孢菇、草菇和双环蘑菇。麦秸、稻草等禾本科作物秸秆是栽培草腐生菌类的优良基料，作为草腐生菌的碳源，通过搭配牛粪、麦麸和米糠等单元，可以栽培出美味可口的双孢菇和草菇。木腐生菌类是指生长在木材或树木上的菌类，如香菇、木耳、灵芝、平菇、茶树菇等。玉米秸、玉米芯、豆秸、棉籽壳、稻糠、花生秧、向日葵秆等均可作为栽培木腐生菌的培养基料。目前，棉籽壳价格持续上涨，利用秸秆进行平菇类的栽培已经成为首选。下面主要详述双孢菇、草菇和平菇的秸秆栽培技术。

5.2.1 秸秆栽培双孢菇技术

5.2.1.1 双孢菇栽培技术简介

双孢菇栽培模式主要有传统双孢菇简易栽培模式和集中发酵栽培模式。

（1）传统双孢菇简易栽培模式

传统的双孢菇一次发酵通常在菇房周围的室外场地中进行。发酵场地要求向阳、避风、地势高、用水方便；菌料场的地面除原料贮备区外，都应该采取水泥硬化，并且设计完善的给排水系统。料堆在堆肥场中应该铺成龟背形，并在堆场四周开沟，一角建设蓄水池，以回收、利用料堆流失水，既可避免雨天料堆底部积水，也可以避免培养料养分流失，还能很好地解决堆肥过程中的废水污染问题。建堆前一天，用石灰水或漂白粉等对堆肥场地进行消毒，并做好场地周边的环境卫生工作。见图5-1。

（2）双孢菇集中发酵栽培模式

双孢菇集中发酵栽培模式又称为工厂化生产模式。工厂化生产模式采用的是集中发酵工艺技术，是把大容积的蘑菇培养料放在特别隧道的设施中进行自动控制的发酵方式，这种发酵方式是意大利发明的。集中发酵技术科学，操作简单，管理容易、可靠，对提高蘑菇产量、促进蘑菇生产的发展具有积极意义。集中发酵的另外优点是节省人力、节省能源、简化环境控制等操作，利用传送带很容易进行机械化装床、出料和接种工作等。在原来的二次发酵中，为了通过扩散作用供给氧气和进行代谢气体的交换，菇床料温和室温之差也要达到15℃，但在集中发酵中

图 5-1 双孢菇简易栽培模式

菇床料温和室温不超过1℃，这对维持高温菌最适条件48～53℃是最有效的。

双孢菇培养料集中发酵工艺技术可实现蘑菇培养料工厂化、专业化生产，解决农民小规模生产培养料养分配比不合理，操作不规范，发酵不均匀，培养料成熟度差，杂菌、虫卵污染严重等问题，改变小而全的落后的培养料制备方式，可将制备好的培养料供应给农民，并配套推广蘑菇高产栽培技术，对减轻农民栽培蘑菇的劳动强度，提高培养料的质量，提高单位面积的产出率和鲜菇的品质，改变蘑菇生产对农村环境的影响，增强栽培蘑菇的市场竞争能力具有积极意义。

5.2.1.2 双孢菇工厂化栽培技术流程

双孢菇工厂化栽培工艺流程如图5-2所示，主要包括基料配方、培养料隧道发酵、巴氏消毒、基料上床发菌管理、覆土后发菌管理、搔菌、出菇及采收转潮管理[4]。

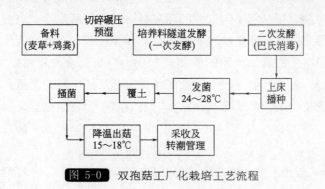

图 5-0 双孢菇工厂化栽培工艺流程

（1）一次发酵

目前，原料的一次发酵都是在自行设计的两层板式隧道中完成的，上层用于堆放原料，下层用于通风装置(风速压力为5500～8000Pa，风速流量为10～18m³/h)。经过均匀搅拌处理过的培养料送入隧道后要堆成高2.5m，堆顶的宽度和堆底部的宽度视隧道的宽度而定，但在隧道与料堆结合部两侧都要留出10cm的空隙；另外，在隧道的另一侧要留出5m长的空间以便翻料使用。隧道发酵室的构造见图5-3。

在自然环境下培养料温度达到80℃(春季需要60～72h，夏季需要48h，冬季则要输送蒸汽提速加温)，当料堆表面温度达到70℃(堆的中心温度已达80℃)时，可用叉车适当振

压料堆使其处于半缺氧状态，堆温80℃维持24h。然后再用隧道顶部的升降电动叉车进行倒堆翻料，翻过的料堆形状要同前状。此后要依次升温、焖堆、翻堆进行3次即可达到第一次发酵效果[5]。

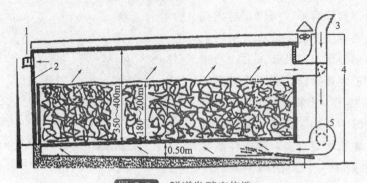

图 5-3　隧道发酵室构造
1—气窗；2—门；3—过滤器；4—调节风门；5—风机

（2）二次发酵（巴氏消毒）

二次发酵有两个主要作用：一是通过巴氏消毒，杀灭培养料中的有害微生物及虫卵；二是进一步发酵，使其转化成有利于双孢菇菌丝生长需要的营养物质。

二次发酵是氨态氮转化为菌体蛋白的过程，它是由嗜热微生物（细菌、放线菌和霉菌）对培养料进行分解和转化。嗜热微生物的生长和繁殖除了营养、湿度和pH值外，更需要55℃的最适生长温度和新鲜空气。培养料中最容易利用的碳水化合物的转化首先由假单胞菌、奈瑟球菌、黄单胞杆菌、微杆菌属、芽孢杆菌等细菌来完成。在二次发酵前60h左右，嗜热放线菌迅速利用由蛋白质、多肽的氮素化合物转变来的氨合成菌体蛋白，完成氮素的固定作用。培养料表面呈现灰白色嗜热真菌的菌落（放线菌），嗜热性放线菌具有更强的纤维降解能力。嗜热性真菌产生的高温又触发焦糖化反应和美拉德反应，这两个反应的进行使糖类化合物聚合形成一般微生物难以利用的多聚化合物，脂类化合物相对地减少了50%，脂肪酸的成分也发生改变，后发酵中嗜热微生物的生长繁殖使亚麻酸的含量几乎增加了1倍。微生物菌体、多聚焦糖化合物、多聚糖胺化合物以及亚麻酸组合了菌丝易于利用又具有选择性的碳素营养。

（3）发菌

1）准备　播种前结合上一个养殖周期用蒸汽将菇房加热至70～80℃维持12h，撤料并清洗菇房，上料前控制菇房温度在20～25℃，要求操作时开风机保持正压。

2）上料　用上料设备将培养料均匀地铺到床架上，同时把菌种均匀地播在培养料里，每平方米大约0.6L（占总播种量的75%），料厚22～25cm，上完料后立即封门，床面整理平整并压实，将剩余的25%菌种均匀地撒在料面上，盖好地膜。地面清理干净，用杀菌剂和杀虫剂或二合一的烟雾剂消毒一次。

3）发菌　料温控制在24～28℃，相对湿度控制在90%，根据温度调整通风量。每隔7d用杀虫杀菌剂消毒一次。14d左右菌丝即可发好，上覆土前2d揭去地膜，消毒一次。养殖菇房内二氧化碳含量在1200×10⁻⁶左右。

4）病虫害防治　此期间病虫害很少发生。对于出现的病害，要及时将培养料清除出菇房做无害化处理；虫害在菇房外部设立紫外线灯或黑光灯进行诱杀，效果明显。菇房内定期结合杀菌用烟雾剂熏蒸杀虫一次即可。

（4）覆土及覆土期发菌管理

1）覆土的准备　草炭粉碎后加25％左右的河沙，使用福尔马林、石灰等拌土，同时调整含水量在55％～60％，pH值在7.8～8.2，覆膜闷土2～5d，覆土前3～5d揭掉覆盖物，摊晾。

2）覆土　把土均匀铺到床面，厚度4cm。上土后用杀虫杀菌剂消毒一次。环境条件同发菌期一致；菌丝爬土后开始连续加水，加到覆土的最大持水量；打一次杀菌剂。

3）搔菌　菌丝基本长满覆土后进行搔菌。2d后将室温降到15～18℃，进入出菇阶段。

（5）出菇

1）降温　进入出菇阶段后24h内将料温降到17～19℃，室温降到15～18℃，湿度在92％，二氧化碳含量低于$800×10^{-6}$。

2）出菇　保持上述环境到菇蕾至豆粒大小，随蘑菇的生长降低湿度至80％～85％，其他环境条件不变，之后随蘑菇的增长增加加水量。

3）采摘　蘑菇大小达到客户要求后即可采摘，每潮菇采摘3～4d，第4天清床，将所有的蘑菇不分大小一律采完，完毕后清理好床面的死菇、菇脚等；采摘期间加水量一般为蘑菇采摘量的1.6～2倍。清床后根据覆土干湿加水并用杀菌剂消毒一次。二、三潮菇管理同第一潮菇。三潮菇结束后菇房通入蒸汽使菇房温度达到70～80℃，维持12h，降温后撤料，开始下一周期的养殖。

4）病虫害防治　此期间对于出现的病害，要及时将培养料清除出菇房做无害化处理，病害菌落周围用漂白粉或生石灰粉掩盖防止蔓延；虫害在菇房外部设立紫外线灯或黑光灯进行诱杀，效果明显[6]。

5.2.1.3　双孢菇栽培技术操作要点

（1）栽培时间的确定

双孢菇是中低温型食用菌，最适发菌温度为22～26℃，生长最适温度为16～18℃。在自然气候条件下栽培双孢菇，栽培时间的确定非常关键。由于秋季由高到低的气温递变规律与双孢菇对温度的反应规律较为一致，双孢菇的播种一般选择在秋季。以长江为界，越往北，应该越早播种，越往南应该越迟播种，河北、河南、山东等地的播种期一般安排在8月，浙北、上海及苏南地区一般安排在9月为好，福建、广东、广西等地的蘑菇播种期安排在10～11月。

（2）原料配方

由于农作物秸秆种类不一，营养成分也不尽相同，在实际生产中应根据实际需要改变培养料配方。不论何种类型的培养料、何种配方，其营养成分含量必须遵循共同的原则和要求，建堆前培养料的碳氮比（C/N）应该为（30～33）∶1，粪草培养料的含氮量以1.5％～1.7％为好，无粪合成料的含氮量以1.6％～1.8％为好。目前在双孢菇栽培中常用的配方如下。

1）常见粪草培养料配方

① 干麦草40g、干鸡粪50g、豆秸4g、饼肥3g、尿素0.4g、过磷酸钙1g、石灰2.5g、石膏1g、生物吸附剂20g。

② 干稻草 40g、干鸡粪 50g、饼肥 5g、尿素 0.45g、过磷酸钙 1g、石灰 2g、石膏 1g、生物吸附剂 20g。

③ 豆秸 40g、干鸡粪 35g、干牛粪 10g、饼肥 5g、麦麸 5g、尿素 0.25g、过磷酸钙 1g、石灰 2g、石膏 1g、生物吸附剂 20g。

④ 干麦草 40g、干牛粪 50g、饼肥 5g、尿素 0.3g、石灰 2.5g、石膏 1.5g、过磷酸钙 1g、生物吸附剂 20g[7]。

2）无粪合成料配方

① 干稻草 88%、尿素 1.3%、复合肥 0.7%、菜籽饼 7%、石膏 2%、石灰 1%。

② 干稻草 94%、尿素 1.7%、硫酸铵 0.5%、过磷酸钙 0.5%、石膏 2%、石灰 1.3%。

（3）原料准备

在实际生产中，依据生产规模和培养料配方贮备原料。所用草料应当选用新鲜稻草，干、黄、无霉、无杂质。麦草最好选用轧碾草，使其茎秆破裂变软有利于吸水和发酵，在稻草资源丰富的地区大多采用前一年贮备的晚稻草。由于吸水速度较慢，堆制时直接浇淋容易流失，也不容易均匀，因此在建堆前一天进行预湿。一般将稻麦草先碾压或对切至 30cm 左右，摊在地面，撒上石灰，反复洒水喷湿，使草料湿透。对于粪料，国外多采用马粪，马粪呈纤维状，养分较高，发热量较高，建堆后能够维持较长时间的高温。国内多采用鸡粪或牛粪，鸡粪选用蛋鸡鸡粪，湿度≤40%，无泥沙、木屑等。无论采用哪种形式的粪便，一般不采用鲜粪，均必须暴晒足干。

（4）预湿

1）选择堆料场地　堆料场地选择地势高、靠近菇棚和水源的地方，要求平整、坚实、避风、远离畜禽饲养场地以及垃圾堆存场地。

2）草料预湿　将麦草边铲入搅笼，边加粪、水，使草、粪、水通过搅笼后混合均匀，将混合好的培养料用铲车堆成大堆使草料软化，同时均匀地加入辅料；预湿时间一般为 3d，期间注意在料堆顶部加水。

（5）一次发酵（前发酵）

一次发酵料的颜色为浅褐色，可见少量放线菌，用手握紧可在指缝流出 2~3 滴水滴，手指揉搓稍感发黏，臭味小，氨味明显，含氮量 1.8%~2.0%，含氨量 0.4% 左右，pH 值为 7.2~7.5，含水量 70%~72%。见图 5-4。

图 5-4　食用菌栽培发酵物料

1）一次发酵技术要点

① 料温控制。料温的变化是依靠通气调节来实现的。进入发酵隧道时，当温度达到 70℃ 以上就应停止通气，每次翻堆后必须保证氧气的足量供给，防止厌氧发酵。试验数据表明：每通气 10min 停 20min 为宜。

② 水分调节。水分在第一次翻堆时必须加足，使水分含量保持在 70%~72%。

2）一次发酵异常现象处理

① 料内酸臭味较大。造成的原因是原料水分偏大和堆中心部位缺氧严重，这类原

料的颜色呈乳黄色，水分较大。处理方法是加大底层送风量，4～6h后，酸臭味就会自然消失。

② 原料黏性过大。发黏的原料多呈水红色或棕色、气味偏酸。造成的原因：辅料水分偏大；料内有少量的泥土料；原料处理过程中被水淋过。处理方法：增加一次翻料；料色发水红的黏料，要适当添加3％的稻壳和麦糠，放在料堆中心部位再次发酵；雨淋料和水分不均匀的原料，加入吸湿剂（如玉米芯、细木屑）。

③ 料堆上有菌蛆。造成的原因：隧道周围污水的积聚招致苍蝇在料堆表面产卵繁殖成菌蛆。处理方法：搞好拌料场地周围的环境卫生，隧道的外部墙壁上要喷洒杀菌杀虫剂防苍蝇和蚊虫。

（6）后发酵（二次发酵）

二次发酵的主要技术参数：水分65％，pH值为7.5，氨气$80×10^{-6}$，碳氮比（15～16.5）：1。二次发酵后的感官和理化指标如下：颜色为深褐色，可见大量放线菌，手握有水但不下滴，不粘手，料有弹性，闻有面包香味，含水量在65％～70％之间，春、秋季可高些，冬、夏季低一些，含氮量在2.2％左右。

1）二次发酵技术参数

① 填料。一次发酵的培养料在运入二次发酵隧道前要将生物吸附剂均匀地加入。经过一次发酵的培养料需要运入二次发酵隧道进行中低温发酵（巴氏灭菌），整个发酵过程需要8d时间。运入的一次发酵料要呈蓬松状堆在地面上，高度2.2m，其宽度和长度同一次发酵料的堆形，堆料密度约1000kg/m³。

② 通风升温。填料后4h左右才可关闭隧道舱门进行均恒升温，使不同层次的料温趋于一致。料层温度稳定一致后，以150m³/h的循环风的速度将料温逐步升到58℃。

③ 巴氏灭菌。当料温升至58℃时，要恒温保持8～10h，严禁料温高于60℃或低于55℃，否则会影响巴氏灭菌效果。巴氏灭菌结束后，再逐渐将料温降到48～50℃，此期间的恒定期为9h。当培养料发酵呈深棕色或褐色，料内拌有35％左右的灰白色放线菌等有益微生物的色斑，没有氨味或其他刺鼻的异味，并略带有甜面包的香味，培养料柔软富有弹性，没有粘连现象，培养料容易被拉断时发酵工艺全部结束，打开隧道舱门将料温降至25℃以下播种备用[8]。

2）二次发酵异常现象处理

① 培养料底端和隧道的两侧偏干。造成的原因是底层风量过大或隧道空间温度超过70℃。处理方法：对于偏干的培养料要喷洒人工加温至80℃的热水（内加1％石灰），切忌喷洒生冷水。

② 原料呈片状粘连。造成的原因是培养料发酵期间的温度低于45℃引起的细菌污染。处理方法：在发酵期间要加大通风量，40～45℃的停留期不得超过8h。

③ 培养料氨味偏重。造成的原因是巴氏灭菌温度超过65℃，造成培养料的过度发酵，同时还会影响到氨气的吸附效果。处理方法：迅速将温度降至52℃，恒定3～5h，也可向隧道空间喷洒5％甲醛溶液，及时清除隧道空间的游离氨。

（7）品种选择、播种与发菌管理

后发酵结束后要及时进行翻动拌料、播种。应彻底翻动整个料层、抖松料块，使料堆、料块中的有害气体散发出去。当料温降至28℃左右时进行播种。播种前应全面检查培养料的含水量，并及时调整。见图 5-5。

图 5-5　播种

优良的菌种是保障高产的关键，应当选择正规的有生产资质的菌种生产单位购买。各地应根据当地的气候条件和市场需求选择。

播种所用工具应该清洁，并用消毒剂进行消毒。播种后的整个发菌期的管理主要是调节控制好菇房内的温度、湿度和通风条件。在播种后，菌种萌发至定植期，应关紧菇房门窗，提高菇房内二氧化碳浓度，并保持一定的空气相对湿度和料面湿度，必要时地面浇水或在菇房空间喷石灰水，增加空气湿度，促进菌种萌发和菌丝定植；同时要经常检查料温是否稳定在 28℃以下，若料温高于 28℃，应在夜间温度低时进行通风降温，以防烧菌。播种 3～5d后，开始适当通风换气，通气量的大小要根据湿度、温度和发菌情况决定。在发菌过程中，应该经常检查杂菌情况，一旦发现应及时采取防治措施。在适宜条件下，播种后 20～23d 菌丝便可长满整个料层，菌丝长满培养料后应及时进行覆土。

（8）覆土及覆土后的管理

优良的覆土材料应具有高持水能力、结构疏松、孔隙度高和稳定良好的团粒结构。目前多采用以草炭为主的新型覆土材料，有自然草炭土和人工配制草炭土（图 5-6），覆土经严格消毒后方可采用。当菌丝长满整个料层时，才能进行覆土，一般是播种后 12～14d。过早覆土，菌丝没有吃透料层，生长发育未成熟，不利于菌丝配上，甚至不爬土，影响产量。覆土厚度一般为料床的 1/5。

(a) 自然草炭土　　　　　　　　　　(b) 人工配制草炭土

图 5-6　自然草炭土和人工配制草炭土

（9）出菇管理

从播种起大约 35d 进入出菇阶段(图 5-7)，产菇期 3～4 个月。出菇期，菇房的温度应该控制在 16～18℃，适宜的相对湿度为 90％左右，并应该经常保持新鲜，经常开门窗通风换气，温度低于 13℃时应选择午间气温高时通风。菇房内温度高于 20℃时，禁止向菇床喷水，每天在菇房地面、走道的空间和四壁喷雾浇水 2～3 次，以保持良好的空气相对湿度。在整个出菇期管理的核心是正确调节好温、湿、气三者的关系，满足蘑菇生长对温度、水分和氧气的要求。

图 5-7　出菇

（10）采收与贮运

菌盖未开，菌膜未破裂时，及时采收。采收时，应轻采、轻拿、轻放，保持菇体洁净，减少菇体擦伤。采收结束后，应该及时清理废料，拆洗床架，进行全面消毒。栽培蘑菇的废料可以作为有机肥料用于蔬菜和花卉育苗的基质及肥料。

5.2.2　秸秆栽培草菇技术

我国北方地区是传统作物品种小麦、玉米的主产区，每年有大量的农作物秸秆因得不到合理利用而被浪费掉。利用秸秆栽培高温型食用菌草菇，使作物秸秆成为一种可开发利用的生物再生资源，既降低了草菇的生产成本，丰富了人民的菜篮子，又解决了夏季食用菌产品严重缺乏的难题。

5.2.2.1　草菇栽培方法

草菇的栽培方法很多，下面就一些常用的方法做具体介绍。

（1）坯块式草菇栽培法

1）配方　干稻草 100kg，稻糠 5kg，干牛粪粉 5～8kg，草木灰 2kg，石灰 1kg，碳酸钙 1kg。

2）养料堆制　选用金黄色(或绿色)、足干、无霉变的稻草，铡成 1～2cm 的小段，置入 1％石灰水中浸泡 24h，捞出沥干建堆，堆宽 1.5m、高 1.5m，长视情况而定，一般以不超过 10m 为宜。稻草先铺 20cm 厚，然后撒上牛粪(牛粪粉要提前 2～3d 预混)、米糠、碳酸钙、草木灰、石灰(石灰加量调制 pH 值以 7～8 为宜)。这样一层稻草一层辅料，一直到建好堆为止。3d 后进行翻堆，翻堆时要把辅料与稻草混合均匀，再过 2d 便可制作坯块。

3）坯块制法　将木框(图 5-8)置于平地上，在木框上放一张薄膜(长、宽约 1.5m，中间每隔 15cm 打一个 10cm 直径的洞，以利于通水、通气)。向框内装入发酵好的培养料，压实，面上盖好薄膜，提起木框，便做成草坯块[9]。

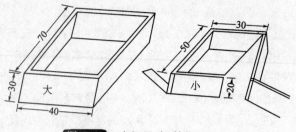

图 5-8　木框尺寸（单位：cm）

4）灭菌与接种　制好的草块要进行常压灭菌（100℃保持8～10h）。灭菌后搬入栽培室（栽培室事先要进行清洗，用1500倍的敌敌畏喷雾杀虫，再用福尔马林或硫黄粉按常规用量熏蒸），待料温降至37℃以下进行接种。接种时先把面上薄膜打开，用撒播法播种，播后马上盖回薄膜，搬上菇床养菌。

5）栽培管理　接种后5d，把面上薄膜解开，盖上1～2cm厚的火烧土，再过3d便可喷水，保持空间湿度在85%～90%，再过2d现原基。此时要求一定的光照和适当的通气换气。菇房的相对湿度可提高到90%～95%，以促进原基的生长发育。一般现蕾后5d就可采菇。第一潮菇采完后，须检查培养料的含水量，必要时可用pH值为8～9的石灰水调节。然后提高菇房温度，促使菌丝恢复生长。再按上述方法进行管理，直到栽培结束，一般整个栽培周期为30d，可采3～4潮菇[10]。

（2）泡沫棚种植草菇

泡沫棚种植草菇是近几年发展起来的一种栽培模式，它改变了传统栽培模式和季节的限制，打破草菇只能在夏季7～9月份栽培的历史，利用加温等措施达到草菇周年生产。现将其栽培技术介绍如下。

1）泡沫棚草菇栽培房的结构和特点　栽培房宜选择地势高爽的宅前屋后空地进行搭建。一般每只棚占地11m²，长5m，宽2.2m，高2.2m。房内架子用木板或角铁搭置，设4层床架，床宽0.7m，靠两边搭置，中间留0.8m走道，层距0.45m，每边3层，共6层，实际栽培为（5m×0.7m×6m）21m³。地上排设通风管道，并浇筑水泥地面，泡沫板里面衬上一层薄膜，以利于保温，走道两边距地面一定高度开设两个换气窗，门只开一面。这种棚体积小，床架高度适中，易于保温及种植户管理。

因草菇是高温结实菌，低温时要进行加温才能正常出菇。可通过煤炉加热，一只菇房用1～2只，来创造草菇适宜的生长环境。

2）栽培季节安排和适宜使用的菌种　栽培季节可以周年种植，一只菇房一年可种植12茬。适宜使用的菌株为V23系列草菇。

3）培养料处理　选用新鲜、无霉变废棉和棉纺厂下脚料，使用前在太阳下暴晒2d。每只棚一次投料在150kg。把所需的废棉在pH>12的石灰水中浸1d，然后捞起，预堆3d，中间翻堆1次；如堆制时温度低，可盖上薄膜，让废棉软化均匀才可进房。后发酵时培养料含水量控制在60%～70%，即捏一把料指缝间有水珠滴下，搬到床架上再进行后发酵，加温到60～62℃维持一天一夜，然后降温，准备播种。

4）播种及播种后管理

① 播种。温度下降至33～38℃时即播种，每棚用种量（17cm×33cm聚丙烯袋）12～15

包，撒播，播后轻轻拍一下料面。盖上地膜或清洁的蛇皮袋。

② 播种后管理。料温控制在 36℃，菇房温度在 33℃ 左右为好。36h 后，菌丝基本封面，即拿掉薄膜或蛇皮袋，保湿；菌丝基本发到底时补水 1 次，用量 1～1.2kg/m²，当边上有小白点形成时就用水来刺激出菇，分 2 次补，用量 1.5～2kg/m²，并降温至 30～32℃，加大通气量。出菇时空气湿度要求在 85%～90%，补水时水温要与室温一样。9～10d 后，可采收第 1 潮菇。采收后，进行大通风，第 2 天用石灰水补水，用量 1.5～2kg/m²，紧闭门窗，加大换气量，促其出第 2 潮菇。

（3）草菇袋式栽培技术

草菇袋式栽培是一种较新的栽培方式，是一种草菇高产栽培方法，单产较传统的堆草栽培增产 1 倍左右。生物效率可达到 30%～40%。

1）浸草 将稻草切成 2～3 段，有条件的可切成 5cm 左右，用 5% 的石灰水浸泡 6～8h。浸稻草的水可重复使用 2 次，每次必须加石灰。

2）拌料 将稻草捞起放在有小坡度的水泥地面上，摊开沥掉多余水分，或用人工拧干，手握抓紧稻草有 1～2 滴水滴下，即为合适水分，含水量在 70% 左右。然后加辅料拌合均匀，做到各种辅料在稻草中分布均匀和黏着。拌料时常用的配方有以下几种。

配方 1：干稻草约 87 份＋麸皮 10 份＋花生饼粉或黄豆粉 3 份＋磷酸二氢钾 0.1 份。

配方 2：干稻草约 85 份＋米糠 10 份＋玉米粉 3 份＋石膏粉 2 份＋磷酸二氢钾 0.2 份。

配方 3：干稻草 83.5 份＋米糠 10 份＋花生饼粉 3 份＋石膏粉 2 份＋复合肥 1.5 份。

配方 4：干稻草 56.5 份＋肥泥土 30 份＋米糠 10 份＋石膏粉 2 份＋复合肥 1.5 份。

3）装袋 经充分拌匀的料，选用 24cm×50cm 的聚乙烯塑料袋，把袋的一端用粗棉线活结扎紧，扎在离袋口 2cm 处。把拌和好的培养料装入袋中，边装料边压紧，每袋装料湿重 2～2.5kg。然后用棉线将袋口活结扎紧。

4）灭菌 采用常压灭菌，装好锅后猛火加热，使锅内温度尽快达到 100℃，保持 100℃ 6h 左右，然后停火出锅，搬入接种室。

5）接种 采用无菌或接种箱接种。无菌室或接种箱的消毒处理与其他食用菌相同。接种时，解开料袋一端的扎绳，接入草菇菌种，重新扎好绳子。解开另一端的扎绳，同样接入菌种，再扎好绳子。一瓶（或一袋）菌种可接种 12 袋左右。

6）发菌管理 将接种好的菌袋搬入培养室，排放在培养架上或堆放在地面上。菌袋堆放的高度应根据季节而定，温度高的堆层数要少，温度低的堆堆放的层数可以适当增加。一般堆放 3～4 层为宜。培养室的温度最好控制在 32～35℃。接种后 4d，当菌袋菌丝吃料 2～3cm 时，将袋口扎绳松开一些，增加袋内氧气，促进菌丝生长。在适宜条件下，通常 10～13d 菌丝就可以长满全袋。

7）出菇管理 长满菌丝的菌袋搬入栽培室，卷起袋口，排放于床架上或按墙式堆叠 3～5 层，覆盖塑料薄膜，增加栽培室的空气相对湿度至 95% 左右。经过 2～3d 的管理，菇蕾开始形成，这时可掀开薄膜。当菇蕾长至小纽扣大小时，才能向菌袋上喷水，菇蕾长至蛋形期就可采收。一般可采收 2～3 潮菇。

（4）温室草菇麦草栽培新技术

草菇富含蛋白质，低脂肪、低热值、肉质细嫩、味道鲜美，具有抗癌、降压等多种保健作用，在市场上颇受欢迎。但室外栽培草菇，受自然气候的影响较大，温度与湿度不易人工控制，很难达到理想的产量。近年利用日光温室夏、秋季高温休闲期栽培草菇，取得了很好的效果，并且为小麦秸秆腐化还田提供了一条有效途径，较好地解决了困扰农村多年的小麦秸秆焚烧问题。现将其主要栽培技术简介如下。

1）栽培季节　草菇菌丝体生长的适温范围为 15～40℃，最适宜温度为 30～35℃，子实体生长的温度范围为 26～34℃，最适宜温度为 28～30℃，从堆料到出菇结束只需 1 个多月的时间，是目前人工栽培的食用菌中需求温度较高、生长周期较短的类型。根据草菇对温度的要求及各地不同的栽培条件，可分别选择适当的栽培时期。

2）菌种选择　由于各地的品种编号不同，根据各地的实际情况因地制宜地选择优质高产的品种非常重要。品种的选择标准是高产、优质、抗逆能力强，目前山东省主要选用V23、VB1、Gv-35、1318、白草菇等品种。

3）培养料处理

① 栽培原料配方。栽培草菇的原料非常广泛，有稻草、谷秆、麦草、杂草等。根据北方和山东的实际情况，我们推广的配方：麦草 100kg、麸皮 5kg、生石灰 5kg。

② 培养料处理。无论选用哪种原料，均应干燥无霉变，并在生产前暴晒 2～3d。新收获的麦草、稻草要彻底干燥，否则容易因料酸而失败。

栽培前在温室附近挖一个水池，将麦草和石灰按比例一层麦草一层石灰层层交替地在水池中铺好，铺草时要踩实，铺满水池以后，用重物将草压住，将水池灌满。麦草浸泡 24～48h 后，捞出后沥去明水，喷洒占干料总量 0.1%～0.2% 的 50% 多菌灵可湿性粉剂及 0.1% 的 80% 敌敌畏乳油水溶液，处理后的麦草 pH 值在 9～12 之间。

③ 培养料的发酵。将上述处理好的麦草捞出堆成垛，垛高 1.5m，宽 1.5m，长度不限。堆好后，覆盖塑料薄膜，保温保湿，以利于发酵。当麦草堆中心温度上升到 60℃ 左右时，保持 24h，然后翻堆，将外面的麦草翻入堆心，里面的麦草翻到外面，以使麦草发酵均匀。翻堆后中心温度又上升到 60℃ 时，再保持 24h，重复 3～4 次发酵即可终止。发酵时间一般为 10d 左右，发酵时间长短的关键是发酵温度是否合格。

发酵结束后，要检查发酵麦草的质量。优质发酵麦草的标准：质地柔软，一拉即断，表面脱蜡，手握有弹性感，金黄色，有麦草香味，有少量的白色菌丝，含水量 65%～70%，pH 值为 9 左右。

4）栽培方法

① 菇棚处理。清除日光温室内的前茬秸秆，深翻暴晒室内土壤后，疏松土层，整平地面，一次性灌足底水，同时喷洒 5% 甲醛及 50% 辛硫磷乳油 800 倍液。

② 波浪式覆土栽培。草菇栽培不覆土也能正常出菇，但在料面上盖土有利于保湿，供应草菇生长所需的水分，覆土栽培是提高草菇产量的有效方法。用于覆盖的土壤要求肥沃、疏松、保水性能良好。自配营养土配方：优质菜园土或地表 15cm 以下土壤，打碎后，每110kg 土加入草木灰 4kg、尿素 0.5kg、磷肥 1kg、石灰 2kg。

波浪式覆土栽培方法：先在地面喷 5% 石灰水，再铺上 1 层栽培料（充分发酵的麦草不必切碎，栽培料为栽培原料的充分混合），压实，宽 60～80cm，厚约 20cm，长度根据日光温室的宽度而定，以留出便于管理的走道为宜。然后均匀撒播第 1 层菌种，在铺第 2 层料时开始起垄，料垄厚 15～20cm，垄沟料厚 10cm，可增加出菇面积和提高产量，料垄做好后即可撒播第 2 层菌种。两次用量分别占菌种总量的 30%～40% 和 60%～70%。菌种用量占干料重的 5%～10%。菌种播好后，在料垄上再覆一层略能盖好菌种的薄草，用干净木板将麦草垄拍实，形成四周低中间凸的龟背形状，然后覆盖营养土 1～2cm，盖上地膜即可。两料垄间留 30cm 间距作走道[11]。

③ 温度控制。草菇是高温恒温结实性菌类，忽冷忽热的气候对子实体生长极为不利。播种后 3～4d，以保温为主。以后随着料温的升高，特别是当料温高于 40℃ 时，要揭膜降温，使料温控制在 35～38℃，气温控制在 30～32℃ 为宜。子实体形成与菇体发育时，料温保持在 30～35℃，气温保持在 28～32℃。

④ 湿度控制。一般采取灌水和喷水相结合的形式。播种前先将畦床灌水湿透，播种后头几天料垄上的地膜一般不要揭开，以便使培养料含水量保持在 65%～70%。空气相对湿度应控制在 85%～90%，湿度不够时可向垄沟灌水或喷水。灌水时，一定注意不能浸湿料块，喷水时尽量不要喷向料面。出菇期间，空气相对湿度应提高到 90%～95%。一般是向垄沟内灌水，使畦床湿润，以维持培养料内的含水量。向空间喷雾，以提高空气相对湿度。喷雾要用清水，水温与气温接近，做到轻喷、勤喷。不宜直接向料块喷水，尤其是刚现菇蕾时，严禁向菇蕾喷水。

⑤ 通风与光照。草菇是一种好氧性真菌，菌丝生长期需氧少，出菇阶段需氧较多，温室栽培需注意通风，但不能通风过急，否则会引起温度骤变，不利于草菇生长，一般以空气缓缓对流较好。出菇期通风还要与喷水保湿相结合，具体做法是菌丝生长期间每天中午少部分掀开盖在料垄上的地膜，打开菇棚 15～20min。菌丝布满畦面后，除去地膜。出菇期间，通风前先向地面、空间喷雾，然后通风 20min 左右，每天 2～3 次。

光照宜用散射光。发菌初期光线宜弱，栽种后 4～5d，直至出菇结束，应适当加强光照。光照强度以能阅读报纸为宜，忌阳光直射。

5) 适时采收　一般播种后 10～12d，当菇蕾有鹌鹑蛋大小时，即可采收。早、中、晚各采 1 次，防止开伞降低商品价值。每茬菇可连续采收 20d 左右。每茬在采后可在料面上喷洒菇宝和各种营养液，以延长采收期和提高产量。

5.2.2.2　草菇栽培技术要点

(1) 品种特性与栽培时期

草菇为夏季栽培的高温速生型菇类，从种到收只要 10～15d，生产周期不过 1 个月。根据草菇对温度的要求及各地不同的栽培条件，可分别选择适当的栽培时期。例如，草菇在甘肃省栽培适温期短，适宜的栽培季节为 7 月初～10 月上旬，一般在麦收之后开始进行生产[12]。

(2) 原料选择

适合草菇栽培的原料广泛，麦秸、玉米秸、玉米芯、棉籽壳及花生壳等均可作为栽培基质用于草菇生产，栽培料应选用颜色金黄、足干、无霉变的新鲜原料，用前先暴晒 2～3d。根据草菇对营养物质需求量的多少，培养料分为主料和辅料两大类。

1) 主料　有稻草、麦秸、棉籽壳、废棉、甘蔗渣、豆秸、玉米芯等，废棉最佳，棉籽壳次之，麦秸、稻草等稍差。栽培过平菇、金针菇的废料亦可用来栽培草菇。

① 棉籽壳。要选用绒毛多的优质棉籽壳、存放时间短的新鲜棉籽壳。栽培前，先在日光下暴晒 2～3d。

② 废棉。废棉保温、保湿性能好，含有大量纤维素，是栽培草菇的优质培养料，但透气性较差。栽培前，先将其放入 pH 值为 10～12 的石灰水中浸泡一夜，捞出沥干后堆积发酵。

③ 麦秸。要选用当年收割、未经过雨淋和变质的麦秸，麦秸的表皮细胞组织含有大量硅酸盐，质地较坚硬且蜡质多，不易吸水及软化。栽培前需经过破碎、浸泡软化和堆积发酵处理[13]。

④ 稻草。应选用隔年优质稻草，要足干、无霉变，呈金黄色。这种稻草营养丰富，杂菌少。栽培前，将稻草暴晒 1～2d，然后放入 1%～2% 的石灰水中浸泡半天，用脚踩踏，使其柔软、坚实并充分吸水，捞出即可用于栽培。稻草秸秆栽培草菇见图5-9。

图 5-9 稻草秸秆栽培草菇

⑤ 甘蔗渣。新鲜干燥的甘蔗渣呈白色或黄白色，有糖芳香味，碳氮比为 84∶1，与麦秸、稻草相近，是甘蔗主产区栽培草菇较好的原料，用时要选新鲜、色白、无发酵酸味者，一般应取糖厂刚榨过的新鲜蔗渣，及时晾干，贮藏备用。

⑥ 栽培过平菇、金针菇的废料。将废料从菌袋中倒出，趁湿时踩碎，去掉霉变和污染的部分，为减少营养消耗，应及时晒干后贮存备用。

2）辅料　用于栽培草菇的稻草、麦秸等原料中，往往碳素含量高、氮素含量低，配制养料时必须添加适量的营养辅料才能满足草菇生长发育所需的营养条件。

常用的营养辅料有麦麸、米糠、玉米粉、圈肥、畜禽粪、尿素、磷肥、复合肥、石膏粉、石灰等。

营养辅料的用量要适当，麸皮等一般不超过 25%。培养料中氮素营养含量过高会引起菌丝狂长，推迟出菇；另外，容易引起杂菌生长，造成减产。麦麸、米糠和玉米面均要求新鲜、无霉变和无虫蛀。

生石灰是不可缺少的辅料之一，除补充钙元素外，还可以调节培养料的 pH 值，并可去除秸秆表面的蜡质等，使秸秆软化。

畜禽粪一般多用马粪、牛粪和鸡粪等，是氮素的补充营养料。使用畜禽粪时要充分发酵、腐熟、晾干、砸碎、过筛备用。

3）常用配方

配方 1：稻草 500kg＋石灰粉 10kg。

配方 2：稻草 500kg＋麦麸 35kg＋石灰粉 10kg。

配方 3：稻草 500kg＋干牛粪粉 40kg＋过磷酸钙 5kg＋石灰粉 10kg。

配方 4：小麦秸碎段 65%，菌糠 25%，麦麸 5%，尿素 0.3%，石膏粉 1%，生石灰 3.7%。

配方 5：玉米秸 73%，棉籽壳 15%，麦麸 6%，尿素 0.3%，过磷酸钙 1%，石膏粉 1%，生石灰 3.7%。

配方 6：玉米芯碎块 80%，麦麸 8%，棉籽饼（粕）粉 3%，石膏粉 1%，石灰 8%。

配方 7：豆秸粗粉 60%，棉籽壳 34%，石膏粉 1%，过磷酸钙 1.5%，生石灰 3.5%。

配方 8：花生茎蔓粗粉 70%，菌糠 20%，麦麸 5%，石膏粉 1%，生石灰 4%。

上述配方栽培料均需堆制发酵处理，发酵前料水比调至 1∶1.8 左右，pH8.5～9.0[14]。

（3）场地选择与处理

栽培草菇的场地既可是温室大棚，也可在闲置的室内、室外、林下、阳畦、大田与玉米间作、果园等场地。大棚要加覆盖物以遮阴控温，新栽培室在使用前撒石灰粉消毒，老菇棚可用烟熏剂进行熏蒸杀虫灭菌。

（4）原料的处理

原料采用石灰碱化处理，即在菇棚就近的地方挖一长 6m、宽 2.5m、深 0.8m 左右的土坑（土坑大小可根据泡秸秆多少而定），挖出的土培在土坑的四周以增加深度至 1.5m，坑内铺一层厚塑料膜，然后一层麦秸、一层石灰粉，再一层麦秸、再一层石灰粉，如此填满土坑，最上层为石灰粉，石灰总量约为麦秸总量的 8%。再在麦秸上面加压沉物以防止麦秸上浮。最后，往土坑里灌水，直至没过麦秸为止，或者逐层淋水至每层有水滴下为度。稻草吸足水分是取得高产的关键。见图 5-10。

浸草池

图 5-10　发酵料的处理

秸秆上架后马上加温，可用蒸汽发生炉，也可用废汽油桶。让热蒸汽从床架底层向菇棚疏松扩散，使菇棚内室温达到 66～75℃，中层料温达到 63℃ 左右，维持灭菌时间 8～10h。

（5）入棚、建畦、播种

把泡过的麦秸挑出，沥水 30min 后入棚。按南北方向建畦，畦宽 0.9～1.0m。先铺一层 20cm 左右的秸秆，并撒上一层处理过的麸皮。用手整平稍压实后播第一层种。按 0.75kg/m² 的播种量，取出 1/3 的菌种，瓣成拇指肚大小，再按照穴距和行距均为 10cm 左右播种，靠畦两边分别点播两行菌种，中间部位因料温会过高而灼伤菌种故不播。之后再铺一层厚为 15cm 左右的草料和麸皮，把剩余 2/3 的菌种全部点播整个床面，然后再在床面薄薄地撒一层草料，以保护菌种且使菌种吃料块。最后用木板适当压实形成弧形，以利于覆土。料总厚度为 30～300cm，畦间走道宽 30cm。

（6）覆土、盖膜

把畦床整压成弧形后，在料面上盖一层 2～4cm 的黏性土壤，可在走道上直接取土，使之形成蓄水沟和走道。最好在覆土内拌入部分腐熟的发酵粪肥。覆土完毕，在畦面盖一层农膜以保温保湿，废旧膜要用石灰水或高锰酸钾消毒处理。覆膜完毕，在料内插一支温度计，每天观察温度，控制在适宜的温度之内，料温不超过 40℃。如超过 40℃，应立即撤膜通风，在畦床上用木棍打眼散热。

（7）发菌、支拱

覆膜 3d 后，每天掀膜通风几次，每次 10～30min。一般到第 7～8 天，菌种布满床面，等待出菇,此时应在畦面上支拱,拱上覆薄膜。两头半开通风,两边不要盖得太严。因草菇对覆土及空气湿度要求较严,拱膜可保持温度和湿度稳定,如温度、湿度适宜,也可不用拱棚。

(8) 出菇管理

播种后 10d 左右,便开始出菇,此时要注意掀膜通风。待出菇多时,在走道内灌水保湿或降温。如温度、湿度适宜则要撤膜通风换气,保持菇床空气新鲜,温度不宜超过 36℃,以防止高温使菇蕾死亡;若畦床过干,不可用凉水直接喷洒原料或菇蕾,而要在棚边挖一小坑,铺上薄膜,放入凉水,预热后使用。整个出菇过程要严格控制温度、湿度,并适当通风。草菇对光照无特别要求,出菇期给予散射光即可保证子实体正常发育。草菇虫害主要有螨类、菇蝇和金针虫等,可在铺料前用 90% 敌百虫 700～800 倍液处理土壤或用 80% 敌敌畏乳油 800～1000 倍液喷雾防治。

(9) 采收

草菇子实体发育迅速,出菇集中,一般现蕾后 3～4d 采摘,每潮采收 4～5d,每天采 2～3 次。隔 3～5d 后,第二潮又产生;一般采 2～3 潮,整个采菇期 15d 左右,第一潮菇约占总产量的 80% 以上。当子实体由基部较宽、顶部稍尖的宝塔形变为蛋形,菇体饱满光滑,由硬变松,颜色由深入浅,包膜未破裂,触摸时中间没空室时应及时采摘,通常每天早、中、晚各采收 1 次,开伞后草菇便失去了商品价值。

5.2.2.3 草菇栽培杂菌和害虫防治

1) 鬼伞菌 尽量选用新鲜培养料,使用前暴晒 2d,或用石灰水浸泡原料;控制培养料的含氮量,发酵料或发酵栽培时麦麸或米糠添加量不要超过 5%,畜禽粪以 3% 为宜。无论用何种材料栽培,最好 2 次发酵,可大大减少鬼伞菌的污染;发酵时控制培养料的含水量在 70% 以内,以保证高温发酵获得高质量的堆料,同时,培养料拌料时调节培养料的 pH 值至 10 左右。

2) 霉菌 常见的有绿色木霉、毛霉和链孢霉。防治霉菌常用的药液有 5% 的石炭酸、2% 的甲醛、1∶200 倍的 50% 多菌灵、75% 甲基托布津、pH 值为 10 的石灰水。此外,往污染处撒石灰面,防治效果也很好。

3) 菇螨 将棉球蘸敌敌畏,放在床架底料面上,然后用塑料布覆盖床面,利用药物挥发熏蒸料面,毒死螨虫;用 50% 的氧化乐果 1000 倍液、菊乐合酯 1500 倍液、螨特 500 倍液喷雾杀螨;用洗衣粉 400 倍液连续喷雾 2～3 次,也有很好的杀螨效果;将新鲜猪骨放在菇螨出没为害的床面上,相间排放,待螨虫群集其上时,将骨头置开水中片刻即可杀螨虫,反复进行几次,直到床面上无螨为止。

4) 菇蝇 在菇场四周设排水沟,排除积水,并定期用 0.5% 敌敌畏喷杀;培养料进行 2次发酵,杀死料内幼虫和卵;用黑光灯诱杀[15]。

5.3 秸秆栽培木腐生菌类技术

5.3.1 技术原理与应用

木腐生菌类是指生长在木材或树木上的菌类,如香菇、木耳、灵芝、平菇、茶树菇等。

玉米秸、玉米芯、豆秸、棉籽壳、稻糠、花生秧、向日葵秆等均可作为栽培木腐生菌的培养基料。目前，棉籽壳价格持续上涨，利用秸秆进行平菇类的栽培已经成为首选。木腐生菌种类较多，对生长环境的要求并不相同，但是栽培环节比较相似。下面以平菇栽培为例进行详细介绍[16]。

（1）栽培时间的确定

平菇发菌时间一般是30d左右，发菌期的核心环节是控温。生产者应该根据当地的气候条件安排播种时间，以发菌完成后60d内白天菇棚温度在8~23℃为宜。

（2）场地选择

平菇抗杂能力强，生长发育快，可利用栽培的环境较多，如闲置平房、菇棚、日光温室、塑料大棚等。可因地制宜，以利于发菌、易于预防病虫害、便于管理、能充分利用空间、提高经济效益为基本原则。

（3）原料准备

可用来栽培平菇的培养料种类很多，所有农林废弃物几乎都可以作为平菇栽培的主料，包括各类农作物秸秆、皮壳、树枝、刨花、碎木屑等。平菇栽培的氮源添加物主要包括麦麸、米糠、豆饼粉、花生饼粉等辅料。常用配方如下。

配方1：玉米芯80kg，麦麸18kg，石灰2kg。

配方2：玉米芯80kg，麦麸15kg，玉米粉3kg，石灰2kg。

配方3：玉米芯40kg，棉籽壳40kg，麦麸18kg，石灰2kg。

配方4：棉秆粉40kg，棉籽壳40kg，麦麸18kg，石灰2kg。

上述配方均要求料水比为1∶(1.3~1.4)。

（4）品种选择

由于平菇栽培种类多，商业品种也很多，性能各异，可以依据不同用途划分品种类型。栽培者应当按照市场需求选择品种。一般来说，依据色泽可以将平菇划分为黑色种、浅色种、乳白色种和白色种四大品种类型。依据子实体形成的温度范围可以分为低温品种、中低温品种、中高温品种、高温品种和广温品种。

（5）培养料的预处理和发酵

首先将麦秸、玉米芯等秸秆物料粉碎至适宜大小，然后与辅料混合均匀，加水搅拌至含水量适宜后上堆，加覆盖物保温、保湿，每堆干料1000~2000kg。堆较大时中间要打通气孔。一般发酵48~72h后料温可以升至55℃以上，此后保持55~65℃，24h后翻堆，使料堆内外交换，再上堆，水分含量不足时可加清水至适宜。当堆温再升至55℃时计时，再保持24h翻堆，如此翻堆3次即发酵完毕。发酵好的培养料有醇香味，无黑变、酸味、氨味和臭味。

5.3.2　常见平菇栽培方式

一般说来，平菇的栽培方式有很多种。按栽培场所分，有室内大床栽培、阳畦栽培、地道栽培、塑料大棚栽培等。按栽培方式分，有瓶栽、块栽、床栽、袋栽、畦栽、箱栽等。按培养料处理情况分，有熟料栽培（不发酵、灭菌）、生料栽培（不发酵、不灭菌）和发酵料栽培（发酵、不灭菌）。下面将详细描述一些常见的栽培方式。

（1）地面块栽

将培养料平铺于出菇场所的地面上，用模具或挡板制成方块。大块栽培一般长60~

80cm，宽 100～120cm。小块栽培一般长 40～50cm，宽 30～40cm。见图 5-11。这种栽培方式适用于温度较高的季节。优点是功效高，透气性好，散热性好，发菌快，出菇早，周期短。不足之处是空间利用率低。

图 5-11　地面块栽

具体做法是将调制好的培养料装在布包里，包与包之间有一定间隙，在高压灭菌下保持 1.5h。有的地方采用蒸锅消毒，锅中水开后保持 6～8h，趁热出锅。在接种箱（室）里把培养料装入铺有塑料薄膜的箱中，压实包紧。待温度降到 30℃ 以下时接种，然后排去薄膜中的气体，卷好接缝口，放在架上或堆成品字形，在低温条件下培养。另外，生料也可栽培，方法是将培养料消毒后装箱筐培养。可采用 1‰～3‰ 的高锰酸钾或 1% 的生石灰进行消毒。

当菌丝长满整个培养基后，即可除去盖在箱筐上的塑料薄膜，培养出菇。也可除去箱筐，将栽培块移到培养室架子上，进行管理，促其出菇。一般可收 3～4 潮菇。

（2）塑料袋栽培

这一方法是将培养料分装于塑料袋内，生料栽培或熟料栽培。这种方法栽培出菇期将菌袋码成墙状，打开袋口出菇（图 5-12）。塑料袋一般选用聚丙烯或农用塑料薄膜，制成 23cm×45cm 或 28cm×50cm 规格的袋子，装入培养料后，用橡皮筋扎口。消毒时，袋与袋之间可用纸或其他东西隔开。聚丙烯耐压性能好，可用高压灭菌法。聚乙烯耐温、耐压性能差，宜用常压灭菌。常压灭菌时，锅盖要盖好，冒气后维持 6h 以上；高压灭菌时，袋料要压紧。中间打洞，袋与袋之间有空隙，以利于灭菌彻底。温度上升或消毒后放气速度要缓慢，以免导致袋子破损。

图 5-12　墙式袋栽

生料塑料袋栽培：常用的方法是袋内先装一层 3 寸（1 寸≈3.33cm，下同）厚的浸拌好的培养料，用手按实；铺一薄层菌种后，再装料，共数层，至满为度。然后，把袋口扎好，培养 30d 左右，待菌丝长满、菌蕾出现时解开扎口。注意喷水，可连收 2 次。

塑料袋栽培方式的优点是空间利用率高，便于保湿，出菇周期长。不足之处是透气性能差，散热性能差，发菌慢，出菇晚。因此，在栽培过程中要多给予通风，菌袋刺孔通气。

（3）室内大床栽培

室内大床栽培，菇房要坐北朝南，要求明亮，有保温、保湿、通风换气等优良条件。床架一般南北排列，四周不要靠墙，床面宽 3 尺（1 尺＝33.33cm，下同）左右，培养料块相距 1～2 尺，过宽不利于菌丝发育。每层相距 2～2.5 尺。床架间留走道，宽 2 尺，上层不超过玻璃窗，以免影响光照。床底铺竹竿或条编物，要铺严；防止床上床下同时出菇，分散营养。

室内床架栽培比露地栽培更易控制温度、湿度，受自然条件的影响较小。

调制培养料时，要求水分适当，干湿均匀，不宜过夜，料面平整，厚薄一致。如棉籽壳栽培，料厚 4～5 寸，天暖季节可薄一些。培养料调好后应立即上床。床上先垫一层报纸，再将棉籽壳平铺到床上，点菌种时可层播、面播。播后稍加拍实，然后立即用塑料薄膜覆盖。播种后，如薄膜上凝集大量水珠，应将薄膜掀去 1～2d，防止表面菌丝徒长，以后根据情况可适当通风，直至出菇。

床架栽培多在室内，也可以在半地下室或地下室内进行。半地下室或地下室栽培平菇，要注意以下几点：a. 防止杂菌污染，地下室一般湿度很高，杂菌多，连年多次栽培更应注意消毒工作；b. 地下室不利于菌丝发育，因温度低，应采用地上发菌，即把培养料装入木模内点好菌种，用塑料纸包严，置 25℃ 左右处培养，待菌丝充分发育后去掉薄膜，再移入地下室；c. 出菇期间加强通风，注意光照，促进子实体的分化。

（4）阳畦栽培

平菇的阳畦栽培是近年来创造和推广的一种大规模栽培的方法。阳畦栽培不需要设备。成本低，产量高，发展很快。

建造阳畦时，应选背风向阳、排水良好处。挖成坐北朝南的阳畦，规格各有不同，一般畦长 10m、宽 1m、深 33cm，畦北建一风障，畦南挖一北高南低的浇、排水沟，床底撒些石灰。垫上薄膜，然后铺料。畦上自西向东每隔 15cm 设一个竹架，以便覆盖塑料薄膜，防风、遮阳、避雨。春末、秋初，温度高的加盖苇席等遮阴。

阳畦栽培，春、秋可种两次。春播一般在 2 月下旬至 3 月中旬，秋播在 8 月下旬至 9 月。春播要早，秋季适晚播，温度低，菌丝发育慢，但健壮。播种后紧贴畦面覆盖一层无色塑料纸或地膜，在畦上做一弓形竹架，加盖一层薄膜，压好四周，以利于保温保湿。有条件时用黑色薄膜遮盖。春末秋初，在畦上用苇席或秸秆等搭明棚，避免阳光直射。

（5）椴木栽培

椴木栽培树种应选择材质较松、边材发达的阔叶树，不采用含松脂、醚等杀菌物质的针叶树。

平菇对单宁酸较敏感，如壳斗科的栗树等不大适于种平菇。较适宜的树种是胡桃、柳树、法桐、杨树、榆树、蜜柑、枫杨、梧桐、枫香、无花果等。适宜砍伐期一般从树木休眠期到第二年新芽萌发之前。截段后立即接种，按 2 寸×3 寸的距离打孔。椴木含水量保持在 50%～70%。接种孔的大小要一致，接种后洞孔用树皮盖塞严。这样菌种接入后不易脱落，否则在发菌过程中由于水分散失，菌种干燥收缩，翻堆时容易脱落，造成缺穴。菌丝长满木墩后，可将墩按 2 寸的距离放入浅土坑内，覆土一层，木段略外露一点，让菌丝向土中生长，吸取水分和养料，但需用茅草遮盖。当温度适宜时，培养管理。一般春季点菌，秋季可出菇，这样可出菇 2～3 年。

5.3.3　平菇栽培技术流程

5.3.3.1　地面块栽工艺流程

地面块栽工艺流程主要包括发酵、进料、播种、覆盖、发菌、出菇期管理和采收几个环节(图 5-13)。

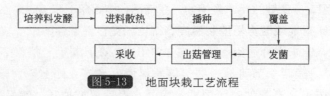

图 5-13　地面块栽工艺流程

1）发酵　按前述方法进行培养料的发酵。

2）进料　进料前要将发菌场地清理干净，灭虫和消毒。将地面灌湿，以利于降温。发酵完毕后，将料运进菇棚，散开，使料降温。

3）播种　当料温降至 30℃ 左右或自然温度即可准备播种。操作开始前要做好手和工具的消毒。播种多为层播，即撒一层料播一层种，三层料三层种，播种量以 15% 左右为宜，即每 100kg 干料用 15kg 菌种(湿重)。播种时表层菌种量要多一些，以布满料面为宜。这样既可以预防霉菌的感染，又可以充分利用料表层透气性好的优势，加快发菌，可有效缩短发菌期，从而早出菇。

播种时要注意料的松紧度要适宜。过松时影响出菇；过紧则影响发菌，造成发菌不良或发菌缓慢，甚至滋生厌氧细菌。

4）覆盖　播种完毕后，将菌块打些透气孔，在表面插些木棍，以将薄膜支起，便于空气的交换。再将薄膜覆盖于表面，注意边角不要封严，以防透气不良。

5）发菌　地面块栽均为就地播种、就地发菌。发菌期应尽可能地创造避光、通风和温度适宜的环境条件。发菌的适宜环境温度为 20～28℃，发菌期每天要注意观察、调整。温度较高的季节要特别注意料温，料中心温度不可超过 35℃，发现霉菌感染，及时撒石灰粉控制蔓延；表面有太多水珠时，要及时吸干。要通风透气，最好每天换气 30min 左右。温度较高的季节可夜间开窗或者掀开地脚；高温季节要严防高温烧菌和污染，采取的措施是夜间通风降温，白日加强覆盖和遮阴。

6）出菇管理　在较适宜的环境条件下，经 20～30d 的培养，即可见到浓白的菌丝长满培养料。当表面菌丝连接紧实、呈现薄的皮状物时，表明菌体已经具备出菇能力，应及时调整环境条件，促进出菇。促进出菇的具体方法如下：a. 加大温差，夜间拉开草帘；b. 加大空气相对湿度，每天喷雾状水 3～5 次；c. 加大通风，每天掀开塑料薄膜 1～2 次；d. 加强散射光照，每天早晚掀开草帘 1～2h；e. 当原基分化出可明显区别的菌盖和菌柄后，将塑料薄膜完全掀开。根据栽培品种的适宜温度，控制菇房条件。一般而言，应该保持温度在 12～20℃、空气相对湿度 85%～95%、二氧化碳低于 0.06%、光照 50lx 以上。

7）采收　在适宜的环境条件下，子实体从原基形成到可采收需 5～6d。子实体要适时采收，以市场需求确定采收最佳时期。如果市场需求的是小型菇，就要提早采收。采收时要整丛采下，注意不要带起大量的培养料，尽可能减少对料面的破坏。采菇后，要进行料表面和地面的清理。之后，盖好塑料表面薄膜养菌。一般养菌4～6d后，即可出二潮菇。

5.3.3.2 平菇墙式袋栽工艺流程

平菇墙式袋栽是目前平菇栽培中最常见的栽培模式，分为生料栽培和熟料栽培两种。

（1）平菇熟料栽培工艺

1）制袋　通常采用聚乙烯或聚丙烯塑料袋，以直径20～27cm、长45cm左右、厚度0.04cm左右为宜，袋两头均开口。

2）灭菌和接种　分装后菌袋应该立即灭菌，一般不使用高压锅，使用自砌的蒸锅进行常压灭菌，要求锅内物料100℃至少10h。灭菌后要冷却至料温30℃以下时方可接种。在菇棚接种，可以两头接种，也可以打孔接种。

3）发菌　发菌期要求的条件与地面块栽大致相同。不同的是，由于菌袋不易散热，低温季节可以密度大些，以利于升温，促进发菌；高温季节要密度小些，不可高墙码放，要特别注意随时观察料温并随时控制在适宜的温度范围内。发菌期的管理要点：每天观察温度，以便及时调整。温度较高的季节要特别注意料温，中心温度不可以超过35℃，超过35℃要及时散堆，并通风换气及时降温。菌丝长到料深3cm左右后要翻堆，以利于菌袋发菌均匀。菌丝长至1/3～1/2袋深时要刺孔透气。培养菌袋通常采用单排叠堆的方式排放，亦可"井"字形排放，亦可搭床架排放，可充分利用空间。

4）出菇管理　当菌丝长满全袋后，要适当增加通风和光照，温度控制在15～20℃，空气相对湿度保持在85%～95%。当子实体原基成堆出现后，松开袋口，增加塑料薄膜保湿。出菇可以采取就地出菇或搬至出菇场地出菇。就地出菇时，原先排放较密集的应重新排放，排与排间的距离以采摘方便为标准。出菇前要给予一定的散射光，增加通风，适当增大日夜温差，增加空气相对湿度，从而刺激子实体的形成。出菇期主要做好以下工作。

① 温度控制。在适宜的温度控制范围内，子实体的生长速度正常，健壮，色泽和外形都正常，且产量较高。平菇是变温性结实菌类，变温刺激有利于平菇子实体的形成。原基形成后，温度在15～24℃时，子实体生长较快。温度过低，子实体生长较慢，但菌盖肥厚；温度过高，虽然子实体生长快，但菌盖薄且脆，菌肉疏松，纤维较多，易碎，不耐运输，品质下降。高温易招致病虫害的侵害。

② 湿度控制。适宜的空气相对湿度是子实体形成和正常发育获得高产的重要条件。一般空气相对湿度以85%～95%为宜。不同时期喷水方式和喷水量有所不同。子实体形成初期以空间喷雾加湿为主，以少量多次为宜，保持地面湿润。当子实体菌盖大多长至直径3cm以上时，可直接喷在菇体上，空气相对湿度最好不要低于80%，以85%左右为最佳。空气相对湿度太低，菌盖易开裂，子实体生长缓慢，降低产量，品质差；湿度过高时，菌柄生长过快，而菌盖生长过于缓慢，长出的菇形不好，甚至会出现菌盖内卷的"鸡爪菇"，而且极易发生杂菌污染。

③ 光照控制。平菇子实体的形成必须有光线的刺激，菌丝长满菌袋后，要给予适当的散射光，但不能阳光直射。黑暗的环境或光线太弱，子实体难于形成，即使形成了，子实体的生长也常常不正常，严重影响产量和品质，通常以能看报纸的光线即可。在人防工事等场所应安装照明灯来增加光照，刺激子实体的形成。

④ 通风换气。菌丝生长期无需经常通风，菌丝亦能正常生长。子实体形成和生长发育阶段需要足够的氧气，必须加强通风换气。一般的出菇场地适当打开窗即可，人防工事或地下室栽培要人为送风换气，在保证空气湿度不过低的情况下，尽量增加通风量。通风换气不仅有利于子实体的形成和发育，同时可减少杂菌的污染。

⑤ 及时补水。平菇子实体90％以上是水分，而且第一潮和第二潮菇的产量较高，若采用优良品种，在适宜的环境条件下，这两潮菇可以达到生物学效率100％的产量。因此，出菇两潮以后培养料内严重缺水，若不能及时补足将影响产量。料内水分含量是平菇产量的重要决定因素，一般两潮菇后即需要补水，若一潮菇产量很高，一潮菇后就需要补水。补水至原重的80％～90％为宜，补水过多会延迟出菇。

5）采收　采收平菇要适时，一般七成熟即菇体颜色由深变浅、菌盖边缘尚未完全展开、孢子未弹射时采收最好。如果菌盖边缘充分展开，不但菇体纤维增加，影响品质，而且释放的孢子会引起部分人过敏，同时还会影响下一潮菇的产量。采摘时一手按住培养料，一手抓

图5-14　平菇采收

住菌柄，将整丛菇旋转拧下，将菌柄基部的培养料去掉(图5-14)。每采完一次菇后，都应及时打扫卫生。正常情况下，秋末、冬季、春初的料袋可收4～5茬菇，春末、夏季、秋初只能收2～3潮菇，如果管理不善，杂菌害虫严重者只能收一潮菇，甚至无收成。平菇越嫩越好吃，幼菇口感良好，既滑又爽。如果管理得当，可采收6～8潮菌盖3cm左右的幼菇。

6）清场、废料处理　通常情况下，采收5潮菇后，大多数菌袋内的营养已消耗殆尽，为了充分利用场地，应及时清场。清场后认真打扫卫生、消毒，供下次使用。采后清理包括三个方面：一是清理菇体，去除污染；二是清理料面，去除菇根；三是清理地面，清除残渣废料。采收完的料袋有多种处理方法：一种是将所有的料袋去掉，废料作为有机肥，用于种菜、种果或养花；另一种是将菌丝仍较好的料袋脱去塑料袋，搬至塑料大棚或果林下，覆盖营养土，适当喷水，可出1～2潮菇，出菇后废料直接作肥料；还有一种方法是将未受污染的料集中晒干或直接用作鸡腿菇等食用菌的栽培原料[17]。

(2) 平菇生料袋栽工艺

1）栽培时间的选择　平菇生料袋栽在温度较低的北方较易获得成功。如果在气温较高、湿度较大的地方，要进行生料栽培平菇，除要求栽培者有丰富的经验外，还要选择在气温较低的1月底至下年的3月初，通常在11月底至1月初接种，12月底至3月初出菇。在海拔高、温度较低的山区，生料袋栽的时间可适当提前和延长。

2）制袋　平菇生料袋栽的塑料袋通常采用长40cm左右、宽24cm左右、厚0.03cm的聚乙烯塑料袋。

3）栽培基料　原料用棉籽壳、质量相对好的废棉渣，有时也用稻草。辅料通常用磷肥、石膏粉、石灰，很少用麸皮等营养丰富的辅料。此外，还要适当添加多菌灵或克霉素剂等杀菌剂。

4）菌丝培养　生料袋栽在菌丝培养时，料袋的排放方式与熟料栽培有些不同。培养料

袋的排放方式主要有两种：一种是将料袋单层横放在培养架上，另一种是单层竖放在水泥地面上，袋与袋间的距离视气温高低而定，气温高时相距远些，气温低时相距近些。一般接种后2~3d即可看到菌丝从菌种块上萌发。室温会逐渐上升，若气温超过28℃时，要加强通风。可用铁丝在接种层部位打孔供通气换气，一般每个接种层等距离打5~6个孔，孔深3cm左右。若接种后气温低于10℃，可用薄膜覆盖保温，但必须在气温相对较高的中午掀开薄膜，20d左右菌丝即可长满全袋。

5）出菇管理　生料袋栽出菇管理时，温度、湿度、光照、通风等管理与熟料袋栽出菇管理相同，但生料袋栽的出菇方式有所不同。在培养架出菇时，通常将料袋的单层排在培养架上，相距约2cm，待菌丝长满即将出菇时，在料袋上方用消毒的锋利小刀划4个"×"口，划的"×"长2cm左右。但划口时不要伤及子实体原基。待子实体成熟采收后，将料袋上下翻转，用同样的方法划"×"口即可。采菇后，上下调转，再划3个"×"口，出完4潮菇后，营养已基本消耗完，可参照熟料袋栽的后期处理方法处理。

若在地面竖直排放出菇，就先调整好料袋间的距离，一般每4袋一排，袋与袋之间的行距约35cm，袋距2cm左右，两排之间的人行过道以60cm为宜。在调整位置的过程中，用消毒的锋利小刀在接种处划"×"口，每层等距离划3个口，靠地面底层暂不划。菇采完后，将料袋上下调转，用同样的方式划"×"口，位置与第1次的错开。两次划口并采收菇后，可将料袋横排，并将袋纵向剪开，但不要去掉，很快又会出一潮菇。

6）采收　生料袋栽的采收及废料处理与熟料袋栽的方法相同[18]。

5.3.3.3　阳畦栽培工艺流程

（1）菇床选择

应选择避风向阳、近水源、排水畅、家禽家畜危害少的空地或耕地或果园的林间空地挖制菇床。菇床畦南北向，深10cm左右，宽1m，长任意。床中央留一条10cm左右宽的水泥埂或留一条小沟即成。挖好菇床后，再用1%的石灰水或石灰粉消毒。

（2）培养料配制

平菇培养料资源丰富，棉籽壳、麦秆、稻草、木屑、甘蔗渣、玉米芯、油菜籽壳均可培养，但以棉籽壳的产量最高，经济效益好。棉籽壳培养料的配制：一般用干燥新鲜无霉变的棉籽壳96份，先暴晒1~2d，堆放在水泥场上，加入石膏2份、过磷酸钙2份，再加0.02份多菌灵或托布津农药，以防培养时杂菌污染。在此基础上还可加入少量尿素，但不能过多，否则菌丝生长好而子实体发育差，产量反而不高。培养料拌匀后加水，随拌随加，使棉籽壳吸足水分和营养液。一般每50kg棉籽壳加水60~75kg，用手紧捏培养料，以指缝间有水滴下为度，此时约含水68%。由于很多杂菌喜偏酸性环境，在生产上常将培养料配成中性或偏碱性，以抑制杂菌生长。

（3）播种

培养料拌好后即可铺入菇床。一般每平方米铺料10~15kg，厚10~15cm。铺好弄平，再接上平菇菌种，接菌量为每平方米4~6瓶。播种时铺一层料，下一层菌种，如此一般2~3层为宜。播后用木板轻轻地把菌种和培养料拍实，成龟背形。料面铺上旧报纸和塑膜，以保温保湿，最后在膜面上盖上草帘即可。

（4）床面管理

床面覆盖塑膜、草帘后，平菇菌丝就会在料内很快生长。一般经20~30d菌丝就会长满在整个培养料上。当菌丝已发到床底时，表明料面上的菌丝已成熟。当菌丝开始在料面上形成一堆堆小米粒状的小黄珠时，表明子实体已开始形成。此时要去掉报纸，待有60%以上床面有小菇蕾时，即可架起塑膜，方法是用竹片弧形撑于畦的两边，上盖塑膜。平菇为好气性真菌，在子实体发育阶段需散射光，因此，在架膜后每天应揭膜通气1~2次。当菇盖长至5分硬币大小后，要在畦沟灌水或畦面多次少量喷水，使畦内空气湿度保持在80%~90%，菇蕾就会迅速长大，并很快成为一朵朵的平菇。

在子实体生长阶段若发现床面出现青绿色或黄黑色的小点，这是杂菌，应立即增加通风次数和延长通风时间，然后用生石灰覆盖或用0.2%多菌灵液浇灌病点。

(5) 采收

当平菇菇体颜色成灰白色或深灰色、菌盖有光泽时即可采收。平菇的采收应及时，若不及时采收，就会"散孢"，即弹射出大量的孢子繁殖，菇体很快老化，从而失去食用价值。采收时，用利刀割取整丛菇体，或转动菌体收割，防止平菇破碎或料面拔散。平菇采收后，菇床要揭膜通风，并停水1~2d，然后盖膜保温保湿，进行下一潮菇的管理。

5.3.4 注意事项

(1) 发菌不良

发菌不良主要分为两种情况：第一种是菌种萌发缓慢，生长缓慢，甚至不萌发，生长到一定时期不再生长；第二种是菌丝生长纤细无力，稀疏松散。属于第一种情况的，多是培养料含水量过高，透气性差，甚至滋生厌氧细菌。这种情况需要散开袋口并打孔通气，以增加培养基料中氧气的供给，并降低含水量。若属于第二种情况，原因可能是菌种本身带有细菌或活力较弱，或发菌期透气不足，持续高温高湿。若属于菌种本身的问题，则很难补救。如果是由于环境条件不适，则需要加强通风排湿和降温。这种情况发菌期要适当延长，不可过早给予出菇刺激，否则可能会影响产量。

(2) 出菇推迟

在生产过程中有时会出现发菌良好，却不及时出菇的情况。主要有以下几方面的原因：一是料中含水量不足，平菇子实体形成的基质最适含水量为70%左右，若含水量过少，则需要及时补足水分；二是通风不良或者光照不足，发菌过程中菌丝会产生大量的二氧化碳，若通风不良，会使料中沉积的二氧化碳不能及时散出，导致浓度过高，这种情况应及时打开袋口或者在袋上打孔，若是块栽，则需要每日掀动几次薄膜以增加氧气的进入，同时菇房加强通风。若是光照不足，子实体形成也会推迟，为了及时出菇，可在菌丝长满前5~7d增加光照。

(3) 死菇

死菇是平菇栽培中最常见的问题之一，分三种情况。一是干死菇，表现为幼菇干黄，手用力捏时无水流出，含水量明显不足。这主要是湿度不够所致。原因可能是不当通风、料内含水量不足、大气相对湿度过低或者阳光直射造成的，应当加强水分管理。二是湿死菇，表现为幼菇呈水渍状，后变黄甚至腐烂，用手稍捏就会有大量水滴出。主要原因是喷水过重，使幼菇子实体水分饱和而缺氧窒息而死。菇房内喷水过量同时通风不及时或菇根部积水常造成湿死菇，应当进行适当的通风和水分管理。三是黏死菇。表现为幼菇先是生长缓慢，继而渐渐变黄变湿，最后表面变黏。这种情况常出现在老菇房的第二潮及其以后。

（4）畸形菇

畸形菇产生的主要原因是通风不良，菇房内二氧化碳浓度过高或者空气相对湿度过高引起的，需要采取相应的措施。

（5）分化迟、生长慢

如果平菇从出现原基开始，几日后外形未见变大，不见柄和盖的分化，只是原基不断膨大，表明通气不良，应边通风边加强水分管理，以促分化。

5.3.5 适用区域

在自然条件下，平菇生产具有一定的区域性。应当根据当地的气候条件和市场需求选择不同种类和品种，通过搭建简易菇棚创造适宜平菇生长的环境条件，在全国各地都能够栽培[19]。

5.4 秸秆食用菌基料化利用工程实例

5.4.1 案例1 天津市郊区金三农农作物秸秆和畜粪生产食用菌基料工程

（1）基本概况

工程地点建在天津市金三农农业科技开发有限公司(天津西青区大寺开发区青泊洼)。工程总投资 50 万元，占地面积 100 亩，工程于 2009 年建成。

（2）工艺流程

通过消纳秸秆和畜粪废弃物生产食用菌复合培养基料，栽培双孢菇、杏鲍菇等食用菌，菌渣作为有机肥还田。工艺流程：原料预湿和预堆→机械建堆→机械翻堆→复合基料成品。见图 5-15。

(a) 小麦秸秆原料堆

(b) 原料预湿和预堆

(c) 机械建堆

(d) 机械翻堆

图 5-15 金三农农作物秸秆和畜粪生产食用菌基料工程

（3）处理能力

年处理秸秆原料 1000t、畜禽粪便 300t。翻堆机投入使用后，堆垛整齐，工作环境相对整洁，双孢菇的培养基质量有了明显改善，营养成分得到了最大限度的保持，秸秆、畜粪发酵腐熟程度可控，双孢菇产量由过去的 6kg/m² 提高到了 15kg/m² 左右，取得了良好的效果[20]。

（4）工程特点

翻堆机适合秸秆及畜禽粪便这些物理特性相差大、黏度高、添加重量变化范围广的特点。双孢菇复合培养基一般由秸秆等较长的物料与畜禽粪便混合发酵而成。针对以长丝状细长草秆为主的原料特征，为防止缠草，设计了大直径抛料滚。为了增加曝气时间，设计了转速较快的小抛料滚，小抛料滚可以将物料从大抛料滚上取出并抛出较远距离。翻堆机作业时，带齿滚筒将培养料扒开，将料块抖松、混匀，可将旧料堆的外层翻倒于新料堆的中心区，同时形成整齐的料堆。一方面，翻堆机可以节省很多劳动力，能显著减少人工的繁重劳动；另一方面，该设备翻堆彻底、均匀，堆垛整齐美观，解决了目前国内双孢菇基料制作中养分不平衡、发酵不完全、堆制不彻底以及费工、费时、浪费资源等诸多弊端。

5.4.2 案例 2 四川省成都市大邑县稻秸和牛粪等作基料大田栽培双孢菇示例

（1）基本概况

四川省成都市大邑县韩场镇于 20 世纪 80 年代末期开始进行双孢菇和大球盖菇生产，目前已经发展成为西南地区最大的双孢菇和大球盖菇的生产地、集散地。大邑县韩场镇双孢菇的生产方式主要以一家一户为主，当地 83% 以上的家庭种植双孢菇或大球盖菇，一般种植 2 亩左右。栽培大棚完全在农作物生产大田中。见图 5-16。

(a) 稻油-稻菇轮作 (b) 稻麦-稻菇轮作

(c) 大棚畦栽 (d) 大球盖菇

图 5-16 大邑县稻秸和牛粪等作基料大田栽培双孢菇

（2）工艺流程

通过消纳稻秸和牛粪生产食用菌复合培养基料，栽培双孢菇和大球盖菇等食用菌，菌渣作为有机肥还田。工艺流程：原料准备→堆垛发酵→翻堆→铺栽培料→播种→覆土→出菇管理。

（3）处理能力

大棚畦栽双孢菇采用稻菇种植模式，与大田生产季节相同，生产适用于市场化、商业化。每亩地双孢菇栽培料：稻秸 12t、牛粪 1t、麦麸 $1.5×10^5$ kg、少量石灰和石膏；每亩生产成本 7500 多元，其中材料费 4500 元，人工费用约 3000 元。每亩地平均产双孢菇约 2000kg，销售均价 1.5 元/kg，每亩产值可达 1.3 万元。每亩盈利 5000 多元，户均盈利 1 万元[20]。

（4）工程特点

大棚畦栽菇类的种植方式适宜距离大城市较近的地区。按土地产出计算，每亩可盈利 5000 多元，经济效益比较显著。使用过的基料作为有机肥，当地农作物生产完全消纳，无废弃物排放，社会效益和生态效益显著。

5.4.3　案例3　四川省什邡市湔氏镇农业废弃物作基料熟料袋栽培黄背木耳示例

（1）基本概况

什邡市湔氏镇于 20 世纪 80 年代初期开始进行黄背木耳生产，目前已发展成为全国黄背木耳的最大生产基地。

（2）工艺流程

通过消纳玉米芯和棉籽等农业生产废弃物生产食用菌复合培养基料，采用多层上架熟料袋方式栽培黄背木耳，菌渣气化处理作为燃气(菌渣气化燃气工程是农业部秸秆气化利用试验示范项目)。工艺流程：原料准备→拌料→装袋→常压灭菌，冷却→无菌接种。

（3）处理能力

什邡市湔氏镇生产黄背木耳全部是一家一户，当地 70%以上的家庭种植黄背木耳，一般户均种植 3 万～5 万袋，户均利用农业废弃物 33～55t，少量大户种植 10 万袋。

参 考 文 献

[1] 高翔. 江苏省农作物秸秆综合利用技术分析 [J]. 江西农业学报, 2010, 22 (12)：130-133.

[2] 刘随记. 浅析双孢菇工厂化隧道发酵的四个关键技术要点. http://www.tmushroom.com/jishu/201411/06/1006.html.

[3] 任鹏飞, 刘岩, 任海霞. 秸秆栽培食用菌基质研究进展 [J]. 中国食用菌, 2010, 29 (6)：11-14.

[4] 周永斌. 双孢菇标准化栽培技术 [M]. 天津：天津科技翻译出版公司, 2009.

[5] 夏道广, 刘萍英, 李凤玉. 双孢菇隧道发酵高效栽培技术 [J]. 农机服务种植技术, 2014, (12)：16-18.

[6] 张保安, 陈春景, 陈书珍. 农作物秸秆栽培食用菌在发展循环农业中的重要作用及技术模式 [J]. 河北农业科学, 2012, 16 (12)：65-71.

[7] 双孢菇工厂化栽培技术. http://blog.sina.com.cn/s/blog_e71157280102vg7l.html.

[8] 浅析双孢菇工厂化隧道发酵的四个关键技术要点. http://www.tmushroom.com/jishu/201411/06/1006.html.

[9] 马静. 坯块式草菇的栽培法 [J]. 农家科技, 2013, (3)：23.

[10] 苏信网. 利用玉米秸秆种植草菇新技术 [J]. 北京农业, 2011, (28)：23-24.

［11］　温室草菇麦草的栽培新技术．chinabaike．com/t/9509/2016/0818/5689934．html．

［12］　李勤斌．草菇优质高产栽培技术要点［J］．河南农业，2011，（19）：32．

［13］　水元．秸秆栽培草菇新技术［J］．农村科技开发，2004，（9）：17．

［14］　常见食用菌栽培技术．http://www．wenkul．com/news/1F3F60619EF130F2．html．

［15］　温室草菇麦草的栽培新技术．http://www．agri．cn/kj/syjs/zzjs/201601/t20160105＿4975451．htm．

［16］　农业部科技教育司，中国农学会．秸秆综合利用［M］．北京：中国农业出版社，2011．

［17］　李威．平菇熟料袋墙式结合栽培新工艺［J］．食用菌，1993，（1）：26-27．

［18］　谢春芹．平菇室内生料袋栽生产技术［J］．中国农业信息，2005，（2）：37-38．

［19］　陈易飞．平菇阳畦生料栽培［J］．当代农业，2001，（1）：23-24．

［20］　朱明．农业废弃物处理实用集成技术100例［M］．北京：中国农业科学技术出版社，2012．

秸秆建筑技术

6.1 概述

6.1.1 秸秆建筑的优点

（1）秸秆作为建材原料的优点

我国的秸秆类农作物主要是水稻秸秆、小麦秸秆、玉米秸秆、棉花秸秆等，其中玉米秸秆占 36.7%，稻草秸秆占 27.5%，小麦秸秆占 15.2%。由于自然条件等原因，我国秸秆资源相对集中，其中广东、四川、河南、山东、河北、江苏、湖南、湖北、浙江 9 个省份的秸秆产量占 50%以上，其余地方相对较少。各类秸秆的分布与其适宜种植的地方密切相关，其中水稻秆集中在长江以南，而小麦和玉米秸秆则集中在黄河与长江流域之间，以及黑龙江和吉林等省份。秸秆建材中大约有 60%的原料来自于农林废弃剩余秸秆。部分秸秆化学组成如表 6-1 所示。

表 6-1　部分秸秆化学组成　　　　　　　　　　　　　　　%

种类	木质素	纤维素	蛋白质	多戊糖	其他
高粱秆	22.36	39.58	1.79	24.52	11.75
玉米秆	18.29	37.71	3.86	24.67	15.47
棉花秆	23.25	41.58	3.17	20.73	11.27
麦秸秆	22.45	40.61	2.52	24.96	9.46
水稻秆	13.87	36.38	6.14	19.11	9.46

农作物秸秆具备成为新型墙体材料中轻质固体原料的替代物的条件，主要有以下几方面的优势。

1）秸秆是低碳原材料　若采用膨胀珍珠岩、陶粒作轻质骨料，工艺上存在采掘、煅烧等，消耗大量的能源，排放出大量的 CO_2 和 SO_2 等严重污染环境的有害气体。而秸秆在生产过程中主要依靠光合作用，消耗太阳能、水、土壤，在生长过程中不会对环境造成污染，也不会消耗大量的能源，为此可认为是低碳的原材料。采用秸秆作为轻质墙材的骨料是一种低碳的选择。此外，秸秆作为建材原料，在加工中不需要添加甲醛、挥发性有机化合物、氨等添加剂，与常规建材原料相比，环保性能突出。

2）秸秆具有可再生性和资源丰富性　农作物种植遍布全国，南方地区可以实现一年两熟甚至是一年三熟。秸秆产量大、具有可再生和生长周期短等特点。目前我国的秸秆多用作农村生活燃料或者焚烧后作为肥料回田，导致我国秸秆利用水平不高、价格低廉。

3）秸秆具备成为建材原料的天然特性　由于秸秆成分中含有较多的 SiO_2，SiO_2 在建材防水性、耐用性上有着重要的作用。而秸秆的灰分中 SiO_2 占据主导地位，为此秸秆具备成为轻质骨料的条件。

4）秸秆具有质轻的特性　一般情况下，秸秆的堆积密度在 $0.1\sim0.259kg/cm^3$ 范围内，远低于常规轻质原料，如工业灰渣等，减少了材料运输量，减轻了地基荷载，有利于地基处理，并可提高结构的抗震性[1]。此外，秸秆的硬度很低，破碎时采用一般的破碎机械即可，能够有效地降低制造成本。

（2）秸秆建材的特点与建筑功能

随着现代建筑技术的进步和人们对建筑环保认识的深入，人们对建材性能的要求不断提高。一方面要求建材具有质轻、强度高等特点，以拥有足够的承载力，同时减轻建筑整体重量；另一方面，要求建材的环保性能和安全性能不断提高，如防火性、抗震性、隔热性、环保性、无有害气体析出等，以及满足人们生活中隔音、保温等多种需求。此外，为便于加工，还希望建材具有易加工、通用性好等特点。秸秆以其自身的特性，可作为建筑板材原料，符合现代建筑技术的发展趋势。利用农作物秸秆生产草砖，不仅可以变废为宝，充分利用资源，保护环境，提高农民收入，而且符合绿色、节能、环保的要求。将草砖作为墙体材料，建造的草砖房冬暖夏凉，适合人们居住[2]。

1）环保性能突出

① 秸秆生长环保。由于我国对秸秆的经济性利用水平较低，目前秸秆绝大部分用于农村生活燃料或者焚烧成灰，作为肥料还田。由于没有高附加价值的利用方式，每年农村燃烧的秸秆数量惊人，由此导致防护火灾等人力、物力的支出和浪费十分严重。秸秆露天燃烧一方面会造成能源浪费，另一方面会带来严重的环境污染。如大量的 CO_2、CO、SO_2、粉尘等。山区的秸秆燃烧容易引发森林火灾，大量的秸秆燃烧会导致局部区域的能见度大幅下降，引发交通意外，严重情况下甚至影响飞机的飞行航道。秸秆在田地中直接燃烧，能够实现肥料还田，但是在燃烧时，会导致局部地表温度过高，一方面会杀死有害的昆虫，但是另一方面也会使土壤中有利于植物生长的微生物在高温下死亡，从而降低土地的肥力和质量。秸秆生长是利用大自然资源的低碳环保过程，是利用水、土壤以及太阳光、微量元素等多种因素，在光合作用下实现的。该过程对大气环境的碳排放接近于零，对环境的影响极小。

由此可见，取材于农林剩余废弃秸秆的秸秆建材，其原料的生产过程是一个环保、低碳的过程。与此同时，将秸秆用作建材原料，有利于提高秸秆的价值，为广大农民创收，符合社会主义新农村的建设精神，也利于减少秸秆直接燃烧产生的环境破坏，优化农村的自然环境。可见，秸秆用作建材原料，一举多得。

② 秸秆建材生产的环保性。由于秸秆硬度低，且具备一定的韧性，破碎和加工性能良好。与石棉等材料相比，其产生的粉尘小很多。秸秆建材制造过程的气、水、渣排放非常小，接近于零，主要消耗基本为电力，属于清洁生产范畴，接近零排放；生产中产生的水变

成"水料"后经过处理可以实现全部再利用；秸秆的加工成本低，加工性能好，边角料等均可以实现全部回收利用，从而达到无渣排放。

③ 秸秆建材的环保性。在对农作物的长期利用中，人们发现农作物用于建筑有多方面的优点。由于植物的特性，木材、秸秆等建造的房屋具有良好的透气性、隔热性和保温性，房屋具有冬暖夏凉的特点。将秸秆用作建材原料，制成的秸秆建材也具备良好的透气性、隔热性和保温性。在节能环保要求日趋严格的今天，秸秆建材以其优良的特性，将在建筑节能上发挥出重要的作用。与其他建筑材料相比，秸秆砖的制作和运输都要更为简便，秸秆建筑的建造对环境也没有任何负面的影响。因此，将秸秆作为墙体材料有助于持续性地减少建筑的 CO_2 释放量。可以说，秸秆符合"可持续性"建筑材料的一切条件[3]。

④ 秸秆建材回用的环保性。秸秆是一种可每年再生的建筑材料，是一种常见资源，可以自然回收；房屋发生损毁后，还可以轻易地从其他建筑材料中剥离以作他用。其利用方式主要有：将建筑构件破碎制成小颗粒，该颗粒具有良好的硬度和弹性，介于石头和沥青之间，可作为公路路基的垫层材料；也可作为轻体填充料再利用于建材构件生产；部分秸秆建材破碎后作为原料，可按照一定的比例添加到秸秆建材的制造当中，从而实现循环利用[3]。

综上所述，秸秆建材从生产、制造、利用到报废全生命周期过程都具有良好的环保性能，符合生态绿色环保建材的要求，具有良好的推广价值。

2）节能性突出　秸秆建材以其优良的隔热保温性能，在现代建筑材料中显示出优异的节能优势。在墙体、围护等领域，秸秆建材均有优异的表现。秸秆草砖是将秸秆剪成 2～3mm 长度，均匀、密实地放入秸秆草砖模具内而成的。秸秆草砖内的秸秆之间较密实，其空隙很小且狭长。秸秆草砖中秸秆间形成了厚厚的秸秆聚合层。秸秆草砖的传热过程是由热传导模式控制的，当热量传递时，秸秆聚合层中大量的空气很难流动，使得热量较难通过空气传递。不流动的空气是热的不良导体，因此，保温效果明显。某秸秆外墙保温板利用空气热阻大的特性，通过在秸秆建材内部形成多层空气对流结构从而大幅度降低热导率，用该秸秆建材制作成的常规墙体其热阻系数等效于 1.3m 厚的红砖墙，可显著降低取暖或者制冷的耗能。采用秸秆为原料制作轻型板材，其传热不足砖墙的 1/3，而重量则为 1/10。某 200mm 厚的秸秆墙板是 370mm 黏土砖墙保温性能的 5 倍，由此可以使得取暖热耗及成本减少 75％，节能效益十分显著。秸秆建材的生产能耗与传统建材的生产能耗相比低很多，与黏土砖相比，稻草板能耗为 27％，而秸秆纤维碎料板则为 47％。在我国节能形势日趋紧张的当下，发力推动秸秆建材的发展符合社会的整体发展趋势。在同等强度下，秸秆建材的质量相对较轻，若采用轻质板材构成的复合墙体替代传统墙体，其运输质量将降低 90％，可以大大节约运输成本，有效减缓交通紧张和超重运输对公路的损坏等一系列问题[4]。

3）安全性显著

① 对人体友好。目前的建材在生产加工时，原料或者工艺生产中会加入大量的添加剂，导致建材中含有甲醛、苯等有害物质，对人体产生极大的影响。秸秆本身不含有害物质，由秸秆建材构建的建筑物不会含有有害成分或者是放射性物质，具备良好的安全性。

② 防震减灾性能好。秸秆本身具备的物理特性，如静曲强度大、质轻、纤维组织丰富、不畏惧低温、垂直平面的抗拉强度突出等，使得秸秆建材产品具备突出的安全性能。其中突出表现为质轻、延性和弹性好、具有整体性，能够在地震灾害中发挥出重要的作用。

Ⅰ．质轻性能好。地震发生时，建筑的破坏主要是由于建筑的力学结构或者是基座受到各向冲击波所导致的。在实际作用时以重力加速度的方式进行。假如建筑本身的质量较大，在地震时会导致错层、垮塌和倾倒等加剧，从而对建筑造成严重的破坏。为此，质轻的建筑在地震发生时，受冲击波作用而随之摆动，由于其具有类似于"整体浮筏式基础"的轻质结构，从而实现防震减灾。日本经历多次地震，而人员伤亡数量很低，与其在建筑中大量采用木结构有很大的关系。秸秆建材与木结构相比，其质轻性更加突出，其建筑也将具有木结构建筑的类似抗震性能。

Ⅱ．延性和弹性突出。秸秆建材在结构上一般采用空心结构，为此具备良好的延性和弹性。地震时，秸秆建材的延性和弹性能使各部位发生的局部分离、弹延形变、失稳、整体抵抗等进行有效的协调和抵消，有效减少地震波能量对建筑物结构的冲击，从而避免由于延性模数变化的差异导致建筑破坏甚至是垮塌。

Ⅲ．整体性能好。在秸秆建材生产时，通常将同种性能的秸秆原料进行标准化生产，能够有效避免存在的各向异性等问题。在地震冲击时，秸秆建材可以借助无缝结合优势，防止发生局部砌块解体、飞溅。尽管结构受到破坏，也不会折断和倒塌，一般表现为开裂、倾侧、扭曲，从而最大限度地减轻人员的伤亡。

③ 防火性能好。秸秆建材天然具有优良的防火性能。主要是由于在制造过程中的挤压密实和秸秆的高 SiO_2 含量、热阻非常大等。秸秆建材的耐火性能好，极限最高可达一级，而且高温热解和燃烧不会产生有害气体，能有效避免塑料建材等在燃烧时放出大量剧毒气体而造成的严重危害。相关研究表明，在建筑构建时，将电线布置在秸秆墙体内部，可以避免电器故障导致的火灾。

4）隔音性良好 秸秆内部与多孔性材料相似。声波传播时，秸秆内部纤维间隙内的空气会由此产生振动，但在纤维黏性阻力的作用下，纤维表面附近的空气将不能发生振动，从而将声波的部分能量转变为热能，进而削弱声波的传递。由此可见，秸秆建材是天然的优良隔音材料。

5）广泛适用性

① 资源丰富。我国秸秆作物的种植面积很广，几乎涵盖我国所有的省份地区。由于气候的差异，各地区的典型秸秆作物有较大的差异，南方以水稻秆、甘蔗渣等为主；北方则以棉花秆、高粱秆、玉米秆、小麦秆等为主；中原地区则以小麦秸、谷糠等为主。虽然各地的典型秸秆物种有差异，但是秸秆的总量十分丰富，取材来源多，有利于各地因地制宜开展秸秆建材利用。且秸秆具有可再生性，成本低廉，施工简易，人工费低，既能节约煤炭资源，又能改善环境质量。利用农业废物可变废为宝，符合可持续发展的观念，具有很大的发展潜力[1]。

② 生产和应用地域十分广泛。秸秆生产所需的外部条件较低，为此无论是高温的南方还是干燥寒冷的北方均可以生产。南方全年气温波动较小，全年均可种植、生产；北方冬天气温低且空气干燥，但是每年北方夏天秸秆产量丰富，总产量可以保证供应。由于秸秆建材具备优良的特性，可以同时满足各种不同气候条件的需要，为此，其应用的地域十分广泛。秸秆建材具备保暖、防水、强度高等优点，使其不但可以在热带、亚热带地区的多雨、潮湿气候中使用，也能在北方地区的严寒、干燥气候中使用。

③ 广泛的应用领域。以市场需求为导向，秸秆建材已形成了各种规格、多功能的系列产品，包括各类隔板、保温墙板、隔音板、防水板等。秸秆建材按图制造、安装快捷，故可

以在框架式建筑中广泛应用。采用秸秆为原料制作建材将能够大大降低秸秆建材的价格，与常规建材相比，价格上极具优势。若秸秆建材广泛应用于建筑建设中，将显著降低建筑成本。以秸秆为原料可制作成高强度的秸秆板材，具备良好的承重能力，替代结构胶合板，此外，秸秆板材在包装箱的侧板、底板、框架和垫木等方面上亦可发挥作用[5]。

6.1.2　秸秆建筑的产生及发展

（1）秸秆建筑的产生

在人类历史上，人们很早就已经开始使用草秆、芦苇等材料建造房子。19世纪末，生活在美国西北部内布拉斯加州平原地区的农民，因缺少建房所需要的木材和石头，每次建造房屋必须等到来年春天用马车从很远的地方运送，于是他们就试着用废弃的农作物秸秆压制成砌块后建造了一些临时住房。这些秸秆砌块由稻草或麦秸秆紧紧捆扎而成，它们像普通的砖块一样垒砌起来，并且直接作为承重结构承受屋顶的重量，这就是早期的内布拉斯加式秸秆建筑。随后人们发现这种用秸秆砌块建造的房屋不但坚固耐用，而且冬暖夏凉，隔声效果好，具有很好的室内环境，因而受到了人们的喜爱。

（2）秸秆建筑的发展

从1886年第一座秸秆建筑建于美国内布拉斯加州开始到20世纪40年代，新秸秆技术的应用是秸秆建筑发展的第一个高潮。仅1915～1930年间在内布拉斯加州就修建了70多座秸秆住宅，早期建造的秸秆建筑成功抵御了内布拉斯加州的温度大幅度的波动和暴风雪的强风，其中13处保存至1993年以后。修建于1938年，位于美国亚拉巴马州亨茨威尔的伯里特大楼，共计在墙、顶棚和屋面中使用了2200块秸秆砖，可能是美国最早采用在两层梁柱木结构中填充秸秆砖的建筑，目前已成为一座博物馆，见图6-1。

20世纪40年代由于受到第二次世界大战后人口增长和混凝土等新型建筑材料及技术的影响，秸秆砌块建筑技术不再被人重视；直到20世纪70年代末，随着绿色和环保观念的兴起，秸秆建筑又重新受到人们的青睐。秸秆建筑又重新在美国各地开始建造，同时也流传到了加拿大、墨西哥、拉丁美洲、法国、英国、新西兰、蒙古和澳大利亚等国，深受人们的喜爱。1998年，Jan Sonneveld一直在寻找一种绿色建筑材料建造住宅，最终他选择了钢结构、金属屋顶和秸秆砌块填充墙，在荷兰的奥沃凯尔克建成了一个生态型住宅，因为住宅外形酷似蝴蝶而得名蝴蝶房（图6-2）。

图 6-1　伯里特大楼

图 6-2　蝴蝶房

由于秸秆建筑施工方便，业主可以参与自建，成本低，且无有害气体释放，对能源的需求少，保温隔热性能好等优点，苏黎世设计师 Felix Jerusalem 在瑞士的埃申茨设计了一座秸秆建筑(图 6-3)。建筑师巧妙地运用低造价、高隔音、高绝热的麦秸材料，经过连续挤压形成有一个强韧的多层黏合的麦秸板作为墙板体系。

Jerusalem 在整个设计中使用了三种规格的麦秸板。轻型的麦秸板用于隔热和隔音，中等重量的麦秸板用于室内墙壁，而重型麦秸板则用作结构构件。所有这些麦秸板都是零排放，无甲醛且可全部回收再利用的。Jerusalem 用半透明、波纹状的塑料壁板来保护和展示这种麦秸板材料，形成一个符合现代美学的简洁外观。莎拉·斯沃思和杰里·蒂尔在英国伦敦北部建造了他们自己的独特的具有实验性的办公室住宅——斯特劳巴莱住宅(图 6-4)。该住宅是低能耗设计的一个尝试，使用了很多乡土材料，包括用秸秆砖作墙，以及承重石笼和沙袋的使用，被视为新千年的房屋的研究原型。这座住宅靠近铁路，围护结构采用秸秆砖墙，利用秸秆砌块墙出色的隔音性能取得极好的隔音效果。设计师在秸秆砌块墙外罩聚碳酸酯波形板，展现秸秆砌块的自然状态[6]。

图 6-3　埃申茨秸秆建筑

图 6-4　斯特劳巴莱住宅

6.2　秸秆作为建筑材料

6.2.1　概述

秸秆建筑是指以秸秆材料为主，配合其他的自然或人工的材料，采用合理的结构体系和建造技术创建出的自然生态的建筑物[7]。国外秸秆建筑最早源于美国的欧洲移民，初到美国南部大平原地区时，由于缺乏木材而选择秸秆作替代品来修盖房屋，并且沿用多年。19世纪时美国就出现了秸秆压制技术。随着蒸汽机的发明和推广，1884 年出现了蒸汽压制。这些早期的秸秆建筑在修建方法中都没有采用木结构，而是利用秸秆墙直接支撑屋顶。1900~1914 年间第一栋采用这种承重法的秸秆建筑建于美国内布拉斯加州(Nebraska)，这种方法后来被称为内布拉斯加法。

20 世纪 80 年代后,绿色时尚、节能环保逐渐成为新的建筑要求,秸秆属于可再生资源,价格低廉,易于使用。除了内布拉斯加法,对于大尺度的结构,也可以采用木质框架填充秸秆的修建技术。在新技术的支持下,秸秆建筑得以大力发展。美国就秸秆建筑的隔热、承重力、抗风、抗震以及抗火能力等展开了一系列研究,获得了一系列可靠数据,确立了秸秆建筑规范,大大推动了秸秆建筑的发展。近年来,除了美国,很多其他国家也发现了秸秆作为建筑材料的优势,开始大力发展秸秆建筑的实践和研究。

作为一个传统的农业大国,中国是世界上秸秆资源最为丰富的国家之一。农作物秸秆资源拥有量居世界首位,因而秸秆建筑在中国应有很好的发展前景。用稻草修房子在中国早已有之,但是早期的"茅草屋"是简陋破败的象征,杜甫在《茅屋为秋风所破歌》中描绘了他所居的茅屋遭遇暴风雨后败落。然而,用现代技术加工秸秆制成的建筑材料,不但坚固可靠,而且绿色环保[8]。用于建筑的秸秆材料可以是纯粹由秸秆加工成的材料,也可以是秸秆占有较大比例与其他材料复合而成的。秸秆材料多用于承担建筑的结构、填充、维护等部分的职责[7]。

利用秸秆作为建筑材料的途径大致分为三大类:一是通过物理方法压实秸秆,形成满足致密要求的墙体材料,包括秸秆砖和秸秆复合板,即生物质固化,然后直接使用;二是利用空心混凝土砖体,将捆扎在一起的秸秆压实体置于其孔洞内,并往秸秆压实体与砖体之间的间隙填充混凝土,即得到秸秆混凝土砌块;三是将秸秆细化处理后添加到混凝土中,即秸秆混凝土。国外对秸秆在建筑上的利用主要是通过物理处理,形成具有一定密实度的秸秆砖,然后直接使用。压实体与砖体之间的间隙填充混凝土。这种砌块适用于村镇建筑物,其加工工艺是两者分步制作,形成半成品,然后将秸秆压缩砖填充到混凝土空心砌块里形成成品。

6.2.2 秸秆砖

秸秆是农作物的茎叶部分,主要是玉米秆、稻草、棉花秆等。秸秆草砖砌块主要由秸秆打捆机加压而成,通常是长方形的。秸秆草砖所用的秸秆含水量一定要低于 15%,在含水量大于 15% 的环境中,秸秆就会发霉,使材料本身变质。等天晴可以把秸秆晒干,然后测量其含水量。秸秆的热导率随材料密度的增大而减小,通过压实秸秆的方法可以提高秸秆的密度。但秸秆本身膨松,所以压实后容易变形,对建造秸秆草砖房屋不利,试验提出合理的麦秸砖墙密度范围为 $80 \sim 100 kg/m^3$[9]。

秸秆砖房是以稻草、麦秸制作的秸秆砖为基本建材建成的,具有保温、保湿、造价低廉、节约燃煤、抗震性强、透气性能好和减少二氧化碳排放、降低对大气的污染、保护耕地等优点,是典型的资源节约型环保建设项目。用秸秆砖修建的房子四角是砖柱,可以承受屋顶的重量,地基和房梁也用砖石和木材,而墙体全部是整齐的秸秆砖,或称草砖。由于秸秆含硅量高,其腐烂速度极其缓慢,具有很好的耐用性。秸秆砖是含水量低于 15% 的秸秆或稻草经过秸秆砖机打压紧实后,再由金属网紧密捆扎而成的,每块长 $90 \sim 100 cm$,高 $36 \sim 40 cm$,厚 $45 \sim 50 cm$,一块质量约 40kg,密度通常在 $80 \sim 120 kg/m^3$ 之间。虽然是由天然脆弱的秸秆构成,经过这样的制作工艺后,$1 m^2$ 的秸秆砖可以承受超过 1960kg 的压力。在砖柱框架基础上填充秸秆砖后,再用钢板网将秸秆砖和砖柱固定起来,最后再多次浇筑水泥。

秸秆砖的制作方式简单,农民在经过简单的培训后都能够掌握。现在有秸秆砖压制机,可以很快地将蓬松凌乱的稻草压制成砖块,再用铁丝捆扎加固,适当修剪后就可以投入使用了。这种简单使用的思路和方法在我国有很广阔的应用前景[8]。

（1）秸秆砖的生产工艺

1）收集　据观察，对于同期生产的秸秆，秸秆砖要保证防腐，而野草在潮湿时更易腐烂，故原料应不含杂草。

2）压实　主要应用捆扎机，捆扎机压缩孔道的尺寸决定着秸秆砖的高和宽，通常小型尺寸为(32～35)cm×50cm×(50～120)cm，密度80～120kg/m³之间，中型尺寸50cm×80cm×(70～120)cm，大型尺寸70cm×120cm×(100～300)cm或更大，通常可用在承重主体中，这类大型秸秆砖的密度为180～200kg/m³。

3）捆扎　捆扎线一定要足够结实且性质稳定，必须绷紧并且抗腐蚀，人工材料要好于天然材料，聚丙烯皮带是很好的选择。

4）切割　若要把秸秆砖切割成所需规格，需借助秸秆转针设备的辅助将其重新捆紧，这种针带有手柄、针尖和针眼，可用结构钢简单地制成。图6-5是制成的秸秆砖。

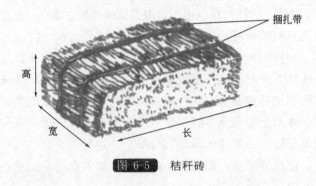

图 6-5　秸秆砖

5）贮存　秸秆砖必须贮存在干燥的环境中，不能直接接触地面，可在地面铺设塑料布等防水设施腾空架起或在其与地面之间放置托盘。同时，必须做好防雨设施，秸秆砖之间要留有一定的间隙。

（2）秸秆砖的性能[10]

1）动力特征　秸秆砖可以承受每米墙体工作面长度500kg的荷载(近似等于1000kg/m²)，秸秆砖墙若在克服纵向挠曲方面有足够的稳定度，还可以承受更高的荷载值。如在建筑之前做好预应力处理，秸秆砖在物理承力方面完全可以胜任作为建筑材料。

2）抗震　秸秆砖受到静荷载时，会有些许压缩现象，而当秸秆砖上的荷载被解除时，所有的秸秆砖都恢复了原状。正是由于秸秆砖的这种高度的韧性，秸秆砖作为建筑材料，在抗震方面能起到很重要的作用。

3）隔音　秸秆砖的建筑隔声效果较好，并且秸秆砖在一定程度上还能吸收声音。

4）隔热　秸秆砖建造房屋可以达到复合低能耗节能建筑材料的标准，即年耗能量不大于15kW·h/m²。事实上，秸秆砖用于诸如隔热层及填充板，并以其低成本及良好的隔热性能，用于保温性能差的房屋的密封隔热，是非常经济有效而且节能的方法。

5）防火　抗火等级F90，松散的秸秆易于燃烧，然而内外面均有抹灰的秸秆砖可以抗燃烧达90min(F90)。因此，墙体一旦建立起来，应马上喷涂，抹灰涂层可进行防火保护。

6）防潮　干秸秆本身具有良好的吸湿性，但为保证秸秆砖的性能，秸秆砖的含水量应低于15%，故应设立防水层，在利用秸秆砖建筑时，为使潮气很好地扩散，可在内表面设置水蒸气隔离层，外表面处理时应保证水蒸气能够溢出；为保证秸秆砖的干燥，建造者必须保证在最后一层灰泥添加之前，所有的灰泥都要干透，而这样也防止了霉菌的滋生。

7）防虫防鼠　压实后的秸秆密度达 $90kg/m^3$ 以上，可有效抵抗各种啮齿类动物的冲击。对于抹灰秸秆砖，老鼠则首先要穿过 3～6cm 的涂层，这种情况并未发生过。在一些老的畜牧棚中，木头框架都有虫咬破坏，而秸秆本身却完好无损，加之秸秆砖又被充分压实，更难以啃咬。

8）使用寿命长　秸秆材料的使用寿命很长，并已被一些西方发达国家所证实，最早的秸秆建筑距今已有 100 多年的历史了，且仍然可以居住(1886 年建于内布拉斯加州)。

我国由黑龙江省汤原县政府与安泽国际救援协会合作开展了秸秆砖房建设项目，2000 年启动，2004 年竣工。共建设秸秆砖房 186 套，总面积 $1.26\times10^4 m^2$。2005 年该项目被联合国人居组织和英国建造与社会住房基金会授予"世界人居奖"。项目还采取了一系列激励措施，有效地提高了村民使用秸秆砖建房的积极性，从而促进了秸秆砖房在汤原县的快速推广。

6.2.3　秸秆复合板

秸秆复合板是指以麦秸和稻草为原料，参照木质刨花板和中密度纤维板的生产工艺，经改良而制成的人造板材，见图 6-6。后工业时代，秸秆板走上了快速发展之路。以麦秸和稻草为代表的粮食作物秸秆，较之工业时代采用的蔗渣和亚麻屑，在纤维素和木质素含量上与木材更为接近，因而在木材紧缺的当下，它成为最具潜质的替代材料[7]。

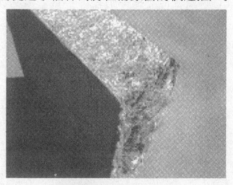

图 6-6　秸秆复合板

稻草板的生产工艺是瑞典 20 世纪 30 年代发明的，当今世界已有 30 多个国家用稻草之类的秸秆为原料，在不同气候条件下生产和应用这种板材。我国引进了两条稻草板生产线，年产量达 $1\times10^6 m^2$，可提供 $(2.5～3)\times10^5 m^2$ 建筑面积的新型建筑板材。

稻草板的生产工艺简单，原料单一，建厂容易，是较易推广的新型建材产品。主要工艺流程：稻草进厂后用打捆机打成捆，外形尺寸约为 1100mm×500mm×350mm，重约 22kg；经过输送、开束、松散等工序分选后，合格的稻草经料斗入成型机；用挤压热压法把稻草压成板状，加热温度为 150～220℃；不加胶料或黏结剂，只在板的上下两面贴牛皮纸，纸上涂一层胶与稻草粘住，板的两侧边也用牛皮纸包好贴上；然后通过输送辊送到切割机，切成所需的长度，两端切口也用牛皮纸条贴好，即成成品。

稻草板的优点如下：一是原料来源广，吃农业废料；二是块大体轻，便于施工作业；三是节能节水，生产 $1m^2$ 稻草板耗电 2.35kW·h，与目前的建材产品相比，耗能相对较低，生产过程中不用水；四是有广阔的农村市场。总之，稻草板的综合经济效益是显著的，使用效果也不错。尽管如此，人们还是担心，毛茸茸的稻草制成板不防火，又易燃；软绵绵的稻草压成板，强度也不会高。然而事实证明，由于工艺上压缩密实，排出了板芯的空气，又不含有机胶料，所以无论是力学性能还是耐火性能都是令人满意的。

目前生产的稻草板规格及技术性能如下。

① 规格：厚 35mm 或 58mm，宽 1200mm，长 900～4500mm。

② 密度：$350kg/m^3$；每平方米质量约为 20kg。

③ 热导率：0.101W/(m·K)，58mm 厚的稻草板的保温效果相当于 300～400mm 厚的砖墙。

④ 抗冲击性能：将 2400mm×1200mm×58mm 的板材四边支承，可承受 75kg 砂袋由 2m 高处落下的冲击力。

⑤ 承载能力：a. 抗压强度——用 200mm×150mm×50mm（厚度）的试块，加压力 $3×10^4$N，0.5h 后变形 3mm，外力去掉后变形恢复，板未破坏，只压缩了 1mm；b. 弯曲强度——2400mm×1200mm×58mm 的板，四边支承，可承受 $3×10^4$N 的均布荷载（约 $1×10^4$N/m²）；c. 轴向抗压强度——将 2700mm×1200mm×58mm 的板立放，竖向加压，试验结果为破坏荷载 $1×10^4$N 左右，轴向抗压强度 15N/cm²，板中心最大挠度 24mm 左右，最大轴向压缩变形 6.6mm。

⑥ 耐火性能：用 3000℃的乙炔火焰烧半小时，板不着明火，只是表层炭化，而板背面不感觉热，说明板的隔热性能好，并有一定的耐火性能。

⑦ 隔音性能：58mm 厚的板隔音能力为 30dB，如用双层板中间夹 30mm 厚矿棉，隔音能力可达 50dB。

⑧ 吸湿性能：当环境湿度在 75%时，6 个月后板的含湿率为 14%；湿度为 95%时，含湿率为 19%。

秸秆复合墙有着优越的保温性能，轻质，高强，而且节约了成本，减轻了自身质量。稻草板的应用很广。

1）可作屋面板　将稻草板铺在屋架上，板上面再铺薄壁金属波形瓦或槽形瓦，金属瓦与稻草板之间有 50～80mm 的空隙。这种做法施工速度很快，并有良好的保温隔热效果。

2）作吊顶板　稻草板在四边支承的情况下，有很高的承载力和良好的刚度，可以大块吊顶。既可用于公共建筑的体育馆、候机室的吊顶，也可用于一些工厂车间的吊顶，外观既漂亮平整，保温隔热性能又好，顶棚内可铺装管道，维修工人可以在稻草板上安全行走。

3）作非承重的内隔墙　由于板的强度高，刚性好，作隔墙可用单板，不需龙骨支承。施工中可以锯切、钻孔、钉钉子，十分方便。特别适合机关、学校、医院等大面积的走廊隔墙、分室墙和可移动的临时隔断，整齐美观。

4）其他用途　在稻草板外表面涂水泥砂浆或防水涂料，可作外墙使用，如建造商亭等各类服务用房。如在混凝土地面上放一层稻草板，然后再铺地毯或塑料地板，可提高室内的保温效果，并大大减轻由地板传出的噪声，地面还略带有弹性。还可以作机器设备的防震垫板、门板、床板及农业上畜禽的棚舍、孵化箱等[11]。

市面上有很多没有掺胶的秸秆护墙板产品。早在 20 世纪 20 年代时瑞士和法国就已经有名为蒙洛迈特（Solomite）的商品秸秆护墙板，这些护墙板是由金属丝绑扎而成的。英国斯特兰密（stramit）护墙板在全世界范围内被用于结构建设。这种护墙板在压制过程中热处理不足，且没有应用辅助胶黏剂，外表使用纸板包缚而成。它们被用于隔热抹灰基层或隔断，尺寸为 1.20m×3.60m。一家名为 Karphos 的德国公司也生产一种没有应用辅助胶黏剂的秸秆护墙板，这种护墙板只能应用在结构厚度小于 20cm 的地方。

另外，还有很多高强压制合成树脂胶制的护墙板，这些护墙板可以代替刨花板使用[12]。

6.2.4　秸秆混凝土砌块

利用农作物秸秆与水泥复合制作新型节能墙体材料——秸秆混凝土砌块，具有环保、生态、节能、保温、经济等优点，符合绿色节能环保的建筑标准，能带来明显的经济效益及社会效益[13]。

（1）秸秆混凝土砌块的优点

1）原材料资源丰富　我国作为农业大国，秸秆混凝土砌块的原材料资源丰富，生产成本低，使用周期长。可以解决城镇居民的住房保温功能需求，拉动城乡的建筑市场发展，延伸了产业链。

2）节能环保　农作物秸秆本身具有良好的热绝缘性，生产的秸秆混凝土砌块保温性能好，改善了围护结构的热工性能，降低了建筑物能耗，具有传统纯秸秆砌块和混凝土空心砌块的优点，同时弥补了两者的不足，避免了出现如混凝土空心砌块的保温性能较差及秸秆砖墙体强度较低的问题。

3）改善建筑环境　秸秆混凝土砌块制作材料健康无污染，具有一定的调湿功能，维持室内温、湿度较稳定，能保持较好的适合健康居住的空气品质。同时，秸秆砌块房的抗震性能、隔音效果优良。

秸秆混凝土砌块建筑是集社会效益、经济效益和环境效益于一体的新型节能建筑材料，在国家推进建筑节能改革以及绿色可持续发展的大环境下，全面推广热工性能优越、舒适度高的混凝土夹心秸秆砌块建筑，对推动建造节能住宅，缓解环境与能源危机，有着重大的现实意义[14]。

（2）秸秆混凝土砌块的制作

秸秆混凝土砌块的制备是先制作混凝土空心砌块，然后再制作秸秆压缩块，最后用秸秆压缩块插孔制成。砌块采用的尺寸为390mm×190mm×190mm（长×宽×高），所用的材料见表 6-2。

表 6-2　秸秆混凝土空心砌块制备用料

材料名称	水泥	粉煤灰	沙	碎石	聚丙烯纤维
材料规格	P.c 32.5	Ⅲ级灰	细度模数为3.2	5～10mm	—

砌块共有两个孔腔，孔腔内放置两个秸秆压缩块。空心秸秆混凝土砌块的材料组成及配比按质量计，水泥：粉煤灰：沙：碎石：水：聚丙烯纤维为 1：0.6：2.4：2.8：0.57：0.0032。秸秆压缩块是将秸秆粉碎后，将石灰浆、水与秸秆按照一定的配比用成型工艺制成的，同时加入防腐物质。秸秆压缩块的尺寸为140mm×130mm×170mm（长×宽×高）。秸秆压缩块的材料组成及配比按质量计，石灰浆：水：小麦秸秆为2：1：1.4。秸秆混凝土砌块由秸秆压缩块插入秸秆混凝土空心砌块的两个孔腔中制成，该砌块可以直接砌筑墙体。秸秆混凝土砌块的实物图见图 6-7[15]。

图 6-7　秸秆混凝土砌块实物图

（3）混凝土夹芯秸秆砌块的制作

混凝土夹芯秸秆砌块的制备是先制作秸秆纤维夹芯板，然后制作带三维空间钢丝网骨架的内外细石混凝土层，最后将秸秆板植入混凝土层制成。秸秆夹心板采用的规格为 300mm×300mm×60mm（长×宽×高）。

细石混凝土层的钢丝网骨架是由两张平行钢丝网经斜插钢筋连接组成空间桁架，内、外侧为厚度可调整的混凝土（可预制和现场浇注），平行钢丝网与斜插钢筋协同作用，对砌块形成约束作用，以提高承载能力和整体性能。混凝土夹芯秸秆砌块由秸秆板植入内外细石混凝土层中制成，该砌块可以直接作为建筑墙体或直接砌筑墙体。

（4）材料性能研究

1）力学性能研究及其改良机理　从受力特性的角度讲，秸秆砌块墙体构造大体分为两种做法：一是承重墙结构，砌块墙体直接承重，并将承载传递至基础；二是框架结构，采用梁柱承重。框架可以是木结构、钢结构或混凝土结构。砌块墙体不承重，只起到分隔空间及保温的作用。以上两种为常用的做法。除此之外，1982 年加拿大人加涅·路易斯发明了一种墙体承重结构（砌块胶泥体系），将砌块像砖块一样堆砌，然后用水泥抹灰将其黏合。砌块墙体有水平或垂直的黏合方式，可以完全或部分承重，这种混合系统里的秸秆砌块既可以承重又可以只起分隔空间的作用。

由于植物纤维在强度刚度上与混凝土的巨大差距，通常意义上讲，随着秸秆掺量的增加，秸秆纤维砌块的抗压、抗弯强度会不断减小。但由于植物纤维由不同的分生组织发育形成，微观结构是丝状、絮状物，具有很好的连接和充填作用，因此在混凝土砌块中加入适量秸秆，可以提高材料的力学性能，增强抗震性能，更可以减少墙体开裂。秸秆混凝土砌块由秸秆压缩块插孔纤维混凝土空心砌块制成，可改善纤维混凝土空心砌块的受力特性，达到承重墙结构和框架结构的受力承载要求。

2）隔热保温性能研究　和传统砌体材料相比，秸秆混凝土砌块具有很好的隔热、保温性能。建筑材料的热导率越低，隔热效果越好。刘永等利用控温热箱法测定秸秆混凝土砌块的平均传热系数为 $1.00\mathrm{W}/(\mathrm{m}^2 \cdot \mathrm{K})$，纤维混凝土空心砌块的平均传热系数为 $1.48\mathrm{W}/(\mathrm{m}^2 \cdot \mathrm{K})$。相比可知，秸秆混凝土砌块的传热系数减小了 32.4%，具有很好的保温隔热性能。

3）其他性能　秸秆混凝土砌块经过高密度压实，在其室内一面进行泥土抹灰，室外一面进行石灰抹灰之后其防火等级可达到 F90，属于防火性能良好的建筑墙体材料。与此同时，这样增大了墙体的密度，降低了墙体的共振频率，使其具有优越的隔声性能[15]。

秸秆混凝土砌块具有突出的材料性能和节能效果，可成为我国农村住宅建设领域中前景广阔的环保墙材，对于私人住宅及小型的公共建筑，秸秆砌块也是非常适合的[3]。我国现在面临着资源短缺的局面，作为耗能巨大的建筑行业，应该节省能源，并且循环利用有限资源，大力推行秸秆纤维砌块砖墙等新材料和新技术。但是由于秸秆纤维砌块本身的生产原料农作物秸秆的产地、产量和交通运输的限制，以及我国目前尚没有相关配套的技术规范，我国在秸秆混凝土砌块的使用上仅处于实验研究与示范推广阶段，没有在盛产秸秆的农村地区大规模地予以充分应用[15]。

6.2.5　秸秆混凝土

秸秆混凝土是对农作物秸秆做细化处理，添加至混凝土里，放入模具成型后，养护使用。将秸秆添加到混凝土中制成的秸秆混凝土能够降低混凝土的原料成本，减少自重，提高保温性能，增加混凝土的延性和抗裂性。农作物秸秆含有丰富的纤维素、半纤维素和木质素等，其纤维结构紧密，有较好的韧性和抗拉强度。掺入混凝土内部呈三维乱向分布，当混凝土因早期受收缩应变所引起的裂缝时，纤维能跨越微裂缝区域传递荷载，改善混凝土内部的应力场分布，增加裂缝扩展的动能消耗，进而约束裂缝扩展；同时，当混凝土承受外部拉力时，内部的植物纤维能提供拉结拉应力，吸收混凝土表面裂缝处的应力，进而提高混凝土的阻裂性能和抗拉性能。

秸秆细化分为两种形式：一种是直接粉碎即只改变秸秆的物理尺寸；另一种是将秸秆煅烧改变其化学组成。粉碎处理添加法是指先将农作物秸秆粉碎成定尺寸的秸秆碎料，将秸秆碎料和混凝土按照一定的配合比混合并搅拌均匀后，经一定的加工工艺成型、养护，脱模使用。该产品与空心混凝土夹心秸秆压缩砖砌块相比，优点突出，效果明显，不仅大幅度提高秸秆用作墙体材料的强度，而且克服了加工成本偏高的缺点[16]。

目前，解决秸秆纤维与水泥的相容性问题是秸秆混凝土发展的关键，目前虽然提出了一定的处理办法，但是过程繁杂，耗费人力、物力，不适宜规模生产，又或者是所添加的化学剂有一定的毒副作用。如何改善纤维与水泥的相容性，在未来仍然是秸秆混凝土研究的重点和难点。确定各种农作物秸秆的结构构造、纤维属性以及破碎方法和适用范围，针对不同要求选用相适宜的秸秆纤维，对于有效利用农业秸秆混凝土极为重要。因此，应针对不同的农作物秸秆，开发出规范化、标准化和科学化的破碎方法和筛选方式，提高生产混凝土的效率。还应在提高秸秆混凝土制备技术与强度等级的前提下，深入研究秸秆混凝土在自然环境及极端环境下的服役行为，确保其应用于高层建筑、路基以及隧道等大型结构中的可靠性和合理性[17]。

6.3 利用秸秆砖的墙体结构

6.3.1 结构体系介绍

纤维增强复合材料：许多材料，特别是脆性材料在制作成纤维后，强度远远超过块状材料的强度。例如，窗户玻璃是很容易打碎的，但是用同样的玻璃制作成的玻璃纤维，拉伸强度可高达 20~50MPa，不仅超过了块状玻璃的强度，而且可与普通钢的强度媲美。

（1）基体

基体的作用之一是把纤维黏结起来，并将复合材料上所受的载荷传递和分布到纤维上去。根据基体的不同，复合材料可以分为聚合物基复合材料、金属基复合材料、陶瓷基复合材料和碳基复合材料。聚合物基有不饱和聚酯、环氧树脂和酚醛树脂等热固性基体以及尼龙、聚酯等热塑性基体。

在纤维增强复合材料中，增强效果主要取决于增强纤维本身的力学性能、纤维的排布与含量。纤维的排布分为 2 种极端情况：a. 所有的纤维都朝一个方向顺排，这种增强方式为单向增强；b. 所有的纤维都无规则地乱排，这种增强方式称为无序增强。

（2）不饱和聚酯

不饱和聚酯通常是指饱和二元酸和不饱和二元酸与饱和二元醇缩聚而成的线形高聚物。由于其主链中具有可反应的双键，在固化剂的作用下能形成交联体型结构。不饱和聚酯树脂的黏度小，能与大量填料均匀混合。例如在玻璃纤维增强聚酯中，玻璃纤维含量可高达80%。不饱和聚酯可以在室温常压下成型固化，固化后具有优良的力学性能和电性能，因此成为复合材料中很有用的一种基体树脂。玻璃纤维增强聚酯俗称聚酯玻璃钢，已经在汽车、造船和其他工业中获得广泛应用。

（3）胶黏剂

胶黏剂是能够把两个固体表面黏结在一起，并在结合处具有足够强度的物质[18]。

6.3.2 承重秸秆砖墙

承重又分承重内墙架和承重外墙架。由秸秆砖堆砌起来的承重秸秆砖墙能够很好地将屋面荷载直接传向基础；此种建筑材料简单、结构简单、建造周期短以及建造成本低，备受人们的青睐[19]。

承重秸秆墙在结构上的一些特性。

① 承重秸秆砖墙只能应用在单、双层建筑的建造中。在单层秸秆砖承重墙建筑设计中，外墙的宽高比不能超过 5∶1，一般使用的是小型秸秆砖；所有双层承重秸秆砖建筑都是采用大型秸秆砖建造的；秸秆砖应该高度压缩，至少应具有 $90kg/m^3$ 的表观密度。

② 屋顶荷载应均匀分布到墙上，不能集中在一点上，而且应中心传递，作用范围应分布到墙体厚度的 50% 以上；只有在屋顶比较轻或墙体采用高度预应力或设置了圈梁体系的情况下，坡屋顶才能被安全地使用。

③ 洞孔应该适当狭窄；窗户和门上方的过梁可不设置，作为替代物，圈梁的尺寸应该按照受力要求进行合理设计。

④ 应允许圈梁有足够的容差，因为在完工后的数周或数月内，秸秆砖往往会发生蠕变（压缩或弯曲等）。

⑤ 墙上洞孔间的尺寸必须至少等于一块秸秆砖的长度；洞口长度不能超过墙体长度的 50%，而且洞口离拐角处至少 1.2m。

⑥ 对于窄长的墙体，当受非常大的屋顶荷载时，应置额外的支撑以防屈曲。

⑦ 在墙承重的秸秆砖建筑中，墙体表面的灰泥抹面（特别是水泥灰泥）也扮演着一个重要的结构角色，秸秆砖和两侧的灰泥层结合在一起形成三明治般的结构，比这两者任何一个单独承重的效果都好[20]。

承重草砖墙的建造方法：在碎石和砂砾铺地的基础上，将经过良好压缩、密度较高的草砖以错位的方式垒砌成墙体，草砖之间插有加强筋。建造过程中预留出窗洞和门洞的位置，墙体顶部设置圈梁。草砖墙内外依靠张拉皮带产生均衡的预应力并同顶部圈梁共同捆绑。草砖垒砌完成之后，墙体表面进行结构性的抹灰处理。草砖与两侧抹灰层组成了三明治形坚固的墙体，有良好的承载性能。承重草砖墙建筑在建造过程中关于结构强度的问题有以下一些注意事项[21]。

① 用于承重的草砖必须经过良好压缩，在加工前水分含量不应超过 20%，干密度要达到 $90kg/m^3$。秸秆纤维排列越密，草砖强度越高，建筑也就越坚固。

② 承重秸秆砖墙在两层以下，外墙的高宽比不能超过 5∶1，墙体有最小厚度的要求。

③ 墙体上窗洞的大小和尺寸有一定限制。窗孔可以适当狭窄，高度必须大于宽度。墙上和角落处的窗孔间尺寸须至少等于一块草砖的长度。

④ 墙体的表面处理材料的强度和透气性。

6.3.3 非承重秸秆砖墙

草砖与木结构搭配是各类秸秆建筑尤其是住宅中较为普遍、成熟的一种。秸秆与木材同为天然的生物材料，在内部和表面属性上的相似性使两者搭配后显得十分和谐。所搭配的木结构多为梁柱木结构或轻型木结构、平台式木结构三种。梁柱木结构以垂直木柱和水平横梁构成建筑的承重结构，并通过分布于各层的斜向拉索、斜撑支柱来抵抗水平力（风荷载），从而达到结构的稳定性。结构构件采用实心木方或胶合木，构件间通常使用钉或金属连接件连接。

梁柱木结构利用刚性连接件可以形成大跨度空间，但材料尺寸和用量较大，在林业资源紧缺的当下显得并不是很经济。草砖在与梁柱木结构搭配过程中只充当墙体、顶部的填充材料使用，并不起承重作用。位于德国下弗朗科尼亚地区的少数族裔迁居住宅是梁柱木框架结构与非承重草砖墙结合的典型案例。草砖作为填充物在建筑中起保温隔热的作用，两层秸秆墙高度为 8m，内外均有抹灰，一层采用整体通风材料。在该案例中，草砖位于主体木结构的前方，以达到最大程度的气密性。

轻型木结构和平台式木结构都是由断面较小的规格材密接连接成的结构形式，由主要结构构件（包括柱子、主次梁的结构骨架）和次要结构构件（墙板、楼板和屋面板）共同承受荷载。它们有经济、安全、结构布置灵活的特点，建造快捷，预制化程度较高，一般用于小型的住宅建筑，是世界范围内与秸秆材料搭配最为常见的结构类型。草砖与轻型木结构搭配建造的住宅广泛应用于北美，是当地草砖建筑的主流形式。由于北美林业资源丰富，住宅建筑基本都采用轻型木结构体系，建造技术十分成熟。将草砖等秸秆材料与之搭配，很好地契合了地域环境和建造传统。轻型木结构在欧洲拥有更为多样的形式。在搭建过程中，建筑各部分的结构骨架整体搭建，草砖只充当填充材料，嵌入结构骨架中，避免了草砖垒砌所带来的尺寸偏差和墙体形变的问题。再通过外部的金属网、抹灰面层或饰面板增强结构强度。

对于非承重草砖墙体，草砖在堆砌过程中与结构柱的位置有一定的关系，这对墙面上洞口的设置和饰面处理方法有直接影响。柱或门窗框架与草砖的连接处通常采用膨胀金属包角。承重草砖墙体一般采用抹灰的饰面处理手法，配合金属网的张拉作用，提升墙体的结构性。非承重草砖墙体兼具抹灰和耐候板两种处理手法[21]。

6.3.4 秸秆层的隔热

农作物纤维块建筑最大的优点是农作物纤维这种材料极高的保温隔热系数。农作物纤维这种材料本身的隔热性能并不比其他许多材料（例如玻璃纤维、纤维素或者矿棉等）要好，但是厚度为 45～60cm 的农作物纤维块墙的保温隔热性能却非常之好，而且墙体本身的固化能量很低。农作物纤维块墙体是一种可持续发展且低技术、低消耗的超保温墙体。

秸秆墙具有很好的保温隔热能力，不仅由于秸秆这种材料本身具有极高的保温隔热系数，而且由于秸秆墙的厚度一般都比较大。以美国为例，根据亚利桑那州大学教授 Joe McCabe 的计算数据，三道箍秸秆块 [60cm×（116～122）cm×（38～40）cm] 墙体的隔热系数是 R-45～R-57，两道箍秸秆块（45cm×91cm×35cm）墙体的隔热系数是 R-42～R-43；田纳西州的橡树山国家实验室最近做的实验结论是三道箍秸秆块的隔热系数是 R-33。目前美国的木框架填充墙建筑规范的要求仅仅是 R-11 或 R-19，也就是说，秸秆块的最小保温隔热系数将是规范的 2 倍左右[22]。如果秸秆砖墙外加了灰泥抹面，保温隔热能力将会再度提高，甚至比土坯墙、夯土墙、双层隔热砖墙或者双层隔热木板墙等的保温隔热效果都好，且造价更低廉[20]。秸秆纤维混凝土砌块作为一种新型的建筑材料，传热系数较小，具有很好的保温隔热性能。秸秆纤维混凝土砌块的保温隔热性能远远高于普通墙体，其保温性能是普通黏土砖墙体的近 10 倍[23]。

评判任何一种环保型人工环境的最终标准就是这种技术能否给人类带来舒适和愉悦。一个空间的围合物如果散发着温暖的气息(保温板),总是让人在气温偏低的天气中感到舒适,同样的,在炎热的日子里坐在凉爽的墙壁旁边也会让人感到舒适。加了灰泥抹面的农作物纤维块墙既是超保温又是超隔热的。如果墙体设计合理的话,可以具备稳定的热辐射能力[22]。

6.4 秸秆建筑的物理性质

6.4.1 热存贮性和热传导性

热量传递是人类生活、生产和研究活动中存在的最普遍的物理现象之一。用一句话概括:传热(heat transfer)是物质在温度差作用下发生的热量传递过程。无论是在一个物体内部或者是一些物体之间,只要存在温度差,热量就会以某一种,或同时以某几种方式自发地从物体的高温处传向低温处。例如,当室内外空气之间存在温度差时,就会产生通过房屋围护结构的传热现象。冬天,在采暖房间中,由于室内气温高于室外气温,热能就能从室内经由外围护结构向外传出;夏天,在空调建筑中,因室外气温高,加之太阳辐射的热作用,热能则从室外经由外围护结构传到室内。

无论是传统建筑还是现代建筑,就建筑物本身而言,都是要依靠自身的围护结构(墙体、门窗、屋顶等)去防御各种气候因素的不利影响。围护结构所具备的保温、隔热、防潮等一系列的防护性能,保证了建筑能够形成一个良好的室内环境,建筑物的室内与室外环境之间的热量交换是通过围护结构完成的。这种室内空气通过围护结构与室外空气进行热量传递的过程,称为围护结构的传热过程。整个传热过程又可以分成 3 个阶段。

1) 吸热阶段 室内空气以对流和热辐射方式向墙体内表面传热。冬季,夏热冬冷地区的室内一般都有热源,热源向周围产生辐射传热,以及与室内空气的导热传热。当室内空气温度高于墙壁内表面温度时,靠近墙壁内表面的空气被墙壁内表面冷却后密度增加而下沉,室内密度较小的热空气便不断地向墙壁表面补充,通过空气的流动形成对流传热。因为室内空气的流动是由于空气各部分温度差而引起的,为自由对流或自由运动。室内空气温度升高和热源辐射作用,使外围护结构的内表面温度升高。

2) 导热过程 在墙体内部热量以固体导热方式由墙体内表面传至墙体外表面。当墙壁内表面温度高于外表面温度时,热量由内表面传向外表面,此时的传热是通过墙壁材料的分子热运动而引起的,传热方式为导热。

3) 放热过程 以对流和热辐射方式由墙体外表面向室外空气放热,当墙体外表面温度高于室外空气温度时,墙体外表面对室外空气有一个放热的过程,是以对流和热辐射方式进行的。但是室外空气的流动主要不是由温度差引起的,而是由风力造成的,所以为受迫对流或受迫运动。辐射传热不需要物体直接接触,而是靠电磁波来传播热能的。

可见,围护结构传热过程是通过传导、对流和辐射三种方式进行的。因此可以概括为,传热是包括各种方式热能传递现象的总称,传热的三种基本方式为传导、对流和热辐射。

无论是室外或室内,围护结构受到的环境热作用都在随时间变化,围护结构内部的温度和通过围护结构的面积热流量也随之发生变化,这种传热过程叫作不稳定传热。若外界热作用随着时间呈周期性变化,则叫周期性不稳定传热。

实际观察中发现，如果室外气温以 24h 为周期波动，围护结构截面上的面积热流量和温度也在各自的平均值上下波动，而且这种传热过程有以下 2 个基本特征。

1）温度波动的延迟　外表面温度波动比室外气温晚一些，内表面温度波动比外表面温度波动又晚一些，这种时间上的"滞后"现象叫做温度波动的延迟。产生温度波动过程延迟的原因在于材料层升温或降温需要一定的时间供给或放出热量。

2）温度波的"衰减"　在一个周期（如一个昼夜）内，尽管室外气温变化的波动幅度很大，但围护结构各层温度的波动幅度却按由外到内的顺序越来越小，这种温度波动幅度逐渐减弱的现象，叫作温度波的"衰减"。温度波在围护结构内的衰减是由于结构材料层的热惰性造成的[19]。

6.4.2　保温隔热

秸秆是一种可再生的建筑材料，把秸秆作为建筑墙体材料有助于提高建筑物的保温隔热效果，从而改善了农民的居住环境。秸秆的节能效果突出，改善了人们生活的环境质量；秸秆草砖具有很好的保温功能，加工的秸秆产品提高了建筑的热工性能；秸秆能自解，可循环使用，不造成环境污染。

秸秆草砖是将秸秆剪成 2～3mm 长度，均匀、密实地放入秸秆草砖模具内而成的。秸秆草砖内的秸秆之间较密实，其空隙很小且狭长。秸秆草砖中秸秆间形成了厚厚的秸秆聚合层。自然状态下秸秆草砖含有一定量的水分，含水量大于烘干状态下的秸秆草砖。热传导过程中秸秆受热，水分由液态变成气态（水蒸气），通过秸秆空腔与秸秆之间的空隙挥发出去，吸收一部分热能，加速了热能的流失，不利于保温。所以秸秆含水量越小，则它的热导率越小，保温性能越好。秸秆节间空腔基本呈圆柱形，秸秆之间的空隙大。秸秆与黏土（水泥）混合后，秸秆的结构破坏，呈现椭圆形或片状，秸秆之间的空隙被黏土（水泥）填充，空隙间空气减少，存贮的热量减少，保温性能下降。所以秸秆草砖的保温性能高于秸秆泥土砖及秸秆混凝土砖。

目前常用的墙体材料的基本导热特性参数：加气混凝土的热导率为 $0.22W/(m \cdot K)$，普通混凝土的热导率为 $1.51W/(m \cdot K)$，石膏板的热导率为 $0.33W/(m \cdot K)$，普通砖的热导率为 $0.81W/(m \cdot K)$，抹面层的热导率为 $0.87W/(m \cdot K)$。秸秆泥土砖的热导率小于普通砖，秸秆混凝土砖的热导率小于普通混凝土。秸秆泥土砖和秸秆混凝土砖中，秸秆空腔结构内充满不流动的空气。空气能存储热量，起到保温效果。而普通砖和普通混凝土内部结构有孔隙，孔隙间贯通，空气具有一定的流动性，热量通过空气传递出去，使温度迅速降低。所以泥土和水泥中分别加入定量的秸秆，可以提高秸秆泥土砖和秸秆混凝土砖的保温效果。

秸秆保温墙体的热工性能还与密度相关，热导率随密度的增大而增大。热导率受到空隙率的影响，空隙率越大、密度越小，材料的热导率越小[9]。

6.4.3　防风性和气密性

草砖墙体的高绝热性可以创造出一种温度、湿度稳定的室内气候环境，厚实保温的墙体使得建筑在一年的大多数时间都可以开着窗，为室内提供更清洁的空气。与大多数房屋空气中含氧量低、不新鲜、含有毒物质的情况相比，表面涂有灰泥和天然石膏层的草砖墙体具有透气性，甚至可以吸收室内环境的 CO_2，改善空气质量。这种来自材料本身和融入自然调节所创造出的舒适感是现代人工制冷、供热系统无法比拟的[21]。

6.4.4 防火与隔声

跟松散的农作物秸秆不同，秸秆砖墙体的抗火性其实是不错的。没有加灰泥的压缩秸秆砖甚至都具有一定的耐火性，因为高度压紧的秸秆砖内缺乏燃烧所需的足够的氧气[20]。为了验证秸秆砖墙的防火性能，国外进行了模拟秸秆墙体受火灾的试验。试验选用了两面秸秆墙体，一面是没有抹灰的秸秆草砖墙体，另一面是抹灰的秸秆墙体，内墙表面抹有石膏，外墙表面抹有水泥。试验测得：有抹灰的秸秆墙体的抗燃烧能力大于没有抹灰的秸秆墙体。没有抹灰的秸秆墙体草砖间的缝隙被烧露，抹灰的秸秆墙体燃烧超过 2h 后，抹灰层出现裂纹。在秸秆草砖墙体中加入石膏板，可以提高墙体的防火性能[9]。在墨西哥州的试验中，在 1550°F(约 840°C) 的高温下，秸秆砖要经过 34.5min 才会被烧穿。这表明秸秆建筑的防火已超过了建筑规范要求[20]。

双面抹灰的秸秆砖墙具有很好的隔音能力，这一现象可以归因于秸秆砖的某种振动，并且秸秆砖在一定程度上还能吸收声音[20]。建筑设计中隔声分为空气声与固体声。对于建筑物来说，墙体越厚，隔音越好，在秸秆草砖内外两次抹灰，可以提高墙体的隔音效果；另外，秸秆草砖还可以吸收声音[9]。

6.5 案例

（1）实用案例一——澳大利亚布莱克希思的 Vipassana 禅室[12]

Vipassana 禅室坐落于澳大利亚的布莱克希思，建筑思想与起源于印度的 Vipassana 理念一致，即"务实地洞察事物"。这一理念的宗旨是提高在特定环境的特定规则下对内在不安情绪的克制能力。整个工程建设的资金完全来自信仰者的募捐。该禅室是澳大利亚第一个也是印度之外第一个以"Vipassana"思想为主题的建筑。建筑位于新南威尔士的蓝山（Blue Mountains）一块 16hm² 的空地中。这所沉思建筑中有一个非常大的沉思堂，沉思堂被分为两个部分，分别给男人和女人沉思用，两部分中间是一个小法堂。见图 6-8、图 6-9。

图 6-8　Vipassana 禅室外观(一)
设计：David Baggs；秸秆砖修建：FrankThomas；墙体：
梁柱式钢结构，秸秆填充板；竣工年份：2002 年；建筑面积：450m²

图 6-9　Vipassana 禅室外观(二)

　　该建筑由承重式钢结构加泥土抹灰秸秆砖填充板构成。一个 12m 宽的阳台用于外表面防雨。秸秆砖墙体高 3m 和 42m 不等。由于墙体很高,在墙体表面以竹子加固是很必要的。顶棚以压制秸秆板建造,其隔声效果非常好。沉思堂取暖则依靠利用太阳能的地暖系统。

　　(2) 实用案例二——美国科罗拉多州卡本山谷的沃尔多夫学院[12]

　　1996 年,Roaring Fork Waldorf(沃尔多夫)学院决定放弃以前的房产,建造一所新的学校,以体现沃尔多夫理念并采用绿色天然材料,新校址占地 13 英亩(1 英亩 = 4046.856m²,下同)。已建成三处,其中之一为幼儿园(约 315m²),一处为一年级至八年级的教学楼(约 530m²),还有一处为集礼堂办公室、音乐排演和舞蹈排练场所于一体的多功能建筑。另一幢为高年级教学用的 420m² 的建筑物目前已处于规划阶段。见图 6-10～图 6-12。

图 6-10　美国科罗拉多州卡本山谷的沃尔多夫学院外观(一)

图 6-11　美国科罗拉多州卡本山谷的沃尔多夫学院外观(二)

图 6-12　美国科罗拉多州卡本山谷的沃尔多夫学院外观(三)

设计及现场监管：Jeff Dickinson；墙体：木框架结构、秸秆砖隔热措施；竣工年份：2000 年；
建筑面积：约 1870m² (包括幼儿园、一至八年级的教学楼、多功能建筑，另有规划中的 420m² 用于高年级教学)

除天然材料如泥土、亚麻油毡、无毒颜料和油漆的利用之外，建筑设计最大程度地利用了太阳能。在冬季，秸秆砖隔热措施可将取暖需求最短降至几天，在这几天则采用地热装置进行加热取暖。秸秆砖还具备优良的隔音性能，学生可完全不受附近高速公路的噪声影响。

总体而言，由于建造过程中能充分 DIY，建筑物造价可控制在 700 美元/m² 左右。

（3）实用案例三——2010 年上海世博会万科馆[24]

万科馆的建筑设计期待唤起人们欣赏、尊重、接受自然的观念与信心。由于建筑外墙面使用了秸秆板，万科馆的 7 个圆台宛如 7 座金灿灿的麦垛矗立在黄浦江西畔。3 个正圆台与 4 个倒圆台围绕着四周通透的中庭交错布置，圆台内部是独立的展厅，顶部通过透明采光膜连成一体，外部环绕着 1300m² 的景观水池。见图 6-13～图 6-15。

图 6-13　西北侧外景

万科馆的灵感来自于"秸秆板"这种自然材料。秸秆通常指小麦、水稻、玉米、棉花、甘蔗等农作物在收获子实后剩余的茎叶部分。秸秆板是以秸秆为原料，经热压成型制成的建材。农作物光合作用的产物有一半以上存在于秸秆中，由此制成的秸秆板就将农作物通过光合作用吸收的 CO_2 以有机碳的形式固化下来。设计师对秸秆板的进一步认识来自于委托清华大学建筑学院建筑技术科学系计算的一个研究结果。这个研究基于对建筑进行的全生命周期 CO_2 排放量的评价：建筑的整个生命周期过程——从原材料的开采加工到建材的生产运

图 6-14　东南立面

图 6-15　中庭天窗

输，再到建筑施工、运行、维护，直至拆除，消耗大量的能源、资源，并排放大量的污染物。而在这整个过程中，施工阶段的建材运输能耗占5％，施工作业能耗占3％，但建材生产（包含原材料生产）能耗要占92％。由此可见选择什么材料来盖房子至关重要。该研究还列出了秸秆板与各种常用建筑材料的碳排放值，秸秆板的优势非常明显，不夸张地说，这样的材料用得越多，对环境越有利。在决定材料后，根据材料的特性推演出了由麦秸板作为主要材料的类似于砌体结构的建造方式和结构体系，直至以封闭的圆台为单元而构建的空间结果。遗憾的是，在设计进行中由于各种原因，比如现有规范的缺失、秸秆材料本身的技术问题等，当然最重要的原因还是时间紧迫，万科馆内部是钢结构，仅仅表皮是麦秸板。新秸秆板的自然纹理和金黄色泽都会让人感受到生命的健康与丰盛，但如同任何生命都会衰老死亡一样，秸秆板的色泽也会随着时间的推移而变化。万科馆希望通过这种自然的蜕变可以传达一个观念，即如果人们尊重自然的应有状态，就会减少与自然的无谓对抗。

参 考 文 献

[1]　陈茜，田梅青．混凝土夹芯秸秆砌块的性能与应用［J］．科技信息，2013，17：28.

[2]　袁斌，曹宝珠，段文峰．秸秆草砖在建筑中的应用与研究现状分析［J］．吉林建筑大学土木工程学院学报，2014，31（3）：19-22.

[3]　邸芃，戢娇，刘兰斗．秸秆节能墙体的应用研究［J］．工业建筑，2011，41（5）：57-59.

[4]　王晓峰，曹宝珠．秸秆草砖保温性能研究［J］．吉林建筑工程学院学报，2013，30（2）：9-11.

[5]　谭福太．秸秆建材燃烧特性及生命周期研究［D］．广州：华南理工大学，2013.

[6]　傅志前，朱兰玺．国外秸秆建筑的产生与发展研究［J］．工业建筑，2012，42（2）：33-36.

[7]　成果．秸秆建筑的发展历史［J］．艺术探索，2012，26（4）：101-104.

[8]　宋伟．秸秆建筑在中国农村地区的应用推广［J］．中华民居，2013，（7）：103-104.

[9]　王晓峰．新型农作物秸秆草砖的应用研究［D］．长春：吉林建筑大学，2013.

[10]　隋明锐．秸秆资源利用与新型环保材料秸秆砖推广［J］．中国新技术新产品，2010，（16）：182.

[11]　赵若平．建筑材料基本知识选讲第十讲稻草板［J］．建筑工人，2000，（5）：14-15.

[12]　赫尔诺特·明克，弗里德曼·马尔克．秸秆建筑［M］．刘婷婷，余自若，杨雷，译．北京：中国建筑工业出版社，2007.

[13]　夏天．秸秆混凝土力学性能试验研究及密肋复合墙体有限元分析［D］．长春：吉林建筑大学，2014.

[14]　张慧瑾．混凝夹心秸秆砌块试点建筑保温性能研究［D］．泰安：山东农业大学，2015.

[15]　谭强，阎慧群，王可．新型环保节能建材秸秆纤维混凝土砌块的研究进展［J］．生态经济，2013，（4）：121-124.

[16]　刘巧玲．秸秆基混凝土的性能研究［D］．长沙：湖南农业大学，2013.

[17]　张强，李耀庄，刘保华．秸秆资源在混凝土中应用的研究进展［J］．硅酸盐通报，2015，34（4）：1000-1003.

[18]　刘刚．秸秆高分子复合材料制备研究［J］．环境科学与管理，2012，37（2）：93-97.

[19]　梁仙叶．轻质麦秸复合墙体建筑热物理特性研究［D］．南京：南京林业大学，2006.

[20]　王宝珍，李建东．农作物秸秆在小城镇建设中的应用研究［J］．小城镇建设，2010，（2）：67-69.

[21]　成果．基于秸秆材料的现代建筑空间建构研究［D］．南京：南京艺术学院，2013.

[22]　琳恩·伊丽莎白，卡萨德勒·亚当斯．新乡土建筑——当代天然建造方法［M］．吴春苑，译．北京：机械工业出版社，2005.

[23]　陈茜，田梅青．秸秆纤维在墙体材料中的应用［J］．科技视界，2013，（11）：17.

[24]　北京多相建筑设计工作室．"麦垛"——万科馆［J］．建筑学报，2010，5：176-179.

秸秆应用于环境污染治理技术

农作物秸秆中含有大量的纤维素、木质素和半纤维素。纤维素中有多个羟基等活性基团，通过对秸秆进行改性可制备不同用途的天然高分子材料。秸秆经过高温炭化后，可以制备生物炭。因此，将农作物秸秆采用一定的方法处理后可以应用于环境污染治理领域，如用于溢油事故处理的吸油剂、土壤污染修复剂、工业废水中的重金属吸附剂、环保草毯、环保抑尘剂等。

7.1 秸秆化学改性制备吸油剂

近些年来，海洋漏油事故频发，世界上每年因油轮事故溢入海洋的石油约 3.9×10^5 t。我国沿海地区也发生大小船舶溢油事故 3000 多起，总溢油量达近 4×10^4 t。这些溢油若不及时处理，不但会影响海洋环境的自净能力及地球生态循环系统，而且会带来巨大的经济损失。

目前，处理溢油事故的常用办法是使用吸油剂。一种较为理想的吸油材料需要满足以下基本特点：具有较强的吸油性，快速的吸油速率，较低的吸水倍率，较高的回油性、生物可降解性和较低的生产成本。常用的吸油剂主要包括无机、天然有机高分子和人工合成的有机高分子材料三大类。与人工合成的高分子吸油材料相比，农作物秸秆纤维素产量巨大，价格低廉，具有较好的吸油性能(表 7-1)，是一种具有较广应用前景的天然高分子材料。秸秆纤维素吸油剂的应用可以有效地处理溢油事故，同时还可以从根本上解决秸秆处理与处置的问题。

7.1.1 秸秆纤维素吸油机理

吸油材料的吸油机理主要包括包藏作用、凝固作用和自溶胀作用三大类。农作物秸秆的结构疏松多孔，可以借助其本身具有的分子间空隙和分子链空洞对油品进行吸附并依靠秸秆分子之间所具有的表面张力使被吸附的油保持稳定。因此，秸秆的吸油机理属于包藏作用。

表 7-1　不同农作物秸秆的吸油特性汇总

秸秆种类	改性剂	油的种类	吸油能力 $Q_{max}/(g/g)$
大麦稻草	—	原油	15
乳草	—	原油	40
木棉花	—	发动机油	45
甘蔗渣	醋酸酐	机油	20.2
麦秸	醋酸酐	机油	28.8
棉花	—	柴油	30.62
红麻	—	柴油	7.16
棉花	脂肪酸	蔬菜油	20

不同秸秆的成分和改性剂不同，导致秸秆纤维素吸油剂的吸油能力也各不相同。

7.1.2　秸秆纤维素化学改性

秸秆的主要成分包括纤维素、半纤维素和木质素。纤维素和半纤维素具有亲水性，而木质素具有疏水性。也就是说，秸秆中的纤维素和半纤维素比木质素具有较高的亲水性，因此导致秸秆具有较高的吸水能力。秸秆中的纤维素含量高达 40％以上，其分子结构内部含有一些较强的亲水性羟基，羟基是一种亲水基团，因此，需要通过化学改性的方法把亲水的羟基基团变成具有疏水性能的酯基或醚基（图 7-1）。

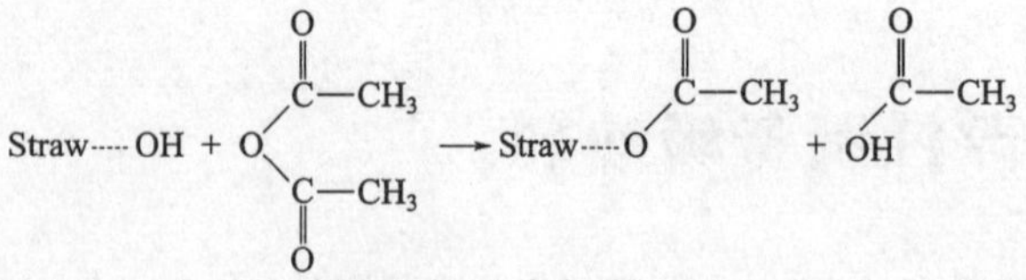

图 7-1　秸秆改性机理

将秸秆纤维素进行化学改性可以大大提高秸秆的吸油能力，但秸秆中的半纤维素和木质素与纤维素紧密相连，同时存在晶区与非晶区，使秸秆纤维素分子上大分子链内和链间的羟基很容易形成氢键，这就导致纤维素羟基不能有效地进行化学改性。为了解决这一问题，一般需要在改性前对秸秆进行预处理，常见的预处理方法主要有物理法（超微粉碎、超声处理、蒸汽爆破等）、化学法（酸碱处理）及生物法（微生物菌酶处理）等。

7.1.3　秸秆化学改性方法

秸秆纤维素中含有羟基等亲水基团，会严重影响其亲油性和保油能力。因此，需要对秸秆中的纤维素羟基进行疏水改性。近年来国内外对秸秆纤维素的化学改性方法主要包括醚化、乙酰化和接枝共聚等[1]。

（1）醚化改性

对秸秆纤维素进行醚化改性就是利用氯乙酸、氯化苄等醚化剂与秸秆纤维素进行反应，取代纤维素羟基上的氢，醚化后分子间的氢键作用会削弱，纤维素的晶体结构被破坏。醚化改性的主要目的是提高秸秆的热塑性，而且随着羟基数量的减少会提高秸秆的亲油疏水性能。对秸秆纤维素进行醚化改性通常采用碱处理的预处理方法，碱处理可以使秸秆纤维素产生粗糙的表面，能够减弱纤维素分子间的氢键，提高伯羟基的反应性能。

（2）酯化改性

酯化改性是秸秆纤维素化学改性最为常用且最为成功的一种方法。一般是在无机或有机酸等催化剂的作用下，使酸酐、酰卤等与纤维素中的活泼羟基发生酯化反应（见图 7-2）。乙酰官能团的疏水性能要比羟基好，取代后会增加秸秆纤维素的疏水性。

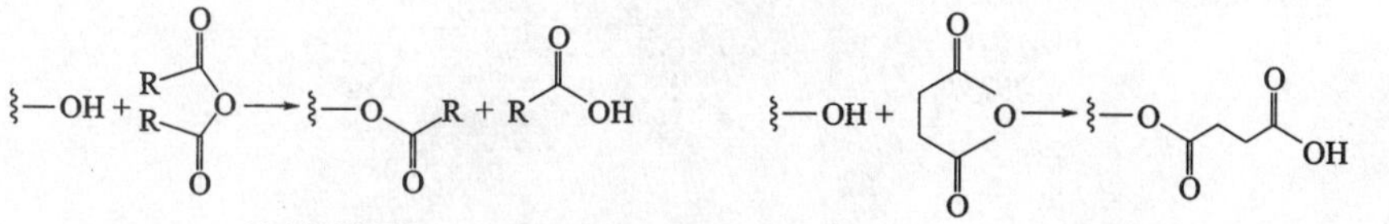

(a) 线性酸酐　　　　　　　　　　　　　(b) 环状酸酐

图 7-2　酯化改性反应方程式

酯化改性取得成功的关键是选择较好反应的催化剂和反应试剂。经常使用的催化剂见表 7-2。吡啶是最常用的催化剂，但是其有毒，且反应过程会有很大的刺激气味，不适合大规模的反应过程。4-二甲氨基吡啶（DMAP）具有更为优异的改性性能，其酯化催化反应活性比吡啶高 10^4 倍，但价格昂贵，也限制了其工业应用。因此，酯化改性的关键是寻找具有较好的反应活性、较好的环境和经济性能的催化剂。近些年来一些研究者发现 N-溴琥珀酰亚胺的催化反应活性好，而且价格便宜，比较适合于商业化应用[2]。

表 7-2　秸秆化学改性常用的催化剂汇总

催化剂种类	优点	缺点
吡啶	亲核介导的催化	有毒，产生臭味，不适合大规模生产
4-二甲氨基吡啶（DMAP）	效率高	价格昂贵
溴化三甲基铵	简单	会去除半纤维素
N-溴琥珀酰亚胺	效率高	便宜，可以商业化应用

（3）接枝共聚改性

秸秆纤维素的接枝共聚改性主要是利用伯羟基所在的位点，根据不同的用途和性质将一些聚合物官能团接枝到纤维素上，提高其疏水性能。主要包括开环聚合、自由基聚合、离子型聚合和原子转移自由基聚合等多种不同的方式。

7.2　秸秆制备生物炭

生物炭技术起源于亚马逊地区，古代印第安人将田间的有机物质残体燃烧产物施用于土壤中，以提高土壤的肥力和持水力。目前，由于生物炭对于土壤肥力等方面的影响，越来越多的研究者将生物炭视为土壤改良剂。除此之外，还有许多研究者将其应用于土壤和水体修复方面。由于秸秆生物炭在土壤肥力、作物生产、土壤水分保持、温室气体排放、土壤污染修复与水污染处理等一系列环境资源领域中具有非常广阔的应用前景，秸秆制备生物炭技术成为一种新兴的农作物废弃物资源化利用新技术。

7.2.1 生物炭制备技术简介

生物炭指的是秸秆等生物质材料在密闭空间或者缺氧条件下，经过相对较低的温度（小于700℃）热解产生的一种高度芳香化难熔性富炭物质。生物炭制备原料的来源非常广泛，农作物秸秆、木屑、污泥等都可以作为原料使用，常见的生物炭来源见图7-3。

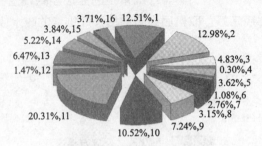

图 7-3 生物质炭来源解析
1—稻秆；2—玉米；3—小麦；4—谷物；5—甘蔗；
6—椰子；7—竹；8—草本；9—农业废弃物；10—硬木类；
11—木质废弃物；12—动物粪便；13—污泥；
14—木屑、贝壳等；15—微生物；16—其他

7.2.2 生物炭制备方法

生物炭制备方法主要包括热解炭化、水热炭化和闪蒸炭化3种技术[3]。

（1）热解炭化

热解炭化是指农作物秸秆在厌氧或缺氧条件下进行干馏热裂解的过程，有缓慢热解和快速热解两种形式。缓慢热解方式较为传统，一般是将农作物秸秆置于300℃以上的缺氧条件下进行热解，该过程加热速度缓慢，气体停留时间一般为5～30min，气体分离速度较慢；快速热解方式对原料的含水量要求较高，要求含水量控制在10%（湿重）以下，该过程蒸汽的停留时间较短，能够快速地将小颗粒生物质原料迅速升温到400～500℃。

（2）水热炭化

水热炭化是将农作物秸秆悬浮在相对较低温度（180～350℃）的密闭容器中进行热解反应的生物质炭化技术。与热解炭化技术相比，水热炭化方法较为温和，固型生物炭可通过固液分离获得，但与热解或气化的生物炭相比，水热法得到的生物炭稳定性更低，以芳香烃结构为主，热解或气化的生物炭以烷烃结构为主。

（3）闪蒸炭化

闪蒸炭化是指在高压条件下（1～2MPa），在生物床底部高压点火，火在炭化床与通入的空气逆流接触的现象。该过程的反应时间一般低于30min，温度控制在300～600℃。闪蒸炭化产物以气态和固态为主。

7.2.3 秸秆生物炭在环境污染治理领域的应用

（1）生物炭制备炭基肥料

由于生物炭具有丰富的孔隙结构，其可以吸附和负载肥料养分，缓释肥料养分在土壤中的释放和淋洗损失量，是一种绿色环保型的控释材料。以秸秆生物炭为基质，根据不同区域

特点、不同作物生长特点以及科学施肥原理，添加有机质或者无机质制备成的肥料成为炭基缓释肥料。炭基肥的生产与施用是实现肥料高效利用、土地生产可持续发展的重要途径。目前，生物炭与肥料复合已成为生物炭基肥新的研究方向。

1）生物炭基肥生产工艺类型　生物炭基肥生产工艺主要包括掺混法、包膜法、吸附法和混合造粒法4种。

① 掺混法是最为简单的制备生物炭基肥的方法，主要是把粒度和强度接近的基础颗粒肥料按一定比例进行掺拌混合制备而成。

② 包膜法主要是用生物炭细粉状颗粒包裹速效性化肥颗粒而成的肥料，施用到土壤以后逐渐释放养分供农作物吸收利用。包膜法生产的炭基肥料的施用可以有效减少因肥料分解、挥发、冲蚀等造成的养分损失，进而提高养分利用率。

③ 吸附法主要是利用生物炭的多孔性与吸附性特征，将肥料溶液中的一种或数种组分吸附于其表面制备而成生物炭基肥。

④ 混合造粒法是将生物炭与一种或者多种肥料粉碎后，形成粒度接近的粉状颗粒进行混合造粒，该方法生产效率高、操作简便，是目前肥料生产中主要采用的生产方式。

2）生物炭基肥主要类型　目前研发的生物炭基肥主要包括炭基复混肥、炭基有机肥、炭基无机肥等产品。炭基有机肥是将生物质炭粉与有机肥合理配伍从而形成的生态型肥料；炭基无机肥是将生物质炭粉与无机肥合理配伍从而形成的生态型肥料；而炭基复混肥是将生物质炭粉与有机无机复合肥合理配伍从而形成的生态型肥料。

3）生物炭基肥对农业生产的影响　生物炭基肥不仅可以改良土壤的理化性质及土壤环境，而且能够促进作物的生长和产量。与单独施用生物炭相比，炭基肥能够使肥料养分缓慢释放，提高肥料养分的利用率。此外，将生物炭基肥与矿物质肥料掺混施用，可以发挥对农作物的协同促进效应。生物炭基肥施用对作物产量和生长的影响与肥料种类、施用量等相关，由不同原材料制备的生物炭基肥对同种作物的影响也会存在差异。

虽然生物炭基肥的施用存在一系列的优点，但是在现阶段也不能盲目推广使用。因为目前关于生物炭基肥的研究多是短期的，缺乏长期有效的试验数据。此外，生物炭在制备过程中会产生一些多环芳烃，可能会对植物、动物、微生物等产生毒害作用。此外，生物炭对农业环境影响的作用机制尚未探索清楚，应进一步开展长期、系统、全面的生态风险评估。

（2）秸秆生物炭用于去除疏水性有机污染物

作为一种理想的环境吸附剂，生物炭在有机物污染修复方面具有较大的应用前景。生物炭对疏水性有机污染物的吸附主要包括分配作用和表面吸附作用。表面吸附作用主要包括多种物理作用和化学作用。物理吸附主要是利用生物炭和有机污染物之间存在的静电作用力、范德华引力发生作用。化学吸附主要是通过两者之间的化学作用生成的氢键、π键、配位键等发生作用。生物炭与有机污染物之间的分配作用主要表现为等温吸附曲线呈线性、弱的溶质吸收和非竞争吸附，与生物炭的比表面积无关，只与有机化合物的溶解度相关。在实际吸附过程中，分配作用和表面吸附作用同时存在。当有机物浓度较低时，表面吸附的贡献率要大于分配作用；当有机物浓度较高时，则分配作用的贡献更高一些[4,5]。

目前关于生物炭应用于疏水性有机物的研究多集中在对单一污染物吸附机理的研究，由于实际污染环境中往往多种污染物共存，生物炭对复合污染物的吸附作用机制尚不清楚。此外，由于缺乏将生物炭用于复杂实际环境的工程实践，进而限制了该技术的工程应用。

（3）秸秆生物炭用于吸附环境中的无机污染物

1）作用机制　生物炭与无机污染物相互作用的机制较为复杂（图 7-4），主要包括[6]：a. 阳离子交换作用，生物炭外表面含有大量的 Na^+、K^+、Mg^{2+}、Ca^{2+} 等碱基阳离子，这些阳离子的存在为带有正电荷的重金属离子以及氨基离子提供了充足的离子交换资源；b. 络合作用，Cu^{2+}、Cd^{2+} 等重金属离子能够与生物炭表面的羧基、羟基等负电荷官能团发生络合作用，聚集在生物炭中，从而降低其生物有效性；c. 静电作用，由于生物炭表面官能团质子化，可以依靠静电作用去除砷、磷等阴离子型污染物；d. 共沉淀作用，环境中的磷在碱性条件下可与生物炭表面的 Mg 和 Ca 发生共沉淀，Cd、Zn、Pb、Hg 等重金属也可与生物炭表面的有机质和含氧矿物发生共沉淀作用，使得这些物质从水相转移到生物相表面，从而降低其在水体中的浓度；e. 特殊作用，生物炭上的芳环结构会与碘离子、碘酸根离子等发生特异作用，从而降低其在土壤中的迁移性[7]。

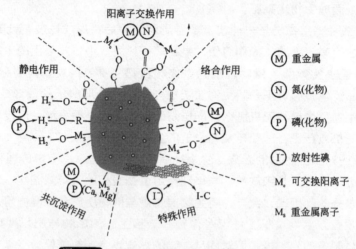

图 7-4　生物炭与无机污染物的相互作用机制

2）生物炭吸附重金属改性方法　由于直接采用生物炭对重金属进行吸附的吸附容量有限，科研人员逐渐开始思考如何通过化学手段对生物炭进行修饰，从而提高生物炭对重金属的吸附能力。化学修饰的作用机制是采用不同的修饰方法进行处理，使生物炭的比表面积或者表面含氧官能团发生变化，增加生物炭与重金属的吸附位点，从而提高吸附能力[8,9]。目前常用的修饰方法及其效果见表 7-3。

表 7-3　生物炭修饰方法及其效果

生物炭类型	具体方法	应用	改性后生物炭的变化	参考文献
氧化镁修饰的生物炭	用氯化镁溶液对原材料浸泡后进行热解	磷酸盐和硝酸盐的吸附	（1）由中孔变成微孔，增加吸附位点 （2）提高了对硝酸盐和磷酸盐的吸附能力	M，Zhang 2012
氨基修饰的生物炭	将制得的生物炭利用浓硫酸和浓硝酸浸泡	铜离子的吸附	（1）氨基官能团在生物炭表面形成化学键 （2）对铜离子的吸附提升 5 倍 （3）铜离子与表面的氨基官能团络合	Y，Yao 2013
铁修饰的生物炭	溶液浸泡	水中多种污染物的去除	（1）铁在生物炭的空隙网络上结合 （2）增加了铅、铬、砷、磷酸盐以及甲基蓝的吸附	Y M，Zhou 2014
甲醇修饰的生物炭	用制备好的生物炭进行溶液浸泡	去除水中的四环素	（1）修饰后使生物炭的表面含氧官能团增加 （2）能够增加四环素的吸附	X R，Jing 2014

生物炭作为一种新型的吸附材料已经被国内外科研人员大量研究，并在其对土壤和水体中重金属污染物的吸附机理的研究中取得了一定的进展。但是，由于制备生物炭的原材料和热解温度的差异，生物炭产品的物理化学特性存在较大差异。在生物炭的还田报道中，有利也有弊，生物炭的施用是否会将其本身的毒性释放进入土壤，影响作物生长，还需要在这一方面开展深入细致的研究，这对于生物炭能否作为未来节能环保的新型土壤改良剂的应用至关重要。同时，在现有研究的基础上，开展化学合成的新型生物炭研究，使其能够有针对性地吸附各种重金属污染物，并能够提高吸附效率，将是未来生物炭制备技术的发展方向[10]。

7.3 秸秆生产环保草毯

农作物秸秆草毯是以稻麦秸秆、棕榈、麻、椰壳绒等植物纤维为基底，连同优质草籽、营养剂、专用纸、定型网等多种材料（视用途而定），还可加入腐殖质和营养土，在大型生产流水线上加工缝纫形成草毯。在现场坡面整理后将草毯铺设在坡面上，通过锚固沟、锚固钉将草毯固定，覆土压实后形成草毯护坡。草毯初期可对坡面有效防护，对草籽初期的出芽生长有良好的保墒效果，草籽的出芽率高，后期草毯腐蚀为植被提供了肥料，植物生长旺盛[11]。人工植被草毯防护技术是迄今为止十几年来国际公认的有效、简便、廉价的环保型边坡防护技术，具有极佳的应用前景[12]。

7.3.1 秸秆生产环保草毯技术

（1）环保草毯的规格[11]

草毯规格：2.4m×30m；呈圆筒状，外面有缠绕膜包裹，长度可按要求选择。

草毯厚度：最大可达50mm。

草毯质量：200～1500g/m³。

草毯强度：横向拉力为1kN/m，纵向拉力可达2.2kN/m。另外，可根据需要选用不同的线及护网来增加拉力。

（2）环保草毯的类型

环保草毯可加工成两大类3个系列共6个产品，具体类型的选择在尊重设计的基础上，应充分考虑现场的坡比、土质情况、降水量等情况，所有草毯都可以根据要求定制不同厚度，也可加入草炭土、腐殖质及保水剂等，以增加土壤的肥力，便于草种生长。

第一类：3层草毯，即固定网＋秸秆＋固定网（图7-5为3层环保草毯）。

第二类：6层草毯，即固定网＋秸秆＋纸（或无纺布）＋种子层＋纸（或无纺布）＋固定网（图7-6为6层环保草毯）。6层草毯可以用于坡度大于45°的陡坡坡面。

每一类可以包括3个系列产品。

1）秸秆草毯　绿化速度快、效果好、保墒效果好，各种草种均适用。主要用于受侵蚀较小的地方。

2）混合草毯　耐冲刷效果好、拉力强，草种要有选择地使用。用于中等侵蚀和损害的场地。

3）椰丝草毯　耐冲刷效果好、纤维细、空隙小、渗水快、透气性差，选择草种要慎重，顶土能力不强的草种慎用。该产品用于水土流失大和特殊要求的场地。

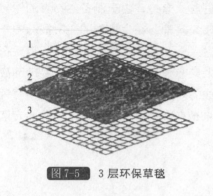

图 7-5　3 层环保草毯

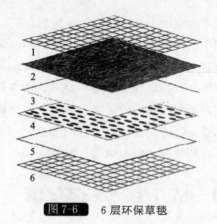

图 7-6　6 层环保草毯

(3) 材料

1) 草种的配比　草种应选用适合当地土质和气候条件的易成活、根系发达、茎秆低矮、枝叶茂盛、生长能力强的多年生草种,尽量选用当地草种,对有特殊绿化效果要求的,可加入其他草种。我国安徽江淮地区一组植物种子名称及其配比见表 7-4。

表 7-4　喷播用植物种子名称及其配比

序号	植物名称	用量/(g/m²)
1	胡枝子	3
2	盐肤木	2
3	马棘	2
4	荆条	3
5	紫穗槐	1
6	刺槐	1
7	银合欢	2
8	猪屎豆	2
9	紫花苜蓿	1
10	野花组合	0.5
11	高羊茅	3
12	狗牙根	1
合计		21.5

2) 其他材料

① 铁钉长度:U 形钉,200mm/300mm/400mm,依照实际需要,坡面越陡,钉越长。

② 木钉长度:300mm/400mm,依照需要来确定长度。

(4) 生产工艺

采用专用的生产工艺技术,以稻麦秸秆为基底,连同优质草籽、营养剂、专用纸、定型网等材料,在大型生产流水线上一次加工完成,形成草毯;草毯采用植物纤维为载体形成秸秆纤维植被毯,可向其中加入椰丝,增加草毯的空隙、拉力与抗冲刷力。生产环保草毯的主要步骤有秸秆预处理、铺设和缝制、网层复合以及剪裁和打捆,生产工艺见图 7-7[13]。

1) 天然纤维预处理　将稻秸秆、麦秸秆、玉米秆等植物纤维材料进行晾晒、筛选、除去杂质。

2）纤维混合铺设，上下网层缝制　将处理后的纤维材料混合均匀并压制成层状，利用棉麻材料缝制草毯上下层网。

3）网层复合　下网上面铺设木浆纸层，木浆纸层上面铺设种子层（无种子的草毯可以减少纸层和种子层），种子层上面铺设纤维层，纤维层上面铺设上网，五层复合一体。

4）剪裁、打捆　将上述复合一体的草毯按规格剪裁，并从上网加入保水剂和营养，然后打捆包装。

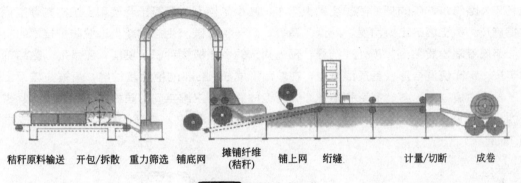

秸秆原料输送　开包/拆散　重力筛选　铺底网　摊铺纤维　铺上网　纴缝　　计量/切断　成卷
　　　　　　　　　　　　　　　　　　　（秸秆）

图 7-7　草毯生产工艺

7.3.2　环保草毯技术应用

（1）防护原理

环保草毯是一种常用于边坡或绿地的活性固土材料，其主要作用是固定边坡，为植被生长创造条件。施工中将环保草毯沿边坡铺设，事先在边坡布设植被种子和肥料，洒水养护，纤维素吸水后草毯重量增加，加上固定钉固定，草毯不再移动，从而防止边坡坡面土石流失。坡面上的植物种子遇水生根发芽，根须伸入边坡的土内，进而巩固边坡土质，对泥土重力和外力起到减缓作用，阻断泥土向下溜坍或塌方，生长在草毯中的植物也可起到改善景观和绿化环境的作用。

该技术适用于边坡坡度缓于 45°的全风化及强风化边坡。边坡应平坦，富含有机质，适合植被生长。

（2）注意事项[14]

① 环保草毯边坡绿化技术对施工的要求较高，在施工过程中要对施工工艺的各个环节进行严格控制，以确保实施效果。

② 植被种类的选择应协调好绿化短期效果和长远利益的关系，合理配置草灌品种。选用植被种子时，应尽可能地选用适应性好、易于与当地其他植被相互适应的种子。

③ 加强后期的养护和维护，确保环境保护效果长期有效。

铺设草毯能够减少径流，增加入渗，是一种有效的坡面防护措施。入渗过程中，草毯增加了坡面的粗糙程度，有效减小了坡面径流的流速，能在局部范围内增加湍流和旋流，使得水流滞留在坡面上的时间更长，增加了水分的渗透。另外，草毯吸水后重量增加，更加贴合地面，在明显增加雨水入渗的同时也减少了坡面上径流对土壤的剪切应力量，能迅速提高植被恢复能力，加快绿化速度，改善绿化水平[13]。

7.4 秸秆生产秸秆泥

7.4.1 秸秆生产秸秆泥技术

秸秆泥综合防护技术来源于植生基材喷附技术，但又有所不同，其主要材料为预处理秸秆(小麦秸秆)、低液限粉质黏土和乡土植物，来源本地化，不需要专用的喷播机，施工工艺简单，成本较低，较植生基材喷附经济、简单。秸秆泥综合防护技术充分利用了农业废弃物秸秆和公路修筑产生的低液限粉质黏土弃方，减少了挂网、混凝土骨架和土工格室等工程防护措施及种植土壤的土方用量，降低了造价，是一种低碳、生态的新型边坡防护技术[15]。

将低液限粉质黏土、预处理秸秆、预先筛选的乡土植物种子、肥料、保水剂、黏结剂与水等按一定比例混合形成基质混合物，在坡面形成 5～8cm 的植生基材层，植被在坡面上形成了一个由植物叶、茎、根系和秸秆纤维所组成的具有三维空间的防护层，并与坡面紧密结合为一个有机整体，最终达到保护坡面、恢复植被的目的。秸秆泥综合边坡防护技术如图 7-8 所示。

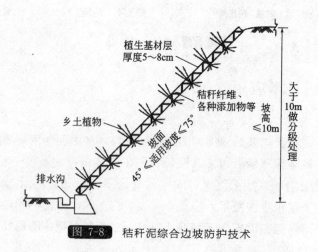

图 7-8 秸秆泥综合边坡防护技术

在炎热多雨的夏季，植生基材层中的乡土植物种子成活率较高，能较好地覆盖坡面，坡面防护主要以植被的降雨截留、削弱溅蚀、抑制坡面径流、加固坡面作用为主。在寒冷干燥的冬季，坡面植物稀疏，坡面防护主要以植生基材层的连接作用、加筋作用为主，能有效降低风力侵蚀和冻融循环对坡面的影响。

7.4.2 秸秆泥技术应用

施工工艺如下。

(1) 坡面清理

清除坡面内的杂物和碎石，并夯实坡面土层，尽可能使作业面平整。保证铺设基材前作业面的凹凸度平均为±5cm，最大不超过±8cm。

(2) 基材铺设

① 施工前向边坡喷水润湿坡面，使基材能够较好地与坡面土层黏结，并施加底肥，适

当对种植土进行土壤改良。

② 混合基材中的低液限粉质黏土应该过筛，清除其中的植物根系和岩块，大块土打碎过筛。

③ 将粉质黏土、秸秆纤维、黏结剂、土壤保水剂、有机肥混合并搅拌均匀。首先将基质混合物覆盖到试验样地坡面上5cm（基层），然后利用手持式播种器将植物种子均匀播撒到基质混合物上，再在植物种子上覆盖3cm的基质混合物（面层），总厚度为8cm。

（3）养护管理

铺设基材完成后立即覆盖无纺布，防止基材被雨水冲走，并起到土壤保墒的作用。待植物种子发芽且生长稳定后，应及时撤除无纺布。采用高压喷雾状水均匀湿润坡面，促进种子发芽和快速生长覆盖。中期根据自然降水调整浇水次数。喷播完成后一个月，应全面检查植草生长情况，对生长明显不均匀的位置予以补播。秸秆泥综合防护技术施工流程如图7-9所示。

综上，环保草毯和秸秆泥的适用范围较为广泛，广泛用于高速公路护坡固土绿化、河流岸坡固土绿化、沙漠化地区固沙绿化、海滩沙地固沙、抗盐碱绿化、矿山生态修复、城市乡镇居民

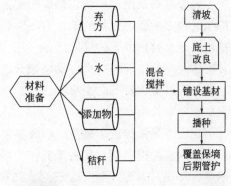

图 7-9　秸秆泥综合防护技术施工流程

区、自家庭院绿化、农业蔬菜、水果、花木种植以及海洋海滨生态工程建设等。环保草毯和秸秆泥的推广应用，有效地减少了工程建设水土流失，改善了植被生长的环境[16]。

7.5　秸秆制备绿色环保抑尘剂

7.5.1　国内外扬尘抑尘剂技术

控制扬尘污染是城市环境管理的一项重要内容，应以绿化裸露地面、清除路面尘土、掩盖建筑料堆、洒水、喷洒抑尘剂等多种方法综合使用，最终达到控制扬尘污染的目的。虽然城市绿化和清扫尘土是最有效的控制扬尘污染的方法，但其必须长期实施才会收效，且在有些情况下不易操作。若只单纯采用洒水防尘，不但经济代价太高，而且水蒸发快、抑尘周期短，总体效果不理想。一般研究认为采用抑尘剂控制扬尘切实可行，实践也证明使用抑尘剂的效果比较理想[17,18]。

7.5.1.1　抑尘剂抑尘机理

抑尘剂是由新型多功能高分子聚合物组合而成的。聚合物分子间的交联度会形成网状结构，同时，分子间存在各种离子基团，能与离子之间产生较强的亲和力。它的作用机理是通过捕捉、吸附、团聚粉尘微粒，将其紧锁于网状结构之内，起到湿润、粘接、凝结、吸湿、防尘、防浸蚀和抗冲刷的作用。抑尘剂具有良好的成膜特性，可以有效地固定尘埃并在物料表面形成防护膜。

研究表明，粉尘的沉降速度随粉尘的粒径和密度的增加而增大，所以设法增加粉尘的粒径和密度是控制扬尘的有效途径。使用抑尘剂可以使扬尘小颗粒凝聚成大颗粒，增大扬尘颗

粒的密度，加快扬尘颗粒的沉降速度，从而减少空气中的扬尘，达到控制扬尘的目的。据此，抑尘机理主要是固结、润湿、凝并三种作用。固结就是使被抑尘面形成具有一定强度和硬度的表面以抵抗风力等外力因素的破坏。润湿是使被抑尘面始终保持一定的湿度，这时扬尘颗粒的密度必然增加，其沉降速度也会增大。凝并作用可使细小扬尘颗粒凝聚成大粒径颗粒，达到快速沉降的目的。

7.5.1.2　国内外抑尘的措施

扬尘控制技术措施分为通用措施和专用措施，通用扬尘控制技术措施是指根据扬尘排放的一般规律在各类扬尘控制过程中所普遍采取的控制措施（如洒水等）。目前，国内外抑制扬尘的主要措施有采用密布网、编织布覆盖，进行压实或者硬化处理以及播种绿化、洒水、喷洒抑尘剂等方法。在众多的抑尘方法中，覆盖法抑尘虽然简单有效，但是成本较高，而且覆盖物废弃后又会造成新的环境污染。压实、硬化和绿化抑尘则不适用于临时性的施工工地。比较而言，对施工现场这类变动性较大的扬尘场地来说，采用喷洒抑尘剂的方法是一种更有效、更灵活、更方便的防尘措施。

（1）洒水抑尘

洒水也许是最传统、最常见、最容易被想到的，其实也是采用最为广泛的阶段性控制措施。水作为一种抑尘剂，是由于其在物料表面松散的颗粒之间可形成一层有附着力的水膜。根据学者海春兴等的风洞实验研究，在风速为 6～9m/s、风吹时间 1min、土壤湿度为 0～10％时，吹蚀量随湿度增加急剧下降；土壤湿度达到 10％以后，吹蚀量已经很小；继续增加湿度，吹蚀量的下降率逐渐变小。

水分子是极性的，两个氢原子与一个氧原子形成一个 105°的夹角，因此，水分子一端带正电、一端带负电。双极性的水可被带负电的粉尘颗粒及扩散双层中的阳离子所吸引，而阳离子再受到粉尘颗粒吸引，第三种吸引的机制是氢键，也就是水分子中的氢原子与粉尘表面的氧原子相结合。

利用洒水来抑制扬尘，在干燥的粉尘中水与尘粒相互胶结，水所带的负电荷受到静电吸引力而与颗粒周围的阳离子（如 K^+、Na^+、Ca^{2+}、Mg^{2+}）达成电荷平衡。水与粉尘接触后，这些阴、阳离子结合会往黏土颗粒四周移动，此即为扩散双层，而阳离子浓度会随着与颗粒表面距离的增加而降低。

当风等动力源作用在沉积于地面上的颗粒物时，聚集的颗粒物对于下层表面的附着力也是一个重要因素，附着力即为聚集颗粒间由水桥产生的力。洒水能增加含水量，进而聚结颗粒物，降低车辆经过路面时颗粒物变成悬浮态的可能性。洒水的控制效率取决于：a. 每次洒水时单位面积的用水量；b. 两次洒水之间的作用时间；c. 作用时间内人为的活动情况；d. 气象条件使水量的蒸发[19]。

洒水可用于城市裸地、铺装及未铺装道路、材料处理、建筑物拆除等方面。洒水属于典型的阶段性措施，其抑尘效果的维持时间往往不足 1d。因此，相对洒水强度（单位面积内的洒水量）来讲，洒水周期往往是更重要的操作参数。

（2）超声雾化抑尘

这种除尘方法的特点是在局部密闭的产尘点中安装利用压缩空气启动的超声波雾化器，激发高度密集的亚微米级雾（$d<20\mu m$），雾迅速捕集凝聚微细粉尘，使粉尘特别是呼吸性粉尘很快沉降到产尘点，实现就地抑尘。由于其捕尘机理与普通喷雾捕尘雾全不同，在捕尘

中耗水量极少，被称为超声干雾捕尘，避免了普通喷雾捕尘用水量过大的弊病。

（3）荷电水雾抑尘

水雾带上正电荷就是荷电水雾。用荷电水雾降尘是提高水雾捕集能力的又一有效方法，它是一门正在兴起的除尘技术，其基本原理是工业过程中产生的绝大部分粉尘或多或少都带有电荷，如果使水雾带上与粉尘极性相反的电荷就能借助静电引力来提高水雾的捕集效率。

（4）水雾抑尘、高压水抑尘等

由于单纯的洒水抑尘存在许许多多的缺陷，人们在长期的社会实践中对其进行了许多改进，例如水雾抑尘、高压水抑尘等。其中水雾抑尘就是用一定的机械设备把水转化为超细水雾（$1\sim10\mu g$）封住尘源，从而除去尘源点的粉尘。高压水抑尘是使水粒子与粉尘粒子碰撞，捕捉粉尘，使其润湿、凝结而达到抑尘的目的。高压水抑尘方法的效果较好，但需要产生高压水的动力设备，增加了抑尘费用。

总的来说，洒水抑尘经过改进，提高了使用效果，避免了单纯喷洒的种种缺陷，但这些方法大多比较贵，因而使用范围较小。

（5）风障

设置风障（木栅、网、板、防风林等）的目的，是在其背风面形成一个低风速区，从而阻止沙粒、雪粒和尘埃的运动，用于保护铁路、公路及农田免受风雪流和风沙流之害，用于减少煤堆、灰堆、沙堆向空中排放尘埃的数量。人造风障多数由一些疏透（多孔）性的材料制成，而一些高度较小、具有"风障"效果的围挡板和墙则往往是不透风的，如用于施工现场，最初的主要目的不是用来充当风障的围挡。

1）防风网（板）[20~23]

① 抑尘原理。防风网是利用空气动力学原理，将网前大尺度、高强度的气流旋涡梳理成小尺度、弱强度的气流旋涡，从而改变网后微环境以达到削弱下游风速和流场湍流度的效果，因其具有结构简单、维护方便、营建迅速等特点，已在农、林、工矿等行业及许多大型港口得到广泛应用。依据对网后不同距离处颗粒启动风速的观测，评价了防风网的防风抑尘性能，指出防风网增大了网后颗粒的临界启动风速，因而能达到抑尘的目的。

广义的防风网是可以减小风速的任何结构，如木栅、金属网、树篱等。而工程上的防风网是指削减风强技术的工程装置，主要由具有一定开孔率的金属网板或者由编织、黏结、挤压成型的非金属网片，支撑钢结构，地下混凝土基础和相应的辅助喷水装置以及自控仪表系统组成。防风网按其移动性能可以分为移动式和固定式。移动式防风网采用电动升降，在使用时将防风网上升到一定的高度，不使用时将防风网降低，不影响其他作业，该类装置主要应用于移动性较大的现场作业，如港口、堆场、煤炭加工等行业；而固定式防风网一般为加工成型后装配到框架上，然后连接到固定在地面的钢支架上。考虑到造价、操作性等因素，目前防风网以固定式为主。按网板形式不同，防风网可分为蝶形、直板形、半圆形等，其中蝶形和直板形较为常见。而根据材质的不同，防风网又可分为镀铝锌网、玻璃钢网、柔性纤维网等。其中镀铝锌网因具有耐腐蚀、耐湿热等优点，主要应用于港口或近海堆料场；而玻璃钢网和柔性纤维网则主要用于防风网设计使用年限较短的堆料场。

② 抑尘效果影响因素。影响防风网防风抑尘效应的因素主要有开孔率、网高、网与料堆的距离等。开孔率是防风网的开孔透风面积与总面积之比，是影响防风网防风抑尘性能最

重要的因素。防风网的开孔率对网体和受保护堆垛表面风压的影响也显而易见，过小的开孔率会增加防风网的风压，过大的开孔率会增大受保护堆垛表面的风压。开孔率对防风网的防风抑尘性能起着至关重要的作用，但目前国内外对开孔率的研究结果并不一致，这是由于实验所处的大气环境、模拟及实验采用的模型不同所致，最佳的开孔率一般在20%～50%。

防风网的高度与庇护范围密切相关。防风网的高度依据堆垛高度、堆垛面积和环境质量要求等因素来确定，一般情况下，防风网的高度应比料堆高出2～3m较为适宜，料堆场防风网的高度主要取决于堆垛高度、堆场范围等因素；另外，防风网高度的确定还应考虑所保护堆场范围的大小，使堆场在防风网的有效庇护范围之内。

与开孔率和网的高度相比，网与料堆距离（网至料堆前堆脚的距离）的影响并不十分显著。在开孔率和网高一定的情况下，改变防风网与料堆之间的距离对料堆表面的平均压力并无大的影响。

2）防风林[24]

① 抑尘原理。当气流运动经过林地时，气流遇到植物枝叶阻挡，气流和植物枝叶间产生的阻力会使气流产生摩擦和碰撞，改变和减弱气流运动的形式，达到降低风速和抑尘的作用。农业防风林可以从两方面影响风蚀，其一是减低背风面风速，其二是缩短田间长度，同时，农田防风林还会对改善局部气候有良好的效果。城市的防风林可以有效地阻止大风的袭击，在冬季可减缓冷空气的侵袭。

② 抑尘效果影响因素。植物降低风速的效果主要取决于植物形体的大小、枝叶繁茂的程度等，对于植物个体来说，防风效果乔木好于灌木，灌木好于草本，阔叶树好于针叶树，常绿阔叶树又好于落叶阔叶树。防林网的防风效能既与林带本身的结构因子如林带结构类型、疏透度或透风系数、截面形状、高度、宽度等有关，也受天气和地面状况等因子的影响。普通的防风林的有效防风范围，在上风侧可达树高的6～10倍，在下风侧可达树高的25～30倍。但是，最有效果的地方是在下风侧树高的3～5倍附近，风速可降低35%左右。

（6）化学抑尘剂抑尘[25]

20世纪末，特别是近40年来，化学抑尘剂的开发和应用得到不断创新和发展。控制效率取决于喷洒面粒径组成、化学抑尘剂浓度、单位面积的喷洒量、两次施用的间隔周期、人为活动情况和气象条件。抑尘剂可应用于铺装和未铺装道路、裸地、建筑物拆除、物料装卸和堆放、工艺扬尘等各个环节。我国关于化学抑尘剂的研究和应用起步较晚，但发展迅速。在20世纪70年代末，我国一些科研院校的研究人员开始研究有关化学抑尘剂。20世纪80年代取得了显著的进展。20世纪90年代以来，有关化学抑尘剂的研究成果不断出现，呈增长趋势，涉及的领域也不断深入和拓宽。我国在化学抑尘剂的研究领域已在国际上占有一席之地。

不结合实际应用条件，很难说哪一种化学抑尘剂是最好的、哪一种是最差的。一般来说，只要该化学抑尘剂能解决某一问题，在一定的时期内其经济和环境综合效益良好，就是较佳的。将化学抑尘剂与粉尘净化设备、水土保持等技术巧妙地结合起来，将具有特别重要的意义。

喷洒化学抑尘剂的效果优于洒水，但依然属于阶段性的临时措施。所有抑尘剂都有实效期，例如未铺装道路抑尘剂喷洒间隔时间一般小于1个月，裸地抑尘剂的有效期一般不超过半年。另外，用于裸地抑尘的抑尘剂，表面喷洒后仅仅在没有经过压实处理的表面形成了一层保护硬壳，该保护层的强度往往不是很高（除非用量很大），外部的机械扰动特别是有车辆通过时，较容易被破坏而失去功能。应综合考虑各种因素来选用抑尘剂，其中包括抑尘目标、抑尘剂售价、使用后的有效期、使用及维护是否方便以及毒性、可降解性能等与环境生态有关的因素。

化学抑尘剂溶液成本高于水，但是抑尘效率却高于后者。在达到相同效率的前提下，使用抑尘剂的用水量也远远低于洒水，特别是在一些不宜频繁洒水或水资源缺乏的情况下，化学抑尘剂有其独特的作用。因此，在选择直接洒水还是抑尘剂溶液之前，应进行全面的技术经济分析。

迄今，化学抑尘剂已经广泛应用于各个领域的粉尘污染防治。总的说来，润湿剂主要用于提高水的抑尘效率，如应用于控制大气飘尘的喷雾系统，湿式除尘器，各种细颗粒物的预润湿，煤层注水预润湿，颗粒物料和废物料的预润湿，以及道路扬尘控制等。化学润湿剂也能够用于提高各种有机或无机化学材料的渗透能力。粉尘黏结剂经常用于以下领域：a. 土质路面扬尘控制；b. 物料运搬过程产尘控制；c. 土质堤坝、路基、地基的稳定；d. 地表和地下岩土结构工程漏水控制等。粉尘凝聚剂主要用于保水和吸收大气中的水分以便使泥土或粉尘聚合。它们常用于路面扬尘控制、物料搬运和物料仓库产尘的防治。

按照抑尘机理的不同，化学抑尘剂可以分为润湿型、黏结型、凝聚型和复合型四大类。

1）润湿型化学抑尘剂　润湿剂除尘是在水力除尘的基础上发展起来的一种除尘技术。润湿剂溶于水中，提高水对粉尘的润湿能力和抑尘效果，特别适合于疏水性的呼吸性粉尘。润湿剂的研究起始于 20 世纪 60 年代，我国是从 80 年代初才开始推广润湿剂的。喷洒润湿剂的原理在于降低水的表面张力，润湿剂由一种或者多种表面活性剂组成，其中含有亲水基和疏水基两种不同性质的基团。这些基团与水分子作用，降低水的表面张力，改善了尘粒的润湿性，提高了抑尘效率。

迄今，化学润湿剂润湿粉尘的微观机理还不很清楚。一些常用的解释如下：水由极性分子组成，当水中添加某种适合的表面活性剂时，水的强极性现象部分消失，水的表面张力也随之减小；另外，疏水性粉尘表面吸收了表面活性剂，其疏水性转化为亲水性。因此，粉尘颗粒容易被水润湿。另一种解释是表面活性剂能提高粉尘颗粒在溶液中的电位，进而增加水对粉尘的润湿能力。当润湿剂用于润湿疏水性粉尘时，润湿剂的效果更佳。

润湿型化学抑尘剂主要由表面活性剂和某些无机盐组成，可用于提高水对粉尘的润湿效果。其中表面活性剂是润湿型化学抑尘剂的主要成分，其主要是降低溶液体系的表面张力，起到渗透、润湿、乳化、发泡等作用。吸湿性无机盐的作用则是弥补表面活性剂的吸湿保水方面的不足，促进表面活性剂的作用发挥。

我国对润湿剂的研究起步较晚，近几年发展迅速，开发研制了大量润湿剂产品，现场应用取得了良好效果。我国对润湿剂的研究以实验为主，基础理论方面的研究很少，国外已开展了基础理论的研究，但是要使润湿剂降尘理论成为完整系统的知识体系，还需进一步的深入研究。仅依靠实验研究存在很多不足之处，例如耗资大、周期长、实验结果与实际情况偏差大等。若能在理论研究的基础上将实验研究与计算机仿真模拟相结合，必能促进该领域的快速发展。使用润湿剂对人、设备及环境造成的影响必须加以重视，防止造成二次污染。润湿剂作为环保用品，要想广泛推广使用，必须降低产品成本，缩短开发周期，操作简便，易于运输、贮存。在润湿剂的使用上存在盲目性，为了使润湿剂的使用能够更有针对性，使其充分发挥作用，有必要对润湿剂与粉尘的耦合作用及其他相关因素做进一步的深入研究。

该类型抑尘剂在大气降尘及煤矿采掘面等一线高密度粉尘作业场所应用较多，未来的开发方向主要集中于在保证抑尘效率的前提下开发更为廉价的润湿性抑尘剂。另外，将该类抑尘剂与现有除尘装置结合以提高 $PM_{2.5}$ 脱除效率的研究思路在近年出现较多。

2）黏结型化学抑尘剂　黏结型化学抑尘剂是利用覆盖、黏结、硅化和聚合等原理防止粉尘和泥土飞扬，在道路扬尘、建筑工地扬尘、露天堆料场扬尘、裸露地面扬尘方面的应用较多。根据原料的不同又分为黏结型有机化学抑尘剂和黏结型无机化学抑尘剂。黏结型有机化学黏结剂一般由原油、石油渣油、石蜡、石蜡油、煤渣油、沥青、橄榄油废渣、生物油渣、木质素衍生物、纤维素滤料、树脂、聚合物等组分复合，进一步复配其他有机化合物形成。无机型粉尘黏结剂主要包括卤化物、$CaCl_2$、粉煤灰、黏土、石膏、高岭土、酸等。该类抑尘剂的开发试验表明，道路固尘效果较好，但是其乳化性能较差。为了更好地实现原材料的有效利用，应寻找更好的添加剂来改善其性能，提高其抑尘效果。

黏结型抑尘剂多为一些有机大分子黏性物质，如沥青乳液、渣油-水体系乳液等。这类抑尘剂能在抑尘面形成一层大气分子膜，既能黏结粉尘，又有较好的抗蒸发性。这类抑尘剂的有效抑尘周期一般为 7～15d，效果好的可达 20～30d。其缺点是润湿渗透力不强，也没有吸湿性，而且会对环境产生一定的污染。

3）凝聚型化学抑尘剂　凝聚型化学抑尘剂是由能吸收大量水分的吸收剂组成的，它能使泥土或粉尘保持较高的含湿量，从而防止扬尘。按照作用机理与材料可分为吸湿性无机盐凝聚剂和高倍吸水树脂凝聚剂。吸湿性无机盐材料很多，如 $MgCl_2$、$CaCl_2$、$NaCl$、Na_2SiO_3、$AlCl_3$、活性氧化铝、硅胶等，这些材料都能够从空气中吸收水分，使粉尘凝并，保持粉尘的含湿量，从而达到抑尘的目的。但吸湿盐水溶液具有较强的腐蚀性，对施工设备的腐蚀很大，对石灰、水泥等材料有一定的改性甚至危害。

固体吸湿剂的抑尘机理是在抑尘对象表面铺撒吸湿性强的物质吸收空气中的水分来润湿粉尘，使粉尘凝结，从而达到防尘的目的。常用固体吸湿剂有 $NaCl$、$CaCl_2$、$MgCl_2$、$FeCl_3$、K_2CO_3、$(NH_4)_2SO_4$、活性 Al_2O_3、木质素等。这类抑尘剂不仅成本较高，且受大气温度、湿度的影响大，常存在二次污染的问题，大多易被雨水溶解冲走，对橡胶轮胎和金属零件腐蚀严重。同时，由于固体吸湿剂增加了地下水有害盐的浓度，从而也影响了地下混凝土工程的耐久性。

国内外使用的液体吸湿剂主要是一些来源广、价格便宜、具有抗蒸发性、能吸湿而又能保湿的卤化物溶液，如 $NaCl$、$CaCl_2$、$MgCl_2$ 等水溶液。尽管这些盐溶液具有很好的吸湿性，抑尘效果比水好，但成本较高，对汽车轮胎和金属零件也有较大的腐蚀作用，也可能造成地下水污染。所以其综合抑尘效果仍不理想。

高倍吸水树脂凝聚剂是近 30 年来开发的一种具有吸水倍率高、保水性能好、黏结性强等优点的抑尘剂，已广泛应用于各个领域。该类抑尘剂的保水、抗压性能突出，但其制备成本相对较高，应用面仅限于道路及堆料场。如果能开发更为廉价的原材料或新型合成方法，则其在抑尘领域会具有更为广阔的应用前景。

4）复合型化学抑尘剂　复合型化学抑尘剂是两种或两种以上的抑尘剂在一定的物理或化学条件下复合而成的，将润湿、黏结、凝并、吸湿保水等功能综合为一体，是上述各种类型抑尘剂功能的统一。润湿增强水的捕尘性能；黏结则是提高路面的强度；凝并即将细小的粉尘颗粒聚合成较大的粉尘颗粒以抑制可悬浮粉尘；吸湿则提高路面尘土的含水量，并增强路面的柔韧性及颗粒质量，减少破碎和抑制粉尘扬起时间，以达到较好的抑尘效果。随着新材料的不断开发以及除尘要求的提高，复合型抑尘剂得到了较快的发展。

化学抑尘剂虽然在我国已得到越来越多的研究和应用，但仍有许多方面不够完善，因此，应该在了解国内该领域研究现状的基础上，借鉴国外发达国家的先进技术和成果，开发出价格低廉、使用方便、抑尘效果好的新型化学抑尘剂。尽管化学抑尘剂在我国起步较晚，但近年来一直在不断地创新与发展，在科研和工业运行中被认为是解决开放性粉尘源污染的最佳方法。为提高化学抑尘剂的抑尘效果，逐渐向纵深发展，结合其他形式的抑尘技术，使其朝着价格更廉、更环保和多功能型发展，开发出了如环保型抑尘剂、功能型抑尘剂。

5）环保型抑尘剂　采用工业废品、生产副产品、生活垃圾等作为原材料，制备出成本低、污染小的环保型抑尘剂。生态环保型抑尘剂的保湿性主要体现在能够缓解粉尘中的水分蒸发，延长抑尘剂的有效抑尘时间方面。其主要用于铁路煤炭、矿粉运输中粉尘的抑制，还可广泛用于矿山道路、城市道路、建筑工地、车站码头等粉尘的抑制。其特点是：a. 保护环境，能够有效去除$PM_{2.5}$粉尘颗粒；b. 无腐蚀，无污染，可生物降解，不会造成二次污染；c. 抗风蚀，抗雨水冲蚀；d. 能够有效降低并减少物料损耗；e. 能够有效减少粉尘危害。

环保型抑尘剂完全采用天然材料作为抑尘剂的主要原料，采用无毒无害工艺加工而成。能对黏土、生土、沙堆、堆料及碎石砖瓦进行有效的黏结覆盖，从而减少和避免扬尘的产生和造成二次污染，且成本降低，比较适合我国现阶段使用。

6）功能型抑尘剂　针对特定的抑尘环境，研究出具有特殊抑尘效果的专用抑尘剂即功能型抑尘剂。其主要集中在防自燃、防冻、防腐蚀的研究中。例如在许多发达国家，煤炭仍是一个主要的能源来源，这就不得不让人们面对粉尘造成的空气污染，为了防治煤尘产生的污染，就得针对煤尘研发抑尘剂来抑制粉尘污染。

综合比较各类型抑尘剂的优缺点，见表 7-5。

表 7-5　各类型抑尘剂比较

抑尘剂类型	应用	优点	缺点
润湿型抑尘剂	用于控制大气飘尘的喷雾系统，湿式除尘器，以及道路扬尘控制	可以提高水对粉尘的润湿效果，降低溶液体系的表面张力	具有腐蚀性，对植物有一定的危害，其缺乏对表面活性剂与高分子材料耦合作用机理的认识
黏结型抑尘剂	其在道路扬尘、建筑工地扬尘、露天堆料场扬尘、裸露地面扬尘方面的应用较多	固尘效果好，原料廉价易得，制备技术相对成熟	其在实际生产过程中难以控制；乳化性能差，不易降解，残留率高，易造成二次污染
凝聚型抑尘剂	常用于路面扬尘控制，制料、搬运和物料仓库粉尘的防治	吸水倍率高，保水性能好，黏结性强，可起到防尘和防冻功能	对汽车轮胎和金属零部件有腐蚀作用，易被雨水冲走，对土壤环境造成污染；多数产品其制备成本相对较高
复合型抑尘剂	应用于施工工地、道路、煤料场、矿山、公园、居民区、厂区等粉尘的防治	具有较好的环境效益和经济效益	多在恶劣、复杂多变的环境下使用，试验极易失败
环保型抑尘剂	可广泛用于矿山道路、城市道路、建筑工地、车站码头等粉尘的抑制	原料易得，价格低廉，具有良好的环境效益和经济效益	
功能型抑制剂	针对特定抑尘环境开发具有特殊抑尘效果的专用抑尘剂，集中于防燃、防冻、防腐蚀抑尘剂	可以是上述几种抑尘剂，近年来也集中于环保型抑尘剂开发	

在开发新型化学抑尘剂中，必须进行大量的室内和现场试验。一般说来，首先应该分析粉尘的物理、化学性质，然后将含有选定化学材料的溶液与粉尘发生作用，以便研究溶液对粉尘的润湿、黏结行为以及它们的相互作用效果，最后获得最佳配比。有关化学抑尘剂的测定叙述如下。

① 润湿型抑尘剂的测定。迄今，有数种常用的方法用于测定润湿剂的性能，如润湿角测定法、沉降法、滴液法、上下向毛细管渗透法、动力试验法、电位测定法等。

② 黏结型抑尘剂的测定。为了研究粉尘黏结剂的性能，一般需要测定各种环境条件下黏结剂的表面张力、渗透行为、黏结强度、作用性能等。根据需要，在研究中经常使用流体力学、土力学和岩石力学的测定方法。为了获得更加可靠的数据，还需要做现场试验。

③ 凝聚型抑尘剂的测定。凝聚型抑尘剂大多由吸水剂组成，为了测定其抑尘性能，需要做室内和现场试验，一般说来，应测定各种气候条件下的吸水倍率以及周期吸湿、放湿行为。凝聚剂的抑尘性能的有效性还需要在现场应用中验证。

7.5.1.3 近 20 年来国内外主要抑尘剂的研究成果

近 20 年来，全世界的科学家针对抑尘剂进行着不断的研究，并取得了显著的成果，同时也丰富了抑尘剂的种类。表 7-6 收录了近 20 年来世界范围内抑尘剂的一些研究成果，其中包括专利名称、主要成分、国别、专利编号等。

表 7-6　近 20 年来国内外抑尘剂的一些研究成果

专利名称	主要成分	国别	专利权人	专利编号	发表时间
生物质抑尘剂的制备方法	羧甲基淀粉、羧甲基纤维素、乙醇	中国	甘肃圣大方舟马铃薯变性淀粉有限公司	CN201310310226.7	2013
环保型超细粉体铁路煤炭运输和封存抑尘剂及制备方法	变性淀粉、交联剂、防冻剂、润湿剂、分散剂等	中国	河北科技大学	CN103980860A	2014
一种生物高分子抑尘剂的制备方法	葡聚糖蔗糖酶	中国	威海汉邦生物环保科技有限公司	CN201410107897.8	2014
一种抑尘剂及其制备方法与抑尘方法	腐植酸钠、酸性溶液、水	中国	李柏荣	CN201310202601.6	2013
一种建筑工程用抑尘剂及其制备方法	羧甲基纤维素、羟丙基甲基纤维素、聚乙烯醇等	中国	北京金科复合材料有限责任公司	CN201310283463.9	2013
一种新型环保路面抑尘剂	基础油、水、表面活性剂	中国	北京嘉孚科技有限公司	CN201310194118.8	2013
煤炭抑尘剂及其制备方法	醋酸乙烯-乙烯共聚乳液、淀粉、聚乙烯醇等	中国	中国矿业大学（北京）	CN201210047537.4	2012
一种防止煤炭运输产生煤尘的黏结型抑尘剂	木质素磺酸盐和淀粉	中国	韩林华	CN201110289730.4	2011
一种环保降解型抑尘剂及其制备方法	天然乳胶、天然植物纤维、丙三醇、表面活性剂	中国	宁岱	CN201110160998.8	2011
道路抑尘剂	水溶性高分子聚合物、吸湿保湿剂、防腐剂等	中国	山西兆益矿用材料有限公司	CN201210130914.0	2012
一种复合型抑尘剂及其制备方法和使用方法	氯化钙、硅酸钠、聚乙烯醇、丙三醇等	中国	华北电力大学（保定）	CN201210184678.0	2012

专利名称	主要成分	国别	专利权人	专利编号	发表时间
一种环保型抑尘剂及其制备方法	聚乙烯醇、尿素、丙三醇、乙二醇、表面活性剂等	中国	陈维岳	CN201010154472.4	2010
一种核膜结构的煤炭抑尘剂的制备方法	改性纤维素、纳米粒子、乙醇、水	中国	北京化工大学	CN201019114061.X	2010
一种环保型煤炭抑尘剂的制备方法	改性纤维素或改性淀粉、纳米粒子、水	中国	北京信大虹影科技有限公司	CN201019114060.5	2010
一种煤炭抑尘剂及其制备方法	木质素磺酸钠、丙烯酸、双氧水等	中国	中铁西北科学研究院有限公司	CN200910265220.6	2009
一种煤炭抑尘剂及其制备方法	羧甲基纤维素钠、羧基淀粉钠、甘油、水	中国	北京化工大学	CN200910080877.5	2009
抑尘剂及其制备方法	水、聚乙烯醇再分散胶粉、羧甲基纤维素	中国	肖海燕	CN200810228074.5	2008
粉体材料抑尘剂及制备方法	水溶性聚丙烯酸酯、聚丙烯酰胺、聚丙烯酸钠等	中国	何勇等	CN200810006713.3	2008
氧化淀粉接枝水溶性固沙抑尘剂	氧化淀粉、尿素	中国	北京化工大学	CN200710118050.X	2007
一种润湿型抑尘剂及其制备方法和用途	壬基酚聚氧乙烯醚、乙二醇、甘油等	中国	天津化工研究设计院	CN200610130475.8	2006
生态型路面抑尘剂	羧甲基淀粉、硅酸钠、丙三醇	中国	中国铝业股份有限公司等	CN03128148.6	2003
绿色环保型扬尘覆盖剂及其制备方法	水、秸秆、淀粉、石灰粉及添加剂	中国	北京工业大学	CN03121134.8	2003
dust suppressant	tackiness sufficient, hydrocarbon degrading microbes, polymer		Earth Alive Clean Technologies Inc	CA20112762056	2011
method and composition for suppressing coal dust	organometallic compound	美国	Ethyl Petroleum Additives Inc	US20050064281	2005
method and composition for dust suppression	organic acid, alcohol and water		Rainstorm Dust Control Pty LtdTrouchet Masonkerr Gre	WO2010025518(A1)	2009
dust suppressant composition	polyvinyl alcohol, acrylic-based latex, glycerin	美国	3M Innovative Properties Co	US20070778266	2007
dust suppressant and soil stabilization composition	hemicellulose	美国	Grain Processing Corp	US20050077061	2005
dust suppressant compositions, methods for making and methods for using	phospholipid, surfactant, additive		Gen Electricdevi	WO2013108057(A1)	2012
dust suppressant	additional substances	美国	Cotter Jerry	US20060550298	2006

7.5.2 秸秆制备环保抑尘剂技术

7.5.2.1 抑尘剂制备原料

（1）秸秆

我国是一个农业大国，有着丰富的纤维素物质资源，每年仅农作物秸秆一项就有 7×10^8 t 之多，农作物秸秆是一种巨大的可再生资源，应用高科技手段对农作物秸秆进行工业化的综合再利用，将成为推进农业现代化、促进新世纪国民经济新一轮发展的重要举措。千百年来，在我国的广大农村，秸秆绝大部分都被用来当作柴火、燃料等烧掉，不仅是一种极大的资源浪费，而且对生态自然环境造成严重的污染，使得大小河流的水质变浊、变臭，严重影响水的质量，直接危害人体健康。

随着科技的进步和人们生活水平的提高，如何将秸秆这一农业上的资源优势转化为经济优势，如何探索秸秆工业化、产业化的有效途径，已日益受到我国各级政府和广大科技工作者的密切关注。

抑尘剂采用的原料之一为秸秆经过粉碎后形成的粉料。其作用主要是交联作用，在被喷洒的表面形成交叉网状薄膜，对地表尘粒起到很好的交联固定作用。

（2）淀粉

抑尘剂另外一个重要的原料就是淀粉。淀粉是人类获取能量的主要来源之一。正是淀粉及其深加工的发展带动了食品、发酵、饲养、造纸、纺织及医药等相关行业的快速发展。多年来，人们对淀粉的物理化学等性质进行了深入的研究，为其在更广阔领域的应用提供了较为坚实的理论基础。

（3）辅料

除以上两种主要原料外，抑尘剂制备过程中还需用到一些辅助原料，如氢氧化钠、氢氧化钙、聚乙烯醇等。其中氢氧化钠为白色半透明结晶状固体，其水溶液有涩味和滑腻感，有腐蚀性。氢氧化钙是一种白色粉末状固体，俗称熟石灰、消石灰，加入水后，呈上下两层，上层水溶液称作澄清石灰水，下层悬浊液称作石灰乳或石灰浆。聚乙烯醇为白色有机化合物，片状、絮状或粉末状固体，无味，溶于水，是重要的化工原料，用于制造聚乙烯醇缩醛、耐汽油管道和维尼龙合成纤维、织物处理剂、乳化剂、纸张涂层、黏合剂、胶水等。

7.5.2.2 主要原料理化特性

（1）秸秆理化特性

以玉米秸秆为例，粉碎后自然堆积密度为 $63.24 \sim 94.47 kg/m^3$。秸秆中含有淀粉、粗蛋白、粗纤维、粗脂肪、灰分、钙、磷等物质。其中的所有物质在抑尘剂中均起一定的作用，做到了有效地利用资源。

（2）淀粉理化特性

1）淀粉的密度　由于淀粉颗粒内结晶和无定形部分结构上的差异，以及杂质（灰分、脂质和蛋白质等）的相对含量不同，不同植物来源的淀粉密度有所不同。比如用比重瓶测量法测定玉米淀粉的真相对密度为 1.637，马铃薯淀粉的真相对密度为 1.617。

干淀粉的分子链的堆聚不是很密集，颗粒中有许多微小空隙，在充分吸水后，其含水量会大大提高，如：马铃薯淀粉可含 33％的水，玉米淀粉可含 28％的水。

2）淀粉的溶解度　淀粉的溶解度是指在一定温度下，在水中加热 30min 后，淀粉样品分子的溶解质量百分比。由于氢键的作用，天然淀粉几乎不溶于冷水，但对不同品种的淀粉而言，还是有一定差别的。例如，马铃薯淀粉的颗粒较大，其内部结构较弱且含磷酸基的葡萄糖基较多，因而溶解度相对较高；而玉米淀粉的颗粒较小，其内部结构较紧密且含较高的脂类化合物来抑制淀粉颗粒的膨胀和溶解，因而溶解度相对较低。

淀粉的溶解度会随温度的变化而变化，温度升高，膨胀度上升，溶解度增加。因淀粉颗粒结构的差异，不同淀粉品种随温度上升而改变溶解度的速度也有所不同。

3）化学组成

① 水分。通常淀粉颗粒含有 10％～20％（质量分数）的水分。由于淀粉分子中多链糖密度与叠集的规则性上的差别，特别是分子中羟基自行结合和与水分子结合的程度不同，不同品种淀粉的水分含量是不同的。

② 脂类化合物。谷类淀粉的脂类化合物含量较高，达 0.8％～0.9％。玉米淀粉含 0.5％的脂肪酸和 0.3％的磷脂。马铃薯淀粉和木薯淀粉的脂类化合物含量则低得多，仅为 0.1％或更低。

③ 磷。谷物淀粉中的磷主要以磷酸酯的形式存在，木薯淀粉含磷量最低，马铃薯淀粉含磷量最高。

④ 灰分。灰分是淀粉产品在特定温度下完全燃烧后的残余物。马铃薯淀粉因含有磷酸酯基团，灰分含量相对较高，其主要成分是磷酸钾、铜、钙和镁盐。

4）淀粉的润胀　由于直接通过单个淀粉分子相邻的羟基或间接通过水桥所形成的氢键的作用，淀粉在冷水中不溶解。这些氢键的结合力虽弱，但数量众多。将干燥的天然淀粉置于水中，水分子会进入淀粉颗粒的非结晶部分，与许多无定形部分的亲水基结合或被吸附，淀粉颗粒在水中膨胀，称为润胀。

5）淀粉的糊化　将淀粉倒入冷水中，经搅拌形成不透明的淀粉乳，将其加热，淀粉颗粒会吸水膨胀，随着温度上升，吸收水分更多，体积膨胀更大，直至变成半透明的黏稠状液体，即淀粉糊。这种由淀粉乳转变成糊的现象称为淀粉的糊化。淀粉发生糊化现象的温度称为糊化温度，又称胶化温度。不同品种的淀粉，因其颗粒结构强度不同，糊化温度是不同的。即使是同一品种的淀粉，其颗粒大小不同，糊化的难易程度也不相同。

糊化作用的过程可分为 3 个阶段：a. 可逆吸水阶段，水分进入淀粉颗粒的非晶质部分，体积略有膨胀，此时冷却干燥，颗粒可以复原，双折射现象不变；b. 不可逆吸水阶段，随着温度升高，水分进入淀粉微晶间隙，不可逆地大量吸水，双折射现象逐渐模糊以至消失，亦称结晶"溶解"，淀粉颗粒胀至原始体积的 50～100 倍；c. 淀粉颗粒最后解体，淀粉分子全部进入溶液。

（3）氢氧化钙理化特性

氢氧化钙在常温下是细腻的白色粉末，微溶于水，其水溶液俗称澄清石灰水，且溶解度随温度的升高而下降。不溶于醇，能溶于铵盐、甘油，能与酸反应，生成对应的钙盐。摩尔质量为 74.093g/mol，固体密度为 2.211g/cm³。

（4）聚乙烯醇理化特性

聚乙烯醇为白色片状、絮状或粉末状固体，无味。其物理性质受化学结构、醇解度、聚合度的影响。在聚乙烯醇分子中存在着两种化学结构，即 1,3-乙二醇和 1,2-乙二醇结构，但主要的是 1,3-乙二醇结构。一般来说，聚合度增大，水溶液的黏度增大，成膜后的强度和耐溶剂性提高，但水中溶解性、成膜后伸长率下降。聚乙烯醇的熔点为 230℃，玻璃化温度为 75～85℃，在空气中加热至 100℃ 以上慢慢变色、脆化。加热至 160～170℃ 脱水醚化，失去溶解性，加热到 200℃ 开始分解。超过 250℃ 变成含有共轭双键的聚合物。溶于水，为了完全溶解一般需加热到 65～75℃。不溶于汽油、煤油、植物油、苯、甲苯、二氯乙烷、四氯化碳、丙酮、乙酸乙酯、甲醇、乙二醇等。水溶液在贮存时，有时会出现毒变。无毒，对人体皮肤无刺激性。

7.5.2.3 抑尘剂制备工艺

抑尘剂制备中所用的原料包括水、秸秆、淀粉、碱和添加剂。按照一定比例量取水，称取粉料、淀粉、氢氧化钠及添加剂。先将水倒入容器中，然后加入粉料，用搅拌器搅拌使粉料被充分润湿，然后用电炉加热此混合物。将淀粉、氢氧化钠、添加剂分别倒入 3 个烧杯中，加入一定量的水溶解，用玻璃棒搅拌均匀。当水加热到一较低温度时，连续缓慢地加入淀粉溶液和氢氧化钠溶液，加入时应不停搅拌溶液使其混合均匀。到稍高温度时，加入添加剂。在整个加料过程中，连续不断地加热和搅拌。到一定高温时加入辅料，然后立即停止加热和搅拌。取下容器，避免电炉的余热继续加热容器，静置让其自然冷却。

7.5.2.4 抑尘剂技术性能与安全性能研究

（1）外观

本抑尘剂为黄色较黏稠的悬浮液体，略有草香味。

（2）黏度

黏度对抑尘剂的施工性能、抑尘效果均有较大的影响。黏度太高虽然可减少抑尘剂的用量，但可造成喷洒设备的堵塞，淀粉用量增加；如果黏度太小，抑尘剂的用量将会增加，抑尘效果将会降低，同时用水量也会增加。抑尘剂的黏度与淀粉用量和秸秆粉碎料用量均有关。

（3）pH 值

在强化淀粉糊化的过程中，需要加入碱性物质来改善糊化的效果。因抑尘剂制作完成后 pH 将呈现碱性，为了保证抑尘剂在使用时不对土壤造成影响，抑尘剂的 pH 值保持在 8 左右。

（4）吸水性

吸水性是指抑尘剂吸收水分的能力。实验证明本抑尘剂的吸水倍率为 4 左右，说明该抑尘剂有较好的透水性和吸水性。

（5）表干时间

表干时间为抑尘剂表层干燥时间。在实验中采用光洁表面喷洒 1mm 左右的抑尘剂，间隔一定时间检查涂层表面是否有抑尘性能，实验中测定的表干时间为 3～4h。在实际使用过程中，抑尘剂的表干时间受到使用量、天气状况和温度、湿度等因素的影响，因此表干时间不是一个确定值。

（6）抑尘剂的固体含量

抑尘剂中的主要原料为玉米秸秆，而其他材料均为溶液或溶于水的物质，本抑尘剂的固体含量为 7%～9%。

（7）安全性实验

该抑尘剂在原料选择方面主要是选择对大气、土壤、水等环境无害的原料。在安全性实验方面，对抑尘剂的淋溶水，采用生活饮用水卫生标准中的毒性指标进行测定，检测结果表明该抑尘剂不会对土壤和地下水有不良影响。

7.5.2.5 抑尘剂理化特性实验研究

（1）抑尘剂黏度影响因素研究

重点针对抑尘剂黏度的影响因素展开研究。针对抑尘剂原料配比、温度、淀粉类型等因素进行了对比研究。

1）淀粉含量和水浴温度对结果的影响 研究中考察了淀粉含量和水浴温度对抑尘剂黏度的影响。所选择的温度为 $40\sim80℃$，选择的淀粉种类包括玉米淀粉、马铃薯淀粉以及红薯淀粉。所使用的粉料是高温下烘干的。实验考察了抑尘剂的外观和手感，并测量了其黏度值。结果见表 7-7～表 7-9。

表 7-7　玉米淀粉含量对实验结果的影响

序号	粉料/%	淀粉/%	碱/%	条件	黏度/(mPa·s)	外观、手感
1	6	1	1	80℃恒温水浴	103.6	橙色溶液，略有黏度
2	6	1.5	1	80℃恒温水浴	203.8	橙色均匀溶液，较黏
3	6	2	1	80℃恒温水浴	778.5	橙色均匀溶液，较黏
4	6	2.5	1	80℃恒温水浴	565.9	橙色均匀乳液，很黏
5	6	3	1	80℃恒温水浴	1200.4	橙色均匀乳液，很黏
6	6	3.5	1	80℃恒温水浴	4188.2	橙色均匀乳液，非常黏
7	6	1	1	60℃恒温水浴	81.3	橙色溶液，略有黏度
8	6	1.5	1	60℃恒温水浴	149.8	橙色均匀溶液，较黏
9	6	2	1	60℃恒温水浴	163.3	橙色均匀溶液，较黏
10	6	2.5	1	60℃恒温水浴	173.8	橙色均匀乳液，很黏
11	6	3	1	60℃恒温水浴	1925.2	橙色均匀乳液，很黏
12	6	3.5	1	60℃恒温水浴	3847.1	橙色均匀乳液，非常黏
13	6	1	1	40℃恒温水浴	55.6	橙色溶液，分层
14	6	1.5	1	40℃恒温水浴	134.7	橙色溶液，不均匀
15	6	2	1	40℃恒温水浴	517.3	橙色溶液，不均匀
16	6	2.5	1	40℃恒温水浴	2752.9	橙色均匀乳液，很黏
17	6	3	1	40℃恒温水浴	3661.8	橙色均匀乳液，很黏
18	6	3.5	1	40℃恒温水浴	4480.8	橙色均匀乳液，非常黏

表 7-8　马铃薯淀粉含量对实验结果的影响

序号	粉料/%	淀粉/%	碱/%	条件	黏度/(mPa·s)	外观、手感
1	6	1	1	80℃恒温水浴	348	橙色溶液，略有黏度
2	6	1.5	1	80℃恒温水浴	456.8	橙色均匀溶液，较黏
3	6	2	1	80℃恒温水浴	627	橙色均匀溶液，较黏
4	6	2.5	1	80℃恒温水浴	1493.8	橙色均匀乳液，很黏

序号	粉料/%	淀粉/%	碱/%	条件	黏度/(mPa·s)	外观、手感
5	6	3	1	80℃恒温水浴	4599	橙色均匀乳液，很黏
6	6	1	1	60℃恒温水浴	37.8	橙色溶液，略有黏度
7	6	1.5	1	60℃恒温水浴	84.1	橙色均匀溶液，较黏
8	6	2	1	60℃恒温水浴	238.5	橙色均匀溶液，较黏
9	6	2.5	1	60℃恒温水浴	2324.9	橙色均匀乳液，很黏
10	6	3	1	60℃恒温水浴	4882.9	橙色均匀乳液，很黏
11	6	1	1	40℃恒温水浴	26.6	橙色溶液，分层
12	6	1.5	1	40℃恒温水浴	153	橙色溶液，不均匀
13	6	2	1	40℃恒温水浴	1024.1	橙色溶液，不均匀
14	6	2.5	1	40℃恒温水浴	3047.7	橙色均匀乳液，很黏
15	6	3	1	40℃恒温水浴	3279.1	橙色均匀乳液，非常黏

表7-9 红薯淀粉含量对实验结果的影响

序号	粉料/%	淀粉/%	碱/%	条件	黏度/(mPa·s)	外观、手感
1	6	1	1	80℃恒温水浴	382.5	橙色溶液，很稀
2	6	1.5	1	80℃恒温水浴	627.8	橙色均匀溶液，略有黏性
3	6	2	1	80℃恒温水浴	1125.1	橙色均匀溶液，略有黏性
4	6	2.5	1	80℃恒温水浴	3697	橙色均匀乳液，较黏
5	6	3	1	80℃恒温水浴	4052	橙色均匀乳液，很黏
6	6	1	1	60℃恒温水浴	30.9	橙色溶液，很稀
7	6	1.5	1	60℃恒温水浴	229.6	橙色均匀溶液，略有黏性
8	6	2	1	60℃恒温水浴	484.4	橙色均匀溶液，略有黏性
9	6	2.5	1	60℃恒温水浴	1537.3	橙色均匀乳液，较黏
10	6	3	1	60℃恒温水浴	4544	橙色均匀乳液，很黏
11	6	1	1	40℃恒温水浴	145.4	橙色溶液，很稀
12	6	1.5	1	40℃恒温水浴	237.5	橙色均匀溶液，不均匀
13	6	2	1	40℃恒温水浴	1053.4	橙色均匀溶液，不均匀
14	6	2.5	1	40℃恒温水浴	1791	橙色均匀乳液，较黏
15	6	3	1	40℃恒温水浴	3025.6	橙色均匀乳液，很黏

图7-10～图7-12为玉米淀粉、马铃薯淀粉、红薯淀粉含量与抑尘剂黏度的关系，图7-13～图7-15为水浴温度条件与抑尘剂黏度的关系。

从结果可以看出，随着淀粉含量的增加，黏度值不断增加，且变化很大。淀粉含量较少时，所制备的抑尘剂样品不均匀，容易出现分层现象。淀粉含量较多时，样品黏度高，流动性差，不利于喷洒。综合考虑，玉米淀粉含量1.5%～2.5%为宜，当使用马铃薯淀粉和红薯淀粉时，其含量1%～2%为宜。

水浴温度也影响着抑尘剂样品的黏度，当温度变化时，所制备的抑尘剂样品黏度也不同。当淀粉浓度小于2%时，样品黏度相差不大，但是水浴温度越高，样品黏度会增高；当

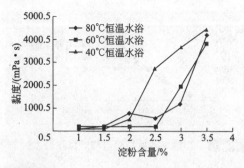

图 7-10　玉米淀粉含量与抑尘剂黏度的关系

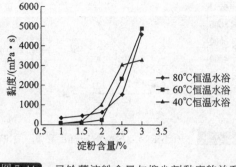

图 7-11　马铃薯淀粉含量与抑尘剂黏度的关系

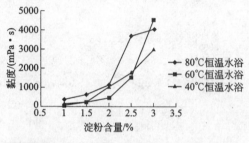

图 7-12　红薯淀粉含量与抑尘剂黏度的关系

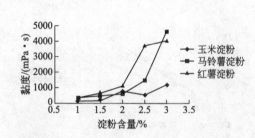

图 7-13　水浴温度为 80℃时抑尘剂黏度的变化

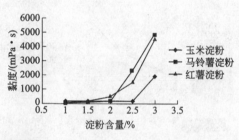

图 7-14　水浴温度为 60℃时抑尘剂黏度的变化

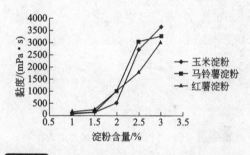

图 7-15　水浴温度为 40℃时抑尘剂黏度的变化

淀粉浓度大于 2％时，样品黏度变化较大，水浴温度分别为 60℃与 80℃时，样品黏度相近，而水浴温度为 40℃时，则样品黏度明显较小，而且所制备的样品不均匀，粉料与样品不充分混合。因此，60℃左右的水浴温度是相对比较合适的温度。

在相同的研究条件下，不同种类的淀粉对所制备的样品性能的影响不同。研究结果显示，由于淀粉性质不同，在相同条件下，不同种类的淀粉制备的抑尘剂样品黏度不同。在淀粉含量小于 2％时，3 种淀粉制备的样品黏度相近；当淀粉含量大于 2％时，样品的黏度变化较大。其中，马铃薯淀粉和红薯淀粉制备的样品黏度相近，而玉米淀粉制备的样品黏度则相对较低。但是若温度降低，则这种差距会缩小。

2）淀粉预热对结果的影响　淀粉加热后会增大熟化程度，从而强化淀粉糊化作用，使原料之间能更好地发生反应，使制得的样品分布均匀。研究中，淀粉溶液预热温度为 40℃，实验考察了 3 种淀粉溶液预热前后对样品黏度的影响，研究结果如图 7-16～图 7-18 所示。

研究结果表明，淀粉溶液预热后有利于样品黏度的增加，但增加不明显，从实际抑尘剂生产工艺简化方面考虑，此环节可简化，对实际样品性能的影响不大。

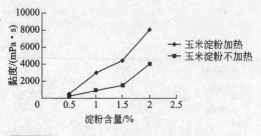

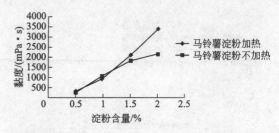

图 7-16　预热玉米淀粉溶液对样品黏度的影响　图 7-17　预热马铃薯淀粉溶液对样品黏度的影响

3）水浴恒温对结果的影响　研究也考察了恒温水浴条件对样品黏度的影响，即在恒温和降温两种条件下对黏度的影响。实验结果如图 7-19～图 7-21 所示。

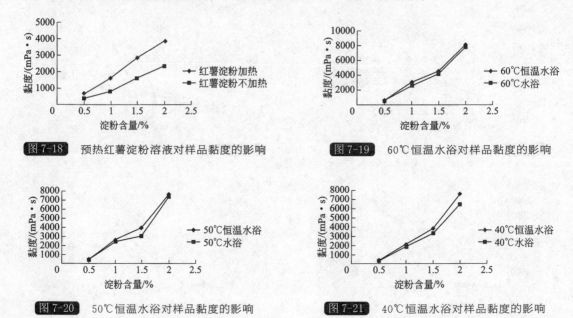

图 7-18　预热红薯淀粉溶液对样品黏度的影响　图 7-19　60℃恒温水浴对样品黏度的影响

图 7-20　50℃恒温水浴对样品黏度的影响　图 7-21　40℃恒温水浴对样品黏度的影响

研究结果表明，反应条件是否恒温对于抑尘剂样品黏度的影响不大，另外，从制备工艺简化方面考虑，不增加恒温反应条件有利于制备工艺简化，降低成本。

（2）抑尘剂配方优化

根据 Box-Benhnken 的中心组合试验设计原理，综合单因素影响试验结果，选取秸秆质量比、淀粉质量比、碱质量比对抑尘剂分散度影响显著的三个因素，在单因素试验的基础上采用三因素三水平的响应面分析方法进行试验设计。

根据回归方程绘制响应面，该三维空间曲面是响应值在各试验因素交互作用下得到的结果构成的，可以直观地反映和检验变量的响应值以及确定变量的相互关系，并分析三因素中其中一个因素固定时另外两个因素及其交互作用对因变量的影响。其结果见图 7-22～图 7-27。

由响应曲面图可知，随着秸秆质量比的增加，抑尘剂分散度随之小范围增加，当秸秆质量比增加到一定程度后，分散度开始下降，出现这种现象是因为秸秆含量增大，增加了抑尘剂体系中固体颗粒物的含量，喷射过程中容易造成堵塞，且固体的分散性本身就比液体的差；随着淀粉质量比的增加，抑尘剂分散度随之增加，当淀粉含量过高时，抑尘剂体系黏度

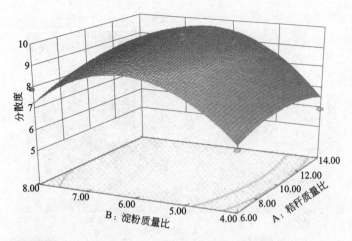

图 7-22　秸秆含量与淀粉含量对抑尘剂分散度影响的响应面图

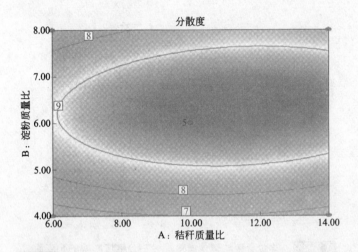

图 7-23　秸秆含量与淀粉含量对抑尘剂分散度影响的等高线图

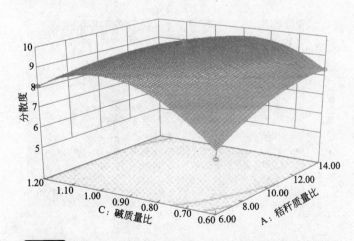

图 7-24　秸秆含量与碱含量对抑尘剂分散度影响的响应面图

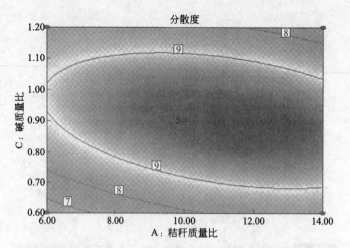

图 7-25　秸秆含量与碱含量对抑尘剂分散度影响的等高线图

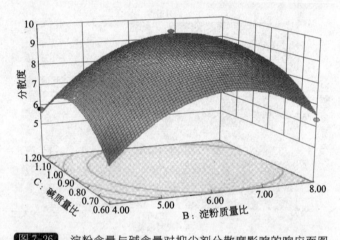

图 7-26　淀粉含量与碱含量对抑尘剂分散度影响的响应面图

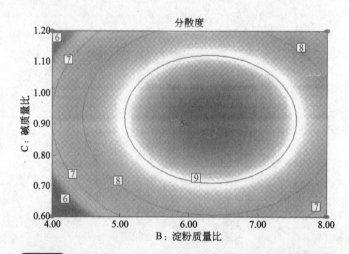

图 7-27　淀粉含量与碱含量对抑尘剂分散度影响的等高线图

过高，分散度随之下降；抑尘剂分散度随碱质量比的增加而缓慢变大，当碱质量比增大到一定程度后，分散度出现下降趋势，出现这种现象的可能原因是过量的碱使反应体系的 pH 值急剧增加，抑制了淀粉的糊化，降低了抑尘剂的黏度。由等高线图反映出的交互作用及其强度可知，淀粉和碱的质量比是影响抑尘剂分散度的主要因素，结合各因素等高线图及各图其中心点，可以得出最佳原料配比。

（3）抑尘剂喷洒效果影响因素研究

1）不同类型秸秆粉料对喷洒效果的影响　粉料是影响覆盖效果的因素之一。研究中选用的粉料是纤维性较好的玉米秸秆，其与淀粉的交联性好，能在被覆盖的表面形成更为严密的保护膜，覆盖效果好。对比实验中分别选用了玉米秸秆的叶子部分、茎秆部分以及上述两者的混合物（实验中粉料的粒径均为 4～6mm）。3 种粉料的配比见表 7-10，性能对比结果见表 7-11。

表 7-10　不同类型粉料实验配比

序号	粉料类型	总量/mL	秸秆（质量分数）/%	淀粉（质量分数）/%	辅料		条件
					氢氧化钠（质量分数）/%	聚乙烯醇（质量分数）/%	
1	叶子部分	800	2	3	0.2	—	80℃时加入辅料
2	茎秆部分	800	2	3	0.2	—	80℃时加入辅料
3	两者混合	800	2	3	0.2	—	80℃时加入辅料

表 7-11　不同类型粉料性能实验结果

序号	成品外观	成品黏稠性	放置情况	喷洒效果
1	暗绿色糊状物	黏度较好，227.27mPa·s	未见分层，约 3d 后发酵严重	易喷洒
2	黄色糊状物	黏度较好，280.76mPa·s	未见分层，约 4d 后发酵严重	不易喷洒，易堵塞喷头
3	暗黄色糊状物	黏度较好，240.32mPa·s	未见分层，约 3d 后发酵严重	易喷洒

从表 7-11 可以得出结论：玉米秸秆茎秆部分制成的抑尘剂黏度虽然高于叶子部分，然而此抑尘剂若能实现大规模的工业化生产，那么作为废弃物的秸秆必然很难做到区分各个部分，而只能是以秸秆直接粉碎物作为原料，因此，从研究结果看此种差别可认为对抑尘剂理化性能的影响不大。

2）不同比例秸秆粉料对喷洒效果的影响　在确定了玉米秸秆不同部分的覆盖性能后，还对玉米秸秆的添加量进行了考察。当粉料的用量过高时，由于秸秆自身含有淀粉，成品黏度过高，且不易喷洒，易干裂；当粉料的用量过低时，则覆盖不够紧密，抗冲刷能力差，易水解，达不到覆盖效果。不同比例粉料的配比见表 7-12，性能对比结果见表 7-13。

表 7-12　不同比例粉料实验配比

序号	总量/mL	秸秆（质量分数）/%	淀粉（质量分数）/%	辅料		条件
				氢氧化钠（质量分数）/%	聚乙烯醇（质量分数）/%	
1	1200	2	3	0.2	—	80℃时加入辅料
2	1200	3	3	0.2	—	80℃时加入辅料
3	1200	4	3	0.2	—	80℃时加入辅料

表 7-13　不同比例粉料性能实验结果

序号	成品外观	成品黏稠性	放置情况	喷洒效果
1	暗绿色糊状物	黏度较好	未见分层，约 3d 后发酵严重	易喷洒
2	暗绿色糊状物	黏度较好	未见分层，约 3d 后发酵严重	不易喷洒，易堵塞喷头
3	暗绿色糊状物	黏度很好	未见分层，约 3d 后发酵严重	不易喷洒，易堵塞喷头

从表 7-13 可以得出：随着秸秆含量的增加，抑尘剂黏度虽有一定的增长，但是变化不是很大。综合考虑认为秸秆含量在 2%～3% 较为合适。

3）不同种类淀粉对喷洒效果的影响　研究中针对食用淀粉（马铃薯淀粉）、可溶性淀粉（主要生产原料为红薯淀粉）两种类型的制备原料对于抑尘剂性能的影响进行了考察。两种淀粉的配比见表 7-14，性能对比结果见表 7-15。

表 7-14　不同种类淀粉实验配比

序号	淀粉种类	总量/mL	秸秆（质量分数）/%	淀粉（质量分数）/%	辅料		条件
					氢氧化钠（质量分数）/%	聚乙烯醇（质量分数）/%	
1	马铃薯淀粉	1200	3	3	0.2	—	80℃时加入辅料
2	可溶性淀粉	1200	3	3	0.2	—	80℃时加入辅料
3	可溶性淀粉	1200	3	5	0.2	—	80℃时加入辅料
4	可溶性淀粉	1200	3	10	0.2	—	80℃时加入辅料

表 7-15　不同种类淀粉性能实验结果

序号	成品外观	成品黏稠性	放置情况	喷洒效果
1	暗绿色糊状物	黏度很好	未见分层，约 3d 后发酵严重	易喷洒
2	黄绿色，上层为粉料，下层为料液	黏度低	分层严重，约 3d 后发酵严重	不易喷洒
3	黄绿色，上层为粉料，下层为料液	黏度低	分层严重，约 4d 后发酵严重	不易喷洒
4	黄绿色，上层为粉料，下层为料液	黏度低	分层严重，约 3d 后发酵严重	不易喷洒

从表 7-15 可以得出结论：在相同条件下（工艺相同、原料配比相同），马铃薯淀粉的覆盖效果比可溶性淀粉好。马铃薯淀粉有较强的糊化特性、较低的糊化温度和较高的黏度，覆盖效果较理想。相比较而言，可溶性淀粉的黏度较低，在加大淀粉含量后仍然出现分层的情况，不易喷洒。

4）不同比例淀粉对喷洒效果的影响　抑尘剂的覆盖效果不仅与淀粉的种类有关，而且与淀粉的投加比例有关。比例过低时，较早糊化，黏性不够，强度不够，易水解，覆盖效果差；比例过高时，有部分淀粉未糊化，易发酵。由上述不同种类淀粉的实验可知，马铃薯淀粉作为原料则更为合适，以下实验皆以马铃薯淀粉为原料。不同比例淀粉的实验数据见表 7-16，性能对比结果见表 7-17。

表 7-16　不同比例淀粉实验配比

序号	总量/mL	秸秆（质量分数）/%	马铃薯淀粉（质量分数）/%	辅料		条件
				氢氧化钠（质量分数）/%	聚乙烯醇（质量分数）/%	
1	1200	3	2	0.2	—	80℃时加入辅料

| 序号 | 总量/mL | 秸秆
（质量分数）/% | 马铃薯淀粉
（质量分数）/% | 辅料 | | 条件 |
				氢氧化钠 （质量分数）/%	聚乙烯醇 （质量分数）/%	
2	1200	3	2.5	0.2	—	80℃时加入辅料
3	1200	3	3	0.2	—	80℃时加入辅料
4	1200	3	3.5	0.2	—	80℃时加入辅料
5	1200	3	4	0.2	—	80℃时加入辅料

表 7-17 不同比例淀粉性能实验结果

序号	成品外观	成品黏稠性	放置情况	喷洒效果
1	暗绿色糊状物	黏度一般，159.73mPa·s	未见分层，约 3d 后发酵严重	易喷洒
2	暗绿色糊状物	黏度较好，228.35mPa·s	未见分层，约 3d 后发酵严重	易喷洒
3	暗绿色糊状物	黏度较好，248.78mPa·s	未见分层，约 4d 后发酵严重	很黏稠，不易喷洒
4	暗绿色糊状物	黏度很好，304.31mPa·s	未见分层，约 4d 后发酵严重	很黏稠，不易喷洒
5	暗绿色糊状物	黏度很好，326.36mPa·s	未见分层，约 4d 后发酵严重	很黏稠，不易喷洒

从表 7-17 可以得出结论：随着淀粉含量的增加，抑尘剂黏度的增长较为明显。综合考虑认为淀粉含量在 3% 较为合适。

5）不同比例氢氧化钠添加量对喷洒效果的影响　研究考察了原料中氢氧化钠投加量对抑尘剂效果的影响。不同比例氢氧化钠的实验数据见表 7-18，性能对比结果见表 7-19。

表 7-18 不同比例氢氧化钠实验配比

| 序号 | 总量/mL | 秸秆
（质量分数）/% | 淀粉
（质量分数）/% | 辅料 | | 条件 |
				氢氧化钠 （质量分数）/%	聚乙烯醇 （质量分数）/%	
1	800	3	3	0.2	—	80℃时加入辅料
2	800	3	3	0.4	—	80℃时加入辅料
3	800	3	3	0.6	—	80℃时加入辅料

表 7-19 不同比例氢氧化钠性能实验结果

序号	成品外观	成品黏稠性	经济性	放置情况	喷洒效果
1	暗绿色糊状物	黏度较好	好	未见分层，约 3d 后发酵严重	易喷洒
2	暗绿色糊状物	黏度较好	较好	未见分层，约 2d 后发酵严重	易喷洒
3	暗绿色糊状物	黏度较好	较好	未见分层，约 2d 后发酵严重	易喷洒

从表 7-19 可以得出结论：当氢氧化钠用量增加时，抑尘剂的黏性增大，但却易腐化，不利于保存。因此可见，氢氧化钠含量在 0.2% 时抑尘剂的总体效果较好。

6）不同比例聚乙烯醇添加量对喷洒效果的影响　研究中在秸秆含量、淀粉含量以及氢氧化钠含量都相同的条件下，对比研究了聚乙烯醇投加量对抑尘剂性能的影响。不同比例聚乙烯醇的实验数据见表 7-20，性能对比结果见表 7-21。

表 7-20　不同比例聚乙烯醇实验配比

序号	总量/mL	秸秆（质量分数）/%	淀粉（质量分数）/%	辅料		条件
				氢氧化钠（质量分数）/%	聚乙烯醇（质量分数）/%	
1	1200	2	2	0.2	0.2	80℃时加入辅料
2	1200	2	2	0.2	0.4	80℃时加入辅料
3	1200	2	2	0.2	2	80℃时加入辅料
4	1200	2	2	0.2	3.5	80℃时加入辅料

表 7-21　不同比例聚乙烯醇性能实验结果

序号	成品外观	成品黏稠性	经济性	放置情况	喷洒效果
1	暗绿色糊状物	黏度较好，228.36mPa·s	好	未见分层，约 3d 后发酵严重	易喷洒
2	暗绿色糊状物	黏度较好，245.79mPa·s	好	未见分层，约 3d 后发酵严重	易喷洒
3	暗绿色糊状物	黏度较好，346.20mPa·s	较好	未见分层，约 2d 后发酵严重	很黏稠，不易喷洒
4	暗绿色糊状物	黏度较好，442.51mPa·s	较好	未见分层，约 2d 后发酵严重	很黏稠，不易喷洒

从表 7-21 可以得出结论：随着聚乙烯醇含量的增加，抑尘剂的黏度迅速增大，但是对抑尘剂的另一个影响则是造成喷洒的困难。

7.5.2.6　抑尘剂小试应用效果研究

（1）黏附性效果

黏附性是指一种物质在另一种物质上的黏附程度，黏度是一种物质本身的性质。为考察本抑尘剂的黏附性，将制成的抑尘剂涂在清洁的玻璃上，以观察该抑尘剂在光滑的表面上的黏附程度。结果见图 7-28。试验结果表明，在光滑清洁的玻璃表面，该抑尘剂的黏附效果明显，经过 50d 的观察，仍旧有较好的附着能力，因此，该抑尘剂具有良好的黏附性能。

图 7-28　抑尘剂的黏附性

（2）抑尘剂实际抑尘性能考察

为考察该抑尘剂对于实际土壤的抑尘效果，试验中选择了 4 种不同的土壤类型，分别为普通土壤、细土、细砂和粗砂。试验结果见图 7-29～图 7-32。

此项研究均在室外进行，试验历时 60 多天，期间经历了包括大风(5～6 级)、小雪、小雨等天气状况。从结果可看出，对于不同类型的土质，所制备的抑尘剂均能起到良好的抑尘

图 7-29　普通土壤喷洒效果

图 7-30　细土喷洒效果

图 7-31　细砂喷洒效果

图 7-32　粗砂喷洒效果

效果，能有效地抵抗不良天气状况如大风、雨、雪的影响，所喷洒的抑尘剂的抑尘效果并没有因恶劣的气候条件而受到不良影响。

（3）抑尘剂用量试验

为了使抑尘剂能较好地使用和推广，降低成本是非常重要的。研究对单位面积土壤抑尘剂使用量进行了估测，考察了抑尘剂喷洒厚度对抑尘性能的影响。研究结果见图 7-33、图 7-34。

图 7-33　喷洒 1mm 抑尘剂实物图

图 7-34　喷洒 3mm 抑尘剂实物图

对比研究可以看出，喷洒的厚度对覆盖的效果是有影响的。不是喷洒的厚度越厚，效果就越好。当厚度较厚时，覆盖层将会导致龟裂，造成被覆盖层的裸露，从而使覆盖效果变差，并且使抑尘剂用量增加。当抑尘剂喷洒较薄时，抑尘剂分布容易均匀，干燥后不易发生开裂，而且可大大节省用量。

（4）抑尘剂种植试验

为扩大抑尘剂的使用范围，考察其对于植物生长的影响，分别在室内和室外进行了植物喷洒抑尘剂试验研究，如图 7-35 和图 7-36 所示。图 7-35 为喷洒抑尘剂前后对盆景草籽生长的影响对比，图 7-36 为室外喷洒抑尘剂后对植物生长影响的照片。

(a) 喷洒前

(b) 喷洒后

图 7-35　抑尘剂对盆景草籽生长影响照片

通过对室内外植物生长情况的定期观察，结果表明，抑尘剂使用对土壤没有破坏作用，对植物生长也没有任何不良影响。

图 7-36　室外喷洒抑尘剂后植物生长照片

(5) 抑尘剂修复性试验研究

考虑到在实际使用过程中，由于所覆盖的土壤基质较软，抑尘剂容易遭受破坏，影响喷洒效果，根据抑尘剂的特性进行了修复性试验，修复前后试验结果见图 7-37。

(a) 修复前　　　　　　　　　　　　　　　　　(b) 修复后

图 7-37　修复前后对比照片

实验中采用喷水雾的方法来对被破坏的地方进行修复，从结果来看，该抑尘剂是可以修复的，效果良好。

7.5.2.7　抑尘剂实际喷洒效果研究

(1) 喷洒原理

所要喷洒的抑尘剂是有较强黏性的、具有一定粒径的胶体状物质，而且所喷洒的表面要求具有一定的分散度，能形成比较细的液滴，均匀地分布在喷洒目标上，所以喷洒料液是一种类似于射流的过程，由于喷洒出的料液有气体、液体和固体，其既具有气体射流的特点，也具有液体射流的特点。

(2) 抑尘剂实际喷洒应用研究

1) 喷洒所选用设备　因为所要喷洒的料液是有较强黏性的、具有一定流动性的液体，而且要求其能均匀地喷洒在目标物表面，一般的喷漆喷枪很难达到此要求，因为喷漆喷枪的口径比较小，料液容易堵塞，考虑其在高速气流下能较均匀地喷出液体，因而在抑尘剂喷洒过程中选用喷漆喷枪，但需对其喷嘴进行改造。抑尘剂喷洒设备的结构及实物见图 7-38。

该设备结构简单，使用方便，易于装料和清洗。其由三个部分组成：一是料斗，用作装料；二是混合室，用于气液混合；三是进气管，用于接来自空气压缩机的压缩空气。

抑尘剂喷洒其他设备包括空压机(气压为 3～8atm，1atm＝101325Pa，下同)、输气线、装料桶等。喷枪主要是利用重力使抑尘剂流动，利用空气气流使抑尘剂能较好地分散，从而

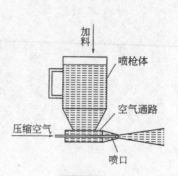

图 7-38　抑尘剂喷洒设备结构及实物照片

可以均匀地覆盖在被喷洒表面。

2）抑尘剂喷洒工序　抑尘剂的喷洒方法简单。根据现场的实际情况，选择相应的方法。一般为：清理现场→丈量现场→备料→喷洒。

丈量现场是准备工作，按照场地的大小和表面状况来确定生产的数量。

大致按照每平方米 1L 左右的用量来准备生产。如果所要喷洒的地表起伏比较大，则应酌量增加抑尘剂的生产量。在生产结束 24h 内应完成喷洒。

喷洒的关键在于对出气速度的控制。对于土质比较疏松的表面，应减少出气速度，防止尘土翻滚，增加抑尘剂的用量。

喷洒时应注意多方向，多角度，喷洒均匀，防止有喷漏之处。

喷枪一般离地面 1m 左右，喷枪出口离目标不应太近，1.5～2m 比较适宜。

喷洒完毕应将用具及时用水清洗，以防止喷枪、管路堵塞。

3）抑尘剂喷洒应用效果

① 喷洒场地的确定。为了全方位考察喷洒设备对各种地形、土质（松软的与坚硬的）等裸露地面喷洒抑尘剂的效果，选取了平面及立面裸露场地进行喷洒试验。见图 7-39。

图 7-39　平面及立面裸露场地土壤

② 喷洒效果。抑尘剂通过空气压缩机喷到地面后，迅速形成一种呈纤维状，颜色为暗绿色（或为暗黄色），并略带潮湿的柔软覆盖层。该覆盖层在空气中暴露约 1h 后形成与裸露平面或裸露立面牢固接触的略带弹性的硬壳，且无异味。

表 7-22 列出抑尘剂喷洒后的覆盖效果，其中序号 1～5 样品使用的粉料均为玉米秸秆的

叶子部分，序号 6～8 样品使用的粉料为玉米秸秆的茎秆部分。

表 7-22　抑尘剂覆盖效果

| 序号 | 抑尘剂样品配比（质量比） | | | | | 最终搅拌时间/min | 加入辅料时的温度/℃ | 覆盖效果 |
	水	秸秆	淀粉	氢氧化钠	聚乙烯醇			
1	100	3	2	0.2	—	20	80	覆盖较为紧密，强度一般，未见干裂
2	100	3	2.5	0.2	—	20	80	覆盖较为紧密，强度较好，未见干裂
3	100	3	3	0.2	—	20	80	覆盖较为紧密，强度好，抗冲刷能力较好，出现严重干裂
4	100	3	2	0.2	2	20	80	覆盖较为紧密，强度较好，出现干裂
5	100	3	2	0.2	3.5	20	80	覆盖较为紧密，强度较好，出现干裂
6	100	2	2	0.2	—	20	80	覆盖紧密，强度较好，出现干裂
7	100	2	2.5	0.2	—	20	80	覆盖紧密，强度好，抗冲刷能力较好，出现干裂
8	100	2	3	0.2	—	20	80	覆盖紧密，强度好，抗冲刷能力好，出现干裂

③ 不同种类淀粉制备抑尘剂喷洒效果。研究中先后对两种淀粉——食用淀粉（马铃薯淀粉）、可溶性淀粉（红薯淀粉）进行了试验对比，其实际喷洒效果见图 7-40。可以看出，可溶性淀粉不易喷洒，而且只能起到一定的板结土壤的作用，并未完全覆盖裸露土壤。

图 7-40　马铃薯淀粉和红薯淀粉制备抑尘剂喷洒效果图

④ 不同类型粉料制备抑尘剂喷洒效果。研究对不同类型的粉料也进行了喷洒对比，如图 7-41 所示（左图为叶子制备，右图为茎秆制备）。结果表明：玉米秸秆中，由于其茎秆部分含有更高的淀粉含量，所以茎秆部分制成的抑尘剂有着更好的覆盖效果，抗冲刷能力也更强。

⑤ 抑尘剂不同喷洒厚度效果。为了解不同喷洒厚度对覆盖效果的影响而进行了喷洒厚度试验。结果表明：覆盖效果并非是随喷洒厚度的增加而变得更好，因为当喷洒厚度过厚时，就会出现严重的开裂现象，影响了抑尘效果。如图 7-42 所示。

⑥ 在抑尘剂中添加草籽的研究。为了延长抑尘剂对裸露土壤的覆盖时间，通过添加草籽的方法进行改进。一方面，向抑尘剂中加入早熟禾草籽混合喷洒，使其在被覆盖的土壤上

图 7-41　玉米秸秆制备抑尘剂喷洒效果

(a) 0.2～0.3mm　　　　　　　　　　　　　　(b) 0.6～0.9mm

图 7-42　喷洒厚度效果图

生长，这不但能利用植物发达的根系更好地防止扬尘，而且还可以延长抑尘剂的作用时间；另一方面，向抑尘剂中加入一定量的植物营养液，它能使混合在抑尘剂中的早熟禾草籽更早发芽，并且生长得更加旺盛。通过该途径，可使植物在抑尘剂的作用期限之内生长，而在此期间，土壤是被抑尘剂所有效覆盖的，不会产生扬尘。当植物长出来后，就可以依靠植物发达的根系固土防尘，与抑尘剂共同作用，从而达到延长抑尘剂对裸露土壤的覆盖功效的目的，同时还可以绿化周围的环境。

在本研究中，将抑尘剂和早熟禾草籽混合后喷洒，起到较好的抑尘效果，并且延长了其抑尘时间，有利于抑尘剂技术向其他方面的应用。图 7-43 为喷洒混合抑尘剂及 20d 后的照片。

从试验结果可以看出，该抑尘剂仍然保持一层严密的网状薄膜，覆盖住裸露的土壤，而且其中长了许多早熟禾，可利用植物的根系更好地达到固沙防尘的目的。

7.5.3　环保抑尘剂示范应用

7.5.3.1　环保抑尘剂用于拆迁工地扬尘控制

（1）应用场地的确定

为了全方位地考察抑尘剂对各种地形、土质（松软的与坚硬的）等裸露地面的适用性，选

图 7-43 混合喷洒效果图

取了三个已拆迁完毕但仍没施工的现场约 3000m² 进行试验。平面及平立混合裸露场地见图7-44。

图 7-44 平面及平立混合裸露场地

（2）喷洒抑尘剂应用效果

抑尘剂通过带压设备喷到地面后，迅速形成一种呈纤维状，颜色为暗黄色，并略带潮湿的柔软覆盖层。该覆盖层在空气中暴露约 1h 后形成与裸露地平面或裸露立面牢固接触的略带弹性的硬壳，且无异味，见图 7-45。

1）在大风作用下的效果　抑尘剂喷洒后经历了 3 次沙尘暴及 4 次大风的侵袭（平均风力均大于 7 级），从抑尘剂的表观及覆盖扬尘效果来看与初始喷洒状态无明显改变。结果表明，该抑尘剂纤维膜纤维组织构成合理，具有很强的抗风载力及抗拉强度。

图 7-45 抑尘剂喷洒效果

2）在雨水浸泡下的效果　抑尘剂喷洒后经历了 12h 的连续降雨（小雨），经观察，该抑尘剂无论从黏合强度及色泽方面观察均与初始状态无大的改变，对抑尘效果没有不良影响。

3）外界环境对抑尘剂的影响

① 人为的压力。为了取得准确的试验结果，在试验中分别找了三位体重分别为60kg、80kg和90kg的男性对土质松软及较为坚实等不同的已覆盖的场地进行了正常行走及用脚踢踏试验。结果表明，正常行走时，对覆盖在坚实地面上的抑尘剂无任何影响，而对覆盖在松软地面上的抑尘剂则产生局部断裂的影响。用脚踢踏无论对覆盖在松软或坚实地面上的抑尘剂则均导致纤维表面大面积断裂。

② 机械的压力。由于是施工工地，因此机械设备的使用在所难免。为了取得准确的试验结果，分别用重载（300kg）的手推车及空载机动车进行了试验。两种结果均一致，那就是抑尘剂均遭到了毁坏性的破坏。

③ 抑尘剂使用寿命测试。在抑尘剂连续使用约50d后，经现场勘查，抑尘剂已呈不均匀状态，即小面积的抑尘剂虽有弹性，但抗拉强度已大大降低，而大面积的抑尘剂已呈松散状态。

4）抑尘剂使用对抑尘效果测试　为了科学地评价抑尘剂对地面扬尘的抑制效果，对使用抑尘剂前后的同一块试验现场进行了对比监测。在使用抑尘剂前后，地面扬尘浓度监测结果分别为 $13.80mg/m^3$ 和 $3.89mg/m^3$。从监测结果可以明显看出，未喷洒抑尘剂的地面扬尘浓度是喷洒抑尘剂后地面扬尘浓度的3.5倍。

（3）大规模喷洒应用

1）大规模喷洒应用设备　在实际应用中，大规模喷洒设备是由卡车、大容量容器罐、汽油电动机、螺磁泵、喷头共同组成的。其结构如图7-46所示，实际照片见图7-47。

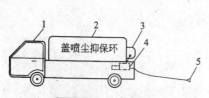

图 7-46　喷洒设备
1—卡车；2—大容量容器罐；
3—汽油电动机；4—螺磁泵；5—喷头

图 7-47　大规模喷洒所用喷洒车

2）喷洒车喷洒应用效果　图7-48为使用大规模喷洒设备的喷洒应用效果，可以看出，抑尘剂能形成网状薄膜，把所喷洒到的土壤有效地覆盖住，使粉尘不能飞扬，从而达到抑尘的目的。

7.5.3.2　环保抑尘剂用于煤场料堆扬尘控制

煤炭输出码头是以煤炭卸车、堆存、装船为主要作业环节的专业码头，它通常都有固定的装卸工艺流程，并配有大型化、连续化、自动化、专业化的装卸设备。由于煤炭在港口运输过程中要经过卸车堆存和装船等多个环节，因此不可避免地要产生扬尘，给周围环境带来

图 7-48　喷洒车喷洒应用效果

一定的污染。煤炭在整个堆存期间，由于表面干燥，经风吹起造成较大范围的污染。由于煤炭堆场是完全开放的，因此它是造成环境污染的第一大污染源。堆场是煤炭装卸环节的最大尘源，由于堆场面积大且全部是开敞空间，在煤炭干燥且有风的情况下，将造成大面积的污染。堆场扬尘的因素取决于煤炭的含水量和风力的大小，目前解决污染的有效方法就是湿式除尘，即喷洒水除尘。如前所述，由于洒水带来的资源损耗问题日益引起关注，故越来越多地研究针对抑尘剂研发展开。

（1）抑尘剂工业化生产

抑尘剂以秸秆、淀粉、碱、辅料等为主要生产原料，生产设备为常压反应釜，加热方式为蒸汽加热，采用顶装式进料和下底式卸料，成品由化工原料桶存放。下面针对生产的各个环节进行简要介绍。

1）备料　秸秆首先进行备干处理，便于保存。干透的秸秆由农业切割机进行粉碎，粉碎粒径在 1cm 左右，也可以用饲料粉碎机对秸秆进行粉碎，在注意粉碎粒径不能太小的同时，切记在粉碎过程中不能对秸秆进行加热处理，以免对秸秆中的淀粉造成不可逆性破坏。

2）投料　秸秆、淀粉、碱、辅料等原料按配比提前称量好备用，淀粉、碱、辅料需提前配成溶液待用。向反应釜内注入对应比例的水，由反应釜顶部投料口直接投入秸秆粉体、淀粉溶液、碱溶液，同时开启搅拌，并加热。

3）生产　待温度上升到 60℃ 后，投加一定量的辅料，继续升温；待温度升到 80℃ 后，恒温搅拌 1h 左右，恒温时间以生产量的多少而定。由于产品具有一定的黏度，因此生产后期搅拌速度应有适当提升。

4）卸料　待产品生产完毕，由反应釜釜底卸料管卸出，存放在桶内。由于产品具有一定的黏度，因此卸料口容易堵塞，可采用釜内蒸汽吹扫，卸料口反向疏通缓解堵塞问题。同时，投料时先放水，后投粉体也有利于减少堵塞问题的发生。

（2）抑尘剂喷洒

1）喷洒设备　喷洒动力装置为一台 7.5kW 的空压机(三相异步电机)，便携式喷枪，气管。见图 7-49。

2）实地喷洒　考虑到喷洒面积小、位置偏及周围道路情况，喷洒采用人工喷洒方式。气管将空压机和喷枪连接，人工添加抑尘剂至喷枪，人力手持喷枪，对堆体表面直接喷洒抑尘剂，喷洒厚度在 2～4mm。见图 7-50。

图 7-49　喷洒设备

图 7-50　抑尘剂现场喷洒

（3）效果监测与分析

1）抑尘效果　针对煤堆抑尘剂喷洒前后各测试 5d，取 5d 的平均数为实验结果，各检测点结果如表 7-23 所列。

表 7-23　抑尘剂喷洒前后粉尘浓度监测值　　　　　　　　　　　　　　mg/m³

位置　　　颗粒物浓度　　　组别	上风向	下风向	东侧
未喷洒抑尘剂	132.94	78.28	126.64
已喷洒抑尘剂	0.922	0.736	0.655

由表 7-23 的数据可以看出，抑尘剂喷洒后，各检测点空气中的颗粒物含量明显下降，并低于国家标准，经计算抑尘效率接近 100%。如果测定单一煤堆周围空气中的颗粒物浓度，颗粒物随风迁移，因此，上风向颗粒物浓度应小于下风向；测试结果却显示，上风向颗粒物浓度大于下风向，其原因在于测试阶段，试验煤堆南侧（上风向）200m 处卸煤作业，并堆积一高 17m、底面直径 50m 左右的煤堆垛，直至试验结束，一直存在，且未做任何防尘措施，尤其是在作业过程中扬起大量煤尘，直接使得当日上风向颗粒物含量急剧增加；东

侧测试数据介于上风向和下风向之间，一是 5 月份秦皇岛当地主要为东南季风，因此东侧监测点的颗粒物浓度主要贡献源不是实验煤堆，二是东侧点靠近料场围墙，紧邻厂内公路，受煤炭汽车运输起尘的影响较大。

喷洒结果表明，该抑尘剂的抑尘效果十分明显，经历了大风、小雨等天气条件，在历时 2 个月的考察时间内，抑尘剂有效地抑制了煤堆煤粉的飞扬。见图 7-51。

喷洒前　　　　　　　　　　　　　　　　喷洒后

图 7-51　喷洒应用效果

综上三个检测点的测试结果，我们同样可以得到以下结论：a. 料场中单一区域或个体抑尘措施的应用，只能在小范围内达到抑尘效果；b. 港口卸煤过程是起尘量最大、最应采取抑尘措施的环节，如在卸煤过程中进行半封闭式遮挡或喷洒抑尘剂。

2）风速的影响　表 7-24 反映出不同风速下各检测点颗粒物浓度。

表 7-24　下风向不同风速颗粒物监测浓度

项目 序号	浓度/(mg/m³)	风速/(m/s)
1	0.068	4.394
2	0.067	2.95
3	0.058	1.164

由以上数据我们发现，总体上煤尘颗粒物浓度随风速的增加而增大，呈正相关。在未喷洒抑尘剂时，煤尘颗粒物随风速的变化更加明显，风速成为起尘的决定性因素；而喷洒抑尘剂后，随着风速的增加，煤尘颗粒物浓度略有变化，并未像喷洒前随风速的增加有明显变化。说明抑尘剂能有效抵制风力对煤尘的侵蚀，并能有效抑制风力扬尘。

图 7-52　降雨对抑尘剂的影响

3）雨水对抑尘效果的影响　在试验测试过程中，5 月 14 日小雨转阵雨，降雨量 17mm，降雨时间 4h。降雨过程中对抑尘剂的性能进行了观察，如图 7-52 所示。

雨后几天进行了观察，结果显示与下雨前几日无明显变化，观其表面物理性状也未发生破裂现象，说明本抑尘剂具有一定的抗雨水冲刷能力，且抑尘效果稳定。

参 考 文 献

[1] 景旭东，林海琳，阎杰. 秸秆纤维素吸油材料的研究进展 [J]. 材料导报，2015，29（10）：50-54.

[2] Diao She, Run-Cang Sun, Gwynn Lloyd Jones. Cereal Straw as a Resource for Sustainable Biomaterials and Biofuels [M] //Chapter 7: Chemical Modification of Straw as Novel Materials for Industries. Elsevier, The Netherlands, 2010: 211-217.

[3] 原鲁明，赵立欣，沈玉君，等. 我国生物炭基肥生产工艺与设备研究进展 [J]. 中国农业科技导报，2015，17（4）：107-113.

[4] Jing X R, Wang Y Y, Liu W J, et al. Enhanced adsorption performance of tetracycline in aqueous solutions bymethanol-modified biochar [J]. Chemical Engineering Journal, 2014, 248: 168-174.

[5] 季雪琴，孔雪莹，钟作浩，等. 秸秆生物炭对疏水有机污染物的吸附研究综述 [J]. 浙江农业科学，2015，56（9）：1477-1480.

[6] Zhang M, Gao B, Yao Y, et al. Synthesis of porous MgO-biochar nanocomposites for removal of phosphate and nitrate from aqueous solutions [J]. Chemical Engineering Journal, 2012, 210: 26-32.

[7] Yao Y, Gao B, Chen J J, et al. Engineering carbon (biochar) prepared by direct pyrolysis of Mg-accumlated tomato tissues: Characterization and phosphate removal potential [J]. Bioresearch Technology, 2013, 138 (6): 8-13.

[8] Zhou Y M, Gao B, Zemmerman A R, et al. Biochar-supported zerovalent iron for removal of various contaminants from aqueous solutions [J]. Bioresource Technology, 2014, 152 (6): 538-542.

[9] 徐东昱，周怀东，高博. 生物炭吸附重金属污染物的研究进展 [J]. 中国水利水电科学研究院学报，2016，14（1）：7-14.

[10] 张栋，刘兴元，赵红挺. 生物质炭对土壤无机污染物迁移行为影响研究进展 [J]. 浙江大学学报：农业与生命科学版，2016，42（4）：451-459.

[11] 窦维禹，秦英斌. 植物纤维草毯生态护坡施工技术在济祁高速中的应用 [J]. 公路交通科技：应用技术版，2016，3（135）：43-48.

[12] 岳桓陛，杨建英，杨旸，等. 边坡绿化中植被毯技术保水效益评价 [J]. 四川农业大学学报，2014，32（1）：23-27.

[13] 史努益，魏章焕，刘荣杰，等. 利用秸秆生产环保草毯的工艺与效益分析 [J]. 中国农业信息，2016，2：141-142.

[14] 张海彬. 生物活性无土植被毯边坡防护技术 [J]. 路基工程，2012，6（165）：163-165.

[15] 付旭，刘晓立，周晓旭，等. 秸秆泥综合防护技术在公路边坡绿化中的应用 [J]. 公路，2015，9：249-253.

[16] 申新山，高泗强. 新型环保椰纤维植被毯在生态治理中的推广应用 [J]. 中国园艺文摘，2011，27（5）：84-85.

[17] 田刚，黄玉虎，樊守彬，等. 扬尘污染控制 [M]. 北京：中国环境出版社，2013.

[18] Western Governors' Association (WGA). WRAP Fugitive Dust Handbook [R]. Prepared by Countess Environmental and Midwest Research Institute (the CE project team), 2004.

[19] 海兴春，刘宝元，赵烨. 土壤湿度和植被盖度对土壤风蚀的影响 [J]. 应用生态学报，2002，13（8）：1057-1058.

[20] 孙昌峰，陈光辉，范军领，等. 防风抑尘网研究进展 [J]. 化工进展，2011，30（4）：871-876.

[21] Dong Zhibao, Qian Guangqiang, Luo Wanyin, et al. Threshold velocity for wind erosion: The effects of porus fences [J]. Environmental Geology, 2006, 51 (3): 471-475.

[22] 陈振华，胡署根，李辉. 防风抑尘网设计要点及参数的确定 [J]. 电力科技与环保，2011，27（3）：27-29.

[23] Lee S J, Park C W. Surface-pressure variations on a trianglar prism behind a porus fence [J]. Journal of Wind Engineering and Industrial Aerodynamics, 1998, 77: 521-530.

[24] 陈波. 城市风灾与防风林建设 [J]. 中国城市园林，2008，6（5）：16-18.

[25] 吴超. 化学抑尘 [M]. 长沙：中南大学出版社，2003.

索 引

（按汉语拼音排序）